Kunze/Schwedt

Grundlagen der qualitativen und quantitativen Analyse

D1619283

28,- €

Grundlagen der qualitativen und quantitativen Analyse

Udo R. Kunze
Georg Schwedt

4., erweiterte und überarbeitete Auflage

85 Abbildungen
25 Tabellen

1996
Georg Thieme Verlag Stuttgart · New York

Prof. Dr. Georg Schwedt
Institut für Anorganische
und Analytische Chemie
der Technischen Universität Clausthal
Paul-Ernst-Straße 4
38678 Clausthal-Zellerfeld

Die Deutsche Bibliothek –
CIP-Einheitsaufnahme

Kunze, Udo R.:
Grundlagen der qualitativen und quantitativen Analyse : 25 Tabellen / Udo R.
Kunze ; Georg Schwedt. – 4., erw. und
überarb. Aufl. – Stuttgart ; New York :
Thieme, 1996
3. Aufl. u.d.T.: Kunze, Udo R.: Grundlagen
der quantitativen Analyse
NE: Schwedt, Georg:

1. Auflage 1980
2. Auflage 1986
3. Auflage 1990

© 1980, 1996 Georg Thieme Verlag
Rüdigerstraße 14, 70469 Stuttgart
Printed in Germany
Satz: K. Triltsch, Würzburg
Druck: aprinta, Wemding

ISBN 3-13-585804-9   2 3 4 5 6

Wichtiger Hinweis: Dieses Werk ist von
Fachleuten verfaßt worden. Der Benutzer
muß wissen, daß bereits der Umgang
mit Chemikalien und Mikroorganismen
eine latente Gefährdung mit sich bringt.
Zusätzliche Gefahren können theoretisch
durch unrichtige Mengenangaben entstehen. Autoren, Herausgeber und Verlag
haben große Sorgfalt darauf verwandt, daß
die Mengenangaben und Versuchsanordnungen dem Stand der Wissenschaft bei
Herausgabe des Werkes entsprechen. Den-
noch kann der Verlag keine Gewähr für die
Richtigkeit dieser Angaben übernehmen.
Jeder Benutzer ist angehalten, in eigener
Verantwortung sorgfältig zu prüfen, ob
Mengenangaben, Versuchsanordnungen
oder andere Hinweise nach Verständnis
eines Naturwissenschaftlers plausibel sind.
In allen Zweifelsfällen wird dem Leser
dringend angeraten, sich mit einem fach-
kundigen Kollegen zu beraten; auch der
Verlag bietet bereitwillig seine Unterstüt-
zung bei der Klärung etwaiger Zweifels-
fragen an. Dessen ungeachtet erfolgt jede
in diesem Werk beschriebene Anwendung
auf eigene Gefahr des Benutzers.

Vorwort zur 4. Auflage

Das von Udo R. Kunze konzipierte Lehrbuch für das Studium der Chemie vor dem Vordiplom, welches die theoretischen Grundkenntnisse für das quantitative anorganisch-chemische Praktikum vermittelt, wurde in der 4. Auflage durch ein Kapitel zu den Grundlagen der qualitativen Analyse erweitert. Die wichtigsten Teilgebiete aus den **Grundlagen der quantitativen Analyse** wie **Chemisches Gleichgewicht, Lösen** und „**Fällen, Säure-Base-Gleichgewichte, Fällungsanalyse, Redox-Vorgänge** und **Trennungen** gelten auch für die theoretischen Betrachtungen innerhalb der qualitativen Analyse. Sie wurden in einem neuen Kapitel 1 vor allem durch eine Systematik aufgrund von *Stoffeigenschaften* und *Reaktionsarten* ergänzt, die schließlich in die klassischen, noch heute (wenn auch mit Einschränkungen) angewendeten *Trennungsgänge* eingeht.

Alle übrigen Kapitel wurden unverändert gelassen, der Titel des Buches jedoch geändert – zum einen, um die Erweiterung auf die Grundlagen der qualitativen Analyse erkennen zu lassen, zum anderen aber auch, um seine Plazierung in den anorganisch-chemischen Grundpraktika noch deutlicher als bisher aufzuzeigen. Das Fachgebiet Analytische Chemie mit seiner physikalisch-chemischen Methodik, die auf umfassende Stoffkenntnisse jedoch nicht verzichten kann, sollte sinnvollerweise erst dann gelehrt werden, wenn die Grundkenntnisse in den Fächern Anorganische, Organische und Physikalische Chemie erworben wurden.

Clausthal, im Frühjahr 1996   Georg Schwedt

Vorwort zur 1. Auflage

Das vorliegende Buch geht auf mein Vorlesungsskriptum „Quantitative Analyse" zurück, das an der Universität Tübingen seit mehreren Jahren eingeführt ist und den Prüfungsstoff für das Vordiplom in Analytischer Chemie enthält. Die große Resonanz, die das Skriptum an der eigenen und an anderen Hochschulen gefunden hat, ermutigte mich, den Text einem größeren Publikum zugänglich zu machen. Der Entschluß wurde sicher dadurch erleichtert, daß es wenig Lehrbücher der analytischen Chemie auf dem Markt gibt, die in kompakter Form die theoretischen Grundlagen und die praktische Anwendung gleichermaßen berücksichtigen. Natürlich wird die Stoffauswahl immer subjektiv sein und von den örtlichen Verhältnissen ausgehen. Ich meine aber, daß alle wesentlichen Gebiete behandelt sind, die eine Einführung in die quantitative Analytik enthalten sollte. Das Buch wendet sich daher an einen breiten Leserkreis und spricht alle Studierenden mit Haupt- und Nebenfach Chemie an Universitäten, Fachhochschulen und chemischen Lehrinstituten an.

Im ersten Teil sind gemeinsame Grundlagen zusammengestellt, die den Zugang zu den einzelnen Methoden erleichtern sollen. Das einführende Kapitel umreißt einige Aspekte der modernen Analytik und zeigt die Stationen des analytischen Prozesses – Probennahme und -vorbereitung, Messung und Auswertung, Fehlerbetrachtung und Ergebniskritik – auf. Ein eigener Abschnitt ist dem richtigen Umgang mit Dezimalstellen gewidmet, der erfahrungsgemäß vielen Studenten Schwierigkeiten bereitet.

Das zweite Kapitel bringt einige physikalisch-chemische Grundlagen, die für die Analytik von Bedeutung sind. Der Anwendung des Massenwirkungsgesetzes auf homogene und heterogene Systeme folgt die Besprechung der schwachen und starken Elektrolyte. Besonderes Gewicht wird dem Aktivitätsbegriff beigemessen, der die richtige Erklärung bestimmter analytischer Erscheinungen wie Beeinflussung der Löslichkeit durch Fremdsalze oder Verschiebung von Säure-Base-Gleichgewichten („Salzfehler") liefert. Aus didaktischen Gründen wird die Gravimetrie als Teil der Fällungsanalyse vorgezogen.

Das Kapitel „Volumetrie" enthält eine ausführliche Darstellung der Konsequenzen, die sich aus der Anwendung des SI-Einheitensystems und der entsprechenden DIN-Normen auf die Maßanalyse ergeben. Die neuen Definitionen für Stoffmenge, molare Masse, Äquivalent und Konzentration werden an Beispielen erläutert und in Bezug zu den alten Einheiten gesetzt.

Den Schwerpunkt des Buches bilden die klassischen maßanalytischen Methoden Neutralisation, Fällungsanalyse, Komplexometrie und Redox-analyse. Alle relevanten Titrationskurven und -diagramme („Hägg-Diagramme") werden abgeleitet und ausführlich diskutiert. Der Hauptteil schließt mit dem Kapitel „Trennungen" ab, das einen Abriß der wichtigsten naßchemischen und physikalisch-chemischen Methoden (Destillation, Extraktion, Ionenaustausch und Chromatographie) einschließlich der Aufschlußverfahren wiedergibt.

Der letzte Teil enthält die Grundzüge der elektrochemischen, optischen und thermischen Methoden, soweit sie für das analytische Praktikum von Bedeutung sind. Da eine intensive Darstellung den Rahmen dieses Buches sprengen würde, muß zur Vertiefung auf weiterführende Literatur verwiesen werden. Das gleiche gilt für alle Teilgebiete, die aus Kapazitätsgründen nur kurz gestreift oder gar nicht berücksichtigt werden konnten – so zum Beispiel C, H, N-Verbrennungsanalyse, Gasanalyse, Spurenanalyse, Wasseruntersuchung, statistische Methoden, Analyse natürlicher und technischer Produkte und Prozeßkontrolle.

Wie schon erwähnt, stellt die konsequente Anwendung des SI-Systems und der Nomenklaturregeln ein wichtiges Ziel dieses Buches dar. Die Entwicklung eines internationalen Einheiten- und Nomenklatursystems ist ein langwieriger Prozeß, der heute noch nicht zum Abschluß gelangt ist (und wahrscheinlich auch nie kommen wird). Immerhin hat das Konzept nunmehr das Stadium der Anwendungsreife erreicht und in vielen Bereichen zu einer Vereinheitlichung geführt und historischen Ballast beseitigt. Eine kritische Auseinandersetzung ist aber sehr wohl erlaubt und geboten, damit nicht die Vorteile des neuen Systems durch übereifrige Reformbestrebungen wieder in Frage gestellt und buchstäblich „zerredet" werden:

> „Denn eben, wo Begriffe fehlen,
> Da stellt ein Wort zu rechten Zeit sich ein."
> GOETHE, Faust I

Mein Dank gilt Herrn Dr. P. Heinrich vom Georg Thieme Verlag für seine fachkundige Moderation und Herrn Dr. Th. Hättich für die sorgfältige Erstellung des Sachregisters. Sachliche Einwände und Diskussionsbeiträge werden gerne entgegengenommen.

Tübingen, im Oktober 1980   U. R. Kunze

Inhaltsverzeichnis

Formelzeichen[a]

In der nachstehenden Liste sind alle im Buch vorkommenden analytisch relevanten Größensymbole sowie die wichtigsten mathematischen Formelzeichen aufgeführt. Allgemein gültige physikalische Symbole sind nur in Zusammenhang mit analytischen Größen verzeichnet.

Physikalische Formelzeichen (in Klammern: Einheit)

A	Fläche, Oberfläche (m^2, cm^2)
A	Absorption (früher Extinktion)
A	Systematischer Fehler
a	Extinktionskoeffizient (cm^{-1})
a_i	Aktivität des Stoffes i (Lösungen: $mol \cdot L^{-1}$)
α	Reaktionsausmaß, Umsetzungsgrad, Dissoziationsgrad
α	Optischer Drehwinkel (Drehwert, Rotation) ($°$)
$[\alpha]_D^{20}$	Spezifischer Drehwinkel ($° \cdot cm^2 \cdot g^{-1}$)
b_i	Molalität ($mol \cdot kg^{-1}$)
β	Pufferkapazität ($mol \cdot L^{-1}$)
C	Kapazität (F)
C, c	Konzentration (Stoffmenge pro Volumen) ($mol \cdot L^{-1}$)
$C_0 (C_{0i})$	Gesamtkonzentration eines Systems (Probelösung)
$C^* (C_i^*)$	Gesamtkonzentration des Titranten
$c_i, c(i)$	Stoffmengenkonzentration (Gleichgewichtskonzentration) des Stoffes i
c_s	Sättigungskonzentration
c_s, c_b	Säure-, Basekonzentration
$c(eq)$	Äquivalentkonzentration ($mol \cdot L^{-1}$)
$c^*(eq)$	Äquivalentkonzentration (elektrochemisch) ($mol \cdot mL^{-1}$)
D, v	Kinematische Viskosität (Diffusionskoeffizient) ($m^2 \cdot s^{-1}$, $cm^2 \cdot s^{-1}$)

---

[a] Literatur[23,31,41,44]

E	Elektrische Feldstärke ($V \cdot m^{-1}$, $V \cdot cm^{-1}$)
E	Energie (J)
E_a	Aktivierungsenergie ($J \cdot mol^{-1}$)
E	Praktisches Elektrodenpotential (V)
E^0	Normalpotential (p^0, $t = 25\,°C$) (V)
$E(\text{eq})$	Äquivalenzpotential (V)
$\Delta E (= E_0)$	Potentialdifferenz
	($=$ Elektromotorische Kraft, EMK) (V)
E	Empfindlichkeit
e_0	Elementarladung (C)
ε_0	Elektrische Feldkonstante ($F \cdot m^{-1}$)
ε	(Relative) Dielektrizitätskonstante
ε	Theoretisches Elektrodenpotential (V)
ε	Molarer Absorptionskoeffizient ($L \cdot mol^{-1} \cdot cm^{-1}$)
η	Dynamische Viskosität ($Pa \cdot s$)
η	Überspannung (V)
F	Kraft ($N = kg \cdot m \cdot s^{-2}$)
F	Faraday-Konstante ($C\ mol^{-1}$)
F	Zufälliger Fehler
f	Aktivitätskoeffizient
f	Stöchiometrischer Faktor (molares Massenverhältnis)
G	Leitwert (S)
G	Freie Enthalpie (Gibbs-Energie) (J)
ΔG	Freie Reaktionsenthalpie ($J \cdot mol^{-1}$)
ΔG_{298}^{B}	Standard-Bildungsenthalpie ($J \cdot mol^{-1}$)
H	Enthalpie (J)
ΔH	Reaktionsenthalpie ($J \cdot mol^{-1}$)
H_0	Hammett-Konstante
h	Planck-Konstante (Wirkungsquantum) ($J \cdot s$)
I, I_v	Lichtintensität (Lichtstärke) (cd)
I	Strahlstärke (Strahlungsleistung pro Raumwinkel)
	($W \cdot sr^{-1}$)
I	Stromstärke (A)
I_d	Grenzstrom (Diffusionsstrom) (μA)
I	Ionenstärke ($mol \cdot L^{-1}$, $mol \cdot kg^{-1}$)
$i(k)$	Laufzahl, Nummer eines Stoffes
K	Gleichgewichtskonstante (allgemein)
K_c	Stöchiometrische Gleichgewichtskonstante (Lösungen)
K_a	Thermodynamische Gleichgewichtskonstante
K_L	Löslichkeitsprodukt

K_W	Ionenprodukt des Wassers
K_s, K_b	Säure-, Basekonstante
K_i	Indikatorkonstante
k, k′	Proportionalitätsfaktor, Konstante
k	Kielland-Parameter (Aktivitätskoeffizient)
k	Geschwindigkeitskonstante einer Reaktion[a]
k	Boltzmann-Konstante $(J \cdot K^{-1})$
$\varkappa(\sigma)$	Elektrolytische Leitfähigkeit (früher: spezifische Leitfähigkeit) $(S \cdot m^{-1}, S \cdot cm^{-1})$
L	Löslichkeit $(mol \cdot L^{-1})$
$L(G)$	Elektrolytischer Leitwert (früher: Leitfähigkeit) $(\Omega^{-1} = S)$
L	Induktivität (H)
Λ^m	Molare Leitfähigkeit $(S \cdot m^2 \cdot mol^{-1}, S \cdot cm^2 \cdot mol^{-1})$
$\Lambda(eq)$	Äquivalentleitfähigkeit $(S \cdot cm^2 \cdot mol^{-1})$
Λ_0	Grenzleitfähigkeit $(c_i \to 0)$
$\lambda_\pm$	Einzelleitfähigkeit eines Ions
λ	Wellenlänge (m, cm)
M	Spezifische Ausstrahlung (Strahlungsleistung pro Fläche) $(W \cdot m^{-2})$
M	Molare Masse $(g \cdot mol^{-1})$
$M(eq)$	Äquivalentmasse $(g \cdot mol^{-1})$
M_r	Relative molare Masse (Zahlenwert von M)
m	Masse (g, kg)
μ	„Wahrer Wert" (Sollwert)
μ_i	Chemisches Potential des Stoffes i $(J \cdot mol^{-1})$
μ_i^*	Elektrochemisches Potential $(J \cdot mol^{-1})$
μ_i^0	Standardpotential (p^0)
N	Teilchenzahl
N_A	Avogadro-Konstante (mol^{-1})
n	Stoffmenge (mol)
$n(eq)$	Äquivalentmenge (mol)
n	Natürliche Zahl (beliebige Anzahl)
$n_\pm$	Überführungszahl
n	Brechzahl
$[n]_D^{20}$	Standard-Brechzahl
v_i	Stöchiometrischer Faktor des Stoffes i (Reaktionsgleichung)
v	Frequenz $(Hz = s^{-1})$
$\tilde{v}$, σ	Wellenzahl (λ^{-1}) (m^{-1}, cm^{-1})

---

[a] Die Einheit hängt von der Reaktionsordnung ab.

ω	Kreisfrequenz (Winkelfrequenz, $\omega = 2\pi v$) (s^{-1})
P	Leistung (W)
P	Relative Häufigkeit, statistische Sicherheit
p	Druck (Pa, bar)
p^0	Standarddruck, 1013,25 mbar (früher: 1 atm)
p_i	Partialdruck des Stoffes i
pK	Gleichgewichtsexponent (pK $= -\log K$)
pH	pH-Wert (pH $= -\log a(\mathrm{H}^+)$)
pT	Titrierexponent (pT $= \mathrm{pH}(^{\mathrm{eq}})$)
$\prod_i c_i^{v_i}$	Stöchiometrisches Produkt
$\Phi(P)$	Strahlungsleistung (Strahlungsfluß) (W)
φ	Elektrisches Potential (Galvani-Potential) (V)
Q	Wärmemenge (J)
$Q(q)$	Elektrische Ladung, Elektrizitätsmenge (C $= \mathrm{A} \cdot \mathrm{s}$)
R	Elektrischer (Ohmscher) Widerstand (Ω)
R	Universelle Gaskonstante ($\mathrm{J} \cdot \mathrm{K}^{-1} \cdot \mathrm{mol}^{-1}$)
R_f	Trennfaktor (Chromatographie)
ϱ	Dichte ($\mathrm{g} \cdot \mathrm{cm}^{-3}$)
$\varrho_i^*(\beta_i)$	Massenkonzentration ($\mathrm{g} \cdot \mathrm{L}^{-1}$)
S	Entropie ($\mathrm{J} \cdot \mathrm{K}^{-1}$)
ΔS	Reaktionsentropie ($\mathrm{J} \cdot \mathrm{K}^{-1} \cdot \mathrm{mol}^{-1}$)
$\sum_i v_i c_i$	Stöchiometrische Summe
$\sigma(s)$	Standardabweichung (Streuung)
σ	Oberflächenspannung ($\mathrm{N} \cdot \mathrm{m}^{-1}$)
σ	Wellenzahl (m^{-1}, cm^{-1})
σ_i	Volumenkonzentration
T	Thermodynamische Temperatur (K)
T°	Normaltemperatur (298,15 K)
$T(D)$	Transmission (Durchlässigkeit)
T	Streubereich (Meßwerte)
T_c	Vertrauensbereich (Mittelwert)
t	Zeit (s)
$t(\vartheta)$	Celsius-Temperatur (°C)
τ	Titriergrad ($\tau = C^*/C_0$)
U	Spannung (Klemmspannung) (V)
U_z	Zersetzungsspannung (V)
$u_\pm$	Ionenbeweglichkeit ($\mathrm{m}^2 \cdot \mathrm{s}^{-1} \cdot \mathrm{V}^{-1}$, $\mathrm{cm}^2 \cdot \mathrm{s}^{-1} \cdot \mathrm{V}^{-1}$)
u	Atomare Masseneinheit (kg)

V	Variationskoeffizient
V	Volumen (L, mL)
V^0	Molares Standardvolumen ($m^3 \cdot mol^{-1}$)
v	Geschwindigkeit ($m \cdot s^{-1}$)
v	Reaktionsgeschwindigkeit
$W(A)$	Arbeit (J)
$W(w)$	Statistische Wahrscheinlichkeit ($0 \leq w \leq 1$)
w_y	Meßwert
w_i	Massengehalt(-anteil)
X	Allgemeines Größensymbol
X^0	Standardwert ($p = p^0$)
x_i	Stoffmengengehalt (Molenbruch)
x_s, x_b	Säure-, Basebruch
$\chi_i (\varphi_i)$	Volumengehalt(-anteil)
y	Analysenwert
Z	Scheinwiderstand (Impedanz) (Ω)
Z	Ordnungszahl eines Elements
z	Äquivalenzzahl („Wertigkeit")
$z_\pm, \pm z$	Ionenladungszahl

Mathematische Zeichen

$=$	gleich	$\ll$	klein gegen
$\neq$	ungleich	$\gg$	groß gegen
$\equiv$	identisch gleich	$\lvert a \rvert$	Betrag von a
$\hat{=}$	entspricht	$\bar{a}$	Mittelwert von a
$\approx$	ungefähr gleich	$\lim a$	Grenzwert von a
$\sim$	proportional (ungefähr)	$e^a, \exp a$	Exponentialfunktion
$\rightarrow$	nähert sich, strebt gegen		(zur Basis e)
	(konvergiert)	$\ln a$	Natürlicher Logarithmus
∞	unendlich	$\log a$ (lg a)	Dekadischer Logarithmus
$<$	kleiner als	$\log_b a$	Beliebiger Logarithmus
$>$	größer als		(zur Basis b)
$\leq$	kleiner oder gleich	$\sum$	Summenzeichen
$\geq$	größer oder gleich	$\prod$	Produktzeichen

Kapitel 1

Qualitative Analyse

1. Geschichte und Grundlagen

Stoffkenntnisse bilden die unverzichtbare Grundlage eines Chemiestudiums, auch oder gerade wegen der notwendigen Theoretisierung und Instrumentalisierung im Hauptstudium. Seit der Systematisierung und Vereinfachung der Trennungsgänge als experimentelle Wege zur Vermittlung von **Stoffkenntnissen** durch Carl Remigius Fresenius (ab 1841) bildet die qualitative anorganisch-chemische Analyse, heute nicht mehr als Fachgebiet Analytische Chemie verstanden, den Zugang zur Chemie. Die verschärften gesetzlichen Auflagen, die Umsetzung der Gefahrstoffverordnung in den Hochschulen, haben den Trend verstärkt, den Umgang mit den chemischen Stoffen weiter einzuschränken. Die qualitative Analyse, verstanden als qualitative anorganische Chemie, hat die Aufgabe, dem Studenten eine systematisch an *Reaktionsarten* und den sich daraus ergebenden *Selektivitäten* des Nachweises und Trennung orientierte Darstellung der *anorganischen Reaktionschemie* zu vermitteln. Ansätze dazu stammen von Fritz Umland[1] und den englischen Kollegen D. T. Burns, A. Townshend und A. G. Catchpole[2].

Historische Entwicklungen[28]

In den „Probierbüchlein" für Metallurgen, die bereits im 14. Jh. und besonders häufig im 15. Jh. erschienen sind, wurden in Form von Rezepten auch erste chemisch-analytische Prüfungen wie die Güte des Schwefels zur Schießpulverherstellung (Codex Germanicus 600 – Bayerische Staatsbibliothek München; aus dem 14. Jh.) oder auch eine „Goldprobe" auf trockenem Wege beschrieben. Diese Bücher sind jedoch nur als Vorläufer wissenschaftlicher analytisch-chemischer Fachbücher zu betrachten, sie wenden sich an Handwerker und stellen häufig Sammlungen von Abschriften aus älteren Büchern dar.

Als erstes Hochschullehrbuch der analytischen Chemie ist nach Szabadvary[29] das Buch „Vollständiges chemisches Probir-Cabinet" (Jena 1790) des Johann Friedrich Göttling (1755–1809), Pharmazeut und Professor in Jena, anzusehen. Ein unscheinbares und kleines Büchlein ohne Abbildungen, jedoch mit ausführlichen Beschreibungen von 152 Versuchen und eines Experimentierkastens, stellt den Beginn einer qualitativen Analyse „auf nassem Wege" dar[5]. Die zweite Auflage trägt bereits einen „wissenschaftlicheren" Titel: „Prakische Anleitung zur prüfenden und zerlegenden Chemie" (Jena 1802). Göttling beschäftigte sich in seinen Büchern überwiegend mit Metall- und Erzanalysen. Ebenfalls von einem Pharmazeuten, von Wilhelm August Lampadius (1772–1842), Professor für Chemie an der Bergakademie Freiberg in Sachsen, stammt das „Handbuch zur chemischen Analyse der Mineralkörper" (Freyberg 1801). Lampadius bezeichnete in seinem Vorwort die „Zerlegung der Mineralkörper", die „Analysis der genannten Körper", als eine „Beschäftigung vorzugsweise analytische Chemie genannt" und erklärte damit diesen Teil der Chemie zu einem selbständigen Fachgebiet.

Das erste Handbuch der analytischen Chemie wurde von dem Arzt Christian Heinrich Pfaff (1773–1852), Professor der Chemie und Pharmazie in Kiel, verfaßt. Dieses Handbuch wendet sich nicht nur an Chemiker, sondern auch an Ärzte, Apotheker, „Ökonomen und Bergwerks Kundige" mit dem Ziel, *gründliche Stoffkenntnisse* und bewährte analytische Verfahrensvorschriften so umfassend zu vermitteln, daß sein Buch als Anleitung für den Anfänger sowie auch als Nachschlagewerk für den geübten Chemiker und Praktiker dienen konnte. Obwohl schon erste Ansätze zur *Klassifikation der Kationen* mit Hilfe von Reagenzien wie Schwefelwasserstoff, Ammoniumsulfid, Kaliumhexcyanoferrat(II), Ammoniak, Ammoniumcarbonat, Kaliumhydroxid und Kaliumoxalat erkennbar sind, wird von C. H. Pfaff noch kein Analysengang zur qualitativen oder auch quantitativen Untersuchung von Stoffgemischen beschrieben. Ein solcher *Trennungsgang* für die wichtigsten Elemente wird erstmals von Heinrich Rose (1795–1864), Professor für Chemie an der Universität Berlin, angegeben. H. Roses „Handbuch der analytischen Chemie" (1829) vereinigt eine Fülle von Einzelfakten; alle zu seiner Zeit bekannten Elemente und deren Reaktionen werden behandelt. Der genannte Trennungsgang läßt sich in Roses Handbuch zwar erkennen, der Stoff wird jedoch kaum in einer systematischen Betrachtungsweise angeboten – ein relativ komplizierter Aufbau des gesamten Werkes ohne ein hilfreiches System sowie die oft umständliche Sprache erschweren vor allem eine Benutzung durch den Anfänger.

Diese Schwächen sind in dem 1841 in der 1. Auflage erscheinenden Buch von Carl Remigius *Fresenius* (1818–1897) nicht zu finden. Fresenius' „Anleitung zur qualitativen chemischen Analyse" beginnt mit einem Abschnitt „Über Begriff, Aufgabe, Zweck, Nutzen und Gegenstand der qualitativen chemischen Analyse und über die Bedingungen worauf ein erfolgreiches Studium derselben beruht" – eine Einführung, die Aussagen sowohl zur Methodik als auch Problemorientierung analytisch-chemischer Arbeiten vermittelt. Die *analytische Arbeitsweise* – vom Lösen der Analysensubstanz bis zur Lötrohrprobe – und die einzelnen Reagenzien mit einer systematischen Unterteilung werden daran anschließend ausführlich dargestellt. Den zweiten Teil des Buches bildet der „Systematische Gang der qualitativen chemischen Analyse", der im Prinzip noch heute im *Jan-*

der/Blasius[20] unserer Generation in den qualitativen anorganisch-chemischen Grundpraktika angewendet wird. Dieser *Trennungsgang* baut auf dem *Löslichkeitsverhalten* der Stoffe (in Wasser, Salz- und Salpetersäure) auf, beinhaltet übersichtliche Schemata und eine kritische Betrachtung der Wege, Fehlermöglichkeiten und Ergebnisse.

Reaktionstypen der qualitativen Analyse

Die analytisch nutzbaren *Reaktionstypen* der klassischen qualitativen anorganisch-chemischen Analyse sind:

Säure-Base-, Komplexbildungs-, Fällungs-, Polymerisations-, Redox- und Gasentwicklungs- sowie Verflüchtigungsreaktionen. Verbunden sind mit einigen der Reaktionsarten auch charakteristische Farbänderungen. Im allgemeinen finden alle Reaktionen in *wäßrigen Lösungen* statt, und zwar zwischen Ionen und auch Molekülen. Allen Reaktionen liegen allgemein gültige physikalisch-chemische Prinzipien zugrunde – s. Kap. 3 (Chemisches Gleichgewicht), Kap. 4 (3. Lösen und 4. Fällen) sowie Kap. 8 (3. Schwerlösliche Salze), Kap. 6 (Säure-Base-Gleichgewichte), Kap. 9 (Komplexometrie) und Kap. 10 (Redoxvorgänge).

Im folgenden werden Beispiele für die oben aufgeführten Reaktionstypen mit ihrem Stellenwert in der qualitativen Analyse aufgeführt:

Säure-Base-Reaktionen

$$CH_3COO^- + H_3O^+ \leftrightarrow CH_3COOH(g)$$

Freisetzung (Verflüchtigung, g für gasförmig) von Essigsäure aus der Lösung eines Acetates durch Zugabe von Hydronium-Ionen (als Lösung einer starken, d. h. weitgehend dissoziierten Säure wie Salz- oder Schwefelsäure)

Eigentlicher Reaktionspartner des Acetat-Ions ist das freie Wasserstoff-Ion, das in wäßriger Lösung jedoch hydratisiert, meist als H_3O^+ geschrieben, korrekter jedoch als $(H_2O)_4H^+$ bzw. $H_9O_4^+$, vorliegt:

$$NH_4^+ + OH^- \leftrightarrow NH_3(g)$$

Freisetzung von Ammoniak(gas) aus einem Ammonium-Salz durch den Zusatz einer starken Base wie Natriumhydroxid (Natronlauge)

Komplexbildungsreaktionen

$$AgCl + 2 NH_3 \leftrightarrow [Ag(NH_3)_2]^{2+}$$

Auflösen des schwerlöslichen Silberchlorids (s. u. Fällungsreaktion) durch Ammoniak als Komplexbildung unter Bildung des ionischen (wasserlöslichen) Silberdiammin-Komplexes.

$$Cu(H_2O)_4^{2+} + 4\,NH_3 \leftrightarrow [Cu(NH_3)_4]^{2+} + 4\,H_2O$$

Austausch der Wassermoleküle des hydratisierten Kupfer(II)-Ions gegen Ammoniak-Moleküle unter Bildung eines ionischen tiefblauen (Farbänderung) Kupfertetrammin-Komplexes

Komplexbildungsreaktionen können auch mit organischen Reagenzien stattfinden, wie 8-Hydroxychinolin, Alizarin S u. a. in Kap. 4, Gravimetrie (6. Organische Fällungsreagenzien)

Fällungsreaktionen

$$Ag^+ + Cl^- \leftrightarrow AgCl(s)$$

Fällung von Silber- bzw. Chlorid-Ionen als schwerlösliches Silberchlorid (Wiederauflösung s. o.):

$$Ba^{2+} + SO_4^{2-} \leftrightarrow BaSO_4(s)$$

Fällung von Barium- bzw. Sulfat-Ionen als schwerlösliches Bariumsulfat (s für engl. solid: fest)

Polymerisationsreaktionen

Zahlreiche chemische Stoffe können in wäßriger Lösung untereinander reagieren, wobei Dimerisierungen oder Polymerisierungen unter Ketten- bzw. Ringbildung auftreten. Das einfachste Beispiel ist die Dimerisierung von Chromat- zu Dichromat-Ionen, verbunden mit einer Farbänderung von Gelb nach Orange:

$$CrO_4^{2-} + H^+ \leftrightarrow HCrO_4^-$$
$$2\,HCrO_4^- \leftrightarrow Cr_2O_7^{2-}\ (Cr_2O_7^{2-} = [O_3Cr-O-CrO_3]^{2-})$$

Ein weitere, analytisch wichtige Kombination von zwei verschiedenen Ionen stellt die Bildung einer gemischten polymeren Verbindung, hier einer sog. *Heteropolysäure* bzw. von dessen Anion aus Molybdat- und Phosphat-Ionen dar:

$$12\,MoO_4^{2-} + H_2PO_4^- + 22\,H^+ \rightarrow [PO_4(MoO_3)_{12}]^{3-} + 12\,H_2O$$
$$(\text{12-Molybdophosphat-Ion})$$

Diese Reaktion wird zum Nachweis von Phosphat in Form eines gelben Niederschlages eingesetzt.

Redoxreaktionen

Sie sind mit einem Elektronentransfer verbunden und können als **a** einfache Redoxreaktionen unter Austausch eines Elektrons, in Lösung:

$$Ce^{4+} + Fe^{2+} \leftrightarrow Ce^{3+} + Fe^{3+},$$

b heterogene Reaktion zwischen Ionen in Lösung mit einem Austausch und einem Feststoff sowie einem Austausch von zwei Elektronen:

$$Cu^{2+} + Fe(s) \leftrightarrow Cu(s) + Fe^{2+},$$

c Disproportionierungsreaktion:

$$2\,Cu^+ \leftrightarrow Cu^{2+} + Cu(s)$$

oder

d Komproportionierungsreaktion über mehrere Oxidationsstufen und dem Austausch von hier insgesamt fünf Elektronen ablaufen:

$$IO_3^- + 5\,I^- + 6\,H^+ \leftrightarrow 3\,I_2 + 3\,H_2O.$$

Verflüchtigungsreaktionen

Hierbei werden Gase gebildet (s. auch Säure-Base-Reaktionen), die meist in einer weiteren Umsetzung nachgewiesen werden. So läßt sich aus Carbonaten durch Zusatz einer Säure das geruchlose Kohlenstoffdioxid freisetzen, das anhand einer Fällungsreaktion (Einleiten in eine Bariumhydroxid-Lösung, Bildung des unter diesen Bedingungen schwerlöslichen Bariumcarbonats) dann erkannt wird:

$$H^+ + HCO_3^- \rightarrow H_2O + CO_2(g)$$
$$CO_2(g) + Ba^{2+} + 2\,OH^- \rightarrow BaCO_3(s) + H_2O$$

Eine analytisch wichtige Verflüchtigungsreaktion stellt auch die Bildung von Fluorsilicium-Verbindungen aus Siliciumdioxid und Fluorwasserstoffsäure dar:

$$SiO_2(s) + 4\,HF \leftrightarrow SiF_4(g) + 2\,H_2O$$
$$SiO_2(s) + 6\,HF \leftrightarrow H_2SiF_6(g) + 2\,H_2O$$

In Abhängigkeit vom Überschuß an Fluorwasserstoffsäure entsteht entweder das Siliciumtetrafluorid oder die komplexe, ebenfalls flüchtige Hexafluorkieselsäure. Um das Gleichgewicht nach rechts zu verschieben, muß das entstehende Wasser durch Zusatz von konzentrierter (hygroskopischer) Schwefelsäure gebunden werden. Die Rückreaktion kann unter Bildung von unlöslichem Siliciumdioxid dann zum Nachweis der gebildeten Gase genutzt werden.

Unter *analytischen Aspekten* sind die beschriebenen Reaktionstypen in vier Gruppen einzuordnen:

1 charakteristische Niederschläge
2 Auflösung von Niederschlägen
3 Farbänderungen und
4 Gasentwicklungen.

Naßchemische Einzelreaktionen sind *Identifizierungsreaktionen*: Sie können entweder *spezifisch* oder *selektiv* verlaufen. Spezifisch bedeutet, daß ein Reagenz nur mit einem Stoff (Ion) eine charakteristische Reaktion ergibt. In der Regel ergeben sich jedoch nur selektive Reaktionen (Beispiel: Gruppenreagenzien), Störungen müssen berücksichtigt bzw. durch geeignete Schritte (Abtrennung wie vorherige Fällung oder Komplexierung = Maskierung) beseitigt werden.

Zur Charakterisierung von Reagenzien bzw. Reaktionen werden in der qualitativen Analyse die Begriffe *Grenzkonzentration* und *Erfassungsgrenze* verwendet:

Die *Grenzkonzentration* gibt an, in wieviel Millilitern 1 g des gesuchten Stoffes noch nachweisbar ist (Beispiel: 1 g in 10^5 mL → GK = 10^{-5} g · mL^{-1}). In der Regel wird die Grenzkonzentration (vergleichbar mit Wasserstoffionen-Konzentration und pH-Wert) als negativer dekadischer Logarithmus angegeben: pD = $-\log$ GK. Je größer die Zahl, der pD-Wert, um so empfindlicher ist die Reaktion. Temperaturabhängigkeit, Zusammensetzung der Lösung, Begleitelemente, Ionenstärke und andere Größen beeinflussen die Grenzkonzentration einer Nachweisreaktion. Sie gilt in der Regel für reine Lösungen eines Stoffes.

Die *Erfassungsgrenze* stellt keine Konzentrations-, sondern eine Mengenangabe dar. Es handelt sich um die absolut noch nachweisbare Menge, die in einem Lösungstropfen (meist als 0,05 ml festgelegt) noch nachgewiesen (erkannt) werden kann. Bei einem pD-Wert von 5 (s. o.) ergibt sich eine Erfassungsgrenze von 5 · 10^{-7} g = 0,5 µg. Auch hier sind die Abhängigkeiten von den Versuchsbedingungen zu beachten, die in der Regel eine Erhöhung der Nachweisgrenze im Unterschied zu einer reinen Lösung ergeben.

Qualitative Analysen werden meist im *Halbmikromaßstab* in einem Mengenbereich von 10 bis 100 mg in Lösungsvolumina von 0,5 bis 5 mL durchgeführt. Wichtig für die Bewertung einer Nachweisreaktion sind Vergleichs- und Blindprobe. Bei der *Vergleichsprobe* wird der Nachweis mit der reinen Substanz durchgeführt und das Ergebnis als Vergleich zur Reaktion mit der Analysenprobe herangezogen. Bei der *Blindprobe* wird der vorgesehene Nachweis nur mit dem Reagenz unter den vorgeschriebenen Bedingungen (Säure, Base, Puffer u. ä.) durchgeführt. Die Blindprobe soll Aufschluß darüber geben, ob die verwendeten Reagenzien mit dem nachzuweisenden Ion verunreinigt sind. Dieses Verfahren empfiehlt sich allgemein für Nachweisreaktionen, die besonders empfindlich sind (ab pD-Werten von etwa 4).

Systematisierung chemischer Stoffeigenschaften

Das Prinzip aller *Trennungsgänge* besteht darin, ein Substanzgemisch durch Trennschritte in immer kleinere Gruppen aufzutrennen, bis es möglich geworden ist, jede Komponente einer Gruppe zu identifizieren. Der Analytischen Chemie stehen heute instrumentelle Methoden wie die Röntgenfluoreszenz- oder Emissionsspektrometrie zur Verfügung, welche die Aufgabe des Nachweises eines Elementes ohne vorherige Trennung lösen. Trotzdem haben chemische Trennungsgänge im Chemiestudium weiterhin ihren Stellenwert, da sie die Grundlage für Stoffkenntnisse vermitteln, die auch bei Anwendung instrumenteller (physikalischer) Analysenmethoden in der späteren Praxis erforderlich sind.

Trennungsgängen liegen Fällungs- und Lösungvorgänge zugrunde, die sich Gruppeneigenschaften zunutze machen. *Burns*, *Townshend* und *Catchpol*[2] schlagen in Form eines systematischen Kationen-Trennschemas sechs Gruppen vor, die im folgenden mit dem klassischen (Fresenius-)Trennungsgang in Verbindung gebracht werden:

- **Silber-Gruppe** mit Ag(I), Hg(I), Pb(II), Tl(I) als schwerlösliche Chloride und W als Wolframsäure bzw. WO_3 – entspricht der klassischen HCl-Gruppe
- **Calcium-Gruppe** Ca, Sr, Ba, Pb als schwerlösliche Sulfate (bis auf Pb in der Ammoniumcarbonat-Gruppe)
- **Kupfer-Zinn-Gruppe** Cu(II), Hg(II), Bi(III), Cd, Se(IV), Sn(II), Sn(IV), Sb(III), As(III), As(V), Te(IV), Te(VI) und Mo(VI), gefällt als Sulfide aus salzsaurer Lösung (entspricht der Schwefelwasserstoff-Gruppe – mit Kupfer- und Arsen-Gruppe)
- **Eisen-Gruppe** Fe(III), Al, Cr(III), Zr(IV), Ti(IV), Ce(III), Th(IV), U(VI), V(IV), V(V), Be – Fällung mit Ammoniak nach Entfernung des Hydrogensulfids (entspricht der Urotropin-Gruppe)
- **Zink-Gruppe** Zn, Mn(II), Ni(II), Co(II), fällbar mit Sulfid in alkalischer Lösung (klassische Ammoniumsulfid-Gruppe)
- **Magnesium-Gruppe** Mg, Na, Li (K), welche nach den vorherigen fünf Trennschritten in Lösung geblieben sind (lösliche Gruppe)

Die wesentlichen Trennschritte im Hinblick auf die zugrundeliegenden Stoffeigenschaften lassen sich wie folgt zusammenfassen:

Einige Elemente bilden schwerlösliche Chloride; da für den Fällungsschritt mit Schwefelwasserstoff die Analysensubstanz in salzsaurer Lösung vorliegen muß, fallen die Chlorid-Niederschläge als erste Gruppe auf. In der Praxis spielt die HCl-Gruppe jedoch kaum eine Rolle, da die

Chloride in heißer Lösung recht gut löslich sind (außer AgCl) bzw. die Elemente in höherer Oxidationsstufe – Hg(II), Tl(III) – keine schwerlöslichen Chloride bilden. AgCl wird daher als schwerlöslicher *Rückstand* (s. weiter unten) behandelt. Der Trennungsgang kann daher mit der *Schwefelwasserstoff-Gruppe* beginnen. Eine Reihe von Elementen bildet in saurer Lösung schwerlösliche Sulfide, von denen eine Gruppe – die Zinn-Gruppe mit Sn, As, Sb, Bi (klassisch als Arsen-Gruppe bezeichnet) – lösliche Polysulfide bildet. Im nächsten Schritt erfolgt ein Übergang vom sauren Bereich in den alkalischen (ammoniakalischen) Bereich, wodurch schwerlösliche Hydroxide von Kationen der Oxidationsstufen +3 und höher (mit einigen Ausnahmen, s. u.) ausfallen. Die folgende Gruppe umfaßt Sulfide, die aufgrund höherer Löslichkeiten als der Metallsulfide in der Schwefelwasserstoff-Gruppe erst bei höheren pH-Werten ausfallen, bei denen genügend hohe Konzentrationen an Fällungsanionen (S^{2-}) zur Verfügung stehen (s. Kap. 8 Fällungsanalyse). Schließlich werden in ammoniakalischer Lösung schwerlösliche Carbonate der Erdalkalien (bis auf Mg) ausgefällt, wonach nur noch Kationen der Löslichen Gruppe (Alkali-Ionen und Magnesium-Ionen) in Lösung sind.

Die folgende Zusammenstellung gibt den Analysengang für eine Gesamtanalyse (Vollanalyse) wieder, wie er für die Praktika aus eigener Erfahrung am besten geeignet ist (weitere Einzelheiten unter 5. Systematik der Kationen-Trennungsgänge):

- **Schwefelwasserstoff-Gruppe** Hg(II), Pb(II) As(III,V), Sb(III,V), Bi(III), Cu(II), Sn(II,IV), Cd(II), Mo(VI), Se(IV,VI), Te(IV,VI)
- **Urotropin-Gruppe** Fe(III), Al(III), Cr(III), Zr(IV), Ti(IV), La(III), U(VI), Be(II), V(V)
- **Ammoniumsulfid-Gruppe** Co(II), Ni(II), Mn(II), Zn(II)
- **Ammoniumcarbonat-Gruppe** Ba^{2+}, Sr^{2+}, Ca^{2+}
- **Lösliche Gruppe** Mg^{2+}, Li^+, Na^+, K^+, NH_4^+ (Nachweis aus der Ursubstanz), Rb^+, Cs^+

(Einzelheiten s. in Abschnitt 5: Systematik der Kationen-Trennungsgänge)

Für die *Anionen-Analytik* existieren zwar auch Trennungsgänge, die sich in der Praxis im allgemeinen nicht bewährt haben. Zur Voruntersuchung sind jedoch *Gruppenreagenzien* von Interesse[9], die bei negativem Ergebnis auf die Abwesenheit jeweils einer Reihe von Anionen schließen lassen: Den Gruppenreaktionen liegen Fällungs- und Redoxreaktionen zugrunde (Einzelheiten s. 4. Anionen-Analytik):

- **Silbernitrat** (Ag^+)
  Fällungen in salpetersaurer Lösung $\rightarrow$ Cl^-, ClO^-, BrO_3^-, IO_3^-, CN^-, SCN^-, $[Fe(CN)_6]^{4-}$
- **Calciumchlorid** (Ca^{2+})
  Fällungen aus essigsaurer Lösung $\rightarrow$ SO_3^{2-}, MoO_4^{2-}, WO_4^{2-}, PO_4^{3-}, $P_2O_7^{4-}$, VO_4^{3-}, $B_4O_7^{2-}$, $C_2O_4^{2-}$ (Oxalat), F^-, $[Fe(CN)_6]^{4-}$, SO_4^{2-}
- **Zinknitrat** (Zn^{2+})
  Fällungen in schwach alkalischer Lösung $\rightarrow$ S^{2-}, CN^-, $[Fe(CN)_6]^{4-}$, $[Fe(CN)_6]^{3-}$
- **Bariumnitrat** oder **-chlorid** (Ba^{2+})
  Fällungen in
  - verd. HCl oder HNO_3
    $\rightarrow$ SO_4^{2-}, IO_3^-, $[SiF_6]^{2-}$
  - verd. Essigsäure
    $\rightarrow$ F^-, CrO_4^{2-}, SO_3^{2-}, $S_2O_3^{2-}$ (unter S-Abscheidung)
  - neutraler Lösung (in Essigsäure löslich)
    $\rightarrow$ PO_4^{3-}, AsO_4^{3-}, AsO_3^{3-}, BO_2^-, SiO_3^{2-}, CO_3^{2-}
- **Oxidation mit Kaliumpermanganat** ($KMnO_4$)
  in schwefelsaurer Probenlösung (Entfärbung der Lösung) $\rightarrow$ SO_3^{2-}, $S_2O_3^{2-}$, AsO_3^{3-}, S^{2-}, $C_2O_4^{2-}$ (Oxalat), Br^-, I^-, CN^-, SCN^-, NO_2^-, H_2O_2 (Peroxide allgemein), $[Fe(CN)_6]^{2-}$
- **Oxidation mit Iod** (I_2)
  Entfärbung der Iod-Stärke-Einschlußverbindung $\rightarrow$ SO_3^{2-}, $S_2O_3^{2-}$, AsO_3^{3-}, S^{2-}, CN^-, SCN^-, $[Fe(CN)_6]^{4-}$
- **Reduktion mit Iodid** (I^-)
  in saurer Lösung $\rightarrow$ CrO_4^{2-}, $Cr_2O_7^{2-}$, $[Fe(CN)_6]^{3-}$, NO_2^-, ClO_3^-, BrO_3^-, IO_3^-, IO_4^-, MnO_4^-, AsO_4^{3-}, ClO^-, H_2O_2 (allgemein Peroxide) (in stark saurer Lösung reagieren auch die Kationen Cu^{2+} und Fe^{3+})

2. Lösen und Aufschließen

Lösungsschritte

Um bereits beim Lösen eine Vortrennung von Stoffen erzielen (und damit die Trennungsgänge vereinfachen zu können) empfiehlt sich folgendes Vorgehen: Die Lösungsversuche werden allgemein mit geringen Substanzmengen zwischen 100 und 200 mg vorgenommen.

1. Lösen in Wasser (unter Erwärmen), Chancen in der Regel gering.

2. Zur wäßrigen Aufschlämmung wird tropfenweise konz. Salzsäure hinzugefügt und erwärmt (Gasentwicklung bzw. Ausfällung von Halogeniden: Ag und Pb beim Abkühlen).
3. Eine neue Probe wird mit Wasser versetzt, danach wird tropfenweise konz. HNO_3 hinzugefügt (Halogenide fallen nicht aus, jedoch SnO_2 und Mo-W-Oxide).
4. Der nach dem 3. Schritt zurückbleibende *Rückstand* wird von der erhaltenen Lösung getrennt analysiert.

Klassische Aufschlußverfahren (s. a. Kap. 12.5)

Im Unterschied zum Lösen (primär Hydratisierung von Ionen) werden beim Aufschluß die vorliegenden Verbindungen umgewandelt (zerstört). Von Interesse für die qualitative Analyse sind folgende in Wasser und auch Säuren schwerlösliche Verbindungen:

WO_3, $PbSO_4$, AgCl, AgBr, AgI, TiO_2, ZrO_2, Al_2O_3, Fe_2O_3, Cr_2O_3, hochgeglühtes MgO, BeO, Erdalkalisulfate, Silicate, $Zr_3(PO_4)_4$, SnO_2

$PbSO_4$ und WO_3

Umsetzung mit heißer Weinsäure-Lösung (Bildung des Tartrat-Komplexes beim Pb, einer Wolframat-Lösung beim W) – eher als ein selektiver Lösungsvorgang als ein Aufschluß zu bezeichnen.

Silberhalogenide

Lösen in der Hitze mittels Ammoniak als Komplexbildner (AgCl, AgBr – unvollständig) oder Umsetzung mit Zn und Schwefelsäure:

$AgI + Zn + H_2SO_4 \rightarrow 2\ Ag + ZnSO_4 + 2\ HI$
Lösen des elementaren Ag in HNO_3.

Saurer Aufschluß

Schmelze mit $KHSO_4$ für TiO_2, Al_2O_3, Fe_2O_3, Cr_2O_3:

$2\ KHSO_4 \leftrightarrow K_2S_2O_7 + H_2O$
$K_2S_2O_7 \rightarrow K_2SO_4 + SO_3$ (bei schwacher Rotglut)
SO_3 wirkt als das eigentliche Aufschlußreagenz:

Beispiel: $Al_2O_3 + 6\ KHSO_4 \rightarrow Al_2(SO_4)_3 + 3\ K_2SO_4 + 3\ H_2O$

Freiberger Aufschluß

Bildung von Thio-Salzen, für SnO_2:

$2\ SnO_2 + 2\ Na_2CO_3 + 9\ S \rightarrow 2\ NaSnS_3 + 3\ SO_2 + 2\ CO_2$

Redoxreaktion des Schwefels als Disproportionierung: S($\pm$0) zu S(+IV) in SO_2 und S(-II) in S^{2-} im wasserlöslichen Thiokomplex des Sn(+IV).

Carbonatschmelze (Na_2CO_3/K_2CO_3)

Für Erdalkalisulfate und Silicate:

$$BaSO_4 + Na_2CO_3 \rightarrow BaCO_3 + Na_2SO_4$$

Vollständiges Entfernen des Sulfats durch Waschen mit Wasser, dann Lösen das Bariumcarbonats in verdünnter Salzsäure.

Oxidationsschmelze

Für Cr_2O_3 und $FeCr_2O_4$:

$$2\, FeCr_2O_4 + 4\, Na_2CO_3 + 7\, NaNO_3$$
$$\rightarrow Fe_2O_3 + 4\, Na_2CrO_4 + 7\, NaNO_2 + CO_2(g)$$

3. Vorproben

Der systematische Gang einer qualitativen Analyse beginnt mit *Vorproben*, welche erste Informationen über die Zusammensetzung (oder auch über die Anwesenheit bestimmter Stoffe) der Analysensubstanz liefern. Auch die beschriebenen Versuche zum *Lösen* gehören zu den Vorprüfungen.

Phosphorsalz- und Boraxperle

Schwermetalle geben als Phosphate charakteristische Färbungen. Eine Schmelze von $NaNH_4HPO_4$ führt unter Kondensation zu Polyphosphaten, darunter auch zu ringförmigen Metaphosphaten – $Na_3(P_3O_9)$, vereinfacht als $NaPO_3$ formuliert:

$$NaNH_4HPO_4 \cdot 4\, H_2O \rightarrow NaPO_3 + NH_3(g) + 5\, H_2O(g)$$

Das gebildete Polyphosphat löst in der Hitze im Glasschmelzfluß Schwermetalloxide bzw. setzt sich mit Schwermetallsalzen um:

$$3\, NaPO_3 + 3\, CoO \rightarrow Co_3(PO_4)_2 + Na_3PO_4 + 10\, H_2O(g)\,,$$
$$3\, NaPO_3 + 3\, CoSO_4 \rightarrow Co_3(PO_4)_2 + Na_3PO_4 + 3\, SO_3(g) + 10\, H_2O$$

oder auch

$$NaPO_3 + CoSO_4 \rightarrow NaCoPO_4 + SO_3(g)$$

Vergleichbare Reaktionen treten unter Bildung der Metaborate auch in der *Boraxperle* auf:

$$Na_2B_4O_7 \cdot 10\ H_2O + CoSO_4$$
$$\rightarrow 2\ NaBO_2 + Co(BO_2)_2 + SO_3(g) + 10\ H_2O$$

Bei den Umsetzungen ist zu beachten, daß die auftretende Farbe von der Reaktionszone in der Flamme (Oxidations- oder Reduktionsflamme, jeweils heiße bzw. kalte Zone) abhängig ist (Übersicht in[6]).

Oxidationsschmelze (Nachweis von Mn bzw. Cr)

Die Oxidationsschmelze wird mit einem Gemisch aus Nitrat und Carbonat durchgeführt (s. unter oxidierendem Aufschluß):

$$\overset{+2}{Mn}O + 2\ Na\overset{+5}{N}O_3 + Na_2CO_3 \rightarrow Na_2\overset{+6}{Mn}O_4 + 2\ Na\overset{+3}{N}O_2 + CO_2(g)$$

Die grüne Farbe der Schmelze wird durch das Manganat(VI) hervorgerufen. Gelegentliche blaue Farbtöne sind auf die Bildung von Na_3MnO_4 zurückzuführen. Beim Ansäuern der Schmelze tritt eine Disproportionierung in Mangandioxid und Permanganat ein:

$$3\ \overset{+6}{Mn}O_4^{2-} + 4\ H^+ \rightarrow 2\ \overset{+7}{Mn}O_4^- + \overset{+4}{Mn}O_2 + 2\ H_2O$$

Aus Chrom(III)-Oxid entsteht das gelbe Chromat:

$$\overset{+3}{Cr_2}O_3 + 2\ Na_2CO_3 + 3\ K\overset{+5}{N}O_3 \rightarrow 2\ Na_2\overset{+6}{Cr}O_4 + 3\ K\overset{+3}{N}O_2 + 2\ CO_2$$

Flammenfärbung

Aufgrund der Emissionsspektren lassen sich vor allem Alkali- und Erdalkalimetalle (unter Verwendung eines Handspektroskops) in einer Flamme erkennen. Die durch Anregung der Elektronen in einer Flamme (z. B. Bunsenflamme) auftretenden Linienspektren kommen dadurch zustande, daß diese kurzzeitig auf ein höheres Energieniveau angehoben und dann beim Zurückfallen auf eine niedrigeres Niveau die Energiedifferenz als Strahlung bestimmter Wellenlänge abgeben. Leicht anregen, d.h. bei relativ niedrigen Temperaturen, lassen sich die Alkali-Metalle und von den Erdalkali-Metallen Ca und Sr.

Leuchtprobe (Sn)

Zinn(II)-Salze rufen in der Bunsenflamme eine blaue Fluoreszenz hervor.

Heparprobe (schwefelhaltige Verbindungen)

Eine geringe Menge der auf Schwefel zu prüfenden Substanz wird in einer kleinen Perle aus Soda (am Magnesia-Stäbchen oder in der Öse eines Platin-Drahtes) in der Oxidationsflamme des Bunsenbrenners erhitzt (um störende Stoffe wie Iodid zu entfernen) und anschließend in der leuchtenden Spitze der Flamme reduzierend geschmolzen. Schwefel-Verbindungen werden dabei zum Sulfid reduziert und zum Nachweis befeuchtet mit einem Stück Silber in Kontakt gebracht. Es bildet sich schwarzes Silbersulfid:

$$4\,Ag + 2\,S^{2-} + 2\,H_2O + O_2 \rightarrow Ag_2S + 4\,OH^-$$

Marshsche Probe (As und Sb)

Die mittels Salzsäure und Zink gebildeten Hydride AsH_3 und SbH_3 verbrennen in Wasserstoff mit fahlblauer Flamme, wobei ein weißlicher Rauch (Oxide) entsteht. An einer glasierten Porzellanschale schlagen sie sich elementar aufgrund der thermischen Zersetzung als schwarzer Belag nieder. In alkalische Wasserstoffperoxid-Lösung löst sich As sofort zur Arsensäure auf, Sb dagegen erst nach längerer Reaktionszeit.

Wassertropfenprobe (F und Si)

Die Umsetzung von Siliciumdioxid, Calciumfluorid in Anwesenheit von konz. Schwefelsäure führt zur Bildung von gasförmigem Siliciumtetrafluorid, das in einem Wassertropfen wieder zum Siliciumdioxid hydrolysiert und an der entstehenden Trübung durch SiO_2 erkannt werden kann.

$$SiO_2 + 2\,CaF_2 + 2\,H_2SO_4 \rightarrow SiF_4(g) + 2\,CaSO_4 + 2\,H_2O\ ,$$
$$SiF_4 + 2\,H_2O \qquad\qquad \rightarrow SiO_2(s) + 4\,HF \quad oder$$
$$3\,SiF_4 + H_2O \qquad\qquad \rightarrow SiO_2(s) + 2\,H_2SiF_6$$

Weitere *allgemeine Vorproben* sind das *Erhitzen im Glühröhrchen* unter Entstehung mehr oder weniger charakteristischer Gase (Farbe und Geruch) und das *Erhitzen* mit *verd.* oder *konz. Schwefelsäure* (ebenfalls Gasentwicklungen) – s. dazu Praktikumsbücher wie[3, 4, 20]

4. Anionen-Analytik

Sodaauszug

Der Sodaauszug hat die Aufgabe, den überwiegenden Teil der Kationen in schwerlösliche Carbonate umzuwandeln, um Störungen bei den Anionen-Nachweisen weitgehend auszuschließen. Es gilt die Umsetzung z.B.:

$$BaCl_2 + Na_2CO_3 \quad \rightarrow BaCO_3(s) + 2\,Na^+ + 2\,Cl^-$$
$$MnSO_4 + Na_2CO_3 \quad \rightarrow MnCO_3(s) + 2\,Na^+ + SO_4^{2-} \quad \text{und}$$
$$Pb(NO_3)_2 + Na_2CO_3 \rightarrow PbCO_3(s) + 2\,Na^+ + 2\,NO_3^-$$

Aufgrund des extrem hohen Überschusses an Carbonat werden nach dem *Prinzip* von *le Châtelier* auch schwerlösliche Verbindungen wie AgCl soweit gelöst, daß ein Anionennachweis (hier Chlorid) im Filtrat möglich wird. Schwerlösliche Sulfate wie das Bariumsulfat bzw. auch basische Nitrate wie BiONO$_3$ müssen jedoch aus dem Rückstand (oder aus der Ursubstanz) aufgeschlossen werden.

Der Sodaauszug kann durch folgende Ionen gefärbt sein:

- gelb → Chromat,
- grün → Pentaaqua- oder Tetraaquachrom(III)-Komplexe,
- rosa → Hexaaquacobalt(II)-Komplexe,
- blau → Tetrahydroxy-Komplexe des Cu oder Co und
- violett → Permanganat-Ionen.

Im Sodaauszug löslich sind folgende Metalle:

- Pb, Sn, Al und Zn – die amphotere Hydroxide bilden,
- As und Sb als Anionen oder bei Anwesenheit von Sulfiden auch als Thio- bzw. Thiooxo-Komplexe,
- Se, Te, V, Cr, Mo, W und Mn als sauerstoffhaltige Anionen.

Vorproben auf Anionen-Gruppen

Als Gruppenreagenzien (Fällungs-) sind folgende Metall-Salze (in wäßriger Lösung) geeignet:

- *AgNO₃* (Sodaauszug mit HNO$_3$ angesäuert)
  weiße Niederschläge → Cl^-, ClO^-, BrO_3^-, IO_3^-, CN, SCN^-, $[Fe(CN)_6]^{4-}$,
  brauner Niederschlag → Br^-,
  gelber Niederschlag → I^-, $[Fe(CN)_6]^{3-}$,
  schwarzer Niederschlag → schwach saure Lösung: S^{2-},
  roter Niederschlag → CrO_4^{2-}
- *CaCl₂* (mit verdünnter Essigsäure ansäuern)
  SO_3^{2-}, MoO_4^{2-}, WO_4^{2-}, PO_4^{3-}, VO_4^{3-}, $B_4O_7^{2-}$, F^-, $[Fe(CN)_6]^{4-}$, SO_4^{2-}
- *Zn(NO₃)₂* (aus schwach alkalischer Lösung)
  S^{2-}, CN^-, $[Fe(CN)_6]^{4-}$, $[Fe(CN)_6]^{3-}$
- *Bariumchlorid*
  unlöslich in verd. Essigsäure, Salz- und Salpetersäure: SO_4^{2-}, IO_3^-, $[SiF_6]^{2-}$,

unlöslich in verd. Essigsäure: F^-, CrO_4^{2-}, SO_3^{2-}, $S_2O_3^{2-}$ (Schwefelausscheidung),
unlöslich nur in neutraler Lösung: PO_4^{3-}, AsO_4^{3-}, BO_2^-, SiO_3^{2-}, CO_3^{2-}
- *Oxidation mit Permanganat* (in schwefelsaurer Lösung)
Entfärbung: SO_3^{2-}, $S_2O_3^{2-}$, AsO_3^{3-}, S^{2-}, $C_2O_4^{2-}$ (Oxalat), Br^-, I^-, CN^-, SCN^-, NO_2^-, H_2O_2, $[Fe(CN)_6]^{2-}$
- *Reduktion von Iod* (in HCO_3^--haltiger Lösung, Indikator Stärke – blaue Farbe der Iod-Stärke-Einschlußverbindungen verschwindet)
SO_3^{2-}, $S_2O_3^{2-}$, AsO_3^{3-}, S^{2-}, CN^-, SCN^-, $[Fe(CN)_6]^{4-}$, Hydrazin N_2H_2 und Hydroxylamin NH_2OH.

Halogenhaltige Anionen
(Nachweis von Chlorid, Bromid und Iodid)

Unter Berücksichtigung der abnehmenden Löslichkeiten der Silberhalogenide vom Chlorid zum Iodid können diese sowohl durch eine fraktionierte Fällung als auch aufgrund unterschiedlicher Löslichkeiten in Ammoniak unterschieden werden. Bei der fraktionierten Fällung fallen aus einer salpetersauren Lösung nacheinander AgI (gelb), AgBr (grünlichgelb) und als letztes AgCl (weiß) aus. Fällt bei der Zugabe des ersten Tropfens an Silbernitrat-Lösung eine weißer Niederschlag aus, so können Bromid und Iodid nicht vorhanden sein. Nach einer gemeinsamen Fällung aller drei Halogenide lassen sich AgCl und AgBr zum Teil in Ammoniak lösen; im Filtrat fallen sie nach dem Ansäuern mit Salpetersäure wieder aus. Das gelbe AgI bleibt als Rückstand übrig.

Eine zweite Möglichkeit des Nachweises von Iodid und Bromid nebeneinander besteht in der Oxidation mit Chlorwasser: Iodid wird zuerst zum Iod und bei einem Überschuß an Chlor bis zum Iodat oxidiert, Brom wird bis zur Interhalogen-Verbindung BrCl oxidiert:

$$2\,I^- + Cl_2 \rightarrow I_2 + 2\,Cl^-,$$

$$I^- + 3\,Cl_2 + 3\,H_2O \rightarrow IO_3^- + 6\,Cl^- + 6\,H^+ \quad \text{und}$$

$$Br^- + Cl_2 \rightarrow BrCl + Cl^-.$$

Schwefelhaltige Anionen
(Sulfid, Sulfat, Sulfit und Thiosulfat)

Sulfid wird aus dieser Gruppe schwefelhaltiger Anionen aus alkalischer Lösung mit einem Überschuß an Cadmiumacetat als CdS (gelb) gefällt. Im Filtrat können Sulfit-Ionen aus essigsaurer Lösung dann als Strontiumsulfit zusammen mit Strontiumsulfat gefällt und durch Freisetzen von SO_2 aus dem Niederschlag (Ansäuern mit Schwefelsäure) nachgewiesen werden. Im Filtrat der $SrSO_3/SrSO_4$-Fällung ist das Thiosulfat durch

Ansäuern mit Schwelsäure (Zerfall in $S + SO_2$) oder durch Entfärbung einer I_2/KI-Lösung nachweisbar. Das Sulfat wird allein in einer stark salzsauren Lösung (nach dem Verkochen von H_2S und SO_2 sowie Entfernen evtl. aus dem Thiosulfat entstandenen Schwefels) als Bariumsulfat nachgewiesen.

Für die „klassischen" *Standardanionen* Nitrat, Phosphat, Carbonat sowie Chlorid (s. o.) und Sulfat (s. o.) existieren selektive Einzelnachweise. Trennungsgänge, die über die beiden beschriebenen Verfahren hinausgehen, haben sich in der Praxis nicht bewährt.

5. Systematik der Kationen-Trennungsgänge

Vor Beginn eines Kationen-Trennungsganges werden die im 3. Abschnitt beschriebenen *Vorproben* sowie die *Anionen-Nachweise* (4. Abschnitt) durchgeführt. Folgende *störende Anionen* sollten vor Durchführung des Kationen-Trennungsganges entfernt werden:

1. *Fluorid* (wegen Bildung komplexer Metallfluoride) → Abrauchen mit konzentrierter Schwefelsäure als HF
2. *Borat* (wegen Bildung schwerlöslicher Erdalkaliborate ab pH 7) → als Borsäuretrimethylester
3. *Silicat* (Ausfällung unlöslicher Kieselsäure in saurer Lösung) → Abrauchen mit Fluorid und Schwefelsäure als SiF_4
4. *Thiocyanat/Cyanid* (wegen Komplexbildung mit zahlreichen Kationen) → Abrauchen mit Schwefelsäure
5. *Phosphat* (Bildung von schwerlöslichen Eisen- sowie Erdalkali- und Lithiumphosphaten) → Abtrennung nach der Schwefelwasserstoff-Gruppe als $FePO_4$.

Schwefelwasserstoff-Gruppe

Die im 1. Abschnitt genannte HCl-Gruppe hat keine praktische Bedeutung. Silber als Silberchlorid wird als Rückstand einer salzsauren Lösung der Probe behandelt (s. 2. Abschnitt), Blei und Quecksilber lösen sich weitgehend.

Die *selteneren Elemente* werden am Schluß des Abschnittes gesondert vorgestellt.

Die Schwefelwasserstoff-Gruppe enthält alle in stark saurer (HCl-)Lösung fällbaren, d. h. schwerlöslichen Metallsulfide:

- Kupfer-Gruppe: Hg(II), Pb(II), Bi(III), Cu(II), Cd(II),
- Arsen-Gruppe: As(III,V), Sb(III,V), Sn(II, IV).

Die Elemente der *Arsen-Gruppe* bilden in Ammoniumpolysulfid leicht lösliche Thio-Salze. Sie sind auch in einer $LiOH/KNO_3$-Lösung unter Bildung von Oxi-, Thio- und Thiooxo-Salzen löslich, wobei die beim anschließenden Ansäuern lästige Entwicklungen von Schwefelwasserstoff sowie von elementarem Schwefel aus dem Polysulfid vermieden werden.

Die Elemente der *Kupfer-Gruppe* lösen sich bis auf HgS in halbkonz. Salpetersäure.

Anstelle von gasförmigem *Schwefelwasserstoff* wird häufig eine Fällung in *homogener Phase* mittels Hydrolyse von *Thioacetamid* (s. auch Kapitel 3 – Fällungsanalyse) durchgeführt:

$$CH_3CSNH_2 + 2\ H_2O \rightarrow CH_3COO^- + H_2S + NH_4^+$$

(Thioacetamid, Derivat des Thioharnstoffs)

Urotropin-Gruppe

Urotropin (Hexamethylentetramin – s. auch Kap. 12, Naßchemische Trennungen) ist das Kondensationsprodukt aus Ammoniak und Formaldehyd (Methanal):

$$6\ CHO + 3\ NH_3 \leftrightarrow (CH_2)_6N_4\ (C_6H_{12}N_4)$$

In Wasser wird Urotropin in der Hitze hydrolysiert:

$$(CH_2)_6N_4 + 6\ H_2O \rightarrow 4\ NH_3 + 6\ HCHO$$

In saurer Lösung wird das Gleichgewicht nach rechts verschoben – aufgrund des Ammoniak-Ammoniumion-Gleichgewichtes:

$$NH_3 + H^+ \rightarrow NH_4^+$$

Mit Wasser reagiert Ammoniak nach der Gleichung:

$$NH_3 + H_2O \leftrightarrow NH_4^+ + OH^-$$

Die besonderen Vorteile dieser Hydrolyse-Fällung in schwach ammoniakalischer Lösung gegenüber einer direkten Fällung mit Ammoniak sind folgende:

- Infolge der Rückreaktionen ($\leftrightarrow$) bleibt die Konzentration an Ammoniak stets gering.
- Aufgrund des Zusatzes von Ammoniumchlorid zur Analysenlösung (Filtrat der Schwefelwasserstoff-Gruppe) stellt sich ein pH-Wert zwischen 5 und 6 ein.
- Das durch Hydrolyse entstandene Ammoniak wird verbraucht und bei einem Überschuß bleibt die Hydrolyse bei dem pH-abhängigen Gleichgewicht stehen.

- Unter diesen pH-Bedingungen fallen nur die Hydroxide der drei- und höherwertigen Metall-Ionen aus. Das störende Phosphat-Ion (s.o.) wird als $FePO_4$ abgetrennt, es können noch keine Erdalkaliphosphate bei diesem pH-Wert ausfallen.
- Aufgrund der reduzierenden Bedingungen (durch Methanal) wird eine Oxidation des Mangan(II) zum Permanganat vermieden.

Es werden folgende Metall-Ionen als Hydroxide bzw. Oxidhydrate oder schwerlösliche Fe(III)-Salze ausgefällt:

- braun → Fe(III), weiß → Al(III), grünlich → Cr(III)
- von den seltenen Elementen:
  weiß → Ti(IV), weiß → Be(II), rotbraun → V(V) als $FeVO_4$ und W(VI) als $Fe_2(WO_4)_3$, weiß → Th(IV), Zr(IV) und Ce(III/IV), gelb → U als $(NH_4)_2U_2O_7$ (Diuranat).

Im Filtrat befinden sich die Elemente der Ammoniumsulfid-, der Ammoniumcarbonat- und die lösliche Gruppe.

Der nächste Trennschritt innerhalb der Urortropin-Gruppe besteht in einem *alkalischen Sturz*: Die in wenig Salzsäure gelösten Niederschläge werden in eine stark alkalische Lösung, die H_2O_2 enthält, gegeben: Chromat- und Aluminationen (CrO_4^{2-}, $[Al(OH)_3]^-$) sowie Ionen des U, V und Be (UO_2^{2+}, VO_3^-, $[Be(OH)_3]^-$) gehen in Lösung.

Ammoniumsulfid-Gruppe

Die Ammoniumsulfid-Gruppe besteht nach Abtrennung der Elemente der Urortropin-Gruppe nur noch aus den Sulfiden des Ni, Co, Mn und Zn – CoS und NiS fallen als schwarze Niederschläge, MnS rosafarben und ZnS weiß aus.

Sie lassen sich weiter in zwei Gruppen durch Lösen in der Kälte mit halbkonz. Salzsäure auftrennen: CoS und NiS lösen sich nicht. Sie gehen erst unter oxidierenden Bedingungen mittels H_2O_2 für Einzelnachweise in Lösung.

Ammoniumcarbonat-Gruppe

Die Erdalkali-Ionen Ba^{2+}, Sr^{2+}, Ca^{2+} werden gemeinsam mittels Ammoniumcarbonat in ammoniakalischer, ammoniumchloridgepufferter Lösung als schwerlösliche Carbonate gefällt. Durch die Pufferung wird erreicht, daß Magnesiumhydroxid nicht ausfällt. Unter diesen Bedingungen bildet sich auch der lösliche $[Mg(H_2O)_5NH_3]^{2+}$-Komplex. Nach dem Lösen der drei Carbonate in halbkonz. Essigsäure kann Barium als $BaCrO_4$ (gelb) selektiv ausgefällt werden; die gelb gefärbte überstehende Lösung zeigt die Vollständigkeit der Fällung an.

Lösliche Gruppe (Mg^{2+}, NH_4^+, Na^+, K^+, Li^+)

Fällbar in dieser Gruppe sind Magnesium als Magnesium-ammoniumphosphat $MgNH_4PO_4$, Kalium mit Kalignost (Tetraphenylborat) und Lithium als Phosphat (zusätzlich Nachweis in der Flamme – s. Vorproben 3. Abschnitt). Ammonium-Ionen müssen aus der Ursubstanz, Natrium vorzugsweise über die Flammenfärbung nachgewiesen werden.

Seltene Elemente

Das Schema zeigt die Einordnung der seltenen Elemente in dem gesamten Kationen-Trennungsgang:

Einordnung der Seltenen Elemente in den Trennungsgang

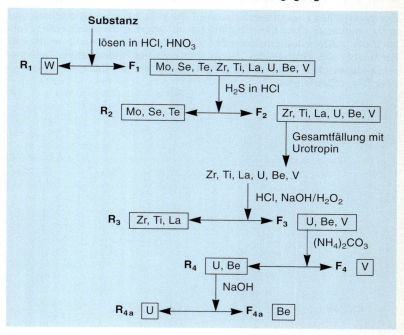

Der Rückstand R_1 enthält Wolfram als Oxidhydrat $WO_3 \cdot aq$ (aq für Wasser, Abscheidung nach quantitativ), das in NaOH gelöst werden kann. Bei der Fällung mit Schwefelwasserstoff in salzsaurer Lösung R_2 fällt Molybdän unvollständig als MoS_2/MoS_3 (braun bis braunschwarz), die

Elemente Selen und Tellur aufgrund der reduzierenden Wirkung der Sulfid-Ionen elementar aus – Se rot, Te schwarz.

In der Urotropin-Gruppe fallen aus dem Filtrat F_2 die Hydroxide des Zr, Ti, La (Ce für Seltene Erden) und Berylliums aus, ferner die Eisen(III)-Salze des Vanadats und Wolframats sowie Diuranats. In stark alkalischer Lösung mit H_2O_2 lösen sich die Niederschläge des U, V und Be auf (F_3) – Bildung des amphoteren Beryllat-Anions $[Be(OH)_4]^{2-}$ und der Peroxyvanadat- sowie Peroxouranat-Ionen $[VO_2(O_2)_2]^{2-}$ bzw. UO_6^{2-}.

Nach Zusatz von Ammoniumcarbonat zur annähernd neutralisierten Lösung und Aufkochen bleibt nur Vanadium in Lösung (F_4), die beiden anderen Elemente bilden Niederschläge (R_4) als Ammoniumdiuranat $(NH_4)_2U_2O_7$ bzw. $Be(OH)_2$, von denen nur Berylliumhydroxid aufgrund seiner amphoteren Eigenschaften in Natronlauge löslich ist (F_{4a}).

Zur praktischen Durchführung sowohl der kurz zusammengestellten und unter systematischen Gesichtspunkten erläuterten *Trennungsgänge* als auch der zahlreichen existierenden *Einzelnachweise*, auf die in diesem Buch über die Grundlagen der qualitativen und quantitativen anorganisch-chemischen Analyse verzichtet wurde, sei auf die *Praktikumsbücher*[3, 4, 5, 20] verwiesen.

Kapitel 2

Einführung in die quantitative Analyse

1. Der analytische Prozeß

Aufgabe der analytischen Chemie ist die Ermittlung der Art und Zusammensetzung von Stoffen und Stoffgemischen. Die **Analytik** im weiteren Sinne schließt Aussagen über *Struktur* und *Eigenschaften* der Stoffe mit ein. Die Bestimmung der Zusammensetzung einer Probe wird auch als **Elementanalytik** (oder auch Gehaltsanalytik) bezeichnet, wobei „*Element*" nicht in der üblichen Bedeutung zu verstehen ist, sondern alle chemischen Teilchen und Zustandsformen wie Atome, Moleküle, Ionen usw. umfaßt. Es besteht kein grundsätzlicher Unterschied zwischen *qualitativer* und *quantitativer* Analyse; vielmehr ist die qualitative Bestimmung nur als Grenzfall der quantitativen Analyse (einfache „Ja-Nein-Entscheidung") anzusehen. Der Ausgang des Nachweises eines Stoffes, d. h. das Ergebnis einer qualitativen Analyse, ist ebenfalls von dessen Menge bzw. Konzentration abhängig. Moderne Analysenmethoden (Atom- und Molekülspektroskopie, Chromatographie, Polarographie) gestatten gleichzeitige Aussagen über Art und Menge der in der Probe enthaltenen Komponenten.

Der analytische Prozeß [32] vollzieht sich in mehreren Stufen. Ausgehend vom allgemeinen **Analysenprinzip** (Meßprinzip) gelangt man über die konkrete **Analysenmethode** schließlich zum individuellen **Analysenverfahren,** das in Form einer Arbeitsvorschrift genaue Instruktionen für die einzelne Bestimmung liefert. Die **Arbeitsvorschrift** muß Angaben über Probennahme und Probenvorbereitung, Meßanordnung (bei instrumentellen Methoden), benötigte Reagenzien, Anwendungsbereich und Selektivität, Fehlerquellen (Störungen), Genauigkeit und Zeitbedarf (ggf. Kosten) enthalten [a].

Unabhängig von der gewählten Methode besteht jeder **Analysengang** aus den Teilschritten *Probennahme, Probenvorbereitung, Messung (Bestimmung)* und *Auswertung,* die alle mit objektiven und subjektiven Fehlerquellen behaftet sind (s. Abschn. 4). Jedes Verfahren kann nur so genau sein, wie es der maximale Fehler eines Einzelschritts zuläßt (s. S. 30). Sinnvolles analytisches Arbeiten setzt daher voraus, daß sich die durchschnittlichen relativen Fehler aller Teilvorgänge in der gleichen Größenordnung bewegen.

---

[a] Arbeitsvorschriften in diesem Sinne findet man z. B. in [20].

2. Probennahme und Probenvorbereitung

Eine analytische Bestimmung führt nur dann zu einer sinnvollen Aussage, wenn die ausgewählte Probe *repräsentativ* für das untersuchte Material ist. Diese Bedingung wird nur von *homogenen Systemen* (Flüssigkeiten, Lösungen, Gasgemische) streng erfüllt. Bei den üblicherweise vorliegenden heterogenen Gemischen muß eine problemgerechte Abstimmung zwischen Probenwahl und gewünschtem Resultat (ggf. mit statistischen Methoden) erfolgen[32, 35]. Ein möglichst hoher Grad an „Homogenisierung" auf mechanischem Wege (Verreiben, Vermahlen, Dispergieren) ist anzustreben. Dies gilt um so mehr, je geringer die Probenmenge gewählt wird.

Beispiele[10]

Bei den **Apollo-Missionen** wurde Mondgestein auch auf organische Bestandteile untersucht. Die Proben enthielten im Durchschnitt weniger als 200 ppm ($1\,\text{ppm} = 10^{-6}$) Kohlenstoff, davon $\leq 40\,\text{ppm}$ organisch gebunden. Es wäre aber zumindest voreilig, daraus den Schluß zu ziehen, daß auf dem Mond keine organische Materie existiert. Da die Proben nur von der *Oberfläche* des Mondes, die extremen thermischen Belastungen ausgesetzt ist, genommen wurden, sind sie keinesfalls repräsentativ für die gesamte Mondmaterie.

Tablettenprüfung. Zur pharmazeutischen Qualitätskontrolle ist es sinnvoller, nicht wahllos einige Tabletten aus der laufenden Charge herauszunehmen, sondern eine feste Anzahl zu mischen und davon eine Probe zu analysieren, die dem *Durchschnittsgewicht* einer Tablette entspricht. Dem so erhaltenen Ergebnis kommt eine wesentlich höhere Zuverlässigkeit als der Individualbestimmung zu.

Quantitativ unterscheidet man bei der Probennahme folgende analytischen Mengenbereiche[32]:

Arbeitsbereich. $A = m_i$: Mengenbereich des zu bestimmenden Bestandteils i, auf den ein Verfahren anwendbar ist.

Probenbereich. $P = m_i + m_o$: Mengenbereich der zu bestimmenden Komponente i und der „*Matrix*" o (= Summe der übrigen Bestandteile).

Nach dem Probenbereich gilt für Analysenverfahren die schematische Einteilung[19]:

$P > 100\,\text{mg}$	$100\,\text{mg} > P > 10\,\text{mg}$	$P < 10\,\text{mg}$
Makroanalyse	Halbmikroanalyse	Mikroanalyse

Gehaltsbereich.
$$G = \frac{100\,m_i}{m_i + m_o}$$

Für *G* gilt die Grobeinteilung:

$G > 10\%$	$10\% > G > 1\%$	$G < 1\%$
Hauptbestandteil	Nebenbestandteil	Spurenbestandteil

Wie leicht ersichtlich ist, besteht zwischen *A*, *P* und *G* die Beziehung

$$P = \frac{A}{G} \cdot 100 \tag{1}$$

Daraus läßt sich die *Mindestprobenmenge* (und Höchstmenge) für ein bestimmtes Verfahren bei vorgegebenem Arbeits- und Gehaltsbereich des zu ermittelnden Bestandteils abschätzen (s. S. 28). Die praktisch verwendete Menge ist nach Möglichkeit etwas höher anzusetzen.

Beispiele

Der zu bestimmende Stoff ist zu ungefähr 10% in der Probe enthalten; das angewandte Analysenverfahren zeigt noch 0,5 mg genau an. Die Mindestsubstanzmenge beträgt dann

$$P = \frac{0,5 \text{ mg}}{10} \cdot 100 = 5 \text{ mg}$$

Von einer Probe stehen maximal 10 mg Substanz für die Analyse zur Verfügung; der Gehalt des gesuchten Stoffes liegt bei etwa 20%. Das gewählte Verfahren muß mindestens anzeigen:

$$A = \frac{0,2 \cdot 10 \text{ mg}}{100} = 0,02 \text{ mg} = 20 \,\mu\text{g}$$

Weil sich die wenigsten Stoffe direkt analytisch untersuchen lassen, muß die Probe zunächst in eine meßgerechte Form gebracht werden. Da alle Substanzen mehr oder weniger wasserhaltig sind, ist sorgfältiges **Trocknen** ($1-2$ h bei $110-120\,°\text{C}$ im Trockenschrank oder $1-2$ d bei Raumtemperatur im Exsikkator) unerläßlich, um reproduzierbare Ergebnisse zu erhalten. Fast alle gebräuchlichen analytischen Methoden gehen von *flüssigen Proben* (Lösungen) aus, da diese bequem zu handhaben und leicht zu dosieren sind. Feststoffe müssen durch *Lösen* oder **Aufschließen** in die homogene flüssige Phase überführt werden (s. S. 228).

Auch beim scheinbar einfachen Auflösen in Wasser oder wasserähnlichen Solventien findet eine chemische Reaktion, die *Hydratation* bzw. *Solvatation,* statt. Beim Aufschließen einer Probe wird zusätzlich Energie zugeführt – überwiegend thermische Energie. Darüber hinaus finden auch chemische Umsetzungen wie Oxidationen statt.

Man unterscheidet gewöhnlich zwischen

Naßaufschlüssen: Lösen in Säuren, Laugen, Komplexbildnern,
Schmelzaufschlüssen: Sodaaufschluß, Oxidationsschmelze,

Gasaufschlüssen: Abrauchen mit Mineralsäuren, *„Abrösten"* = Verbrennen im Luftstrom.

Spurenbestandteile werden im Bedarfsfall angereichert (z. B. durch Flüssig-flüssig-Extraktion oder Ionenaustausch, s. S. 235).

Störende Stoffe werden maskiert, d. h. durch Komplexierung oder Redoxreaktion in eine die Nachweisreaktion nicht beeinträchtigende Form übergeführt (Beispiel: Maskieren von Kupfer, Blei, Antimon mit Tartrat, s. S. 233).

3. Messung und Auswertung

Ganz allgemein gesehen, geht jede Messung bzw. Bestimmung auf die Wechselwirkung der Probe mit einer **Meßsonde** (einem Sensor) zurück. Eine Analysenmethode kann *selektiv* (Gruppenbestimmung) oder *spezifisch* (Einzelbestimmung) sein. Für eine zuverlässige Aussage sind *mehrere* Bestimmungen (3–4) durchzuführen.

Zwischen analytischer Information (*Analysenwert y*) und gemessener Größe (*Meßwert w_y*) besteht ein funktionaler Zusammenhang [32],

$$y = f(w_y) \qquad \text{oder} \qquad w_y = f(y) \qquad (2\,\text{a, b})$$
Analysenfunktion   Meßfunktion

der durch **Eichmessungen** (heute allgemein als **Kalibrierungen** bezeichnet) ermittelt werden muß. In einfachen Fällen wie Gravimetrie und Maßanalyse sind y und w_y *direkt proportional:*

$$y = k' \cdot w_y \qquad \text{oder} \qquad w_y = k \cdot y \qquad (3\,\text{a, b})$$

Auch hier liegt ein Kalibrierproblem zugrunde, nämlich die genaue Bestimmung des Proportionalitätsfaktors. Meß- und Analysenwerte können *tabellarisch, graphisch* (Eichkurve) oder *funktionell* zugeordnet werden.

Die **Empfindlichkeit** E eines Analysenverfahrens wird durch die 1. Ableitung der Meßfunktion (2 b) angegeben:

$$E = f'(y) = \frac{\mathrm{d}w_y}{\mathrm{d}y} \qquad (4)$$

Für *lineare Meßfunktionen* (3 b) ist $E = k$ (Steigung der Geraden).

In Abb. 1 sind als Beispiel einige gravimetrische Verfahren zur Phosphor-Bestimmung angeführt. Rein arithmetisch ist die Empfindlichkeit bei der Bestimmung als Molybdophosphat am höchsten. Dabei ist aber zu berücksichtigen, daß die Wägeform nicht exakt stöchiometrisch anfällt (s. S. 51) und dadurch die Empfindlichkeit und Reproduzierbarkeit verringert werden.

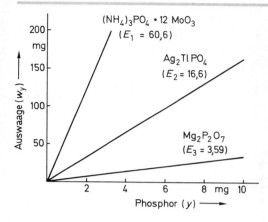

Abb. 1 Eich(Kalibrier)kurven zur gravimetrischen Phosphor-Bestimmung[32]

4. Fehlerbetrachtung

Zufälliger und systematischer Fehler

Die statistische Betrachtungsweise von Meß- und Analysenwerten unterscheidet zwischen zufälligen und systematischen Fehlern:

> **Zufällige Fehler** F bestimmen die *Reproduzierbarkeit* oder **Präzision** eines Verfahrens.
>
> **Systematische Fehler** A sind maßgebend für die *Richtigkeit* oder **Genauigkeit** des Ergebnisses.

Zufällige Fehler entstehen durch subjektive oder apparative Störungen während der Messung und lassen sich nie vollständig vermeiden. Je kleiner F, um so größer ist die Präzision des Verfahrens. Systematische Fehler geben die Abweichung des Meßergebnisses vom tatsächlichen Wert an und können durch entsprechende Korrekturen erfaßt oder eliminiert werden. Der Zusammenhang zwischen beiden Fehlerarten geht aus Abb. 2 hervor.

Nur wenn der wahre Wert μ *innerhalb* des $F(w_y)$-Intervalls (*Spannweite*) des gefundenen Mittelwertes $\bar{w}_y$ liegt, ist das Ergebnis als „*richtig*" zu betrachten (hier μ_2). Die Differenz $\bar{w}_y - \mu$ entspricht dem systematischen Fehler. Abb. 2a und b zeigen auch deutlich, daß eine *hohe Präzision* (kleines F-Intervall) noch keine Gewähr für *hohe Genauigkeit* („Richtigkeit") des Ergebnisses bietet, wenn der systematische Fehler A zu groß ist.

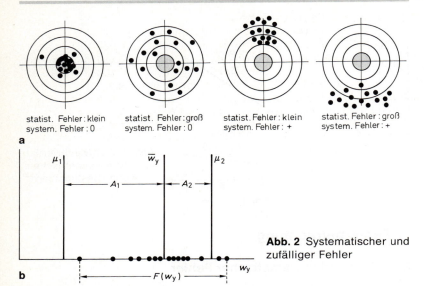

statist. Fehler : klein
system. Fehler : 0

statist. Fehler : groß
system. Fehler : 0

statist. Fehler : klein
system. Fehler : +

statist. Fehler : groß
system. Fehler : +

a

b

Abb. 2 Systematischer und zufälliger Fehler

Die wichtigste Ursache von systematischen Fehlern ist mangelhafte Kalibrierung. Nach ihrem Einfluß auf das Ergebnis unterscheidet man *additive* (konstante), *multiplikative* (proportionale) und *nichtlineare* Fehler, wobei sich die letzten beiden besonders nachteilig auswirken. Additive Fehler entstehen z.B. bei instrumentellen Methoden durch Nichtbeachtung des Blindwerts; multiplikative Fehler in der Maßanalyse durch falsche Einstellung; nichtlineare Fehler bei optischen Methoden wegen der Abhängigkeit des Absorptionskoeffizienten von der Wellenlänge des Lichtes und der Brechzahl des Mediums.

Bei analytischen Bestimmungen wird gewöhnlich das *arithmetische Mittel* $\bar{w}_y$ aus mindestens drei Meßwerten gebildet. Signifikant abweichende Werte („*Ausreißer*") sind vorher zu streichen. Die Statistik lehrt, daß der Mittelwert von n Ergebnissen $\sqrt{n}$-mal so zuverlässig ist wie jeder Einzelwert[10].

Bei wenigen Meßwerten ist es oft günstiger, statt des arithmetischen Mittels den *mittleren Wert* $\tilde{w}_y$ (Zentralwert, Median) zu wählen[a]. Die Angabe des *häufigsten Wertes* (Modus) ist nur bei einer großen Zahl von Meßwerten sinnvoll.

---

[a] Ordnet man n Meßwerte in aufsteigender Reihenfolge, so stellt der Wert in zentraler Position (n ungerade) bzw. der Durchschnitt der beiden zentralen Werte (n gerade) den „mittleren Wert" dar.

Beispiele

$w_y = 2, 3, 5, 7, 9;$ $\tilde{w}_y = 5$ (Mittelwert $\bar{w}_y = 5{,}2$)
$w_y = 3, 5, 6, 7;$ $\tilde{w}_y = 5{,}5$ (Mittelwert $\bar{w}_y = 5{,}25$)

Standardabweichung

Als Maß für die Meßwertstreuung durch zufällige Fehler wird die **Standardabweichung** σ (*Streuung s*) angegeben. Sie ist als halber Abstand der Wendepunkte der für eine große Zahl von Meßwerten ($n \to \infty$) entstehenden Gauß-Kurve (**Normalverteilung,** Abb. 3) definiert [32, 34-36]. Das Kurvenmaximum ergibt den arithmetischen Mittelwert $\bar{w}_y$, der bei Abwesenheit eines systematischen Fehlers dem „*wahren Wert*" μ (Sollwert) entspricht. Ein relatives Maß für die Streuung ist der **Variationskoeffizient** *Vk,* der häufig als Gütefaktor für eine Meßmethode herangezogen wird.

Standardabweichung[a]
$$s = \pm \sqrt{\frac{\sum (w_y - \bar{w}_y)^2}{n-1}} \tag{5}$$

$$\sigma = \lim_{n \to \infty} s$$

Variationskoeffizient
$$Vk = \pm \frac{s}{\bar{w}_y} \cdot 100 \tag{6}$$

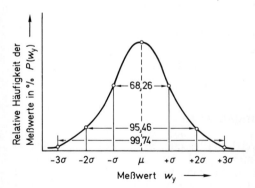

Abb. 3 Gauß-Verteilungskurve

Die einzelnen σ-Intervalle stellen Häufigkeitsbereiche dar, die bei Gültigkeit der statistischen Gesetze den angegebenen Prozentsatz an Meßwerten enthalten. Bei einer kleinen Zahl von n Meßwerten ist es zweckmäßig, die Intervalle weiter auszudehnen. Dazu multipliziert man die gefundene Standardabweichung mit einem tabellierten statistischen Faktor $t_n(P)$ („*Student-Faktor*"; *P*: gewünschte statistische Sicherheit [10, 34]) und erhält so den *Streubereich T* der

---

[a] Der Faktor $n - 1$ im Nenner von Gl. (5) bewirkt, daß die Streuung nur für $n > 1$ definiert ist. Für $n = 1$ erhält man einen unbestimmten Ausdruck.

Einzelwerte. Als **Vertrauensbereich** für die statistische Sicherheit des *Mittelwerts* definiert man den Quotienten $T/\sqrt{n}$:

$$T_c = \frac{T}{\sqrt{n}} = \pm \frac{s \cdot t_n(P)}{\sqrt{n}} \qquad \text{n Messungen} \tag{7}$$

Z. B. bedeutet T_c (95), daß der Sollwert mit 95% Wahrscheinlichkeit im Bereich $\bar{w}_y \pm T_c$ liegt. Man beachte, daß T_c keine Aussage über den *systematischen Fehler* macht. Dafür gibt es eigene Tests, die hier nicht behandelt werden sollen[34-36].

Beispiel

372,8 mg trockenes KCl werden in einen 100-mL-Meßkolben eingewogen und bis zur Marke mit dest. Wasser aufgefüllt. Dem Kolben werden vier Proben zu je 20 mL entnommen und mit 0,1 normaler $AgNO_3$-Lösung (s. S. 80) titriert. Der Verbrauch beträgt 9,95, 9,98, 9,90 und 10,0 mL. Man berechne den mittleren Verbrauch, die Standardabweichung (Variationskoeffizient) und den Vertrauensbereich für 99% Sicherheit ($t_n = 5,84$).

Theoretisch enthält eine 20-mL-Probe genau 1,0 mmol KCl, entsprechend einem Verbrauch von 10,0 mL 0,1 normaler $AgNO_3$-Lösung. Der tatsächliche Verbrauch (arithmetisches Mittel) beträgt 9,96 mL, weist also auf einen *systematischen* Fehler von $-0,4\%$ hin.

Standardabweichung: $|s| = 0,0435$ mL ($|Vk| = 0,4\%$).

Vertrauensbereich: $T_c = \pm 0,5 \cdot (0,04 \cdot 5,84)$ mL $= \pm 0,127$ mL ($\hat{=} \sim 3\,\sigma$).

Der Mittelwert liegt mit 99% Sicherheit in den Grenzen $9,96 \pm 0,13$ mL.

Nachweis- und Erfassungsgrenze

Mit Hilfe der Standardabweichung lassen sich die Begriffe **Nachweis-** und **Erfassungsgrenze** definieren (Abb. 4)[32]. Der kleinste, statistisch sicher erfaßbare Meßwert hängt vom mittleren **Blindwert** $\bar{w}_B$ und dessen Standardabweichung σ_B ab. Die *Nachweisgrenze* (obere Stör-pegel- oder Rauschgrenze, 50% Wahrscheinlichkeit) ist erreicht, wenn der Meßwert mindestens um drei Standardabweichungen über dem mittleren Blindwert $\bar{w}_B$ liegt (8a). Als *sicher* gilt ein Meßwert erst bei einer Differenz von mindestens $6\,\sigma_B$ (8b). Diesen Wert nennt man *Erfassungsgrenze* (99,8% Wahrscheinlichkeit)[a].

$$w_N = \bar{w}_B + 3\,\sigma_B \tag{8a}$$

$$w_E = \bar{w}_B + 6\,\sigma_B \tag{8b}$$

---

[a] genau genommen: den zugehörigen Analysenwert.

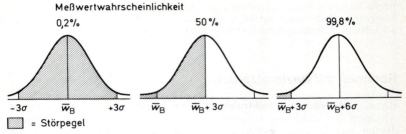

Abb. 4 Nachweis- und Erfassungsgrenze

Mit dem Begriff **Nachweisvermögen** bezeichnet man einen geschätzten Wert für die Nachweisgrenze (idealisiertes Analysenverfahren, äußere Störeinflüsse weitgehend abstrahiert). Ein *Analysenprinzip* wird durch das Nachweisvermögen charakterisiert.

5. Umgang mit Dezimalstellen

Signifikante Ziffern

> **Definition:** Signifikante Ziffern sind diejenigen Dezimalstellen, die mit Sicherheit bekannt sind, plus der ersten unsicheren Stelle $(\pm 1)^{10}$.

Beispiel

Auswaage 1,2436 g (man findet auch die Schreibweise $1{,}243_6$) bedeutet $(1{,}2436 \pm 0{,}0001)$ g

Die Position des Kommas oder Exponentialzahlen sind für die Anzahl der signifikanten Stellen ohne Bedeutung.

Beispiel

$0{,}104 - 1{,}04 - 104 - 1{,}04 \cdot 10^4$
immer drei signifikante Ziffern

Nur mittlere und endständige Nullen sind signifikant.

Beispiele

$0{,}104 \cong 0{,}104 \pm 0{,}001$ aber $0{,}1040 \cong 0{,}104 \pm 0{,}0001$
 ⋮ ⋮   ⋮ ⋮ ⋮
n. s. s.   n. s. s. s.

10 200 $1{,}02 \cdot 10^4$
5 signifik. Ziffern,   3 signifik. Ziffern,
Unsicherheit ± 1 Unsicherheit ± 100
n. s. = nicht signifikant, s. = signifikant

Ist die letzte Dezimalstelle größer oder gleich 5, wird beim Weglassen die vorhergehende Stelle um 1 erhöht („*Aufrunden*"); ist die letzte Dezimale kleiner als 5, bleibt die vorangehende Stelle gleich („*Abrunden*").

Rechnen mit Dezimalzahlen

Beim **Addieren** und **Subtrahieren** von Dezimalzahlen ist auf den Abgleich der *absoluten* Unbestimmtheit (U_a) zu achten. Im Ergebnis dürfen nur so viele Stellen erscheinen, wie der Einzelwert mit der größten absoluten Unbestimmtheit (und der kleinsten Zahl von Dezimalstellen) besitzt. Man kann sowohl die Einzelwerte als auch das Endergebnis aufrunden bzw. abrunden. Exponentialzahlen sind vorher auf den *größten* (warum?) Exponenten abzugleichen.

Beispiel

Addition von $4,00 \cdot 10^{-2}$; $5,55 \cdot 10^{-3}$; 10^{-6}

4,00 $\cdot 10^{-2}$	$U_a = 0,01$	oder	$4,00 \cdot 10^{-2}$	
$0,555 \cdot 10^{-2}$	$0,001$		$0,56 \cdot 10^{-2}$	
$0,0001 \cdot 10^{-2}$	$0,0001$		$0,00 \cdot 10^{-2}$	

$4,5551 \cdot 10^{-2} \cong$	$0,01$	$4,56 \cdot 10^{-2}$	
4,56 $\cdot 10^{-2}$			

Der letzte Einzelwert ist zu vernachlässigen.

Bei der **Multiplikation** und **Division** von Dezimalzahlen kommt es auf den Abgleich der *relativen* Unbestimmtheit (U_r) an. Die relative Unbestimmtheit des Ergebnisses muß im gleichen Bereich liegen wie der größte U_r-Einzelwert.

Beispiel

$4,00 \cdot 10^{-2}$	$U_a = 10^{-2}$	$U_r = 10^{-2}/4$	$= 0,25\%$
$0,555 \cdot 10^{-2}$	10^{-3}	$10^{-3}/0,555$	$= 0,18\%$
$0,0001 \cdot 10^{-2}$	10^{-4}	$10^{-4}/10^{-4}$	$= \mathbf{100}\%$

Produkt: $2,22 \cdot 10^{-10}$

Das korrekte Ergebnis ist $\mathbf{2 \cdot 10^{-10}}$ ($U_r = 50\%$). Selbst dieser Wert besitzt noch eine größere relative Genauigkeit als der letzte Einzelwert, ist aber akzeptabel. Im Unterschied zur Addition und Subtraktion darf der kleinste Wert beim Multiplizieren und Dividieren natürlich *nicht* weggelassen werden. Vielmehr ist bei einem Ergebnis, das durch multiplikative Verknüpfung von Faktoren zustandekommt, darauf zu achten, daß sich die Einzelwerte nicht zu stark in der Größenordnung unterscheiden.

Anwendungsbeispiele

Titration. In der Maßanalyse ist hauptsächlich der *Volumenfehler* zu berücksichtigen, so daß das Ergebnis von der Ablesegenauigkeit begrenzt wird (optimal 0,1%, praktisch 0,2−0,3%).

Beispiel Berechnetes Ergebnis 123,456 mg
Aufgerundet 123,5 mg ($U_r = 0,08\%$)

Prozentuale Analysenwerte (*Massenanteil*, s. S. 70) werden in der Literatur gewöhnlich auf zwei Dezimalstellen angegeben. Für Praktikumsanalysen genügt im allgemeinen eine Stelle.

Beispiel (angenommener Fehler ± 0,1%)

1. Angabe 24,3% $\left(U_r = \dfrac{0,1 \cdot 100}{24,3} \sim 0,4\% \right)$
2. Angabe 24,35% ($U_r \sim 0,04\%$)

Präparateausbeute. Auf der oberschaligen Waage werden Wägungen gewöhnlich nur auf 0,1 g genau ausgeführt. Bei einer Menge von $m = 10$ g ergibt sich ein relativer Fehler von 1%. Eine Ausbeuteangabe von 72% ($U_r = 1,4\%$) ist also völlig ausreichend.

Bei **logarithmischen Größen** sind so viele Dezimalstellen wie in der delogarithmierten, nicht-exponentiellen Zahl (Numerus) anzugeben.

Beispiel $c(\mathrm{H_3O^+}) = 6,6 \cdot 10^{-11} \rightarrow \mathrm{pH} = 10,\mathbf{18}$

Kapitel 3

Chemisches Gleichgewicht

Alle ungehemmt ablaufenden chemischen Reaktionen führen zu einem Gleichgewichtszustand, der durch das **Massenwirkungsgesetz** beschrieben wird. In der Thermodynamik unterscheidet man vier Arten der Reaktionsführung:

isobar p = konst.
isochor V = konst.
isotherm T = konst.
adiabatisch Q = konst. (kein Wärmeaustausch mit der Umgebung)

Bei der Anwendung des Massenwirkungsgesetzes (MWG) ist zwischen *homogenen* und *heterogenen* Systemen zu unterscheiden. Ein homogenes System besteht aus einer einzigen, ein heterogenes aus mehreren Phasen. Unter einer *Phase* versteht man einen Bereich mit gleichen physikalischen Eigenschaften (Brechzahl, Dichte, Viskosität usw.).

Aus der *Gibbsschen Phasenregel*[37-41] folgt, daß in homogenen Systemen immer alle Reaktionspartner, wenn auch in noch so geringen Mengen, anwesend sein müssen. Eine chemische Reaktion kann daher niemals vollständig in eine Richtung verlaufen, auch wenn das Gleichgewicht sehr weit auf einer Seite liegt. Reaktionen in heterogenen Systemen dagegen können durchaus zum vollständigen Verschwinden einer Komponente führen (z. B. Auflösen von Metallen in Säure).

1. Homogene Systeme

Kinetische Betrachtung

Die Kinetik beschreibt den **Stoffumsatz** chemischer Reaktionen.

Einfache Reaktionen

$$A + B \underset{v_2}{\overset{v_1}{\rightleftharpoons}} AB$$

v_1, v_2 = Reaktionsgeschwindigkeiten für Hin- und Rückreaktion

Unter der **Reaktionsgeschwindigkeit** versteht man die zeitliche Änderung der Teilchenkonzentrationen. v_1 und v_2 sind den Konzentrationen der Reaktionspartner direkt proportional:

$$v_1 = k_1 \cdot c(A) \cdot c(B) \quad k_1, k_2 = \text{Geschwindigkeitskonstanten}$$
$$v_2 = k_2 \cdot c(AB)$$

Wenn $|v_1| = |v_2|$ wird, kommt die Reaktion scheinbar zum Stillstand. In Wirklichkeit stellt sich ein *dynamisches Gleichgewicht* ein: ebenso viele Moleküle AB wie gebildet werden, zerfallen auch wieder. Durch Gleichsetzen der Ausdrücke erhält man das Massenwirkungsgesetz nach *Guldberg* und *Waage* (9):

$$k_1 \cdot c(A) \cdot c(B) = k_2 \cdot c(AB)$$

$$\frac{c(AB)}{c(A) \cdot c(B)} = \frac{k_1}{k_2} = K_c \quad [K_c] = 1 \text{ L} \cdot \text{mol}^{-1} \tag{9}$$

K_c bezeichnet man als **stöchiometrische Gleichgewichtskonstante** (druck- und temperaturabhängig). Man beachte, daß K_c im allgemeinen eine *dimensionierte* Größe darstellt, deren Einheit vom stöchiometrischen Verhältnis der Reaktanden abhängt [a]. Da sich die K_c-Werte über viele Zehnerpotenzen erstrecken, gibt man häufig den *negativen dekadischen* Logarithmus pK_c **(Gleichgewichtsexponent)** an:

$$pK_c = -\log K_c \tag{10}$$

Im Unterschied zu K_c sind pK_c und ähnlich gebildete Größen (z. B. pH-Wert) *dimensionslos*, da nur der **Zahlenwert** der abgeleiteten Größe logarithmiert wird.

Aus (9) und (10) folgt für die Gegenreaktion

$$AB \rightleftharpoons A + B \quad K_c', pK_c'$$
$$K_c' = K_c^{-1} \quad \text{und} \quad pK_c' = -pK_c$$

---

[a] K_c ist somit auch von der *Formulierung* der Reaktionsgleichung abhängig. Für die Gleichung $H_2 + 1/2\, O_2 \rightarrow H_2O$ erhält man z. B.

$$K_c = \frac{c(H_2O)}{c(H_2) \cdot c(O_2)^{1/2}} \; (L \cdot mol^{-1})^{1/2}$$

Schreibt man aber $2\,H_2 + O_2 \rightarrow 2\,H_2O$, so ist leicht ersichtlich, daß nun eine Konstante $K_c' = K_c^2$ resultiert:

$$K_c' = \frac{c(H_2O)^2}{c(H_2)^2 \cdot c(O_2)} = K_c^2 \,(L \cdot mol^{-1})$$

Folgereaktionen

$$A + B \rightarrow [AB] \qquad I \qquad \frac{c\,(AB)}{c\,(A) \cdot c\,(B)} = K_1 \qquad pK_1$$

$$[AB] \rightarrow C + D \qquad II \qquad \frac{c\,(C) \cdot c\,(D)}{c\,(AB)} = K_2 \qquad pK_2$$

$$A + B \rightarrow C + D \qquad III \qquad \frac{c\,(C) \cdot c\,(D)}{c\,(A) \cdot c\,(B)} = K_c \qquad pK_c$$

Durch Vergleich der Massenwirkungsquotienten ergeben sich unmittelbar die Beziehungen:

$$K_c = K_1 \cdot K_2 \quad \text{und} \quad pK_c = pK_1 + pK_2 \qquad (11\,a, b)$$

Verallgemeinert erhält man für eine Folge von n Reaktionen:

$$K_c \;\; = K_1 \cdot K_2 \cdot \ldots \cdot K_n = \prod_i K_i \qquad (12\,a)$$

$$pK_c = pK_1 + pK_2 + \ldots + pK_n = \sum_i pK_i \qquad (12\,b)$$

Allgemeine Formulierung des MWG

$$v_a A + v_b B + \ldots + v_m M \;\rightleftharpoons\; v_c C + v_d D + \ldots + v_n N$$

$$\frac{(c_C)^{v_c} \cdot (c_D)^{v_d} \cdot \ldots \cdot (c_N)^{v_n}}{(c_A)^{v_a} \cdot (c_B)^{v_b} \cdot \ldots \cdot (c_M)^{v_m}} = K_c = \prod_i (c_i^{v_i}) \qquad (13)$$

$$\prod_i = \text{stöchiometrisches Produkt}$$

Das Massenwirkungsgesetz gilt in dieser Form nur für homogene Systeme; bei heterogenen Systemen ist die stationäre Phase als konstant zu betrachten (s. S. 39).

Vielfach stellt sich das Gleichgewicht sehr langsam oder gar nicht ein. Diese **Reaktionshemmung** (s. S. 212) hat kinetische Ursachen (hohe Aktivierungsenergie) und kann mitunter durch einen geeigneten *Katalysator* beseitigt werden.

Thermodynamische Betrachtung

Die Thermodynamik beschreibt den **Energieumsatz** chemischer Reaktionen. Ursprünglich nahm man an, daß die *Reaktionsenthalpie* ΔH (Reaktionswärme bei konst. Druck und Temperatur) ein Maß für die

Triebkraft oder *Affinität* einer Umsetzung darstellt (Prinzip von *Thomson* und *Berthelot*). Aufgrund der Erfahrung, daß auch endotherme Reaktionen spontan ablaufen können, führte *Gibbs* die **freie Reaktionsenthalpie** ΔG (*Gibbs-Energie*) als entscheidende Größe ein und definierte sie als stöchiometrische Summe der chemischen Potentiale μ_i[37-41].

$$\Delta G = \sum_i v_i \mu_i \quad p, T = \text{konst.} \tag{14}$$

v_i = stöchiometrische Faktoren der Produkte $(+ v_i)$ und Edukte $(- v_i)$

Die Gibbs-Energie entspricht der **Reaktionsarbeit** bei konstantem Druck und konstanter Temperatur, d.h. der *maximalen Nutzarbeit* einer chemischen Reaktion pro Formelumsatz $(A = -\Delta G)$. $\Delta G < 0$ bedeutet Freiwerden von Energie (exergonischer Vorgang), $\Delta G > 0$ dagegen Energieaufwand (endergonischer Vorgang). Das **chemische Potential** μ_i ist demnach als partielle molare freie Enthalpie $\bar{G}_i$ des Stoffes i in der Mischphase aufzufassen:

$$\left(\frac{\partial G}{\partial n_i}\right)_{p, T, n_{k \neq i}} = \bar{G}_i = \mu_i \tag{15}$$

und entspricht der Zunahme an nutzbarer Arbeit beim Transport der differentiellen Stoffmenge dn_i aus dem Unendlichen in die Mischphase[39]. Praktisch ist nur die *Potentialdifferenz* zwischen zwei realen Zuständen meßbar. Man zerlegt daher μ_i bzw. ΔG in einen *Standardwert* μ_i^0 bzw. ΔG^0 ($T = 298$ K $= 25\,°C$, $p = 1,013$ bar, $c_i = 1$ mol $\cdot$ L^{-1})[a] und einen *konzentrationsabhängigen* Teil:

$$\mu_i = \mu_i^0 + RT \cdot \ln c_i \quad R = \text{Gaskonstante} \tag{16a}$$

$$\Delta G = \Delta G^0 + RT \cdot \sum_i v_i \cdot \ln c_i \tag{16b}$$

Der Potentialansatz wurde ursprünglich für die *Gasphase* abgeleitet. Für ideale Gase gilt[40]

$$\mu(p_i) - \mu(p^0) = \int_{p^0}^{p_i} V dp = RT \int_{p^0}^{p_i} \frac{dp}{p} = RT \cdot \ln \frac{p_i}{p^0}$$

$$\text{mit} \left(\frac{d\mu}{dp}\right)_T = V$$

---

[a] Genau genommen ist zwischen dem *Standardzustand* mit $p^0 = 101\,325$ Pa $= 1013,25$ mbar $(\hat{=} 1\,\text{atm})$ (T beliebig) und dem *Normalzustand* mit p^0 und $T = 298,15$ K zu unterscheiden[41].

und daraus

$$\mu_i = \mu_i^0 + RT \cdot \ln \frac{p_i}{p^0} \tag{16c}$$

d. h. alle Partialdrücke sind durch den *Standarddruck* zu dividieren. Damit wird der logarithmierte Ausdruck dimensionslos und *unabhängig* von der Einheit des Standarddrucks. Da sich K_c und K_p nach Gl. (29) (s. S. 39) nur durch einen konstanten Faktor unterscheiden, gilt dies auch für Konzentrationsangaben in flüssiger Phase (zur Definition der *Standardkonzentration*, s. S. 46).

Die freien Standardenthalpien G^0 der Reaktanden werden als *Standardbildungsenthalpien* (ΔG_{298}^B) aus den Elementen bestimmt, indem man für Elemente im Standardzustand ($T = 298$ K) willkürlich $G^0 = 0$ setzt. Die Standardbildungsenthalpien sind in den einschlägigen physikalisch-chemischen Sammelwerken tabelliert.

Die **Gleichgewichtsbedingung** für isotherm-isobare Prozesse lautet

$$\Delta G = \sum_i v_i \mu_i = 0 \tag{17}$$

Daraus läßt sich die *Gleichgewichtskonstante* berechnen (mit $\sum v_i \cdot \ln c_i = \ln K$):

$$\Delta G = \Delta G^0 + RT \cdot \ln K = 0 \quad \text{oder}$$

$$\Delta G^0 = -RT \cdot \ln K \quad p, T = \text{konst.} \tag{18}$$

(18) wird **van't Hoffsche Reaktionsisotherme** genannt.

Der aus Energiedaten berechnete K-Wert ist die *thermodynamische Gleichgewichtskonstante*, die in realen Systemen von K_c abweicht (s. S. 25).

Zwischen der freien Reaktionsenthalpie ΔG, der Reaktionsenthalpie ΔH und der Reaktionsentropie ΔS besteht die Beziehung (*Gibbs-Helmholtz-Gleichung*)

$$\Delta G = \Delta H - T \cdot \Delta S \quad T = \text{thermodynamische Temperatur} \tag{19}$$

ΔS ist ein Maß für die *Irreversibilität* eines Vorgangs ($\Delta S > 0$); für den Grenzfall des (unendlich langsamen) reversiblen Prozesses wird $\Delta S = 0$.

ΔG, ΔH, ΔS bezeichnet man als **Zustandsgrößen**[39], da sie nur vom Ausgangs- und Endzustand einer Reaktion, nicht aber vom Reaktionsweg abhängig sind (1. Hauptsatz der Thermodynamik). $T \cdot \Delta S$ entspricht dem Energieanteil, der stets als Wärme umgesetzt wird (2. Hauptsatz der Thermodynamik).

Für die Standardwerte erhält man aus (18) und (19)

$$\Delta G^0 = \Delta H^0 - T \cdot \Delta S^0 = -RT \cdot \ln K \quad \text{oder}$$

$$\ln K = -\frac{\Delta H^0}{RT} + \frac{\Delta S^0}{R} \tag{20}$$

Betrachtet man ΔH^0 und ΔS^0 näherungsweise als konstant (*Ulichsche Näherung*[38]), ergibt sich durch Differenzieren nach T

$$\frac{d(\ln K)}{dT} = \frac{\Delta H^0}{RT^2} \tag{21}$$

(21) heißt **van't Hoffsche Reaktionsisobare** und gestattet die Bestimmung von K in Abhängigkeit von der Temperatur bei konstantem Druck. Die Integration von (21) liefert

$$\ln \frac{K}{K_{298}} = -\frac{\Delta H^0}{R} \cdot \left(\frac{1}{T} - \frac{1}{298} \right) \tag{22}$$

Aus (22) lassen sich Gleichgewichtskonstanten bei verschiedenen Temperaturen berechnen, wenn K für 298 Kelvin bekannt ist und die Temperaturabhängigkeit von ΔH^0 und ΔS^0 vernachlässigt werden kann.

Zur graphischen Darstellung und Bestimmung von ΔH^0 und ΔS^0 formt man Gl. (21) in (21a) um:

$$\frac{d(\ln K)}{d(1/T)} = -\frac{\Delta H^0}{R} \quad \text{mit} \quad \frac{d(1/T)}{dT} = -\frac{1}{T^2} \tag{21a}$$

Trägt man $\ln K$ gegen $1/T$ auf, erhält man eine Gerade mit der Steigung $-\Delta H^0/R$ und dem Ordinatenabschnitt $\Delta S^0/R$ (20).

2. Heterogene Systeme

Gleichgewicht Lösung I/Lösung II

Ist ein Stoff A in zwei nicht mischbaren Flüssigkeiten I und II gelöst, so gilt nach Einstellung des Gleichgewichts der **Nernstsche Verteilungssatz**

$$\frac{c^{II}(A)}{c^{I}(A)} = K_c \quad K_c = \text{Verteilungskoeffizient} \tag{23}$$

Anwendung. Extrahieren (Ausschütteln) eines Stoffes aus einem Lösungsmittel mit einem zweiten Solvens (s. S. 234).

Quantitative Betrachtung. Ein Stoff sei mit der Konzentration C_0 im Volumen V_1 des Solvens I gelöst und werde mit dem Volumen V_2 des Solvens II ausgeschüttelt. Danach liegt in V_1 die Konzentration c_1 und in V_2 c_2 vor. Es gilt folgende Stoffbilanz (s. S. 73):

$$C_0 V_1 = c_1 V_1 + c_2 V_2$$

Durch Einsetzen von (23) erhält man

$$C_0 V_1 = c_1 V_1 + c_1 K_c \cdot V_2 = c_1 \cdot (V_1 + K_c V_2) \quad \text{oder}$$

$$c_1 = \frac{C_0 V_1}{V_1 + K_c V_2} \tag{24}$$

Der in Phase I verbleibende Anteil α beträgt

$$\alpha = \frac{c_1}{C_0} = \frac{V_1}{V_1 + K_c V_2} \quad \text{oder umgeformt}$$

$$\alpha = \left(\frac{V_1 + K_c V_2}{V_1} \right)^{-1} = \left(1 + K_c \cdot \frac{V_2}{V_1} \right)^{-1} \tag{25}$$

Nach n-maliger Extraktion mit dem Volumen V_2 verbleibt in I der Anteil

$$\alpha_n = \alpha^n = \left(1 + K_c \cdot \frac{V_2}{V_1} \right)^{-n} \tag{26}$$

Mehrmaliges Ausschütteln mit kleinen Mengen Solvens wirkt sich günstiger aus als einmalige Extraktion mit einem großen Volumen. (26) gilt auch für das Auswaschen von Niederschlägen ($K_c = 1$).

Beispiel

Für ein System sei $K_c = 3$; gegeben sei ein Volumen V_1 mit der Konzentration C_0. Man schüttelt einmal mit dem gleichen Volumen **a** und dreimal mit 1/3 dieser Menge **b** aus. Wieviel Prozent werden in jedem Fall extrahiert?

  a $\alpha_1 = 1/4 \cong 75\%$,   **b** $\alpha_3 = 1/8 \cong 87{,}5\%$ Extraktion.

Gleichgewicht Gasphase/Lösung

Durch Umformen der allgemeinen Gasgleichung

$$pV = n \cdot RT \tag{27}$$

erkennt man, daß der Druck bei konstanter Temperatur der Konzentration in der Gasphase proportional ist.

$$p = \frac{n}{V} \cdot RT = c \cdot RT \qquad (28)$$

Ist eine der beiden Phasen des *Nernstschen Verteilungssatzes* (23) gasförmig, läßt sich die Konzentration nach (28) durch den Partialdruck ersetzen[1]:

$$\frac{c^{II}(A)}{c^{I}(A)} = \frac{c^{II}(A)}{p^{I}(A)} = \frac{K_c}{RT} = K_{c,p} \quad \text{I Gasphase} \qquad (29)$$

Die allgemeine Formulierung (30) ist als **Henrysches Gesetz** bekannt: Die Löslichkeit eines Gases ist proportional dem Partialdruck.

$$L = c(A) = k \cdot p_A \qquad (30)$$

Gleichgewicht Feststoff / Lösung

$$[A]_f \rightleftharpoons [A]_{gel}$$

Da sich für den ungelösten Anteil (Reinstoff) keine Konzentration angeben läßt, betrachtet man $[A]_f$ als konstante Größe, die man gleich eins setzt (Molenbruch $[x_i]_f = 1$; s. S. 46). Die Konzentration des gelösten Anteils bleibt dann konstant (*Sättigungskonzentration*), solange ein Bodenkörper vorhanden ist.

Für das zweistufige Gleichgewicht

$$[AB]_f \rightleftharpoons [AB]_{gel} \rightleftharpoons A + B \qquad K$$

ergibt sich demnach

$$\frac{c(A) \cdot c(B)}{c(AB)} = K$$

und mit $c(AB) =$ konst.

$$c(A) \cdot c(B) = K \cdot c(AB) = K_L \qquad (31)$$

K_L bezeichnet man als **Löslichkeitsprodukt** (s. S. 52, 148).

3. Schwache Elektrolyte

Als Elektrolyte bezeichnet man Stoffe, die in Lösung oder in der Schmelze durch heterolytische Dissoziation in Ionen den elektrischen Strom leiten. Dazu gehören Säuren, Basen und Salze (s. S. 86). Starke Elektrolyte sind vollständig, schwache Elektrolyte partiell dissoziiert. Unter dem **Dissoziationsgrad** α versteht man den Quotienten aus der Zahl der dissoziierten Moleküle N_d und der Gesamtzahl N_0 bzw. das entsprechende Konzentrationsverhältnis.

$$\alpha = \frac{N_d}{N_0} = \frac{c_d}{C_0} \tag{32}$$

Der undissoziierte Anteil beträgt $N_u = N_0 - N_d = (1 - \alpha) \cdot N_0$.

Natürlich läßt sich für jede Gleichgewichtsreaktion ein Umsetzungs-grad oder *Reaktionsausmaß* α angeben; der Dissoziationsgrad stellt nur einen Spezialfall für Elektrolytgleichgewichte dar.

Einstufige Dissoziation

$$AB \rightleftharpoons A^+ + B^- \qquad \begin{array}{l} K_c = \text{Dissoziationskonstante} \\ C_0 = \text{Totalkonzentration von AB} \end{array}$$

Aus K_c und C_0 läßt sich der Dissoziationsgrad berechnen.

I MWG: $\dfrac{c(A^+) \cdot c(B^-)}{c(AB)} = K_c$

II Massenkonstanz: $c(A^+) + c(AB) = C_0$ und

III $c(B^-) + c(AB) = C_0$

Gleichsetzen von II und III ergibt die *Elektroneutralitätsbedingung* $c(A^+) = c(B^-)$ (Ladungskonstanz).

$$\text{IV} \quad \text{Dissoziationsgrad:} \quad \alpha = \frac{c(A^+)}{C_0} = \frac{c(B^-)}{C_0} = \frac{C_0 - c(AB)}{C_0} \tag{33}$$

$$c(AB) = (1 - \alpha) \cdot C_0$$

Einsetzen von IV in I ergibt

$$\frac{\alpha C_0 \cdot \alpha C_0}{(1 - \alpha) C_0} = K_c \quad \text{oder}$$

$$\frac{\alpha^2}{1 - \alpha} = \frac{K_c}{C_0} \tag{34}$$

(34) nennt man das **Ostwaldsche Verdünnungsgesetz.** Der Dissoziationsgrad wird mit abnehmender Totalkonzentration größer. Nach α aufgelöst erhält man

$$\alpha = \frac{K_c}{2C_0} \cdot \left[\sqrt{1 + \frac{4C_0}{K_c}} - 1 \right] \tag{35}$$

Für $C_0 \gg K_c$ wird $\alpha \ll 1$, und (34) vereinfacht sich zu

$$\alpha = \sqrt{\frac{K_c}{C_0}} \tag{36a}$$

Ist $C_0 \ll K_c$, kann man in (34) näherungsweise $\alpha^2 = 1$ setzen und erhält

$$\alpha \approx 1 - \frac{C_0}{K_c} \tag{36b}$$

Bei Zugabe einer Ionensorte im Überschuß, z. B. B^- ($C_0(B^-)$), geht III in IIIa über.

IIIa Massenkonstanz: $c(B^-) + c(AB) = C_0 + C_0(B^-)$

Für schwache Elektrolyte gilt näherungsweise $c(B^-) = C_0(B^-)$ sowie $c(AB) = C_0$, und man erhält aus I

$$c(A^+) = \frac{K_c \cdot C_0}{C_0(B^-)} \quad \text{und} \quad \alpha' = \frac{c(A^+)}{C_0} = \frac{K_c}{C_0(B^-)} \tag{37}$$

Die Dissoziation wird durch Zugabe eines Dissoziationsprodukts zurückgedrängt.

Beispiele

a Essigsäure, $K_s = 10^{-5}$, $C_0 = 0,1 \ \text{mol} \cdot \text{L}^{-1}$
ohne Zusatz: $\alpha = 10^{-2}$ (36)
mit Zusatz ($C_0(B^-) = 0,1 \ \text{mol} \cdot \text{L}^{-1}$): $\alpha' = 10^{-4}$ (37)

b $[\text{Fe(SCN)}_3 \, \text{aq}_3] \xrightleftharpoons[-\text{SCN}^-]{+\text{H}_2\text{O}} [\text{Fe(SCN)}_2 \, \text{aq}_4]^+ \xrightleftharpoons[-\text{SCN}^-]{+\text{H}_2\text{O}} [\text{Fe(SCN)} \, \text{aq}_5]^{2+} \xrightleftharpoons[-\text{SCN}^-]{+\text{H}_2\text{O}} [\text{Fe} \, \text{aq}_6]^{3+}$
rot   gelb

$\longrightarrow$ Farbaufhellung $\longrightarrow$
$\longleftarrow$ Farbvertiefung

Der farbige molekulare Fe(SCN)_3-Komplex ist partiell dissoziiert. Das Gleichgewicht läßt sich durch Verdünnen nach rechts und durch Rhodanid-Zusatz nach links verschieben.

Mehrstufige Dissoziation

$$\text{I   } AB_2 \;\rightleftharpoons\; AB + B \quad :K_1$$
$$\text{II } AB \;\;\rightleftharpoons\; A + B \quad :K_2$$

$$AB_2 \;\rightleftharpoons\; A + 2B \quad K = K_1 \cdot K_2$$

Ionenladungen wurden der Einfachheit halber weggelassen.

I   MWG für I: $\qquad \dfrac{c(AB) \cdot c(B)}{c(AB_2)} = K_1$

II MWG für II: $\qquad \dfrac{c(A) \cdot c(B)}{c(AB)} = K_2$

III Massenkonstanz A: $c(AB_2) + c(AB) + c(A) = C_0$

IV Massenkonstanz B: $2c(AB_2) + c(AB) + c(B) = 2C_0$

V   Ladungskonstanz: $c(AB) + 2c(A) = c(B)$
   (III = IV)

IV erscheint auf den ersten Blick etwas verwirrend; man kann sich aber leicht von der Richtigkeit überzeugen, wenn man die Grenzfälle *fehlende* Dissoziation $(2c(AB_2) = 2C_0)$ und *vollständige* Dissoziation $(c(B) = 2C_0)$ betrachtet.

Für *mehrstufige* Dissoziation ist (32) nicht mehr uneingeschränkt gültig, da α von den stöchiometrischen Faktoren abhängig wird (im vorhergehenden Beispiel wäre $\alpha = 1$ für A und $\alpha = 2$ für B bei vollständiger Dissoziation). Man normiert deshalb den Dissoziationsgrad durch Division durch den stöchiometrischen Faktor:

$$\alpha = \frac{c_d}{v_i \cdot C_0} \qquad \begin{array}{l} v_i = \text{Zahl der dissoziierten Teilchen pro Formeleinheit} \\ \text{und Ionenart (stöchiometrischer Faktor)} \end{array} \qquad (38)$$

Beispiel Verbindung AB_2

$$\alpha = \frac{c(A)}{C_0} = \frac{c(B)}{2C_0}$$

Bei schwachen Elektrolyten ist meist $K_1 \gg K_2$, so daß im allgemeinen die Angabe der 1. Dissoziationsstufe (α_1) genügt. Als Näherungen erhält man für die 1. Dissoziationsstufe

$$\alpha_1 \sim \sqrt{\frac{K_1}{C_0}} \qquad \text{(Gl. 36a)}$$

und für die zweite Stufe

$$\alpha_1 \alpha_2 \sim \frac{K_2}{C_0} \qquad \text{(analog Gl. 37)}$$

Beispiel

$C_0 = 0,1 \text{ mol} \cdot \text{L}^{-1}$, $K_1 = 10^{-3}$, $K_2 = 10^{-7}$

$\rightarrow \alpha_1 = 0,1$
$ \alpha_2 = 10^{-5}$

Experimentelle Bestimmung des Dissoziationsgrads

α läßt sich mit Hilfe der sog. *kolligativen Eigenschaften* (Dampfdruckerniedrigung, Siedepunktserhöhung, Gefrierpunktserniedrigung), die allein von der Stoffmengenkonzentration der gelösten Substanz abhängig sind, bestimmen. In verdünnten Lösungen erhält man für den Molenbruch des gelösten Stoffes [42]

$$x = \frac{n}{n_S + n} \approx \frac{n}{n_S} \qquad n_S = \text{Stoffmenge des Lösungsmittels } (n_S \gg n)$$

Bei kryoskopischen und ebullioskopischen Messungen wird die Konzentration gewöhnlich als *Molalität* (Stoffmenge pro kg Lösungsmittel, s. S. 52) angegeben, die dem Molenbruch proportional ist.

$$b = \frac{n}{1000 \text{ g S}} \sim x \qquad\qquad (39)$$

Die Änderungen des Siedepunkts und des Gefrierpunkts sind damit der Molalität des gelösten Stoffes proportional. Z. B. gilt für die **Gefrierpunktserniedrigung** (Abb. 5):

$$\Delta T_e = b \cdot K_e = n \cdot K_e \quad \text{(für 1 kg Solvens [a])} \qquad (40)$$

K_e = kryoskopische Konstante
$[K_e] = 1 \,^\circ\text{C} \cdot \text{kg} \cdot \text{mol}^{-1}$

Da die Stoffmenge n dem Quotienten aus Masse und Molmasse entspricht (s. S. 49), läßt sich aus (40) die **molare Masse** des gelösten Stoffes bestimmen.

$$M = \frac{m}{n} = m \cdot \frac{K_e}{\Delta T_e} \qquad M = \text{molare Masse} \qquad (41)$$

Beispiel

1,0 g einer organischen Verbindung wird mit 10 g Naphthalin ($K_e = 6{,}80 \,^\circ\text{C} \cdot \text{kg} \cdot \text{mol}^{-1}$) geschmolzen. Die Mischung ergibt eine Schmelzpunktserniedrigung von 3,78 °C.

$$\text{Molmasse } M = \frac{100 \text{ g} \cdot 6{,}8 \,^\circ\text{C} \cdot \text{kg}}{3{,}78 \,^\circ\text{C} \cdot \text{kg} \cdot \text{mol}} = 180 \text{ g} \cdot \text{mol}^{-1}$$

---

[a] Bei den üblichen Solvensmengen $m_S \ll 1 \text{ kg}$ ist die Einwaage (g) auf 1000 g Lösungsmittel hochzurechnen (s. Beispiel).

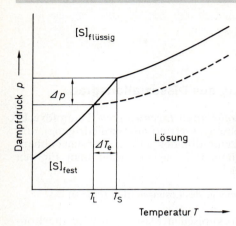

Abb. 5 Gefrierpunktserniedrigung (nach [42], S. 162)

S = Solvens (Lösungsmittel)
T_L = Gefrierpunkt der Lösung
T_S = Gefrierpunkt des Lösungs-
     mittels

Liegt der gelöste Stoff ganz oder teilweise dissoziiert vor, wird ΔT_e größer und damit M scheinbar kleiner. Ist die tatsächliche Molmasse bekannt, kann man folgenden Ansatz aufstellen:

Es sei n = Gesamtstoffmenge (dissoziierte und undissoziierte Teilchen, aus (40))
n_0 = Stoffmenge ohne Dissoziation
v = Zahl der Ionen pro Formeleinheit (38)

Dann gilt:

$$n = n_0 (1 - \alpha) + v\, n_0\, \alpha = n_0 + n_0\, \alpha \cdot (v - 1)$$

Nach α aufgelöst, erhält man

$$\alpha = \frac{n - n_0}{n_0 (v - 1)} \tag{42}$$

Beispiel

$n = 1,2\,, \quad n_0 = 1\,, \quad v = 3 \rightarrow \alpha = 0,1$

Weitere Bestimmungsmethode: Leitfähigkeitsmessungen (s. S. 266).

4. Starke Elektrolyte

Aktivitätsbegriff

Auch starke Elektrolyte verhalten sich im normalen Konzentrationsbereich so, als ob eine unvollständige Dissoziation vorliegen würde

($\alpha_{exp} < 1$, s. S. 267). Die Ursachen sind aber anderer Natur. Starke Elektrolyte dissoziieren stets vollständig; es treten jedoch Wechselwirkungen zwischen entgegengesetzt geladenen Ionen auf, die das chemische Potential verringern und dadurch eine unvollständige Dissoziation vortäuschen. Natürlich sind diese Wechselwirkungen auch in schwachen Elektrolyten vorhanden, können aber wegen der geringen Ionenkonzentration in erster Näherung vernachlässigt werden.

Das MWG gilt in der bisher betrachteten Form für *ideale* Lösungen (Gemische) mit statistischer Ionenverteilung und fehlender Wechselwirkung. In *realen* verdünnten Lösungen ist infolge der Assoziierungstendenz die „Massenwirkung" der Ionen kleiner als der Einwaage entsprechen würde. Die stöchiometrische Konzentration c muß also mit einem Korrekturfaktor multipliziert werden, damit das MWG weiterhin Gültigkeit behält. Diesen konzentrationsabhängigen Faktor nennt man **Aktivitätskoeffizient** f_i ($f_i \leq 1$)[a], die effektive Konzentration **Aktivität** a.

$$f_i = \frac{a_i}{c_i} \qquad \begin{array}{l} a_i = \text{Aktivität (effektive Konzentration)} \\ c_i = \text{Konzentration (stöchiometrische Konzentration)} \end{array} \qquad (43)$$

Rein formal kann man auch sagen, daß nur der Bruchteil f der Ionen am Dissoziationsgleichgewicht teilnimmt.

Das MWG lautet dann in seiner exakten Formulierung für das Gleichgewicht

$$AB \rightleftharpoons A^+ + B^-$$

$$K_a = \frac{a(A^+) \cdot a(B^-)}{a(AB)} = \frac{c(A^+) f_{A^+} \cdot c(B^-) f_{B^-}}{c(AB) f_{AB}} \qquad (44)$$

K_a bezeichnet man als **thermodynamische Gleichgewichtskonstante.**

Wegen ihrer Beziehung zum chemischen Potential (s. S. 35) stellen Aktivitäten *relative* Größen dar, die auf einen bestimmten Vergleichszustand (**Standardzustand**) bezogen werden. Grundsätzlich lassen sich Aktivitäten auf den Zustand der *unendlichen Verdünnung* **a** oder auf

---

[a] Streng genommen bezieht sich das Symbol f_i nur auf Mischungen mit dem *Molenbruch* als Gehaltsangabe (sog. *rationaler* Aktivitätskoeffizient)[31]. In Lösungen wird der Aktivitätskoeffizient des gelösten Stoffes mit y_i (früher *Molarität*) bzw. γ_i (*Molalität*) bezeichnet (praktischer Aktivitätskoeffizient). Zur Vereinfachung werden in diesem Buch alle Arten von Aktivitätskoeffizienten einheitlich durch f_i dargestellt.

den Reinzustand **b** normieren. Der Zahlenwert von f_i ist demnach von der Wahl des Standardzustands[a] abhängig[40, 41].

a $\lim\limits_{x \to 0} f_i = 1$ **b** $\lim\limits_{x \to 1} f_i = 1$

Der Aktivitätsbegriff beschränkt sich keineswegs auf Elektrolytlösungen und -schmelzen, sondern gilt ganz allgemein, da das chemische Potential eines Stoffes nicht nur von seiner Konzentration, sondern auch von der Umgebung abhängt.

$$\mu_i = \mu_i^0 + RT \cdot \ln a_i \tag{45}$$

Für μ_i^0 ist der jeweilige Standardwert einzusetzen. Bei ungeladenen Teilchen kann der Aktivitätseffekt in erster Näherung unberücksichtigt bleiben.

In *heterogenen* Systemen setzt man die Aktivität der stationären Phase (Reinstoff) gleich eins ($\mu_i = \mu_i^0$):

$$\lim\limits_{x_i \to 1} a_i = \lim\limits_{x_i \to 1} x_i\, f_i = 1 \qquad p, T = \text{konst.} \tag{46}$$

und wendet das MWG wie für homogene Systeme an.

Beispiel

$[A]_f + [B]_{gel} \;\rightarrow\; [C]_{gel}$

$$K_a = \frac{a(C)}{a(A) \cdot a(B)} \approx \frac{c(C)}{c(B)} \qquad a(A) = 1$$

Berechnung von Aktivitätskoeffizienten

Nach Definition eines geeigneten Standardzustands kann man mit Aktivitäten genau so Berechnungen durchführen wie mit anderen Größen. Für verdünnte und mäßig konzentrierte Lösungen ist es zweckmäßig, den Zustand der *„unendlichen Verdünnung"* als Standard zu wählen[b]:

$$\lim\limits_{c_i \to 0} \frac{a_i}{c_i} = 1 \qquad \text{ideale Lösung} \tag{47}$$

---

[a] Im Grenzfall der *idealen* Mischung wären die f_i-Werte nach beiden Normierungsbedingungen gleich[40].

[b] Genau genommen handelt es sich bei dem Standard der idealen oder unendlichen Verdünnung um einen *hypothetischen* Zustand: Das Potential μ_i^0 bezieht sich auf den reinen Stoff in der Konzentration $c_i^0 = 1\ \text{mol} \cdot \text{L}^{-f}$, aber mit den Eigenschaften einer idealen Lösung (physikalisch nicht realisierbar)[40].

Debye und *Hückel* haben ein Näherungsverfahren entwickelt, nach dem sich Aktivitätskoeffizienten aus der Ionenladung und Ionenkonzentration berechnen lassen. Da der allgemeine Ausdruck sehr kompliziert ist[13], arbeitet man am besten mit vereinfachten Näherungsformeln, die dem jeweiligen Konzentrationsbereich angepaßt sind.

Verdünnte Lösungen ($I \le 10^{-3}$). Für verdünnte Lösungen starker Elektrolyte gilt die Beziehung:

$$\log f_i = -A \cdot z_i^2 \cdot \sqrt{I} \qquad\qquad A = 0,509 \quad (H_2O, 25\,°C)^a$$
$$I = \frac{1}{2} \sum_i c_i z_i^2 \qquad\qquad \begin{aligned} z_i &= \text{Ionenladungszahl} \\ I &= \text{Ionenstärke} \end{aligned} \qquad (48)$$

f_i ist in erster Näherung nicht von der stofflichen Art des Ions, sondern nur von seiner Ladung abhängig (statistische Verteilung, kugelförmige Ladungsträger). Für sehr große Verdünnung strebt I gegen 0 und f_i gegen 1 ($a = c$, ideale Lösung). Da die Ionenstärke von sämtlichen in der Lösung anwesenden Ionen abhängt, wird auch die Aktivität jedes einzelnen Ions durch die Konzentration und Ladung aller übrigen Ionen beeinflußt.

Mäßig konzentrierte Lösungen ($10^{-3} < I < 10^{-1}$). Für mäßig konzentrierte Lösungen verwendet man besser folgende Näherung:

$$\log f_i = -\frac{A \cdot z_i^2 \cdot \sqrt{I}}{1 + k \cdot B \cdot \sqrt{I}} \approx -\frac{A \cdot z_i^2 \cdot \sqrt{I}}{1 + \sqrt{I}} \qquad (49)$$

$A = 0,509; \quad B = 0,328 \quad (H_2O, 25\,°C)$
$k \sim 3\,\text{Å}$

k entspricht dem mittleren Durchmesser des hydratisierten Ions ($\sim 0,3\,\text{nm}$) und kann näherungsweise als konstant betrachtet werden, weil kleine Ionen stärker polarisierend wirken und von einer größeren Hydrathülle umgeben sind. Für genauere Ergebnisse sind den einzelnen Ionen individuelle k-Parameter zuzuordnen (s. Anhang, S. 321).

Beispiel

Berechnung der Ionen-Aktivitätskoeffizienten einer 0,1 mol/L $MgSO_4$-Lösung.

Ionenstärke: $I = \frac{1}{2} \sum c_i z_i^2 = 0,4\ \text{mol} \cdot L^{-1}$

Mit den *Kielland*-Parametern $k\,(Mg^{2+}) = 8$ und $k\,(SO_4^{2-}) = 4$ erhält man aus (49):

$f(Mg^{2+}) = 0,328$
$f(SO_4^{2-}) = 0,198$

---

[a] $A = 0,500$ bei 15\,°C für Konzentrationsangaben in $\text{mol} \cdot \text{kg}^{-1}$ (Molalität).

Daraus ergibt sich ein mittlerer Aktivitätskoeffizient nach (51):

$$f_\pm = \sqrt{f_+ \cdot f_-} = 0{,}255$$

Dieser Wert ist größer als der mit der Näherung $k \cdot B \sim 1$ berechnete Koeffizient ($f_\pm = 0{,}163$).

Konzentrierte Lösungen ($I > 10^{-1}$)

$$\log f_i = -\frac{A \cdot z_i^2 \cdot \sqrt{I}}{1 + k \cdot B \cdot \sqrt{I}} + C \cdot I \tag{50}$$

In konzentrierten Lösungen ist die Näherung $k \cdot B \sim 1$ völlig unbrauchbar (Abnahme der Dielektrizitätskonstante), und die Parameter k und C müssen experimentell bestimmt werden. Der positive Faktor C bewirkt, daß $f_i > 1$ werden kann; die Funktion $\log f_i = g(I)$ durchläuft dann ein Minimum[13]. Diese überraschende Aussage läßt sich einmal dadurch erklären, daß die solvatisierten Lösungsmittelmoleküle streng genommen nicht mehr zum Solvens gehören. Daher wird die ionale Konzentration größer als die stöchiometrische. Bei noch höheren Konzentrationen reichen die Solvensmoleküle nicht mehr aus, um alle Ionen vollständig zu solvatisieren. Es entstehen gleichnamig geladene Assoziate und „nackte" Ionen mit höherer Aktivität. Besonders stark ausgeprägt ist der Aktivitätseffekt bei Elektrolyten unterschiedlicher Ionengröße mit hoher Polarisationswirkung des Kations (z. B. Halogenwasserstoff-Säuren, LiCl, LiClO$_4$).

Experimentelle Bestimmung von Aktivitätskoeffizienten

Experimentell läßt sich nur der *mittlere* Aktivitätskoeffizient $f_\pm$ eines Elektrolyten A$_i$B$_k$ bestimmen.

$$f_\pm^{(i+k)} = f_+^i \cdot f_-^k \quad \text{oder} \quad f_\pm = \sqrt[i+k]{f_+^i \cdot f_-^k} \tag{51}$$

Entsprechend definiert man die mittlere Aktivität $a_\pm$:

$$a_\pm = \sqrt[i+k]{a_+^i \cdot a_-^k} = \sqrt[i+k]{c_+^i \cdot c_-^k \cdot f_+^i \cdot f_-^k} = f_\pm \sqrt[i+k]{c_+^i \cdot c_-^k} \tag{52}$$

Die Aktivität des *gelösten Stoffes* kann man nach folgenden Methoden ermitteln[13]:

◆ Löslichkeitsmessungen (schwerlösliche Verbindungen)
◆ Bestimmung der Dissoziationskonstante (schwache Elektrolyte)
◆ EMK-Messungen galvanischer Elemente (Salzlösungen).

Die Aktivität des *Lösungsmittels* erhält man aus den kolligativen Eigenschaften (s. S. 43) oder aus der Aktivität des gelösten Stoffes mit Hilfe der *Gibbs-Duhem*-Gleichung ($\sum x_i \cdot \mathrm{d} \ln a_i = 0$; meist graphische Auswertung).

Kapitel 4

Gravimetrie

1. Fällungsform und Wägeform

Die Gravimetrie stellt eine Variante der **Fällungsanalyse** (Kap. 8) dar und beruht auf der quantitativen Bestimmung schwerlöslicher Verbindungen durch *Auswägen* des Niederschlags. Die Menge des zu bestimmenden Stoffes ergibt sich durch einfache stöchiometrische Berechnung aus dem molaren Massenverhältnis. Voraussetzung für die erfolgreiche Anwendung der Gravimetrie ist, daß die Fällung *spezifisch* und *quantitativ* verläuft und einen *stöchiometrisch* zusammengesetzten Niederschlag ergibt. Ist die letztere Bedingung nicht erfüllt, muß die primäre **Fällungsform** erst durch Trocknen oder Glühen in die stöchiometrisch eindeutige **Wägeform** übergeführt werden (Tab. 1).

Die Gravimetrie ist im Prinzip eine sehr exakte Methode und erfordert eine nur wenig aufwendige apparative Ausstattung[17-20]. Ein wesentlicher Nachteil liegt im hohen Zeitbedarf und in den vielfältigen Fehlerquellen, denen der Niederschlag von der Fällung bis zur Wägung ausgesetzt ist (s. S. 57). *Systematische Fehler* entstehen hauptsächlich durch unreine oder unvorschriftsmäßig zusammengesetzte Reagenzien, ungeeignete Fällungsbedingungen, unpassendes Filtermaterial, zu knappes oder nicht reichliches Auswaschen des Niederschlags und Wägung von nichttemperierten Gefäßen.

In Tab. 1 sind die wichtigsten gravimetrischen Bestimmungsverfahren mit Störungsangaben aufgeführt. Störende Ionen müssen vorher entfernt werden. Manchmal läßt sich die Fällung durch geeignete Wahl der Reaktionsbedingungen selektiv gestalten (z. B. Fällung bei unterschiedlichen pH-Werten). Auch die Maskierung von Schwermetallionen durch Komplexbildnern (s. S. 232) wird empfohlen[20].

2. Stöchiometrische Berechnungen

Die Berechnung des Ergebnisses erfolgt mit Hilfe stöchiometrischer Proportionen aus dem Verhältnis der molaren Massen (*„gravimetrischer Faktor"*). Die Faktoren der üblichen gravimetrischen Bestimmungen sind im **„Küster-Thiel"**[24] tabelliert. Im einfachsten Fall einer binären Verbindung AB (z. B. $AgCl$, $BaSO_4$, $CaCO_3$) errechnet sich

Tab. 1 Wichtige gravimetrische Verfahren

Ion	Fällungsform	Wägeform	Störungen
K^+	$K[B(C_6H_5)_4]$ [a]	$K[B(C_6H_5)_4]$	NH_4^+, Rb^+, Cs^+
Ag^+	$AgCl$	$AgCl$	Hg_2^{2+}
$M = Mg^{2+}$, Zn^{2+}	$MNH_4PO_4 \cdot 6H_2O$ $M(oxinat)_2 \cdot 2H_2O$	$M_2P_2O_7$ $M(oxinat)_2$	alle Metalle außer Na, K viele Metalle
Ca^{2+}	$CaC_2O_4 \cdot H_2O$	$CaCO_3$ (CaO)	alle Metalle außer Na, K, Mg
$M = Ba^{2+}$, Pb^{2+}	MSO_4, $MCrO_4$	MSO_4, $MCrO_4$	(Ca, Sr)
Ni^{2+}	$Ni(diacetyldioximat)_2$	$Ni(diacetyldioximat)_2$	–
$M = Al^{3+}$, Fe^{3+}	$M(OH)_3 \cdot aq$	M_2O_3	Schwermetalle
Si(IV)	$SiO_2 \cdot aq$	SiO_2	Sn
Sn(IV)	$SnO_2 \cdot aq$	SnO_2	Si, Sb
Cl^-	$AgCl$	$AgCl$	Br^-, I^-, CN^-, SCN^-
SO_4^{2-}	$BaSO_4$	$BaSO_4$	NO_3^-, ClO_3^-, PO_4^{3-}
PO_4^{3-}	$MgNH_4PO_4 \cdot 6H_2O$ $(NH_4)_3[P(Mo_{12}O_{40})] \cdot aq$ [b]	$Mg_2P_2O_7$ $(NH_4)_3[P(Mo_{12}O_{40})]$ (300 °C)	CO_3^{2-} (AsO_4^{3-})

[a] Die Kalium-Bestimmung als $KClO_4$ [17] ist viel zu ungenau und wegen der gefährlichen Arbeitsvorschrift nicht zu empfehlen (s. S. 41).

[b] Statt NH_3 wird auch Oxin als Base vorgeschlagen [20].

der Anteil von A (B analog) nach

$$m(A) = \frac{M(A)}{M(AB)} \cdot m(AB) = f \cdot m(AB) \qquad m(AB) = \text{Auswaage}, \; f = \text{Faktor}$$

(53)

Für die allgemeine Zusammensetzung $A_i B_k$ erhält man z. B.

$$m(A) = \frac{i \cdot M(A)}{M(A_i B_k)} \cdot m(A_i B_k) = f \cdot m(A_i B_k) \tag{54}$$

Der Faktor f soll möglichst klein sein, um eine hohe *Empfindlichkeit* ($E = 1/f$) und einen geringen *Fehler* ($F, A \sim f$) (s. S. 24) zu gewährleisten (d. h.: Verwendung organischer Fällungsreagenzien mit hoher molarer Masse). Für eine binäre Verbindung ergibt sich

Absoluter Fehler: $F_a = \Delta m(A) = f \cdot \Delta m(AB)$ (55)

Relativer Fehler: $F_r = \dfrac{\Delta m(A)}{m(A)} = f \cdot \dfrac{\Delta m(AB)}{m(A)}$ (56)

Beispiele

a Auswaage an $BaSO_4$: 0,3456 g. Gesucht: $m(Ba)$

$$m(Ba) = \frac{M(Ba)}{M(BaSO_4)} \cdot m(BaSO_4) = \frac{137,34}{233,40} \cdot 0,3456\,g = 0,2034\,g$$

Der Bariumanteil einer Substanzprobe ergibt sich aus dem Verhältnis des gefundenen Wertes und der Einwaage.

Einwaage: 0,8450 g

$$w(Ba) = \frac{0,2034\,g}{0,8450\,g} = 0,241 \,\widehat{=}\, 24,1\%$$

b Auswaage an Fe_2O_3: 0,2345 g. Gesucht: $m(Fe)$

$$m(Fe) = \frac{2\,M(Fe)}{M(Fe_2O_3)} \cdot m(Fe_2O_3) = 0,6994 \cdot 0,2345\,g = 0,1640\,g$$

Fehler: $F_a = 0,6994 \cdot 0,1\,mg = 0,07\,mg$

$$F_r = \frac{0,07}{164} \cdot 100 = 0,04\%$$

In Wirklichkeit steckt der größere Fehler im gravimetrischen Faktor, da die Stöchiometrie nicht immer exakt eingehalten wird. In einigen Fällen wird von vornherein ein empirischer Faktor verwendet, wenn die Zusammensetzung des Niederschlags signifikant von der Molekülformel abweicht. Solche Verfahren sollten in der Praxis gemieden werden.

$PbCrO_4$ neigt stark zur Mitfällung von überschüssigen Chromat-Ionen. Für die Bleibestimmung wird deshalb ein korrigierter Faktor von 0,6401 (statt 0,6411) angegeben[5].

3. Lösen

Löslichkeitsprodukt

Die Löslichkeit eines Stoffes wird durch das **Löslichkeitsprodukt** K_L bestimmt. Bei gelösten, dissoziierten Verbindungen bleibt das *Ionenprodukt* konstant, solange ein Bodenkörper vorhanden ist (s. S. 39). Für ein binäres Salz A^+B^- gilt

$$[A^+B^-]_f \rightleftharpoons A^+ + B^-$$

$a(A^+) \cdot a(B^-) = \text{konst.} = K_L$ thermodynamisches Löslichkeitsprodukt

$a(AB) = 1$

oder näherungsweise

$$c(A^+) \cdot c(B^-) = K_L \quad \text{stöchiometrisches Löslichkeitsprodukt} \qquad (57)$$

Die Fällung beginnt erst, wenn das Ionenprodukt $c(A^+) \cdot c(B^-) > K_L$ wird. Die Löslichkeitsprodukte erstrecken sich über viele Zehnerpotenzen und können für 1 : 1-Elektrolyte in wäßriger Lösung Werte zwischen $\sim 10^2$ (NaOH, KOH) und 10^{-52} (HgS) annehmen. Der letzte Wert würde bedeuten, daß in reinem Wasser eine Hg^{2+}-Gleichgewichtskonzentration von 10^{-26} mol $\cdot$ L^{-1}, d.h. nur etwa 1 Hg^{2+}-Ion pro Kubikmeter, vorliegt. Die tatsächliche Löslichkeit ist aber wesentlich höher (s. S. 158).

Löslichkeit

Unter der **Löslichkeit** L versteht man die Sättigungskonzentration eines Stoffes bezogen auf die *Formeleinheit*. Für ein binäres Salz A^+B^- gilt

$L = c(AB) = c(A^+) = c(B^-)$ und mit (57)

$$L = \sqrt{K_L} \qquad (58)$$

AgCl ($K_L = 10^{-10}$). $\quad L = 10^{-5}$ mol $\cdot$ L^{-1}

Eine Grobeinteilung der Elektrolyte in leichtlösliche ($pK_L < 0$) und schwerlösliche Salze ($pK_L > 0$) kann nach dem Löslichkeitsprodukt vorgenommen werden. Zur Charakterisierung von *leichtlöslichen* Salzen wählt man gewöhnlich die Sättigungskonzentration in g Salz pro 100 g Lösungsmittel. Bei *schwerlöslichen* Salzen ist dagegen die Angabe des Löslichkeitsprodukts, aus dem sich die *molare* Löslichkeit berechnen läßt, sinnvoller, weil das Lösungsgleichgewicht viel stärker von der Anwesenheit gleichnamiger und fremder Ionen beeinflußt wird.

Da die Kristallbildung einen exothermen Prozeß darstellt, muß beim Lösen zunächst die *Gitterenergie* aufgebracht werden (endotherm), dafür wird aber bei der **Solvatation** (Koordination der Ionen mit Lösungsmittel-Molekülen) Energie freigesetzt. Die Löslichkeit richtet sich in erster Linie nach der Differenz von Solvatisierungsenergie ΔH_S und Gitterbildungsenergie ΔH_G (**Lösungswärme ΔH_L** (59))[6].

$$\text{Lösungswärme} \quad \Delta H_L = \Delta H_S - \Delta H_G \tag{59}$$

$$\Delta H_L < 0: \text{gute Löslichkeit}$$
$$\Delta H_L > 0: \text{geringe Löslichkeit}$$
$$(\Delta H_S, \Delta H_G < 0)$$

Je größer die freiwerdende Solvatisierungsenergie, um so höher ist die Löslichkeit. Da die Gitterenergie proportional dem Produkt der Ladungszahlen ist, sind Salze mehrwertiger Ionen häufig schwerlöslich. Wegen der endothermen Gitterspaltung nimmt die Löslichkeit im allgemeinen mit steigender Temperatur zu, außer bei Salzen mit sehr hoher Solvatisierungsenergie. Salze mit stark unterschiedlicher Ionengröße sind wegen der geringeren Gitterenergie im allgemeinen gut löslich. Die Schwerlöslichkeit der Silberhalogenide beruht auf *Dispersionskräften* durch Polarisation der großen Anionen durch das kleine Ag^+-Ion[1]. Ebenso ist die leichte Deformierbarkeit des Sulfid-Ions und der damit verbundene, hohe kovalente Bindungsanteil für das kleine Löslichkeitsprodukt der meisten Metallsulfide verantwortlich.

Gleichioniger Zusatz. Wenn der Anteil der Dissoziationsprodukte verschieden ist, richtet sich die Löslichkeit nach dem Ion mit der *geringeren* Konzentration. Ist z. B. $c(A^+) > c(B^-)$, erhält man

$$L_c = c(B^-) = \frac{K_L}{c(A^+)} = \frac{K_L}{C_0(A^+) + c'(A^+)} \approx \frac{K_L}{C_0(A^+)} \tag{60}$$

$C_0(A^+)$ = zugesetzte Menge A^+ ($C_0(A^+) \gg c'(A^+)$)
$c'(A^+)$ = durch Dissoziation entstehender Anteil

Da $L_c < L$ ist, nimmt die Löslichkeit bei gleichionigem Zusatz ab. Es wirkt sich daher günstig aus, mit einem *Überschuß* an Fällungsreagenz zu arbeiten.

Beispiel $AgCl (C_0(Ag^+) = 10^{-2} \, mol \cdot L^{-1})$.
$$L_c = K_L / C_0(Ag^+) = 10^{-8} \, mol \cdot L^{-1}$$

Fremdioniger Zusatz. Da die Aktivitätskoeffizienten von der Ionenstärke und damit von der Konzentration sämtlicher in Lösung befindlichen Teilchen abhängen (s. S. 47), ändert sich die Löslichkeit eines Stoffes auch bei Fremdsalzzusatz. In das Löslichkeitsprodukt sind die *Aktivitäten* einzusetzen:

$$K_L = a(A^+) \cdot a(B^-) = c(A^+) \cdot c(B^-) \cdot f_{A^+} \cdot f_{B^-}$$

Weil sich die Löslichkeit auf die *stöchiometrische* Konzentration bezieht, erhält man

$$K_L = L_a^2 \cdot f_{A^+} \cdot f_{B^-}$$

$$L_a = \sqrt{\frac{K_L}{f_{A^+} \cdot f_{B^-}}} \qquad (61)$$

Mit $f < 1$ wird $L_a > L$, d.h. die Löslichkeit nimmt bei Anwesenheit von Fremdionen zu (wichtig z.B. bei Alkaliaufschlüssen).

Beispiele

a AgCl ohne gleichionigen Zusatz ($I = 0,1$, $f_{\pm} = 0,76$).   S. auch S. 47.
   $L_a = 1,32 \cdot 10^{-5}$ mol $\cdot$ L^{-1}

b AgCl mit $C_0(Ag^-) = 0,01$ mol $\cdot$ L^{-1} und $I = 0,1$ mol $\cdot$ L^{-1}.
   $K_L = C_0(Ag^+) \cdot c(Cl^-) \cdot f_{\pm}^2 \qquad (L = c(Cl^-))$

$$L_{a,c} = \frac{K_L}{C_0(Ag^+) \cdot f_{\pm}^2} = \frac{10^{-10}}{10^{-2} \cdot 0,58} = 1,73 \cdot 10^{-8} \text{ mol} \cdot \text{L}^{-1}$$

Fällungsgrad

Das Ausmaß einer Fällung berechnet man aus der Anfangs- und Endkonzentration des zu bestimmenden Ions. Es sei

Anfangskonzentration des Ions: C_0 im Volumen V_a
Endkonzentration: c in V_e

Der noch gelöste Anteil ist dann $c V_e / C_0 V_a$, und der Fällungsgrad α beträgt[6]

$$\alpha = 1 - \frac{c V_e}{C_0 V_a} \qquad (62)$$

Für gravimetrische Bestimmungen wird ein Fällungsgrad von 99,9% gefordert.

Beispiel

Fällung von BaSO$_4$ (pK$_L$ = 10) aus einer 0,1 mol/L BaCl$_2$-Lösung mit einer 0,1 mol/L Na$_2$SO$_4$-Lösung (gleiches Volumen, also $V_e = 2 V_a$).

$$\alpha = 1 - 2 \cdot \frac{10^{-5}}{10^{-1}} = 0,9998 \cong 99,98\% \qquad \text{quantitative Fällung}$$

Erhöhung des Endvolumens auf das Zehnfache ($V_e = 20 V_a$) ergibt

$$\alpha' = 0,998 \cong 99,8\% \qquad \text{ungenauer, aber noch tragbar}$$

Mit überschüssigem Fällungsreagenz nimmt der Fällungsgrad stark zu, z.B. bei Zugabe von 10% Na$_2$SO$_4$ wird $\alpha = 1 - 4,4 \cdot 10^{-7}$.

4. Fällen

Keimbildung und Kristallwachstum

Thermodynamisch gesehen stellt die Fällung eine *Phasenbildung* dar und unterliegt den gleichen Gesetzmäßigkeiten wie verwandte Vorgänge (Verdampfung, Taubildung, Erstarren einer Schmelze). Aus statistischen Gründen ist die spontane Kristallitbildung aus vielen Teilchen unwahrscheinlich (Entropieabnahme). Die Fällung erfordert eine **Induktionsperiode,** in der die primären Kristallkeime gebildet werden (durchschnittlich $10^9 - 10^{12}$ Keime pro Mol). Sehr reine Lösungen neigen besonders stark zur **Übersättigung,** d. h. es erfolgt keine Ausfällung, obwohl das makroskopische Löslichkeitsprodukt bereits überschritten wäre (metastabiler Zustand). Die Ursache liegt in der hohen Aktivität der Primärteilchen (große Oberflächenenergie), das Löslichkeitsprodukt nimmt entsprechend zu. Die Erhöhung der Löslichkeit ΔL^a ist proportional dem Quotienten aus Oberflächenspannung σ und Teilchenradius r [10, 12]:

$$\frac{\Delta L}{L} = \frac{C_0 - c}{c} \sim \frac{\sigma}{r} \tag{63}$$

C_0 = Anfangskonzentration (vor der Fällung)
c = Endkonzentration (nach der Fällung)

Die Wirkung eines **Keimbildners** (Impfkristall, Verunreinigung, Glaswand) beruht hauptsächlich auf der Verminderung der Grenzflächenspannung und Vergrößerung des Teilchenradius (63).

Da sowohl die *Keimbildungsgeschwindigkeit k* als auch die *Kristallwachstumsgeschwindigkeit k'* von ΔL abhängt, kommt es entscheidend auf das richtige Verhältnis an, um optimale Fällungsbedingungen zu erzielen.

Die Übersättigung ΔL muß möglichst klein sein, damit $k' > k$ wird und ein grobkristalliner, gut filtrierbarer Niederschlag entsteht. Wie aus Gl. (63) hervorgeht, wirken sich Fällen aus *verdünnter Lösung* (Abnahme von C_0) bei *erhöhter Temperatur* (Zunahme von c), *langsame* Reagenzzugabe unter Rühren (Vermeiden eines lokalen Überschusses) und die ,,*Alterung*'' des Niederschlags (längeres Stehenlassen in der Mutterlauge) günstig aus.

---

[a] eigentlich $\ln \dfrac{L_0}{L} \sim \dfrac{\sigma}{r}$ $\left(\ln \dfrac{L_0}{L} = \ln \dfrac{L + L_0 - L}{L} = \ln \left(1 + \dfrac{L_0 - L}{L} \right) \approx \dfrac{\Delta L}{L} \right)$

L_0 = Löslichkeit des Keims, L = Löslichkeit des makroskopischen Niederschlags

Kolloidbildung

Beim Einleiten von H_2S in eine wäßrige Lösung von As_2O_3 entsteht kein Niederschlag, sondern eine trübe, gelbe Lösung von As_2S_3. Das Sulfid läßt sich weder durch Animpfen noch durch Reiben an der Glaswand zur Kristallisation bringen. Es ist ein **Kolloid** entstanden. Der Unterschied zu echten Lösungen liegt in der *Teilchengröße*.

$\geq 10^{-5}$	$10^{-5}-10^{-7}$	$\leq 10^{-7}$ cm
Suspension	Kolloid	Lösung

Bei Teilchengrößen unter 10^{-5} cm erfolgt keine Sedimentation mehr, so daß die Partikel in der Schwebe gehalten werden (Opaleszenz durch Lichtstreuung, *Tyndall-Effekt*).

Kolloide sind mit normalen Filtern nicht abtrennbar, sondern nur durch Zentrifugieren oder *Dialyse* (Diffusion durch semipermeable Membranen).

Die Hauptursache für die Kolloidbildung ist das Vorhandensein elektrischer Oberflächenladungen, die sich gegenseitig abstoßen und die Bildung größerer Teilchen verhindern. Im oben erwähnten Beispiel werden Sulfid-Ionen angelagert. Außer den Sulfiden neigen Hydroxide und Silberhalogenide stark zur Kolloidbildung.

Die Fällung oder **Koagulation** eines Kolloids kann durch Salzzusatz („*Aussalzen*") bewirkt werden. Der umgekehrte Vorgang heißt **Peptisation** („reversible Kolloide").

$$\text{Kolloid} \underset{\text{Peptisation}}{\overset{\text{Koagulation}}{\rightleftharpoons}} \text{Niederschlag}$$
$$\text{(Sol)} \qquad\qquad\qquad\qquad \text{(Gel)}$$

Hydrophobe Kolloide (z. B. AgCl) bilden flockige, gut filtrierbare Gele, hydrophile (schwach basische Hydroxide) dagegen meist klebrige, schlecht abtrennbare Niederschläge. Um die Peptisation zu vermeiden, sollten Gele nicht mit reinem Wasser, sondern mit verdünnten Elektrolytlösungen (z. B. HNO_3 oder NH_4NO_3) gewaschen werden.

Alterung

Als **Alterung** bezeichnet man die physikalisch-chemischen Veränderungen, denen der Niederschlag nach der Fällung unterworfen ist und die eine Verminderung seines Energieinhalts bewirken. Die wichtigsten sind

Rekristallisation
Temperung
Chemische Alterung

Die Alterungsvorgänge wirken sich im allgemeinen günstig auf die gravimetrischen Eigenschaften aus. Bei der *Rekristallisation* gehen instabile Kristallbezirke (einschließlich Verunreinigungen) in Lösung und werden an anderer Stelle wieder angelagert. Unter *Temperung* versteht man einen Ordnungsprozeß durch Diffusion innerhalb des Kristalls, bei dem Fehlstellen und Spannungen beseitigt werden (meist erst bei höherer Temperatur). Die *chemische Alterung* kann in einer Modifikationsänderung oder Polymerisation des Niederschlags bestehen, z. B.

$$[HgS] \longrightarrow [HgS]$$
schwarz $\qquad$ rot

$$\underset{\substack{\text{ortho-}\\ \text{Kieselsäure}}}{Si(OH)_4} \xrightarrow[-H_2O]{} \underset{\text{Dikieselsäure}}{(HO)_3Si-O-Si(OH)_3} \ldots \xrightarrow[-xH_2O]{} \underset{\substack{\text{meta-}\\ \text{Kieselsäure}}}{(H_2SiO_3)_x}$$

Mitfällung und Nachfällung

Die **Mitfällung** von Eigenionen, Fremdionen und Molekülen ist die häufigste Störungsursache und kann in ungünstigen Fällen die analytische Bestimmung verhindern. Man unterscheidet

Adsorption
Okklusion
Inklusion (Mischkristallbildung)

Die *Adsorption* wirkt sich besonders stark bei Niederschlägen mit aktiver Oberfläche aus (s. oben). Unter *Okklusion* versteht man den Einschluß von Fremdteilchen im Inneren des Kristalls in unregelmäßiger Anordnung. *Inklusion* bedeutet, daß Fremdionen bei Übereinstimmung der Gitterparameter **(Isomorphie)** direkt in das Kristallgitter eingebaut werden und Mischkristalle bilden.

Da die Mitfällung nie ganz auszuschließen ist, kann man sich nur durch Entfernung störender Ionen, durch Fällen aus verdünnter Lösung oder Zusatz von Ammoniumsalzen (durch Glühen leicht zu beseitigen) helfen. Am günstigsten erweist sich die Fällung aus homogener Lösung (s. unten).

Unter **Nachfällung** versteht man alle Vorgänge, die zu einer Änderung der Zusammensetzung des Niederschlags führen und sich daher ungünstig auf die Bestimmung auswirken. Z. B. neigt MgC_2O_4(-oxalat) stark zur Übersättigung, lagert sich aber leicht an ausgefälltes CaC_2O_4 an. Ähnlich verläuft die Nachfällung von ZnS in Gegenwart von HgS. CoS und NiS werden beim Stehen an der Luft zu den dreiwertigen Hydroxidsulfiden, $M(OH)S$, oxidiert. CuS lagert Fe^{2+}-Ionen unter Bildung von $CuFeS_2$ an.

Komplexbildung

Viele Niederschläge können durch Komplexbildung ganz oder teilweise wieder in Lösung gehen, z. B.

$$[AgCl]_f + Cl^- \rightarrow [AgCl_2]^-_{gel}$$

In solchen Fällen ist ein Überschuß an komplexierendem Reagenz zu vermeiden.

Auch die Auflösung des Niederschlags in zuviel Waschflüssigkeit ist als Komplexierung aufzufassen (Bildung des Aquakomplexes). Ebenso beruht die pH-Abhängigkeit von Fällungen, besonders bei amphoteren Stoffen, auf Komplexbildung, z. B.

$$[Al(OH_2)_6]^{3+} \underset{}{\overset{H^+}{\longleftarrow}} [Al(OH)_3]_f \underset{}{\overset{OH^-}{\longrightarrow}} [Al(OH)_4]^-, [Al(OH)_6]^{3-}$$

Fällung aus homogener Lösung

Die Fällung aus einem homogenen System ist besonders günstig, weil das Fällungsreagenz erst im Verlauf der Fällung gebildet wird, also nur in geringer Konzentration vorliegt. Am bekanntesten sind die *Hydrolysenfällung* mit Urotropin (Hexamethylentetramin) und die *Sulfidfällung* mit Thioacetamid oder Thiocarbamat, die beim Erwärmen NH_3 bzw. H_2S freisetzen.

$$C_6H_{12}N_4 + 6H_2O \longrightarrow 6HCHO + 4\textbf{NH}_3$$
Urotropin $\qquad\qquad\qquad$ Formaldehyd

$$CH_3CSNH_2 + 2H_2O \longrightarrow CH_3COO^- + NH_4^+ + \textbf{H}_2\textbf{S}$$
Thioacetamid

$$H_2NCSO^- + 2H^+ + H_2O \longrightarrow NH_4^+ + CO_2 + \textbf{H}_2\textbf{S}$$
Thiocarbamat

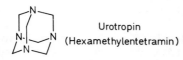

Urotropin
(Hexamethylentetramin)

Weiterhin werden Harnstoff und Thioharnstoff empfohlen[10]. Mit Hilfe entsprechender organischer Ester ist auch eine homogene Sulfat-, Oxalat- oder Phosphatfällung möglich.

5. Anwendungsbeispiele

Chlorid-Fällung

$$Cl^- + Ag^+ \rightarrow [AgCl]_f$$

Chlorid-Ionen werden aus verdünnter HNO_3-Lösung als schwerlösliches Silberchlorid gefällt. Der frische Niederschlag ist *lichtempfindlich* (Silberabscheidung) und sollte möglichst rasch filtriert und getrocknet ($\sim 120\,°C$) werden. Bei der Fällung von Silber-Ionen ist ein größerer Chlorid-Überschuß zu vermeiden. Am besten geeignet sind *Glasfiltertiegel*, da bei Papierfiltern Reduktionsgefahr besteht.

Störungen: Metalle, die Chlorokomplexe bilden
Reduzierende Ionen
Bildung von Oxidchloriden

Silberfluorid ist löslich. Die gravimetrische Analyse von Bromid und Iodid ist wegen der leichten Zersetzlichkeit von AgBr und AgI unzweckmäßig.

Sulfat-Fällung

$$SO_4^{2-} + Ba^{2+} \rightarrow [BaSO_4]_f$$

Bariumsulfat neigt stark zur *Mitfällung*. Da $Ba(NO_3)_2$ relativ wenig löslich ist, wirken Nitrat-Ionen besonders störend und müssen unbedingt durch mehrfaches Abrauchen mit Salzsäure entfernt werden. Man darf auch nicht in einem zu sauren Medium arbeiten (günstiger Bereich pH 2–2,5), da sonst eine partielle Auflösung erfolgt; z. B. lösen sich in 100 ml 1 mol/L HCl bereits 9 mg $BaSO_4$[20]. Zwei- und dreiwertige Kationen lassen sich mit EDTA maskieren.

$$[BaSO_4]_f + H^+ \rightleftharpoons Ba^{2+} + HSO_4^-$$

Hydroxid-Fällung

Die schwach basischen Hydroxide der drei- und vierwertigen Kationen fallen schlecht filtrierbar an und adsorbieren stark; die Oxide sind nur bei sorgfältigem Arbeiten stöchiometrisch zu erhalten.

$$M^{3+} + 3\,OH^- \rightarrow [M(OH)_3]_f \xrightarrow{\Delta T} M_2O_3$$
$$M = Al, Fe$$

$Fe(OH)_3$ wird am besten aus homogener Lösung mit Urotropin (pH 4,5−5,5) gefällt; evtl. vorhandenes Fe(II) ist vorher zu oxidieren. Zur Fällung von $Al(OH)_3$ mit NH_4Cl/NH_3-Gemisch muß ein pH-Bereich von 7,5−8,0 eingehalten werden, da der Niederschlag im sauren und alkalischen Medium in Lösung geht (s. S. 140). Die Glühtemperatur sollte 1 200 °C betragen, damit das nicht-hygroskopische α-Al_2O_3 entsteht. Beim Eisen genügen 800 °C, weil bei höheren Temperaturen partielle Reduktion und Bildung von Fe_3O_4 erfolgen kann [17].

Phosphat-Fällung

$$M^{2+} + NH_4^+ + PO_4^{3-} \rightarrow [MNH_4PO_4]_f$$
$$2\,MNH_4PO_4 \rightarrow M_2P_2O_7 + 2\,NH_3 + H_2O$$

$$M = Mg, Zn, Mn$$

Zur *Magnesium-Bestimmung* wird die saure Lösung mit $(NH_4)_2HPO_4$ versetzt und NH_3 bis zur vollständigen Fällung zugegeben (pH 8−10). Ein Überschuß von NH_4^+ oder OH^- ist zu vermeiden. Die Fällung von $ZnNH_4PO_4$ wird durch die Bildung des $[Zn(NH_3)_4]^{2+}$-Komplexes erschwert. Der pH-Wert (optimal 6,6) ist genau einzuhalten.

Phosphat läßt sich spezifisch als $(NH_4)_3[P(Mo_3O_{10})_4]$ aus salpetersaurer Lösung abtrennen und in Ammoniak wieder auflösen. Die Phosphatfällung als $MgNH_4PO_4$ wird analog zur Mg-Bestimmung durchgeführt.

Kalium-Bestimmung

$$K^+ + [B(C_6H_5)_4]^- \rightarrow K[B(C_6H_5)_4]_f \qquad K_L = 2,2 \cdot 10^{-8}$$

Kalium-Ionen lassen sich mit Natrium-tetraphenylborat („*Kalignost*") im essigsauren Medium (pH 4−5) bei 70 °C als $KBPh_4$ fällen, das nach dem Trocknen direkt zur Wägung gebracht wird. Einwertige Ionen (NH_4^+, Rb^+, Cs^+, Ag^+, Tl^+) sowie Hg^{2+} stören und müssen vorher entfernt werden. Bei Anwesenheit zwei- und dreiwertiger Kationen und Na^+ in hoher Konzentration besteht die Gefahr der Mitfällung (Umfällen des Niederschlags erforderlich).

Vor der früher beschriebenen Kalium-Bestimmung als $KClO_4$[17] durch Abrauchen mit Perchlorsäure und Aufnehmen mit abs. Ethanol ist wegen Explosionsgefahr dringend zu warnen!

Blei-Bestimmung

$$Pb^{2+} + SO_4^{2-} \rightarrow [PbSO_4]_f$$

Blei-Ionen werden durch Abrauchen mit konz. Schwefelsäure in $PbSO_4$ überführt, das bei $500-600\,°C$ geglüht und direkt ausgewogen wird. Wegen der erheblichen Wasserlöslichkeit des Bleisulfats ist der Niederschlag mit Wasser/Ethanol-Gemisch oder verdünnter Schwefelsäure zu waschen. Nach dem gleichen Verfahren läßt sich auch Strontium bestimmen.

6. Organische Fällungsreagenzien

Viel verwendet werden organische Fällungsreagenzien, die sehr selektiv wirken und besonders für die Bestimmung kleiner Metallmengen geeignet sind[17, 20]. Es handelt sich meist um **Chelat-Liganden,** die mit Kationen schwerlösliche *Innerkomplexe* bilden (s. S. 172). Einige Beispiele sind in Tab. 2, S. 62 aufgeführt.

Die Komplexierung erfolgt über Sauerstoff und/oder Stickstoff unter Bildung von Fünfring- und Sechsring-Chelaten. Die Chelatkomplexe können ggf. zum Metalloxid verglüht oder bromometrisch titriert werden (s. S. 220). Die pH-Abhängigkeit der Fällung ist besonders zu beachten; z. B. wird Mg^{2+} nur im ammoniakalischen Medium (pH $9-10$) und Al^{3+} in acetatgepufferter Lösung (pH $4-5$) als Oxinat gefällt. Das Oxin (8-Hydroxychinolin) wird zweckmäßig als essigsaure Lösung eingesetzt, die haltbarer als die früher verwendete alkoholische Lösung ist.

7. Praktische Hinweise

Filtrieren und Trocknen

Zur quantitativen Filtration sind *Papierfilter* und *Glasfiltertiegel* ($\leq 500\,°C$) oder *Porzellanfiltertiegel* ($\geq 500\,°C$) gebräuchlich (Tab. 3).

Tab. 2 Organische Fällungsreagenzien

Organische Verbindung	Komplex	Anwendung

8 - Hydroxychinolin (Oxin)

M(II)-oxinat

M(II): Mg^{2+}, Zn^{2+}, Cu^{2+}, Cd^{2+}
M(III): Al^{3+}, Fe^{3+}, Sb^{3+} u.a.

Natriumtetraphenylborat (Kalignost)

K^+ (NH_4^+, Rb^+, Cs^+)

N-Nitrosophenylhydroxylamin[a] (Kupferron)

außer Cu noch für zahlreiche andere Metalle verwendbar

Salicylaldoxim

M(II)-Komplex

Cu^{2+}, Ni^{2+}, Pb^{2+}, Bi^{3+}, Fe^{3+} u.a.

α-Nitroso-β-naphthol

Co(III)-Komplex

spezifisches Reagenz für Co(III)

Diacetyldioxim[b] (Dimethylglyoxim)

Ni(II)-Komplex

spezifisches Reagenz für Ni(II)

[a] als Ammoniumsalz
[b] als wäßrige Lösung des Dinatriumsalzes (Fällung im ammoniakalischen Medium)

Tab. 3 Charakterisierung von Papierfiltern und Filtertiegeln

Papierfilter Art	Typenbez.[a]	Anwendung, Eigenschaft	Filtertiegel Glas	Porzellan
weich	Schwarzband	großporig grobkrist. Niederschlag	D 1	A 5
mittel	Weißband		D 3	A 3
hart	Blauband, Rotband	feinporig feinkrist. Niederschlag	D 5	A 1

[a] Handelsnamen der Fa. Schleicher und Schüll

Tab. 4 Gebräuchliche Trocknungsmittel (nach[19])

Trocknungsmittel	Partial- druck[a] (mbar)	Anwendbar für	Nicht geeignet für
$CaCl_2$ gekörnt	0,20	Neutrale und saure Feststoffe (Gase)	NH_3, Br_2, HBr, HF; Alkohole, Amine
BaO	$1,6 \cdot 10^{-4}$	Anorg. und organ.	F_2, NO, Säuren
MgO	0,11	Basen (NH_3, Amine),	
$Al_2O_3 \cdot$ aq	$4,1 \cdot 10^{-3}$	Alkohole	
NaOH geschmolzen	0,21	NH_3, Alkohole,	O_3, F_2, Säuren
KOH geschmolzen	$2,8 \cdot 10^{-3}$	organ. Basen	
H_2SO_4 konz.	$2,8 \cdot 10^{-3}$	Neutrale und saure Verbindungen; O_2, N_2, CO, CH_4, Halogene, HCl, SO_2	HBr, HI, HF, NH_3, H_2S, PH_3, NO, NO_2, C_2H_2
P_4O_{10}	$3,4 \cdot 10^{-5}$	O_2, CO, C_2H_2, CS_2, CCl_4, Stickoxide	Halogene, HHal, NH_3, H_2S, Ether
Silicagel	$3,0 \cdot 10^{-2}$	universell	NH_3, HF, Halogene

[a] Wasserdampf-Partialdruck bei 25 °C (Reines Wasser: 31,3 mbar)

Papierfilter verwendet man vorwiegend für voluminöse, schwammige Niederschläge (z. B. Hydroxide), die sich beim Verbrennen des Filters (,,*Veraschen*") nicht zersetzen. Für thermisch empfindliche Verbindungen, z. B. organische Metallkomplexe, haben sich Glasfiltertiegel am besten bewährt, während Porzellantiegel mit kleiner Porenweite für feinkristalline Salze ($BaSO_4$, CaC_2O_4, $MgNH_4PO_4$) eingesetzt werden.

Abb. 6 Automatische Analysen-
waage (mit freundlicher Genehmigung der Firma Mettler-Waagen
GmbH, Gießen)

In manchen Fällen genügt das einfache Trocknen eines Niederschlages in
der Fällungsform im Exsikkator oder Trockenschrank bereits zum Erreichen der *Gewichtskonstanz* (Toleranzgrenze $\pm 0,5$ mg). Papierfilter werden vorsichtig getrocknet und im Porzellan- oder Platintiegel bei ca.
$800\,°C$ unter reichlichem Luftzutritt verbrannt. Porzellanfiltertiegel werden vorgetrocknet, im Muffelofen bei der erforderlichen Temperatur
geglüht (Tiegelschuh verwenden, nichts verschütten!) und **nach dem Abkühlen** im Exsikkator aufbewahrt. Eine Auswahl gebräuchlicher Trocknungsmittel ist in Tab. 4 zusammengestellt.

Wägen

Die alten Balkenwaagen mit Handgewichten, die über Jahrhunderte das
Bild der chemischen Laboratorien bestimmt haben, werden kaum
noch verwendet. Heute benutzt man stark gedämpfte, einschalige
Waagen mit automatischer Gewichtsauflage und digitaler Anzeige
(Abb. 6), die nach dem *Substitutionsprinzip* arbeiten. Beim Wägevor-

gang wird die Masse des Wägeguts durch Abheben von Gewichts-
ringen kompensiert, bis der Balken im Gleichgewicht ist. Die Gleichge-
wichtseinstellung wird mechanisch (Luftdämpfung) oder elektromagnetisch (Wirbelstromdämpfung) beschleunigt. Die Waage ist genau senkrecht zu justieren, um eine falsche Anzeige zu vermeiden.

Im analytischen Praktikum verwendet man „*Makrowaagen*", die auf
0,1 mg genau anzeigen und bis etwa 200 g belastbar sind (Mikro-
waagen: bis 0,1 μg bei 2–3 g Höchstauflage). Da die Auswaage bei
makrogravimetrischen Bestimmungen ≥ 100 mg betragen soll, wird
die analytisch geforderte Genauigkeit von 0,1% leicht erreicht. Bei
größeren Massen läßt sich der relative Fehler bis auf 1 ppm (10^{-6})
verringern. Wägen gehört damit zu den Meßverfahren mit höchster
Präzision, die nur von einigen optischen Methoden übertroffen wird.

Zur genauen Absolutwägung muß der *Auftrieb* der Luft berücksichtigt
(vor allem bei unterschiedlicher Dichte und Dimension des Wägeguts
und des Gegengewichts) und eine entsprechende Korrektur angebracht
werden[24]. Bei Differenzwägungen fällt der Auftriebsfehler von selbst
heraus.

Weitere Fehlerquellen entstehen durch

◆ mechanische Defekte der Waage (gelegentlich mit Eichgewichten
  prüfen),
◆ Temperaturschwankungen (keine heißen Objekte wiegen),
◆ Feuchtigkeit (bei hygroskopischen Substanzen),
◆ elektrostatische Aufladung (Gehäuse notfalls erden).

Kapitel 5

Maßanalyse (Volumetrie)

1. Mengen-, Gehalts- und Konzentrationsangaben

Das **Internationale Einheitensystem** (SI[a]) ist in der Bundesrepublik Deutschland bereits 1970 durch das „Gesetz über Einheiten im Meßwesen" eingeführt worden und seit dem 1.1.1978 verbindlich vorgeschrieben. Einzelheiten sind in den entsprechenden *DIN-Normen* ausgeführt. Die konsequente Anwendung des SI verlangt vom Chemiker den Abschied von einigen traditionellen, liebgewordenen Vorstellungen, liefert ihm aber dafür ein in sich geschlossenes, formallogisch einwandfreies System, das stöchiometrische Berechnungen insgesamt erheblich erleichtert[42].

Das Mol

Der Begriff „Stoffmenge" war bisher nicht eindeutig definiert und konnte je nach dem Zusammenhang eine qualitative Substanzprobe („*Stoffportion*") oder auch deren Masse, Volumen und Teilchenzahl („*Molmenge*") bedeuten. Nach DIN 32629 stellt die **Stoffportion** einen abgetrennten Materiebereich (aus einem oder mehreren Stoffen, oder auch aus Teilchen) dar. Die Stoffportion enthält sowohl quantitative als auch qualitative Angaben, z.B. 32 g Schwefel oder 100 mL Schwefelsäure. Da nur die letzte Eigenschaft („*Molmenge*") für die Chemie die eigentlich relevante Größe darstellt, bezieht sich die Bezeichnung **Stoffmenge** nach dem SI ausschließlich auf die **Teilchenzahl** (= Menge der Elementarteilchen wie Atome, Moleküle, Ionen, Radikale) und besitzt die Einheit 1 Mol.

$$\text{Stoffmenge} \quad n \quad = \text{a} \quad \text{mol} \quad (64)$$
$$\text{Größe} \quad \text{Maßzahl} \quad \text{Einheit}$$

Die SI-Basiseinheit **Mol** (Zeichen: mol) wird definiert:

> 1 Mol ist eine Stoffmenge, die aus so vielen Teilchen besteht, wie 0,012 kg des Kohlenstoff-Nuklids ^{12}C Atome enthalten.

---

[a] Système International d'Unités

Im Unterschied zu früheren Definitionen wird das Mol als reine *Zählgröße* (wie Stück, Skalenteil, Grad) eingeführt, die nicht auf eine Massengröße zurückgeht; Relationen wie „1 mol H_2O = 18 g" sind also nicht mehr zulässig.

Die experimentell meßbare Teilchenzahl pro Mol mit dem Symbol N_A wird als **Avogadro-Konstante**[a] bezeichnet ($N_A = 6,023 \cdot 10^{23}$ mol^{-1}). Für die Stoffmenge (64) erhält man damit

$$n_i = \frac{N_i}{N_A} \text{ mol} \qquad \begin{array}{l} N_i = \text{Teilchenzahl} \\ N_A = \text{Teilchenzahl pro Mol} \end{array} \qquad (65)$$

Da sich die Einheit Mol nur auf die Teilchenzahl, nicht aber auf die Teilchenart bezieht, muß diese immer angegeben werden.

Beispiele

a $6 \cdot 10^{23}$ Atome Schwefel entsprechen der Stoffmenge $n(S) = 1$ mol (1 Mol S-Atome), aber $n(S_8) = 0,125$ mol (⅛ Mol S_8-Moleküle).

b Chlor mit der Masse 70,9 g hat die Stoffmenge $n(Cl) = 2$ mol (2 Mol Cl-Atome), aber $n(Cl_2) = 1$ mol (1 Mol Cl_2-Moleküle).

Daraus ergibt sich zwanglos die Anwendung der Zählgröße Mol auf **Äquivalente,** wodurch die früher übliche Einheit *Val*[b] überflüssig wird. Da viele Elemente in mehreren Wertigkeitszuständen („Valenzen") vorkommen, ist das Äquivalent nicht eindeutig definiert, und die Val-Einheit kann sich auf ganz verschiedene Stoffmengen beziehen (zur Mehrdeutigkeit des Wertigkeitsbegriffs s. Anmerkung). Die **Äquivalentmenge** $n(eq)$ (korrekt: *„Stoffmenge von Äquivalenten"*) wird nunmehr als z-faches (z = Äquivalentzahl) der Stoffmenge n (molare Menge) mit der *gleichen* Einheit mol definiert:

$$\text{Äquivalentmenge} \qquad n(eq) = z \cdot n \text{ mol} \qquad (66)$$

Anmerkung zum Wertigkeitsbegriff

Die ursprüngliche Definition der Wertigkeit (ein einwertiger Stoff vermag 1 Grammatom Wasserstoff in einer Verbindung zu ersetzen) hat im Laufe der Zeit viele Veränderungen erfahren. Heute faßt man unter dem Oberbegriff **Wertigkeit** folgende Kriterien zusammen[6]:

---

[a] Die früher im deutschen Sprachraum gebräuchliche Bezeichnung „*Loschmidtsche Zahl*" (dimensionslos) soll nicht mehr verwendet werden.

[b] 1 val = $\dfrac{1}{z}$ mol

> Oxidationsstufe
> Ionenladung (Ionenwertigkeit)
> Koordinationszahl
> Bindungszahl (Bindigkeit)
> Formalladung

Die *Oxidationsstufe* (in Klammern) stellt die wichtigste Größe dar und wird nach einem relativen Bezugssystem festgelegt (z. B. $H(+1)$, $O(-2)$; s. S. 187). Die *Koordinationszahl* (Anzahl der weiteren Atome, mit denen ein bestimmtes Atom verbunden ist) spielt bei Komplexen und Festkörpern eine wichtige Rolle. Unter der *Bindigkeit* versteht man die Anzahl der kovalenten Bindungen, die von einem Atom ausgehen. Eine *Formalladung* entsteht, wenn die Bindungszahl eines Atoms nicht seiner Stellung im Periodensystem entspricht.

Beispiele: Sulfat- und Nitrat-Ion

	a	S $(+6)$		**a**	N $(+5)$
	b	-2		**b**	-1
	c	S 4		**c**	N 3
	d	S 6		**d**	N 4
tetraedrisch	**e**	S 0	planar	**e**	N +1

Infolge der unterschiedlichen Wertigkeitsdefinitionen kann auch die *Äquivalentzahl z* (66) und damit die *Äquivalentmenge n* (eq) ganz verschieden ausfallen. Für die analytisch wichtigen Neutralisations-, Redox- und Ionenrekombinationsvorgänge (Fällung) gelten folgende Beziehungen [44, 46]:

Neutralisation.	$z = $ Anzahl der H^+- oder OH^--Ionen, die das Teilchen bindet oder liefert
Redoxreaktion.	$z = $ Anzahl der ausgetauschten Elektronen ($=$ Differenz der Oxidationsstufen)
Ionenreaktion.	$z = $ Betrag der Ladungszahl des Ions

Beispiele

a Die frühere Äquivalentmenge „0,1 val $KMnO_4$" ($z = 5$) wäre zu beschreiben als $n(eq)(KMnO_4) = n(^1/_5\,KMnO_4) = 5\,n(KMnO_4) = 0,1$ mol.
Die entsprechende Stoffmenge ist $n = n(eq)/5 = 0,02$ mol.

b $n(H_2O_2) = 0,1$ mol ($z = 2$) ergibt
$n(eq)(H_2O_2) = n(^1/_2\,H_2O_2) = 2\,n(H_2O_2) = 0,2$ mol.

Man beachte, daß der Faktor in der Klammer ($^1/_5$ bzw. $^1/_2$) zum *Index* gehört, also keinesfalls mit *n* multipliziert werden darf. Die Beziehung $n(eq)(KMnO_4) = n(^1/_5\,KMnO_4)$ bedeutet vielmehr, daß die Äquivalentmenge zahlenmäßig gleich der Stoffmenge von $^1/_5$ Formeleinheit ist. Die

Gleichung $n(eq)(KMnO_4) = 5n(KMnO_4)$ besagt dagegen, daß bei vorgegebener Stoffmenge n die Äquivalentmenge $n(eq)$ fünfmal so groß ist. Die Schreibweise $n(^1/_5 KMnO_4)$ oder allgemein $n(1/z X)$ hat den Vorteil, daß die Äquivalentmenge eindeutig bezeichnet wird. Sie soll daher nach den neuen DIN-Vorschlägen[42] ausschließlich verwendet werden.

Mit (66) lassen sich stöchiometrische Berechnungen in einfacher Weise durchführen; z. B. gilt für die Neutralisation von Schwefelsäure mit Natronlauge:

allgemein $n(eq)(Säure) = n(eq)(Base)$
speziell $n(eq)(H_2SO_4) = n(eq)(NaOH)$
$2n(H_2SO_4) = 1n(NaOH)$
oder $n(H_2SO_4) = 0.5n(NaOH)$

Die letzte Beziehung bedeutet, daß 1 mol H_2SO_4 2 mol NaOH entspricht (nicht etwa umgekehrt), wie sich durch Einsetzen leicht nachprüfen läßt.

Molare Masse

Die **molare Masse** (früher Molekülmasse oder Molmasse) wird jetzt einheitlich als Masse der Stoffmenge 1 Mol definiert[a]:

$$M_i = m(1 \text{ Mol}) = m^t(i) \cdot N_A = a \quad g \cdot mol^{-1} \tag{67}$$

$m^t(i) =$ Masse eines Teilchens

Da Masse und Stoffmenge direkt proportional sind, ergibt sich die wichtige Beziehung (68), die als Grundlage für stöchiometrische Berechnungen dient.

$$m = M_i \cdot n_i \tag{68}$$

Den Zahlenwert der molaren Masse $M_r(i)$ (früher Molekular-, Atom-, Formelgewicht) bezeichnet man als relative Teilchenmasse (*relative molare Masse*), da aufgrund der Moldefinition $M(^{12}C) = 12 \, g \cdot mol^{-1}$ ist.

$$M_i = M_r(i) \cdot 1 \, g \cdot mol^{-1} \tag{69}$$

Entsprechend dem neuen Molbegriff ist die **Äquivalentmasse** als spezielle Form einer molaren Masse (*„molare Masse von Äquivalenten"*) anzusehen und erhält die gleiche Einheit:

$$M(eq) = \frac{1}{2} \cdot M \quad g \cdot mol^{-1} \tag{70}$$

Z. B. beträgt die Äquivalentmasse von $KMnO_4$

$$M(eq)(KMnO_4) = M(^1/_5 KMnO_4) = {}^1/_5 M(KMnO_4) = 31.6 \, g \cdot mol^{-1}$$

---

[a] SI-Einheit: $kg \cdot mol^{-1}$

Gehalt und Konzentration

Die quantitative Beschreibung von Mischphasen erfolgt mit den mengenproportionalen Größen *Masse m, Volumen V, Stoffmenge n* (Index i = 1, 2, 3 ...). Wie bei Einstoffsystemen ist zu beachten, daß *V* von Druck und Temperatur und *n* von der Teilchenart abhängig ist. Während früher die Bezeichnungen Gehalt [a], Anteil und Konzentration weitgehend synonym verwendet wurden, wird jetzt nach DIN 1310[44,46] klar unterschieden.

Der **Gehalt** (*Anteil*) ist definiert als dimensionsloser Quotient aus einer der genannten Größen für einen Stoff i und der Summe der gleichartigen Größen für alle Stoffe der Mischphase. Es bedeuten:

Massengehalt $\qquad w_i = \dfrac{m_i}{\sum_i m_i} \left(= \dfrac{m_i}{m} \right) \qquad$ (71)

Volumengehalt [b] $\qquad \chi_i = \dfrac{V_i}{\sum_i V_i} \qquad$ (72)

Stoffmengengehalt $\quad x_i = \dfrac{n_i}{\sum_i n_i} \left(= \dfrac{n_i}{n} \right) \qquad$ (73)
(Molenbruch)

Die Gehaltsangabe kann als Dezimalbruch **a**, durch eine Verhältnisbezeichnung **b** oder mit gleichartiger Einheit in Zähler und Nenner **c** erfolgen.

▨▨ **Beispiel** „0,1 prozentige" NaCl-Lösung ▨▨▨▨▨▨▨▨▨▨▨▨▨▨

a $w_i = 0,001$
b $w_i = 0,1\% = 1\text{‰} = 1000$ ppm („parts per million")
c $w_i = 10^{-3}$ g · g^{-1} = 1 g · kg^{-1}

Da jede Gehaltsangabe durch ihr Symbol (71−73) eindeutig gekennzeichnet ist, erübrigen sich die Zusätze Massen-%, Volumen-%, Mol-% und sollen vermieden werden.

Unter **Konzentration** versteht man den Quotienten aus einer der Größen *m, V* oder *n* für einen Stoff i und dem *Volumen* der Mischphase.

---

[a] Nach den geänderten DIN-Richtlinien (1984) soll *Gehalt* nur noch als qualitative Angabe oder Oberbegriff für Anteil und Konzentration verwendet werden.
[b] Auch mit dem Symbol φ_i bezeichnet.

Es bedeuten:

Massenkonzentration[a]	$\varrho_i^* = \dfrac{m_i}{V} \; g \cdot L^{-1}$	(74)
Volumenkonzentration[b]	$\sigma_i = \dfrac{V_i}{V}$	(75)
Stoffmengenkonzentration	$c_i = \dfrac{n_i}{V} \; mol \cdot L^{-1}$	(76)

Seit 1964 wird das Liter nicht mehr als Volumen von 1 kg Wasser im Dichtemaximum (4 °C, 1,013 bar) definiert, sondern als Synonym für Kubikdezimeter verwendet (1 L = 10^3 cm^3). Da 1 dm^3 etwas kleiner als das ursprüngliche Liter ist, reduziert sich die maximale Dichte des Wassers geringfügig auf 0,999 972 g · cm^{-3}.

Wegen der Temperaturfunktion des Volumens sind alle drei Größen *temperaturabhängig* (Druckabhängigkeit bei Flüssigkeiten weniger wichtig).

Rechenbeispiel

In 100 g einer Kochsalz-Lösung der Dichte 1,035 g · cm^{-3} sind 5,00 g NaCl ($M = 58,45$ g · mol^{-1}) enthalten. Man berechne den Massen- und Stoffmengengehalt und die entsprechenden Konzentrationswerte.

Massengehalt $\qquad w(NaCl) = 0,05 \; (5\%)$

Stoffmenge $\qquad n(NaCl) = \dfrac{m}{M} = 0,085$ mol $\quad$ (Gl. 68)

$\qquad\qquad\qquad (n(H_2O) = 5,278$ mol$)$

Stoffmengengehalt $\qquad x(NaCl) = 0,016 \; (1,6\%)$

Volumen der Lösung $\quad V = \dfrac{m}{\varrho} = 96,62$ cm^3

Massenkonzentration $\quad \varrho^* = \dfrac{m}{V} = \dfrac{5,00 \, g}{0,09661} = 51,75$ g · L^{-1}

Stoffmengenkonzentration $\quad c = \dfrac{n}{V} = \dfrac{0,085 \, mol}{0,09661} = 0,885$ mol · L^{-1}

---

[a] ϱ^* zur Unterscheidung von der Dichte ϱ (g · cm^{-3}). Als neues Symbol wird β_i vorgeschlagen.

[b] Für ideale Mischungen wird $\sigma_i = \chi_i$ (72), d.h. das Gesamtvolumen der Mischphase ist gleich der Summe der Einzelvolumina.

Quantitätsgrößen nach DIN 1310 und 32625

Größe	Größen-symbol	Einheits-zeichen	Definitionsgleichung	Beispiel
Molare Masse	M	$\dfrac{g}{mol}; \dfrac{kg}{mol}$	$M(X) = \dfrac{m(X)}{n(X)}$	$M(H_2SO_4) = \dfrac{196\ g}{2\ mol} = 98\ \dfrac{g}{mol}$
Stoffmenge	n	mol	$n(X) = \dfrac{m}{M(X)}$	$n(HCl) = \dfrac{73\ g \cdot mol}{36,5\ g} = 2\ mol$
Äquivalent-stoffmenge	$n(eq)$	mol	$n(eq)(X) = \dfrac{m \cdot z^*}{M(X)}$	$n(\frac{1}{3}H_3PO_4) = \dfrac{200\ g \cdot mol \cdot 3}{293,7\ g} = 2,04\ mol$
Stoffmengen-anteil	x	$\dfrac{mol}{mol}$	$x(X) = \dfrac{n(X)}{n(X) + n(Y)}$	$x(C_2H_6) = \dfrac{2\ mol}{2\ mol + 3\ mol} = 0,4 \,\hat{=}\, 40\%$
Massenanteil	w	$\dfrac{kg}{kg}; \dfrac{g}{g}$	$w(X) = \dfrac{m(X)}{m(Mi)}$	$w(KCl) = \dfrac{12\ g}{12\ g + 28\ g} = 0,3 \,\hat{=}\, 30\%$
Volumen-anteil	φ	$\dfrac{L}{L}; \dfrac{mL}{mL}$	$\varphi(X) = \dfrac{V(X)}{V(X) + V(Y)}$	$\varphi(O_2) = \dfrac{0,15\ L}{0,15\ L + 0,56\ L} = 0,21 \,\hat{=}\, 21\%$
Stoffmengen-konzentration	c	$\dfrac{mol}{L}$	$c(X) = \dfrac{n(X)}{V(Mi)}$	$c(HCl) = \dfrac{0,1\ mol}{1\ L} = 0,1\ \dfrac{mol}{L}$
Äquivalent-konzentration	$c(eq)$	$\dfrac{mol}{L}$	$c(eq)(X) = \dfrac{n(\frac{1}{z^*} \cdot X)}{V(Mi)}$	$c(\frac{1}{2}H_2SO_4) = \dfrac{0,1\ mol \cdot 2}{1\ L} = 0,2\ \dfrac{mol}{L}$
Massen-konzentration	β	$\dfrac{g}{L}$	$\beta(X) = \dfrac{m(X)}{V(Mi)}$	$\beta(HCl) = \dfrac{40\ g}{1\ L} = 40\ \dfrac{g}{L}$
Volumen-konzentration	δ	$\dfrac{L}{L}; \dfrac{mL}{mL}$	$\delta(X) = \dfrac{V(X)}{V(Mi)}$	$\delta(CH_3OH) \dfrac{20\ mL}{800\ mL} = 0,025 \,\hat{=}\, 2,5\%$
Molalität	b	$\dfrac{mol}{kg}$	$b(X) = \dfrac{n(X)}{m(Lm)}$	$b(C_6H_5COOH) = \dfrac{0,156\ mol}{0,8\ kg} = 0,195\ \dfrac{mol}{kg}$
Titer	t		$t = \dfrac{c(X)}{\tilde{c}(X)}$	$t = \dfrac{0,1\ mol \cdot L}{0,998\ mol \cdot L} = 0,1002$

Die einzelnen Gehalts- und Konzentrationswerte lassen sich leicht ineinander umformen, wodurch die früher üblichen Dreisatzrechnungen überflüssig werden, z. B. Massenkonzentration aus Stoffmengenkonzentration:

$$\varrho_i^* = \frac{m_i}{V} = \frac{n_i \cdot M_i}{V} = c_i \cdot M_i \tag{74a}$$

Als temperaturunabhängige Größe wird die **Molalität** b (weder Gehalt noch Konzentration) definiert[a]:

$$b_i = \frac{n_i}{m_S} \text{ mol} \cdot \text{kg}^{-1} \qquad m_S = \text{Masse des Lösungsmittels} \qquad (77)$$

Die **Stoffmengenkonzentration** c stellt die wichtigste Größe für den Chemiker dar. Zur Indizierung dienen die Symbole

$c_i, c(i),$

z.B. $c_{HCl} = c(\text{HCl}) = 1 \text{ mol} \cdot \text{L}^{-1}$. Eine Lösung der Konzentration $1 \text{ mol} \cdot \text{L}^{-1}$ heißt **1 molar.** Wenn keine nähere Angabe gemacht wird, gilt die Konzentration für *Wasser* als Lösungsmittel. Für andere Solvenzien schreibt man z.B. $c(\text{KOH in Methanol}) = 0,05 \text{ mol} \cdot \text{L}^{-1}$.[42]

Analog zur Größe $n(\text{eq})$ (66) kann man die **Äquivalentkonzentration** $c(\text{eq})$ (*„Stoffmengenkonzentration von Äquivalenten"*) definieren:

$$c(\text{eq}) = z \cdot c \text{ mol} \cdot \text{L}^{-1} \qquad (78)$$

Z.B. gilt für eine Permanganat-Lösung mit 0,1 Äquivalenten KMnO_4 pro Liter

$$c(\text{eq})(\text{KMnO}_4) = c(\text{1/5 KMnO}_4) = 0,1 \text{ mol} \cdot \text{L}^{-1}$$

Auch hier ist die eindeutige Bezeichnung $c(1/z\,\text{X})$ vorzuziehen. Eine KMnO_4-Lösung mit $c(\text{eq}) = 0,1 \text{ mol} \cdot \text{L}^{-1}$ entspricht $c = 0,02 \text{ mol} \cdot \text{L}^{-1}$ KMnO_4.

Stoffmengen-/Äquivalentkonzentration. Eine Stoffportion von 49 g Schwefelsäure, $m(\text{H}_2\text{SO}_4) = 49$ g, befindet sich in einer Lösung von 250 mL. Bei einer molaren Masse von $M(\text{H}_2\text{SO}_4) = 98 \text{ g} \cdot \text{mol}^{-1}$ beträgt die Stoffmenge $n = 0,5$ mol, die Äquivalentstoffmenge $n(\text{eq}) = 249/98 = 1$ mol, die Stoffmengenkonzentration $c = 0,5/0,25 = 2 \text{ mol} \cdot \text{L}^{-1}$, die Äquivalentkonzentration $c(\text{eq}) = c(\text{1/2 H}_2\text{SO}_4) = 1/0,25 = 4 \text{ mol} \cdot \text{L}^{-1}$.

Maßanalytische Berechnungen (s. S. 83) werden mit (66), (68), (71) und (76) durchgeführt.

Beispiele

a Eisenbestimmung mit KMnO_4

$$n(\text{eq})(\text{Fe}) = n(\text{Fe}) = n(\text{eq})(\text{KMnO}_4) \qquad (z_{\text{Fe}} = 1)$$

$$\frac{m(\text{Fe})}{M(\text{Fe})} = c(\text{eq}) \cdot V(\text{KMnO}_4)$$

$$m(\text{Fe}) = c(\text{eq}) \cdot V(\text{KMnO}_4) \cdot M(\text{Fe})$$

$$w(\text{Fe}) = \frac{m(\text{Fe})}{m(\text{Probe})}$$

---

[a] Weniger gebräuchlich, aber für konzentrierte Lösungen ganz praktisch (s. Molmassebestimmung S. 43).

b H_2O_2-Bestimmung

$$n(\text{eq})(H_2O_2) = 2\,n(H_2O_2) = n(\text{eq})(KMnO_4)$$

$$m(H_2O_2) \quad = \frac{c(\text{eq}) \cdot V(KMnO_4) \cdot M(H_2O_2)}{2}$$

Mischungsaufgaben

Auch bei Mischungsproblemen ist immer von der **Stoffmengenglei-chung** auszugehen. Für binäre Gemische gilt:

$$n_1 + n_2 = n \quad \text{und mit (76)}$$

$$c_1 V_1 + c_2 V_2 = c \cdot V \tag{79}$$

Ideale Mischung: $V = \sum_i V_i = V_1 + V_2$

Reale Mischung: $V = \sum_i V_i + k$

$$k = \text{Korrekturfaktor}$$

Für *ideale Mischungen* und näherungsweise für reale Mischungen ergibt sich aus (79)

$$c = \frac{c_1 V_1 + c_2 V_2}{V_1 + V_2} \quad \text{wenn } c \text{ zu bestimmen ist} \tag{80}$$

$$V_2 = V_1 \cdot \frac{c - c_1}{c_2 - c} \quad \text{wenn } V_2 \text{ zu bestimmen ist} \tag{81}$$

Beim Mischen mit reinem Lösungsmittel (*Verdünnen*) ist $c_2 = 0$ zu setzen.

$$c_1 V_1 = c\,(V_1 + V_2) = c \cdot V \tag{82}$$

Beispiel: Wieviel mL einer $10\ \text{mol} \cdot \text{L}^{-1}$ HCl muß man pro Liter einer $1\ \text{mol} \cdot \text{L}^{-1}$ HCl zusetzen, um eine $1,5\ \text{mol} \cdot \text{L}^{-1}$ HCl zu erhalten?

$$V_2 = \frac{1,5 - 1}{10 - 1,5} \cdot 1\,\text{l} = \frac{0,5}{8,5}\,1 = 0,05882\ \text{L} = 58,8\ \text{mL} \quad (\text{Gl. 81})$$

Graphische Lösung mit dem *Mischungskreuz*:

$$\frac{V_2}{V_1} = \frac{c - c_1}{c_2 - c}$$

$c_2 \qquad c - c_1 \cong V_2 \ (58,8\ \text{mL})$

c

$c_1 \qquad c_2 - c \cong V_1 \ (1000\ \text{mL})$

(Differenzen immer positiv wählen!)

2. Grundbegriffe der Maßanalyse

Die vier klassischen Methoden der **Maßanalyse** oder Titrimetrie[a] sind

◆ Neutralisation (Säure-Base-Titration)
◆ Fällungsanalyse
◆ Redoxtitration
◆ Komplexometrie (Chelatometrie)

Die *Instrumentalanalyse* unterscheidet sich vor allem durch die andersartige Indikation (elektrochemische, optische und thermische Methoden)[11–14].

Unter Maßanalyse versteht man die *volumetrische* Ermittlung der Reagenzmenge, die bei der Umsetzung mit dem zu bestimmenden Stoff verbraucht wird. Die dazu eingesetzten Reagenzlösungen bekannter Konzentration werden als **Maßlösungen** (Standardlösungen, Normallösungen) bezeichnet.

Volumenmessung

Da die Maßanalyse ausschließlich volumetrisch durchgeführt wird, kommt dem Gebrauch geeigneter Meßgeräte mit definiertem Volumen eine wichtige Bedeutung zu. Man benutzt *Pipetten, Büretten* und *Meßkolben*, die nach Inhalt und Ausführung aufeinander abgestimmt sind. Zur Grobmessung (z. B. Zugabe von Hilfslösungen, Indikatoren) dienen graduierte Meßpipetten und Meßzylinder. Heute werden fast ausschließlich Geräte aus Borosilicat-Gläsern, z. B. *Duran 50*[b], mit kleinem Ausdehnungskoeffizienten und entsprechend geringer Temperaturempfindlichkeit verwendet.

Pipetten im engeren Sinne (Vollpipetten) sind Glasröhren mit einer Ausbuchtung in der Mitte, die die Hauptmenge der abzumessenden Lösung aufnimmt, und einer ausgezogenen Spitze. Der Inhalt wird durch eine Markierung am oberen Ende abgegrenzt. Pipetten sind *auf Auslauf* („*Ex*") geeicht, d. h. die beim Entleeren in der Spitze verbleibende Restmenge ist bereits berücksichtigt und darf nicht durch Ausblasen entfernt werden. Das Volumen gebräuchlicher Pipetten reicht von 0,5 – 100 mL.

---

[a] Begründet von *J. Gay-Lussac* um 1830; „Normallösungen" wurden erstmals von *F. Mohr* eingeführt. Eine ausführliche Darstellung der praktischen Maßanalyse findet man in[21].
[b] Warenzeichen der Firma Schott Glaswerke, Mainz.

Abb. 7 Automatische Bürette (MET-ROHM-Titrierstand; mit freundlicher Genehmigung der Firma Deutsche Metrohm GmbH, Filderstadt)

Das Ansaugen mit dem Mund ist nach den neuen Arbeitsschutzvorschriften[26, 27] generell verboten, um jede Gefahr der chemischen und biologischen Kontaminierung durch toxische Flüssigkeiten oder infektiöses Material auszuschließen. Stattdessen sind Pipettierhilfen zu verwenden[21], z. B. Gummi-Pipettierball („*Peleus-Ball*"[a]) oder eine mechanische Zahnrad-Kolbenpumpe, die mit einer Hand zu bedienen ist.

Büretten sind kalibrierte Meßrohre von 1–100 mL Inhalt mit regelbarem Auslauf (Hahn). Das Volumen ist immer an der Unterkante des Flüssigkeitsspiegels (*Meniskus*) horizontal in Augenhöhe abzulesen; ein in die Rückwand der Bürette eingebrannter, farbiger Streifen (*Schellbachstreifen*) erleichtert das Erkennen des Niveaus.

Weite Verbreitung haben heute automatische Büretten (Abb. 7) gefunden, bei denen die Maßlösung aus dem Vorratsgefäß mit einer Pumpe befördert und der Verbrauch digital angezeigt wird.

Meßkolben sind Standkolben von etwa 10–1000 mL (max. 5 L) Inhalt mit langem Hals, auf dem sich die Eichmarke befindet. Im Unter-

---

[a] D.B.P. Nr. 897 930, Franz Bergmann KG, Berlin.

schied zu Pipetten und Büretten sind Meßkolben *auf Einguß* („*In*") geeicht, d. h. sie fassen zwar das bei der Eichtemperatur angegebene Volumen, lassen sich aber durch Ausgießen nicht quantitativ entleeren. Es ist daher sinnlos, z. B. aus einem 100 mL-Meßkolben vier Proben von 25 mL entnehmen zu wollen.

Wegen der Temperaturabhängigkeit des Volumens[a] ist bei allen Operationen die **Eichtemperatur** strikt zu beachten. Wenn die Arbeitstemperatur von der Eichtemperatur abweicht, müssen entsprechende Volumenkorrekturfaktoren angewendet werden, die in den üblichen Praktikumsbüchern[20, 23] tabelliert sind. Man unterscheidet amtlich geeichte oder eichfähige Geräte der *Klasse A* (nach der Deutschen Eichordnung) und *Klasse B* mit doppelter Fehlergrenze. Das Eichen geschieht durch Einwägen von reinem Wasser bei der angegebenen Temperatur. Alle Geräte müssen sauber und fettfrei sein und sollten nicht bei höherer Temperatur (Trockenschrank) getrocknet werden.

Aufgrund des Dichtemaximums bei 4 °C ist die Masse eines Liters Wasser von $t > 4$ °C kleiner als 0,999 972 kg; dazu kommt noch der scheinbare Gewichtsverlust durch den *Luftauftrieb* (s. S. 65). Die Massendifferenz zu 1 kg wird durch die tabellierte *Zulage* kompensiert[20].

Beispiel: $t = 20$ °C ($\varrho = 0,998\,203$ g · cm^{-3}). Zulage 2860 mg, davon $\sim 1,8$ g durch thermische Volumenausdehnung und $\sim 1,1$ g durch den Auftrieb bedingt; d. h. 1 L Wasser von 20 °C wiegt an der Luft 997,14 g.

Toleranzen für eichfähige Geräte (Klasse A):

– Meßkolben	100 mL	± 0,1%
	1000 mL	± 0,04%
– Pipetten und Büretten	10 mL	± 0,2%
(Ablaufzeit 30 – 60 s)	20 mL	± 0,15%
	50 mL	± 0,1%

Neben den Typen A und B gibt es noch schnellablaufende (ca. 15 s) Pipetten der Klasse AS. Das Volumen der Pipette wird nach dem internationalen *Color-Code* durch einen farbigen Ring am oberen Ende gekennzeichnet, z. B. 1 ml, 25 mL blau; 10 mL, 50 mL rot; 20 mL, 100 mL gelb.

Ein Glasgefäß von genau 1000 cm^3 Inhalt bei 20 °C faßt bei t °C aufgefüllt die Wassermenge m Gramm (an der Luft gewogen)[23]:

t(°C)	m^{20} (g)	t(°C)	m^{20} (g)	t(°C)	m^{20} (g)	t(°C)	m^{20} (g)
15	997,91	19	997,32	23	996,55	27	995,62
16	997,78	**20**	**997,14**	24	996,33	28	995,37
17	997,64	21	996,96	25	996,11	29	995,11
18	997,48	22	996,76	26	995,87	30	994,83

[a] Man beachte die Definition der Volumeneinheit Liter, S. 71.

Beispiel

Meßkolben mit 100 cm^3 Nennvolumen bei 20 °C.

Masse der eingefüllten Wassermenge bei 25 °C: 99,68 g
Sollwert laut Tabelle: 99,61 g

Abweichung: + 0,07 g (< 0,1%)

Bei der praktischen Durchführung der Maßanalyse entsteht eine Reihe von Titrationsfehlern. Zu den **systematischen Fehlern** gehören:

◆ Eich- oder Kalibrierungsfehler (Eichstrich entspricht nicht dem angegebenen Volumen)
◆ Ablesefehler (Parallaxefehler)
◆ Temperaturfehler (Abweichung von der Eichtemperatur)
◆ Benetzungsfehler (durch verschmutzte oder fettige Innenoberfläche)
◆ Ablauffehler (beim Entleeren von Büretten und Pipetten muß eine gewisse Wartezeit eingehalten werden)
◆ Tropfenfehler (letzter Tropfen Maßlösung überschreitet den Titrationsendpunkt; kleinere Bürette verwenden).

Die häufigsten subjektiven Fehler sind zu rasches Titrieren, ungenaues Ablesen und schlechtes Erkennen des Endpunkts (*Indikatorfehler*).

Titration

Voraussetzungen für eine maßanalytisch verwertbare Reaktion sind:

◆ quantitative Umsetzung (keine „Gleichgewichtsreaktion")
◆ stöchiometrisch eindeutiger Verlauf (keine Nebenreaktionen)
◆ hohe Reaktionsgeschwindigkeit (möglichst spontaner Ablauf)
◆ genaue Kenntnis der Konzentration der Maßlösung
◆ visuelle oder instrumentelle Endpunktsanzeige.

Prinzip: Der zu bestimmenden Lösung eines Stoffes in unbekannter Konzentration (**Probe**[a], „Analyt") wird soviel von einer Lösung mit bekanntem Gehalt (Maßlösung, Meßlösung, **Titrant**[a]) zugefügt, bis ein **Indikator** den Endpunkt der Umsetzung anzeigt.

[a] Die Begriffe *Titrand* und *Titrator* für Probe und Maßlösung werden nicht mehr empfohlen (Verwechslungsgefahr Titran**d**-Titran**t**). Die hier verwendeten Bezeichnungen sind international üblich.

Dabei ist zwischen dem experimentell ermittelten **Endpunkt** und dem tatsächlichen stöchiometrischen Punkt oder **Äquivalenzpunkt** zu unterscheiden. Im Idealfall sind beide Punkte identisch, praktisch treten aber Abweichungen (Titrationsfehler) auf. Im allgemeinen wird für maßanalytische Bestimmungen eine Genauigkeit von $\pm 0,1\%$ gefordert.

Je nach Ausführung der Titration unterscheidet man

a **Direkte Titration:** Probe vorlegen, mit Maßlösung titrieren.

b **Inverse Titration:** Eine bestimmte Menge Maßlösung wird vorgelegt und mit der Probelösung bis zur Äquivalenz titriert.

c **Rücktitration:** Die Maßlösung wird im *Überschuß* zugegeben und die nicht verbrauchte Menge zurücktitriert.

d **Substitutionstitration:** Der zu bestimmende Stoff wird nicht unmittelbar mit der Maßlösung, sondern mit einer bekannten Verbindung des *Titranten* umgesetzt und die dabei freiwerdende, der Probe äquivalente, Menge zurücktitriert.

e **Indirekte Titration:** Komplementär zu **d** wird eine bekannte Verbindung der *Probe* bestimmt und aus dem Verbrauch auf die darin enthaltene Probemenge geschlossen.

Die indirekten Verfahren (im weiteren Sinne) **b – e** werden angewendet, wenn die Titration zu langsam verläuft oder die Probe nicht selbst bestimmt werden kann (s. S. 181).

Indikation

Die Endpunktsanzeige kann durch **chemische Reaktion** oder durch Änderung einer **physikalischen Größe** erfolgen. In der klassischen Maßanalyse verwendet man oft organische Farbstoffe, deren Farben sich nach dem Überschreiten des Titrationsendpunkts charakteristisch ändern. Sind Probe oder Titrant selbst farbig, erübrigt sich meist ein zusätzlicher Indikator (s. Tab. 5). Die Farbindikatoren müssen *systemadaptiert* sein, d. h. selbst als Säure-Base-Paar, Chelatligand, Redoxpaar usw. fungieren. Natürlich kann eine Farbindikation mit einer instrumentellen Methode gekoppelt sein, z. B. bei der photometrischen pH-Messung. Bei visueller Indikation wird die Reagenzzugabe am Äquivalenzpunkt beendet; bei den instrumentellen Methoden gibt man im allgemeinen weiter Reagenz zu (etwa bis zur doppelten stöchiometrischen Menge) und bestimmt den Endpunkt *graphisch* aus der Titrationskurve (s. S. 85). Die wichtigsten Indikationsverfahren sind in Tab. 5 zusammengestellt.

Tab. 5 Methoden zur Endpunktsanzeige

Chemische Indikation (visuell)	Physikalische Indikation (instrumentell)

1. Organische Farbstoffe
  a Neutralisation
  b Fällungstitration (Adsorptions-
    indikatoren nach *Fajans*)
  c Komplexometrie
  d Redoxtitration
	1. Elektrochemische Indikation
	  Potentiometrie
	  Konduktometrie
	  Voltammetrie (Polarisations- oder
	  Grenzstromtitration)

2. Anorganische farbige und/oder
   schwerlösliche Verbindungen
  a Fällungsanalyse
    Chlorid nach *Mohr*
    Silber nach *Volhard*
    Cyanid nach *Liebig*[a]
  b Redoxanalyse
    Manganometrie[a]
	2. Optische Indikation
	  Photometrie
	
	3. Thermische Indikation
	  Thermometrie
	  Dilatometrie

[a] selbstindizierend

Maßlösung

Die Maßlösung soll folgende Eigenschaften besitzen:

◆ einfache und reproduzierbare Darstellung
◆ Stabilität gegen atmosphärische, thermische und photochemische Einflüsse
◆ möglichst hohe Äquivalentmasse (geringerer Einwaagefehler)
◆ Gehalt bzw. Konzentration der Maßlösung[a] müssen längere Zeit konstant bleiben.

Im Grunde ließe sich jede Reagenzlösung mit bekannter Stoffmengen-konzentration (Molarität) verwenden. Praktisch gebraucht man aber Maßlösungen mit eingestellter **Äquivalentkonzentration,** weil sich dann die Berechnung des Gehalts der Probelösung besonders einfach gestaltet (s. S. 83).

---

[a] Die früher übliche Bezeichnung **Titer** ist mehrdeutig und wird besser nicht mehr verwendet (außer in der Zusammensetzung „*Urtiter*"). Nach einem neueren Vorschlag soll der sog. *Normalfaktor f* (Normierungsfaktor, s. S.82) als Titer bezeichnet werden[21].

Tab. 6 Urtitersubstanzen

Urtiter	molare Masse $(g \cdot mol^{-1})$	z^a	zur Einstellung von
Na_2CO_3	106,0	2	HCl, HNO_3, H_2SO_4
$KHCO_3$	100,1	1	HCl, H_2SO_4
$KHPh^b$	204,2	1	NaOH, KOH
As_4O_6	395,6	8	$Ce(SO_4)_2$, I_2
$Na_2C_2O_4$	134,0	2	$KMnO_4$
NaCl	58,4	1	$AgNO_3$
KIO_3	214,0	6	$Na_2S_2O_3$
Zn	65,4	$(2)^c$	EDTA („Titriplex")

[a] Äquivalenzzahl (Äquivalente pro Mol)
[b] Kaliumhydrogenphthalat, $KOOC(C_6H_4)COOH$ [5]
[c] Komplexone setzen sich mit Metallionen unabhängig von der Wertigkeit immer im molaren Verhältnis um.

Einige Maßlösungen können direkt durch Einwägen des Titranten in reiner Form (p. a. = *pro analysi*) nach gründlichem Trocknen angesetzt werden (z. B. NaCl, $KBrO_3$, $K_2Cr_2O_7$, $Na_2C_2O_4$). Man wägt 1 Äquivalent (oder einen dezimalen Bruchteil davon) ab und füllt die Menge in einem Meßkolben bei 20 °C genau zu 1 Liter auf. Andere Standardlösungen lassen sich nur mit annähernder Konzentration herstellen und müssen gegen einen sog. **Urtiter,** d. h. eine exakt einwägbare Substanz, eingestellt werden[a] (z. B. $KMnO_4$-Lösung gegen $Na_2C_2O_4$ oder H_2SO_4 gegen Na_2CO_3). Am bequemsten sind vorgefertigte Konzentrate („*Titrisol*"[b], „*Fixanal*"[c]), die nur auf das angegebene Volumen verdünnt zu werden brauchen.

Die Einstellung einer Maßlösung läßt sich auf zwei Arten ausführen:

a durch Titration mit einer Lösung bekannter Äquivalentkonzentration vom Urtiter selbst (*primärer Standard*) oder mit einer anderen, bereits eingestellten, Maßlösung (*sekundärer Standard*).

b durch Umsetzung mit einer Lösung des Urtiters in beliebiger Konzentration (aus der Einwaage bekannt).

Die wichtigsten Urtitersubstanzen sind in Tab. 6 zusammengefaßt[6].

---

[a] Aus praktischen Gründen wägt man häufig auch Reinsubstanzen nur ungefähr ein und bestimmt den Gehalt nachträglich.
[b] Warenzeichen der Fa. Merck, Darmstadt.
[c] Warenzeichen der Fa. Riedel-de Haën, Seelze.

Anwendungsbeispiele:

a Titration mit einer bekannten Maßlösung, z. B. Einstellung von NaOH mit $n(\frac{1}{1}HCl) = 0,1$ mol HCl.

Für Neutralisationen gilt

$n(eq)(Base) = n(eq)(Säure)$

Mit (76) erhält man

$c(eq) V(Base) = c(eq) V(Säure)$

Die gesuchte Konzentration berechnet sich daraus zu

$$c(eq)(NaOH) = c(eq)(HCl) \cdot \frac{V(HCl)}{V(NaOH)} = 0,1 \text{ mol} \cdot L^{-1} \cdot (f)$$

Man sieht sofort, daß das Volumenverhältnis mit dem *Normalfaktor f*, d. h. der Abweichung von der dezimalen Äquivalentkonzentration, gleichzusetzen ist[9]. Für $f = 1$ wird die Konzentration der Base genau der Äquivalentkonzentration $c(\frac{1}{1} NaOH) = 0,1$ mol $\cdot L^{-1}$, da sich gleiche Volumen von Normallösungen entsprechen.

Findet man z. B. einen mittleren Verbrauch von 10,5 ml HCl ($c(\frac{1}{1}HCl)$ $= 0,1$ mol $\cdot L^{-1}$) auf 10,0 ml NaOH, wird $f = 10,5/10,0 = 1,05$, und die Natronlauge besitzt die Konzentration $c(eq)(NaOH) = 0,105$ mol $\cdot L^{-1}$. Man kann entweder diesen Wert bei allen Bestimmungen in Rechnung setzen, oder man stellt durch Verdünnen die Konzentration auf den *dezimalen* Wert $c(eq) = 0,1$ mol $\cdot L^{-1}$ ein. Aus Gl. (82) ergibt sich

$c(eq) \cdot V_1 = c(eq)_2 \cdot V_2$ und mit den Zahlenwerten

$$V_2 = V_1 \cdot \frac{c(eq)_1}{c(eq)_2} = \frac{0,105}{0,100} \cdot 1 \text{ L} = f \text{ L} = 1,05 \text{ L}$$

Die Lösung ist mit 0,05 L (50 mL) Wasser zu verdünnen.

b Umsetzung mit einem Urtiter, z. B. Einstellung von HCl mit $c(\frac{1}{1} HCl)$ $= 0,1$ mol $\cdot L^{-1}$ gegen $KHCO_3$.

Man wägt eine passende Menge Urtitersubstanz ein und titriert mit der einzustellenden Lösung. Es gelten die Beziehungen

$n(eq)(L)$ $= n(eq)(U)$ L = Lösung
                               U = Urtiter
$c(eq) V(L) = \dfrac{zm}{M}(U)$ m = Einwaage
                               z = Äquivalentzahl
$c(eq)(L)$ $= \dfrac{zm(U)}{M(U) \cdot V(L)}$

Ca. 100 g konz. Salzsäure ($w = 35-38\%$) werden auf 1 L aufgefüllt und mit dieser ungefähr $c(\frac{1}{1} HCl) = 1$ mol $\cdot L^{-1}$ Lösung mehrere Proben von je 4,000 g $KHCO_3$

($z = 1$) in etwa 50 mL Wasser titriert. Bei einem mittleren Verbrauch von 38,2 mL HCl errechnet sich $c(\text{eq}) = 1,046 \text{ mol} \cdot \text{L}^{-1}$ ($f = 1,046$). Um eine genau $c(\frac{1}{1}\text{HCl}) = 1 \text{ mol} \cdot \text{L}^{-1}$ HCl zu erhalten, muß mit 46 mL Wasser verdünnt werden.

Probelösung

Die Ermittlung der unbekannten Stoffmengenkonzentration in der Probelösung geht von der Grundgleichung der Maßanalyse aus, nach der sich stets **äquivalente Mengen** umsetzen.

$$n(\text{eq})(\text{Probe}) = n(\text{eq})(\text{Titrant}) \qquad \text{oder} \qquad (83)$$
$$c(\text{eq}) \cdot V(\text{P}) = c(\text{eq}) \cdot V(\text{T}) \qquad\qquad\qquad (84)$$

Ist $c(\text{eq})(\text{P}) = c(\text{eq})(\text{T})$, wird auch $V(\text{P}) = V(\text{T})$, d.h. gleiche Volumina von Lösungen gleicher Äquivalentkonzentration entsprechen einander. Bei einer Probelösung unbekannter Konzentration berechnet man die Stoffmenge mit (66),

$$n(\text{eq})(\text{P}) = z \cdot n(\text{P}) = c(\text{eq}) V(\text{T}) \qquad \text{oder}$$

$$n(\text{P}) = \frac{c(\text{eq}) V(\text{T})}{z(\text{P})} \qquad\qquad (85)$$

und mit (68) erhält man die Beziehung

$$m(\text{P}) = \frac{c(\text{eq}) V(\text{T}) \cdot M(\text{P})}{z(\text{P})} = n(\text{eq})(\text{T}) \cdot M(\text{eq})(\text{P}) \qquad (86)$$

Auf Übereinstimmung der Einheiten von c, V und M ist zu achten!

Beispiele

a Ein Verbrauch von 20 mL KOH mit $c(\frac{1}{1}\text{KOH}) = 0,1 \text{ mol} \cdot \text{L}^{-1}$ ($n(\text{eq}) = 2 \text{ mmol}$) zeigt an:

$n = 2$ mmol HCl	($z = 1$)	$\hat{=}$	72,9 mg
$n = 1$ mmol H_2SO_4	($z = 2$)	$\hat{=}$	98,1 mg
$n = 2$ mmol H_3PO_4	($z = 1$)[a]	$\hat{=}$	196,0 mg
$n = 1$ mmol H_3PO_4	($z = 2$)[a]	$\hat{=}$	98,0 mg

b 10 mL $c(\text{eq}) = 0,1 \text{ mol} \cdot \text{L}^{-1}$ $KMnO_4$ ($n(\text{eq}) = 1 \text{ mmol}$) zeigen an:

$n = 1$ mmol Fe	($z = 1$)	$\hat{=}$	55,8 mg
$n = 0,5$ mmol Ca	($z = 2$)	$\hat{=}$	20,0 mg
$n = 0,5$ mmol H_2O_2	($z = 2$)	$\hat{=}$	17,0 mg

Gl. (86) gilt auch dann, wenn die Titration über mehrere Zwischenstufen verläuft, sofern jeweils äquivalente Mengen substituiert werden. Es ist also nicht erforderlich, die einzelnen Reaktionsgleichungen aufzuschreiben.

---

[a] in 1. und 2. Dissoziationsstufe

Beispiel Braunstein nach *Bunsen*

$$MnO_2 + 4\,HCl \rightarrow MnCl_2 + 2\,H_2O + Cl_2 \quad (z = 2)$$
$$Cl_2 + 2\,I^- \rightarrow 2\,Cl^- + I_2 \quad (z = 2)$$
$$I_2 + 2\,S_2O_3^{2-} \rightarrow S_4O_6^{2-} + 2\,I^- \quad (z = 2)$$

Es gilt $n(\text{eq})(MnO_2) = n(\text{eq})(Cl_2) = n(\text{eq})(I_2) = n(\text{eq})(S_2O_3^{2-})$ oder
$n(MnO_2) = n(Cl_2) = n(I_2) = 0,5\,n(S_2O_3^{2-})$,

d. h. 1 (n) Äquivalent(e) Thiosulfat entsprechen 0,5 (0,5 n) Mol Braunstein. Zur Berechnung braucht nur der Elektronenübergang im *Probensystem* ($Mn^{4+} + 2\,e^- \rightarrow Mn^{2+}$) beachtet zu werden.

Vorsicht ist aber geboten, wenn zwei völlig verschiedene Vorgänge ablaufen, wie sofort an der unterschiedlichen Zahl der ausgetauschten Elektronen ersichtlich wird.

Beispiel Bestimmung von Kohlenmonoxid mit Diiodpentoxid

$$5\,CO + I_2O_5 \rightarrow 5\,CO_2 + I_2 \quad (z = 10)$$
$$I_2 + 2\,S_2O_3^{2-} \rightarrow S_4O_6^{2-} + 2\,I^- \quad (z = 2)$$

Jetzt gilt $n(CO) = 5\,n(I_2) = 2,5\,n(S_2O_3^{2-})$, d. h. 1 Äquivalent (= 1 Mol) Thiosulfat entspricht 2,5 Mol CO.

In der Praxis benutzt man für maßanalytische Berechnungen den *„Küster-Thiel"*[24]. Die *„Maßanalytische Äquivalente"* geben die von 1 L bzw. 1 mL Maßlösung der genannten Äquivalentkonzentration angezeigte Stoffmenge an. Zur Ermittlung der gesuchten Probemenge ist der *„Küster-Thiel-Faktor"* $F = c(\text{eq})(T) \cdot M(\text{eq})(P)$ mit dem verbrauchten Volumen zu multiplizieren.

Beispiel 12 mL 0,1 mol · L^{-1} KMnO$_4$ zeigen an

$$12 \cdot 1,7007 = 20,41 \text{ mg } H_2O_2$$
$$12 \cdot 2,8040 = 33,65 \text{ mg } CaO$$
$$12 \cdot 5,5847 = 67,02 \text{ mg } Fe$$
$$12 \cdot 7,9846 = 95,82 \text{ mg } Fe_2O_3$$

Titrationskurven

Unter einer Titrationskurve versteht man die graphische Darstellung des funktionalen Zusammenhangs zwischen einer probe-(titrant-)spezifischen Größe und dem Titrationsfortschritt. Titrationskurven sind besonders für instrumentelle Analysenmethoden von großer Bedeutung (s. S. 80). Als Variable wählt man die Probe-(Titrant-)konzentration in der Reaktionslösung oder eine davon abhängige Größe (z. B. pH-Wert, Redoxpotential, Leitfähigkeit, Extinktion) und die zugesetzte Reagenzmenge C^* bzw. den **Titrationsgrad** τ ($0 \leq \tau \leq 1$):

$$\tau = \frac{C^*}{C_0} \qquad \begin{array}{l} C^* = \text{Gesamtkonzentration Titrant}[1] \\ C_0 = \text{Gesamtkonzentration Probe} \end{array} \qquad (87)$$

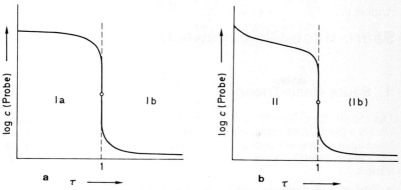

Abb. 8 Einfach logarithmische („halblogarithmische") Titrationskurven (schematisch); **a** Typ I, **b** Typ II

Am Äquivalenzpunkt wird $C^* = C_0$ und $\tau = 1$. Man erhält *lineare* Funktionen mit Geraden als Darstellung.

Da sich die Konzentration der Probe während der Titration um mehrere Zehnerpotenzen ändert und auch nach Überschreiten des Äquivalenzpunkts eine geringe Restkonzentration verbleibt, ist eine (positiv oder negativ) **logarithmische Darstellung** in den meisten Fällen sinnvoller.

Maßanalytische Titrationskurven der allgemeinen Form[32] (c = Gleichgewichtskonzentration in Lösung)

$$(\pm) \log c = f(\tau) \tag{88}$$

sind entweder vom Typ

$$\text{I} \quad \log c = k \pm \log|1 - \tau| \qquad \begin{array}{l} +: \tau < 1 \text{ (a)} \\ -: \tau > 1 \text{ (b)} \end{array} \quad \text{oder} \tag{89}$$

$$\text{II} \quad \log c = k + \log\frac{|1 - \tau|}{\tau} \qquad k = \text{Konstante} \tag{90}$$

Es mag auf den ersten Blick widersprüchlich erscheinen, (89) und (90) als *einfach* logarithmische Darstellungen zu bezeichnen; dabei ist aber zu berücksichtigen, daß hier im Gegensatz zu den doppelt logarithmischen Diagrammen („*Hägg-Diagramme*", s. S. 125) der Titrationsgrad *linear* aufgetragen wird. Statt $\log c$ kann auch eine dazu äquivalente Variable (z. B. pH-Wert, elektrochemisches Potential) gewählt werden.

Typ I beobachtet man bei der Neutralisation starker Protolyte oder Fällungstitration, Typ II bei der Titration einer schwachen Säure mit einer starken Base (und umgekehrt) sowie bei Redoxtitrationen (Näheres siehe in den betreffenden Kapiteln).

Kapitel 6

Säure-Base-Gleichgewichte

1. Säure-Base-Theorien

Der Säure-Base-Begriff hat in der Geschichte der Chemie schon immer eine bedeutende Rolle gespielt und liefert uns ein Abbild des jeweiligen Kenntnisstandes. Die ältesten Definitionen reichen bis ins 18. Jahrhundert[a], dem Beginn der wissenschaftlichen Chemie, zurück:

◆ Säuren enthalten Sauerstoff (*Lavoisier*, 1743 – 1794)
◆ Säuren enthalten Wasserstoff (*Davy*, 1816)
◆ Säuren enthalten Wasserstoff, der durch Metall ersetzbar ist (*Liebig*, 1838).

Lavoisier sah noch fälschlich den Sauerstoff als Ursache der Säurewirkung an. Erst nach der Entdeckung der Halogenwasserstoffsäuren gelangte *Davy* zur richtigen Deutung. *Liebig* vervollständigte den Säurebegriff durch die Beschränkung auf den *aciden* Wasserstoff zur Unterscheidung von anderen Bindungsformen.

Vor etwa 100 Jahren legten *Arrhenius* und *Ostwald* in Zusammenhang mit der Elektrolyttheorie zum ersten Male ein geschlossenes Säure-Base-Konzept vor („*Klassische Theorie*"). Später folgten die Theorien von *Brönsted, Lewis, Bjerrum* und *Ussanowitsch*, die zu einer Erweiterung und Spezialisierung des ursprünglichen Säure-Base-Begriffs führten (Tab. 7).

Arrhenius-Ostwald-Theorie

Die **Dissoziationstheorie** von *Arrhenius* und *Ostwald* besagt, daß Säuren in wäßriger Lösung unter Abgabe von Protonen und Basen unter Freisetzung von Hydroxid-Ionen dissoziieren. Die Umsetzung stöchiometrischer Mengen Säure und Base führt zur Bildung eines Salzes und wird als **Neutralisation** bezeichnet; der umgekehrte Vorgang heißt **Hydrolyse.** Die Nachteile dieser Theorie liegen in der Be-

---

[a] Bereits *R. Boyle* (1627 – 1691) vermutete die Existenz von zwei Stoffklassen mit komplementären Eigenschaften, die sich bei der Wechselwirkung („*Neutralisation*") aufheben.

Tab. 7 Säure-Base-Theorien[1]

Theorie	Säuren	Basen	Autoren
1. Theorie von Arrhenius/ Ostwald (Dissoziations- theorie)	geben in Wasser Protonen (H^+) ab	geben in Wasser Hydroxid-Ionen (OH^-) ab	Arrhenius/ Ostwald, 1884
2. Brönsted- Theorie	geben Protonen ab	nehmen Proto- nen auf	Brönsted/ Lowry, 1923
3. Lewis- Theorie	besitzen Elektro- nenlücke, die ein Elektronenpaar unter Bildung einer koordinativen Bin- dung aufnehmen kann	besitzen ein freies Elektronen- paar, das eine koordinative Bin- dung eingehen kann	Lewis, 1923
4. Theorie von Bjerrum (Spez. For- mulierung)	Antibasen ($\hateq$ Säuren) neh- men in Schmelzen Oxid-Ionen (O^{2-}) auf	geben in Schmelzen Oxid-Ionen ab	Bjerrum, 1951
5. Solvens- Theorie	erhöhen die Konz. der Lösungsmittel- Kationen (Lyo- nium-Ionen) oder verringern die Konz. der Anionen (Lyat-Ionen)	erhöhen die Konz. der Lyat- Ionen oder ver- ringern die Konz. der Lyonium- Ionen	Cady/Elsey, 1928; Ebert/ Konopik, 1949
6. Ussanowitsch- Theorie	spalten Kationen bzw. Protonen ab oder nehmen An- ionen bzw. Elektro- nen auf (Redox- vorgänge einge- schlossen)	spalten Anionen bzw. Elektronen ab oder nehmen Kationen bzw. Pro- tonen auf	Ussanowitsch, 1939

schränkung auf wäßrige Lösungen von *Neutralsäuren* und *-basen*, im widersprüchlichen *Salzbegriff* und der Nichtbeachtung der *Ampho-terie*, die eine Fehldeutung des Verhaltens von Ampholyten bedingt (s. Tab. 8).

Beispiel

$$NaHSO_4 \quad - \quad NaHCO_3 \quad - \quad Na_2HPO_4$$

pH $\sim 1-2$ 8,4   9,7

sauer   alkalisch

Tab. 8 Säure-Base-Theorien von Arrhenius und Brönsted[1]

	Arrhenius-Theorie	Brönsted-Theorie
Allg. Konzept	nach **stofflichen** Kriterien	nach **funktionellen** Kriterien
Solvens	nur Wasser	alle prototropen Systeme
Säure	dissoziiert unter H^+-Abgabe, z.B. HCl, HNO_3, H_2SO_4, $HCOOH$	gibt Protonen ab, z.B. HCl, HNO_3, H_2SO_4; H_3O^+, NH_4^+, $[M(OH_2)_6]^{3+}$; HSO_4^-, HSO_3^-, $H_2PO_4^-$
Base	dissoziiert unter OH^--Abgabe, z.B. $NaOH$, KOH, $Ca(OH)_2$, $(NH_3, PH_3, R_3N)^a$	nimmt Protonen auf, z.B. NH_3, PH_3, R_3N; $[M(OH_2)_5OH]^{2+}$; OH^-, NH_2^-, Cl^-, SO_4^{2-}, HSO_4^-, HCO_3^-
Salz – neutral[b] – sauer[b] – basisch[b]	$NaCl$, Na_2SO_4, Na_2CO_3 $NaHSO_4$, NaH_2PO_4, $NaHCO_3$ $M(OH)X$, z.B. $Ni(OH)S$	(jede ionogene Verbindung, also auch Na^+OH^-, K^+OH^-)
Neutrali-sation	Säure + Base $\rightarrow$ Salz + Wasser	Säure-Base-Reaktion des Lösungsmittels, z.B. $H_3O^+ + OH^- \rightarrow 2H_2O$ [c] $NH_4^+ + NH_2^- \rightarrow 2NH_3$
Hydrolyse	Umkehrung der Neutralisation	(Spaltung von homöopolaren Bindungen)
Amphoterie	–	Substanz kann Protonen abgeben oder aufnehmen, z.B. H_2O, NH_3, HCO_3^-, HPO_4^{2-}

[a] als „NH_4OH" etc.
[b] unabhängig vom pH-Wert der Lösung
[c] Neutralisationswärme einheitlich $57,3 \, kJ \cdot mol^{-1}$

Nur $NaHSO_4$ läßt sich als Säure behandeln, während HCO_3^- und HPO_4^{2-} *Ampholyte* darstellen, die eine Säure- *und* Basereaktion mit Wasser eingehen können.

Brönsted-Theorie

Brönsted umging die Mängel der klassischen Theorie durch die stärkere Betonung der *Säure-Base-Funktion* gegenüber der Konstitution. Die Säure-Base-Wechselwirkung wird analog dem Redoxvorgang als **Protonenaustausch** beschrieben:

$$s_1 \rightarrow b_1 + H^+$$
$$H^+ + b_2 \rightarrow s_2$$

$$s_1 + b_2 \rightarrow s_2 + b_1$$

Die Säure wirkt als *Protonendonor*, die Base als *Protonenakzeptor* (unabhängig von den sonstigen chemischen Eigenschaften des Teilchens); s_1/b_1 und s_2/b_2 bezeichnet man als **korrespondierendes Säure-Base-Paar.**

Durch die Funktionalisierung des Säure-Base-Begriffs lassen sich Salze und **Ampholyte** ($s_1 = b_2 = a$) zwanglos in die *Brönsted*-Theorie einordnen:

$$2a \rightarrow s_2 + b_1$$

z.B. $a = H_2PO_4^-$

$$2H_2PO_4^- \rightarrow H_3PO_4 + HPO_4^{2-}$$

Auch der *Hydrolysebegriff* ist damit entbehrlich geworden, da sich der pH-Wert einer Salzlösung immer nach einer Säure- oder Basereaktion berechnen läßt (s. S. 83). Ebenso ist die Anwendung der *Brönsted*-Theorie auf alle *nichtwäßrigen, prototropen* Lösungsmittel gegeben, z.B.

$2NH_3$	$\rightleftharpoons NH_4^+$	$+ NH_2^-$
Ammoniak	Ammonium-,	Amid-Ion
$2HAc$	$\rightleftharpoons H_2Ac^+$	$+ Ac^-$
Essigsäure	Acetacidium-,	Acetat-Ion
$2H_2SO_4$	$\rightleftharpoons H_3SO_4^+$	$+ HSO_4^-$
Schwefelsäure	Sulfatacidium-,	Hydrogensulfat-Ion
	$(\rightleftharpoons H_3O^+$	$+ HS_2O_7^-)$

Eine Erweiterung der *Brönsted*-Theorie auf beliebige ionotrope Systeme stellt die **Solvens-Theorie** dar, auf die nicht näher eingegangen werden soll. In Tab. 8 (S. 88) sind die wichtigsten Unterscheidungsmerkmale zwischen *Arrhenius-* und *Brönsted*-Theorie aufgeführt.

Lewis-Theorie

Die *Lewis*-Theorie ergänzt die *Brönsted*-Theorie durch Erweiterung des Säurebegriffs auf elektronisch oder koordinativ ungesättigte Teilchen, während Lewis- und Brönsted-Basen identisch sind. Die Lewis-Säure-Base-Reaktion führt zu einer *kovalenten* Bindung ohne Änderung der Oxidationszahlen und darf deshalb nicht mit einem Redoxvorgang gleichgesetzt werden. Redoxreaktionen wurden erst von *Ussanowitsch* in das Säure-Base-Konzept einbezogen.

Eine Lewis-Base besitzt ein freies **Elektronenpaar,** die entsprechende Säure eine **Elektronenlücke.** Lewis-Säure und Lewis-Base reagieren unter Bildung einer *kovalenten* oder *koordinativen* Bindung.

$$B| + S \rightarrow B \rightarrow S \; (\overset{+}{B} - \overset{-}{S})$$

Beispiele

$$H_3N \; + BF_3 \rightarrow H_3N \rightarrow BF_3$$
$$2\,CN^- + Ag^+ \rightarrow [Ag(CN)_2]^-$$
$$2\,Cl^- \; + SnCl_4 \rightarrow [SnCl_6]^{2-}$$
$$H_2O \; + SO_3 \rightarrow H_2SO_4$$
$$OH^- \; + CO_2 \rightarrow HCO_3^-$$

$$H_2C = CH_2 + [PtCl_4]^{2-} \rightarrow \begin{matrix} CH_2 \\ |\!\!\!\;---- \; PtCl_3^- + Cl^- \\ CH_2 \end{matrix}$$

Typische *Lewis-Säuren* sind

◆ Moleküle mit unvollständiger Valenzschale
◆ Kationen als Zentralatome von Komplexen
◆ Moleküle mit polaren Mehrfachbindungen (Säureanhydride).

Typische *Lewis-Basen* sind

◆ Moleküle und Ionen mit freien Elektronenpaaren
◆ Anionen als Komplexliganden
◆ Moleküle mit Mehrfachbindungen.

Bjerrum-Theorie

Bjerrum versuchte, die *Brönsted-* und *Lewis*-Theorie zu vereinigen, indem er die unterschiedlichen Säuredefinitionen gleichberechtigt nebeneinander verwendet. Er bezeichnet die Brönsted-Säure weiterhin als Säure, die Lewis-Säure aber als *Antibase.*

In der Analytik ist besonders die Anwendung der *Bjerrum*-Theorie auf saure und basische Schmelzen („Aufschlüsse") von sauerstoffhaltigen Salzen von Bedeutung. In diesen Systemen sind *Oxiddonoren* als Basen und *Oxidakzeptoren* als Antibasen aufzufassen:

$$b \quad \rightleftharpoons ab + O^{2-}$$
Base   Antibase

$$CO_3^{2-} \rightleftharpoons CO_2 + O^{2-}$$
$$2\,SO_4^{2-} \rightleftharpoons S_2O_7^{2-} + O^{2-}$$

Weitere Anwendungsbeispiele siehe S. 237.

2. Protolyse in wäßriger Lösung

Eigendissoziation des Wassers

Wie viele andere polare Solvenzien dissoziiert Wasser in geringem Ausmaß in *Hydronium-(Oxonium-)* und *Hydroxid*-Ionen[a].

$$2\,H_2O \rightleftharpoons H_3O^+ + OH^-$$

Freie Protonen treten in Lösung ebenso wenig auf wie freie Elektronen. Die Anwendung des Massenwirkungsgesetzes ergibt

$$\frac{a(H_3O^+) \cdot a(OH^-)}{a^2(H_2O)} = K$$

Da der Dissoziationsgrad α sehr klein ist, kann man $a(H_2O) = 1$ (Aktivität des reinen Wassers, s. S. 46) setzen und erhält[b]

oder

$a(H_3O^+) \cdot a(OH^-) = K_W$	K_W = Ionenprodukt	(91a)
$pH + pOH = pK_W$	$pK_W = 14$ (25 °C)	(91b)

Das **Ionenprodukt** des Wassers ist *temperaturabhängig;* die Bestimmung erfolgt durch Leitfähigkeitsmessungen.

Einige Werte[24]: $pK_W = 14.9$ (0 °C), 14,2 (20 °C), 14,0 (25 °C), 13,5 (40 °C), 13,0 (60 °C), 12,6 (80 °C).

---

[a] Als Hydronium-Ion bezeichnet man eigentlich das hydratisierte H_3O^+-Ion, $[H_3O \cdot 3\,H_2O]^+ = [H_9O_4]^+$. Das Hydroxid-Ion liegt ebenfalls als Trihydrat, $[H_7O_4]^-$, vor.

[b] Man kann genauso die *Konzentration* des Wassers als konstant betrachten und „in die Gleichgewichtskonstante einbeziehen": $K_W = K \cdot a^2(H_2O) = K \cdot c^2(H_2O)$. Der Unterschied ist rein formaler Art, da nur K_W selbst die reale Größe darstellt.

Säure-Base-Reaktion mit Wasser

In wäßrigen Lösungen überwiegt normalerweise die Protolysereaktion mit Wasser. Als *Ampholyt* kann H_2O dabei als Brönsted-Säure oder -Base wirken.

Säurereaktion	Basereaktion

$$\begin{aligned} HB &\rightleftharpoons H^+ + B^- \\ H^+ + H_2O &\rightleftharpoons H_3O^+ \end{aligned} \qquad \begin{aligned} B^- + H^+ &\rightleftharpoons HB \\ H_2O &\rightleftharpoons H^+ + OH^- \end{aligned}$$

$$\begin{aligned} HB + H_2O &\rightleftharpoons H_3O^+ + B^- \quad K_s \\ s \;+\; b & \end{aligned} \qquad \begin{aligned} B^- + H_2O &\rightleftharpoons HB + OH^- \quad K_b \\ b \;+\; s & \end{aligned}$$

Wie beim Ionenprodukt (91) wird für verdünnte Lösungen $a(H_2O) = 1$ gesetzt. Die resultierenden Gleichgewichtskonstanten bezeichnet man als **Säurekonstante** K_s und **Basekonstante** K_b[a]. Addition beider Gleichungen ergibt:

$$\begin{array}{llll} I & HB + & H_2O = H_3O^+ + B^- & K_s \\ II & B^- + & H_2O = OH^- + HB & K_b \end{array}$$

$$\begin{array}{lll} III & 2\,H_2O = H_3O^+ + OH^- & K_W \end{array}$$

Für ein **Säure-Base-Paar** gilt die wichtige Beziehung:

$$K_s \cdot K_b = K_W \qquad\qquad (92\,a)$$
$$pK_s + pK_b = pK_W = 14 \quad (25\,°C) \qquad\qquad (92\,b)$$

Je stärker die Säure (Base), um so schwächer ist die korrespondierende Base (Säure).

Die Definitionsgleichungen I−III lassen sich auch auf das Wasser selbst als Säure-Base-System anwenden. Man erhält so die formale Säure-, Base- und Autoprotolysekonstante.

Säurekonstante H_3O^+: $\qquad H_3O^+ + H_2O = H_2O + H_3O^+ \qquad K_s = 1; \; pK_s = 0$[b]

---

[a] Genau genommen ist zwischen *thermodynamischen* (K_s^a, K_b^a) und *stöchiometrischen* Konstanten (= Dissoziationskonstanten K_s^c, K_b^c) zu unterscheiden[3]; in verdünnten Lösungen ($C_0 < 0,1$) ist die Abweichung aber gering (s. S. 126).

[b] Definiert man die Säure- und Basekonstanten zwar nach (92), setzt aber für das zweite Wassermolekül den üblichen Wert $c = 55,3 \; mol \cdot l^{-1}$ ein, so erhält man die pK-Werte $pK_s' = -1,74$, $pK_a' = 15,74$ und $pK_b' = -1,74$. Der Unterschied ist nur formaler Art (s. Fußnote S. 91).

Autoprotolyse- $H_2O + H_2O = H_3O^+ + OH^-$ $K_a = 10^{-14}$;
konstante H_2O: $pK_a = 14$ [b]

Basekon- $OH^- + H_2O = H_2O + OH^-$ $K_b = 1$; $pK_b = 0$ [b]
stante OH^-:

Korrespondierende Säure-Base-Paare (92) sind demnach H_3O^+/H_2O und H_2O/OH^-.

Die pK-Werte des Wassersystems begrenzen gleichzeitig die Säure- oder Basestärke von Protolyten in wäßriger Lösung (**Differenzierung**).

$$0 \leq pK_s, \ pK_b \leq 14 \qquad\qquad (93)$$

Stärkere Säuren und Basen (pK < 0 bzw. pK > 14 für die korrespondierenden Protolyte) werden in wäßriger Lösung in Hydronium- bzw. Hydroxid-Ionen übergeführt (**Nivellierung**).

Beispiele

$HClO_4 + H_2O \rightarrow H_3O^+ + ClO_4^-$
$H_2SO_4 + H_2O \rightarrow H_3O^+ + HSO_4^-$
$NH_2^- + H_2O \rightarrow OH^- + NH_3$
$O^{2-} + H_2O \rightarrow 2 OH^-$
$S^{2-} + H_2O \rightarrow OH^- + HS^-$

Die bekannten korrespondierenden Säure-Base-Paare werden nach steigendem pK_s-Wert (bzw. fallendem pK_b-Wert) geordnet und gewöhnlich in fünf Kategorien eingeteilt [6]:

- sehr starke (pK < 0),
- starke (0 < pK < 4),
- schwache (4 < pK < 10),
- sehr schwache (10 < pK < 14),
- überaus schwache (pK > 14) Protolyte.

Einige wichtige Systeme sind nach abnehmender Säurestärke geordnet („protochemische Spannungsreihe"[37]) in Tab. 9 zusammengestellt.

3. Protolyse in nichtwäßrigen Lösungsmitteln

Wegen des Nivellierungseffekts des Wassers lassen sich Unterschiede in den Protolysekonstanten starker Protolyte nur in nichtwäßrigen Solventien feststellen (Tab. 10, S. 95). In diesen gilt ebenfalls die Beziehung $pK_s + pK_b = pK_a$ (92b) für korrespondierende Säure-Base-Paare, so daß Solvens-Kation (*Lyonium-Ion*) und Solvens-Anion (*Lyat-Ion*) stets die stärksten Säuren und Basen des betreffenden Systems darstellen.

Tab. 9 pK$_s$-Werte einiger korrespondierender Säure-Base-Paare in Wasser (25 °C)

Säure $\rightleftharpoons$	Base	$+ H^+$	pK$_s$
$HClO_4$	ClO_4^-	$+ H^+$	~ -10
HI	I^-	$+ H^+$	~ -10
HBr	Br^-	$+ H^+$	~ -9
HCl	Cl^-	$+ H^+$	~ -7
H_2SO_4	HSO_4^-	$+ H^+$	~ -3
$HClO_3$	ClO_3^-	$+ H^+$	$-2,7$
HNO_3	NO_3^-	$+ H^+$	$-1,4$
H_3O^+	**H_2O**	**$+ H^+$**	**± 0**
$SO_2 + H_2O$	HSO_3^-	$+ H^+$	1,90
HSO_4^-	SO_4^{2-}	$+ H^+$	1,92
H_3PO_4	$H_2PO_4^-$	$+ H^+$	1,96
H_3AsO_4	$H_2AsO_4^-$	$+ H^+$	2,32
$[Fe(OH_2)_6]^{3+}$	$[Fe(OH_2)_5OH]^{2+}$	$+ H^+$	2,46
HF	F^-	$+ H^+$	3,14
HAc	Ac^-	$+ H^+$	4,75
$[Al(OH_2)_6]^{3+}$	$[Al(OH_2)_5OH]^{2+}$	$+ H^+$	4,85
$CO_2 + H_2O$	HCO_3^-	$+ H^+$	6,52
H_2S	HS^-	$+ H^+$	6,90
HSO_3^-	SO_3^{2-}	$+ H^+$	7,10
$H_2PO_4^-$	HPO_4^{2-}	$+ H^+$	7,12
$H_3BO_3 + H_2O$	$[B(OH)_4]^-$	$+ H^+$	9,24
NH_4^+	NH_3	$+ H^+$	9,25
HCN	CN^-	$+ H^+$	9,40
H_4SiO_4	$H_3SiO_4^-$	$+ H^+$	9,50
HCO_3^-	CO_3^{2-}	$+ H^+$	10,40
H_2O_2	HO_2^-	$+ H^+$	11,62
HPO_4^{2-}	PO_4^{3-}	$+ H^+$	12,32
HS^-	S^{2-}	$+ H^+$	12,90
H_2O	**OH^-**	**$+ H^+$**	**14,00**
NH_3	NH_2^-	$+ H^+$	~ 23
OH^-	O^{2-}	$+ H^+$	~ 29
CH_4	CH_3^-	$+ H^+$	~ 34
H_2	H^-	$+ H^+$	~ 39

Zur Differenzierung starker Säuren sind *saure* Lösungsmittel (z. B. Eisessig) mit geringer Protonenaffinität und kleiner Dielektrizitätskonstante (Ionenpaarbildung) erforderlich. Umgekehrt benötigt man zur Charakterisierung starker Basen ein *basisches* Lösungsmittel (z. B. Ammoniak) mit hoher Protophilie. Dabei ist zu beachten, daß die Zahlenwerte der Konstanten vom Lösungsmittel abhängen. Mit Hilfe eines Referenz-Protolyten, der in *beiden* Solventien differenzierbar ist, lassen sich die in einem Lösungsmittel gemessenen pK-Werte auf das andere extrapolieren. Daraus resultieren die *negativen* pK_s-Werte der starken Mineralsäuren in Wasser. Messungen in Eisessig bestätigen z. B. die bekannte Aciditätsskala der Mineralsäuren:

$$HClO_4 > HI > HBr > HCl > HNO_3$$

Während sich Essigsäure in Wasser als schwache *Säure* verhält, wirkt sie gegenüber Perchlorsäure als *Base:*

$$HAc + H_2O \rightleftharpoons H_3O^+ + Ac^-$$
$$HClO_4 + HAc \rightleftharpoons H_2Ac^+ + ClO_4^-$$

Das Beispiel verdeutlicht die *Relativität* der Säure-Base-Stärke nach *Brönsted* (keine Stoffeigenschaft, sondern vom Reaktionspartner abhängig).

Für die *relative Säurestärke* gelten folgende empirische Regeln, die sich thermodynamisch begründen lassen [6]:

Hydridsäuren. Die Acidität nimmt mit steigender Ordnungszahl sowohl innerhalb der Gruppe als auch innerhalb der Periode zu. HI ist somit die stärkste binäre Hydridsäure.

Tab. 10 Autoprotolysekonstanten verschiedener prototroper Lösungsmittel bei 25 °C

Solvens	Autoprotolyse			pK_a	DK (ε)
Ammoniak [a]	$2\,NH_3$	$= NH_4^+$	$+ NH_2^-$	27	16,9
Ethanol	$2\,C_2H_5OH$	$= C_2H_5OH_2^+$	$+ C_2H_5O^-$	19,1	24,3
Methanol	$2\,CH_3OH$	$= CH_3OH_2^+$	$+ CH_3O^-$	16,7	32,6
Schweres Wasser	$2\,D_2O$	$= D_3O^+$	$+ OD^-$	14,9	78,3
Essigsäure	$2\,HAc$	$= H_2Ac^+$	$+ Ac^-$	14,5	6,1
Wasser	$2\,H_2O$	$= H_3O^+$	$+ OH^-$	14,0	78,5
Fluorwasserstoff [b]	$3\,HF$	$= H_2F^+$	$+ HF_2^-$	11,7	84
Wasserstoffperoxid	$2\,H_2O_2$	$= H_3O_2^+$	$+ HO_2^-$	11,6[c]	84,2[b]
Ameisensäure	$2\,HCOOH$	$= HCOOH_2^+$	$+ HCOO^-$	6,2	58,5
Schwefelsäure	$2\,H_2SO_4$	$= H_3SO_4^+$	$+ HSO_4^-$	3,6	100

[a] $-50\,°C$ [b] $0\,°C$ [c] $20\,°C$

$HF \ll HCl < HBr < HI$;
$CH_4 \ll NH_3 \ll H_2O \ll HF$

Oxosäuren sind um so stärker, je weniger H-Atome und je mehr O-Atome sie enthalten. Die stärkste Mono-Oxosäure ist Perchlorsäure.

Beispiele:

$HClO < HClO_2 < HClO_3 < HClO_4$
$H_4SiO_4 \ll H_3PO_4 < H_2SO_4 < HClO_4$

Säuren gleichen Bautyps sind um so stärker, je positiver ihre Ladung ist.

4. Der pH-Wert

Der pH-Wert[a] wurde ursprünglich von *Sörensen* als negativer dekadischer Logarithmus des Zahlenwerts der Wasserstoffionen-Konzentration definiert. Da aber in Lösung keine freien Protonen existieren, ist weder eine Konzentrationsangabe $c(H^+)$ noch die entsprechende Aktivität $a(H^+)$ physikalisch sinnvoll. Man muß deshalb $a(H^+)$ mit Hilfe der *Brönsted*-Theorie auf eine meßbare Größe zurückführen[1].

Dazu zerlegt man die Säurereaktion

$$HA + H_2O \rightleftharpoons H_3O^+ + A^- \quad K_s$$

in die Teilschritte I und II:

$$\text{I} \quad HA \rightleftharpoons H^+ + A^- \qquad \frac{a(H^+) \cdot a(A^-)}{a(HA)} = K_d$$

$$\text{II} \quad H^+ + H_2O \rightleftharpoons H_3O^+ \qquad \frac{a(H_3O^+)}{a(H^+) \cdot a(H_2O)} = K$$

Aus dem MWG von II erhält man nach $a(H^+)$ aufgelöst

$$a(H^+) = \frac{1}{K} \cdot \frac{a(H_3O^+)}{a(H_2O)} ,$$

d. h. $a(H^+)$ ist *proportional* der Hydroniumionen-Aktivität. Setzt man wie üblich $a(H_2O) = 1$ und wählt für die Konstante willkürlich den Wert $K = 1$, so gilt

$$a(H^+) = a(H_3O^+) \sim c(H_3O^+) \tag{94}$$

---

[a]   Abkürzung für „potentia hydrogenii" oder auch „pondus hydrogenii" (Stärke oder Gewicht des Wasserstoffs).

Durch diese Definition wird $a(H^+)$ der *meßbaren* Größe[a] $a(H_3O^+)$ bzw. $c(H_3O^+)$ gleichgesetzt. Damit wird K_d zahlenmäßig gleich der *Säurekonstante* K_s (s. S. 92).

Für den pH-Wert[b] erhält man dann

$$pH = -\log a(H^+) = -\log a(H_3O^+) \approx -\log c(H_3O^+) \qquad (95)$$

In wäßriger Lösung kommen im allgemeinen nur H_3O^+-Konzentrationen zwischen 10^0 und 10^{-14} vor, so daß sich die normale pH-Skala von 0 bis 14 erstreckt. In stark sauren und alkalischen Lösungen weicht der gemessene pH-Wert erheblich vom stöchiometrisch berechneten ab ($f \neq 1$).

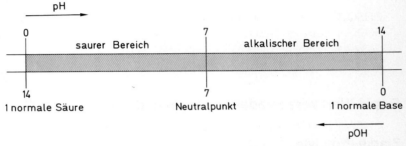

Für hochkonzentrierte Säure- und Baselösungen ($C_0 > 1$) ist die Definition $pH = -\log a(H_3O^+)$ bzw. $pOH = -\log a(OH^-)$ nicht mehr sinnvoll, weil die sauren und basischen Teilchen nur unvollständig hydratisiert vorliegen und der Dissoziationsgrad infolge der verringerten DK abnimmt (s. S. 48). Tatsächlich steigt aber die Acidität bzw. Alkalität beim Aufkonzentrieren ständig an.

Zur Messung der Acidität starker Säuren hat *Hammett* ein Verfahren entwickelt, das auf der Protonierung sehr schwacher Indikatorbasen (aromatische Nitroverbindungen) beruht. Das Verhältnis $c(\text{Ind})/c(\text{HInd}^+)$ wird photometrisch gemessen und in die **Hammett-Funktion**

$$H_0 = pK_s(\text{HInd}) + \log \frac{c(\text{Ind})}{c(\text{HInd}^+)} \qquad (95a)$$

einbezogen, die ihrerseits als Maß für den pH-Wert dient (s. S. 113):

$$pH = H_0 + \log \frac{f(\text{Ind})}{f(\text{HInd}^+)} \qquad (95b)$$

[a] zur pH-Messung s. S. 280
[b] s. S. 33 (Logarithmieren physikalischer Größen)

$w(H_2SO_4)$ [%]:	100	91	78	60	40	10
pH:	-10	-8	-6	-4	-2	0

Die Zusammenstellung zeigt, daß konzentrierte Schwefelsäure etwa 10^{10}mal acider als 1 molare H_2SO_4 ($w \sim 0,1$) ist.

Säuren mit höherer Acidität als wasserfreie Schwefelsäure ($H_0 = -11,9$) bezeichnet man als **Supersäuren.** Dazu gehören z. B. $H_2S_2O_7$, HSO_3F, $HClO_4$ und CF_3SO_3H ($H_0 \sim -15$). Durch Adduktbildung mit Lewis-Säuren läßt sich die Acidität noch weiter erhöhen, da sich das Auto-protolyse-Gleichgewicht nach rechts verschiebt. Die stärkste bekannte Säure stellt ein Gemisch aus HSO_3F und SbF_5 dar („*Magische Säure*", $H_0 = -21,5$).

$$2\,HSO_3F \rightleftharpoons H_2SO_3F^+ + SO_3F^-$$
$$SO_3F^- + SbF_5 \rightarrow [FSO_3{-}SbF_5]^-$$

5. pH-Wert verschiedener Säure- und Basesysteme[54]

Starke Protolyte

Starke Säuren und Basen sind *vollständig* protolysiert.

$$HA + H_2O \rightarrow H_3O^+ + A^- \qquad C_{0s}$$
$$B + H_2O \rightarrow HB^+ + OH^- \qquad C_{0b}$$

Die H_3O^+-Konzentration einer einwertigen Säure wird damit gleich der *Gesamtkonzentration* C_{0s}.

$$c(H_3O^+) = c(A^-) = C_{0s} \tag{96a}$$

$$pH = -\log C_{0s} \tag{96b}$$

Für einwertige starke Basen gilt analog

$$c(OH^-) = c(HB^+) = C_{0b} \quad \text{oder mit (91)} \tag{97a}$$

$$pH = pK_W + \log C_{0b} \tag{97b}$$

Schwache Protolyte

Schwache Säuren und Basen sind *partiell* protolysiert; der pH-Wert hängt daher zusätzlich von der Säure- bzw. Basekonstante ab. Das Ausmaß der Protolysereaktion bezeichnet man als **Protolysegrad** (*Säuregrad* $\alpha_s = c_s/C_0$, *Basegrad* $\alpha_b = c_b/C_0$[a]). Streng genommen ist auch die Eigendissoziation des Wassers zu berücksichtigen, kann aber im allgemeinen vernachlässigt werden.

Für eine *einwertige Säure* lassen sich folgende Beziehungen ableiten:

$$HA + H_2O \rightleftharpoons H_3O^+ + A^- \qquad K_s, C_0$$

I $\dfrac{c(H^+) \cdot c(A^-)}{c(HA)} = K_s$ Massenwirkungsgesetz $c(H^+) = c(H_3O^+)$

II $c(HA) + c(A^-) = C_0$ Massenkonstanz

III $c(H^+) = c(A^-)$ Ladungskonstanz

Einsetzen von III und II in I ergibt

$$c^2(H^+) = K_s \cdot (C_0 - c(H^+)) \qquad \text{und}^{[b]}$$

$$c(H^+) = -\frac{K_s}{2} + \sqrt{\frac{K_s^2}{4} + K_s C_0} \qquad\qquad (98)$$

Gl. (98) läßt sich weiter vereinfachen, wenn man in II näherungsweise $c(A^-)$ vernachlässigt. Mit $c(HA) = C_0$ erhält man dann

$$c^2(H^+) = K_s C_0 \qquad \text{und}$$

$$c(H^+) = \sqrt{K_s C_0} \qquad\qquad\qquad (99\,a)$$
$$pH = \tfrac{1}{2}(pK_s - \log C_0) \qquad\qquad (99\,b)$$

Wie aus Abb. 10 hervorgeht, ist der durch die Näherung verursachte Fehler für Säurekonstanten $K_s \le 10^{-4}$ ($pK_s \ge 4$) unerheblich. Bei 0,1 molaren Lösungen beträgt die Abweichung selbst für $K_s = 10^{-2}$ weniger als 0,1 pH-Einheiten.

---

[a] Wird auch als Säure- oder Basebruch (x_s, x_b) bezeichnet. Für ein korrespondierendes Säure-Base-Paar ist $x_s + x_b = 1$.
[b] Die andere Lösung der quadratischen Gleichung ist physikalisch sinnlos.

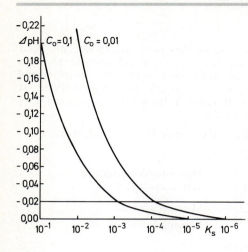

Abb. 9 Fehler bei der Berechnung des pH-Werts schwacher Säuren mit (99) statt (98)

Für eine *einwertige Base* gelten analoge Beziehungen:

$$B + H_2O \rightleftharpoons HB^+ + OH^- \qquad K_b, C_0$$

I $\dfrac{c(HB^+) \cdot c(OH^-)}{c(B)} = K_b$

II $c(B) + c(HB^+) = C_0$

III $c(OH^-) = c(HB^+)$

Mit der Näherung $c(B) = C_0$ erhält man

$$c(OH^-) = \sqrt{K_b C_0} \qquad \text{und} \tag{100a}$$

$$c(H^+) = \frac{K_W}{\sqrt{K_b C_0}} \tag{100b}$$

Mehrwertige Protolyte

Beispiel: Zweiwertige Säure

$$H_2A + H_2O \rightleftharpoons H_3O^+ + HA^- \qquad K_{s1}, C_0$$
$$HA^- + H_2O \rightleftharpoons H_3O^+ + A^{2-} \qquad K_{s2}$$
$$\overline{H_2A + 2H_2O \rightleftharpoons 2H_3O^+ + A^{2-}}$$

Durch Anwendung des MWG auf beide Protolysestufen erhält man eine Gleichung mehr als bei der einwertigen Säure[a]. Zur näherungsweisen Berechnung des pH-Werts genügt meist die Berücksichtigung der ersten Stufe (s. S. 42).

Für *n-wertige* Säuren und Basen erhält man n + 2 Unbekannte und ebenso viele Bestimmungsgleichungen.

Gemische starker Protolyte

Wegen der vollständigen Protolyse starker Säuren und Basen verhalten sich die Konzentrationen der Hydronium- bzw. Hydroxid-Ionen *additiv*, sofern das Volumen der Lösung konstant bleibt. Es gelten die einfachen Beziehungen:

Säuren $$c(H_3O^+) = \sum_i c_i(H_3O^+) = \sum C_{0s} \qquad (101)$$

Basen $$c(OH^-) = \sum_i c_i(OH^-) = \sum C_{0b} \qquad (102)$$

Säuren und Basen $$c(H_3O^+) - c(OH^-) = \sum C_{0s} - \sum C_{0b} \qquad (103)$$

Allg. Formulierung: $$c_1 V_1 \pm c_2 V_2 = c(V_1 + V_2) \qquad \text{(Gl. 79, S. 74)}$$

Beispiele

a Mischung aus gleichen Volumina 1 molarer Säure und 0,5 molarer Lauge.
$$c(H^+) - c(OH^-) = \tfrac{1}{2}(1 - 0,5) = 0,25 \text{ mol} \cdot L^{-1} \triangleq \text{Säure}$$
$$c(H^+) = 0,25 \text{ mol} \cdot L^{-1}$$

b Mischung aus 0,5 molarer Säure und 1 molarer Lauge.
$$c(H^+) - c(OH^-) = \tfrac{1}{2}(0,5 - 1) = -0,25 \text{ mol} \cdot L^{-1} \triangleq \text{Lauge}$$
$$c(OH^-) = 0,25 \text{ mol} \cdot L^{-1}$$

Gemische schwacher Protolyte

Als Beispiel soll ein Gemisch aus zwei schwachen Säuren HA_1 und HA_2 betrachtet werden.

$$HA_1 + H_2O \rightleftharpoons H_3O^+ + A_1^- \qquad K_1, C_{01}$$
$$HA_2 + H_2O \rightleftharpoons H_3O^+ + A_2^- \qquad K_2, C_{02}$$

---

[a] Massenkonstanz: $C_0 = c(H_2A) + c(HA^-) + c(A^{2-})$,
Ladungskonstanz: $c(H_3O^+) = c(HA^-) + 2c(A^{2-})$.

Unter Berücksichtigung der üblichen Näherung $[c(HA_1) = C_{01}$, $c(HA_2) = C_{02}]$ erhält man die zur Berechnung der H_3O^+-Konzentration erforderlichen drei Bestimmungsgleichungen.

I $c(A_1^-) = \dfrac{K_1 \cdot C_{01}}{c(H^+)}$ MWG HA_1

II $c(A_2^-) = \dfrac{K_2 \cdot C_{02}}{c(H^+)}$ MWG HA_2

III $c(H^+) = c(A_1^-) + c(A_2^-)$ Elektroneutralität

Durch Einsetzen von I und II in III ergibt sich die quadratische Gleichung

$c^2(H^+) = K_1 C_{01} + K_2 C_{02}$ und daraus

$$c(H^+) = \sqrt{K_1 C_{01} + K_2 C_{02}} \tag{104}$$

Man beachte, daß sich die Wurzel über die ganze Summe erstreckt, d. h. die H_3O^+-Gesamtkonzentration schwacher Säuren setzt sich *nicht* additiv aus den Einzelkonzentrationen zusammen. Sind K_1 und K_2 sehr verschieden, ist das Gemisch als „starke und schwache Säure" (s. unten) zu behandeln.

Gemische aus starken und schwachen Protolyten

Als Beispiel sei das System Salzsäure (HCl)/Essigsäure (HAc) angeführt. Der Lösungsweg ist ähnlich wie im vorstehenden Abschnitt, unter Berücksichtigung der vollständigen Protolyse der starken Säure HCl.

HCl $+ H_2O \rightarrow H_3O^+ + Cl^-$ $C_0(HCl)$
HAc $+ H_2O \rightleftharpoons H_3O^+ + Ac^-$ $K_s, C_0(HAc)$

I $c(H^+) = K_s \cdot \dfrac{c(HAc)}{c(Ac^-)}$ MWG HAc

II $c(H^+) = c(Ac^-) + c(Cl^-)$ Elektroneutralität

Durch Einsetzen von II in I erhält man mit $c(HAc) = C_0(HAc)$ und $c(Cl^-) = C_0(HCl)$

$c(H^+) = \dfrac{K_s \cdot C_0(HAc)}{c(H^+) - C_0(HCl)}$ und

$c(H^+) = \dfrac{C_0(HCl)}{2} + \sqrt{\dfrac{C_0^2(HCl)}{4} + K_s \cdot C_0(HAc)}$

Die allgemeine Formulierung für eine starke Säure s_1 (C_{01}) und eine schwache Säure s_2 (C_{02}, K_s) lautet[a]:

$$c(H^+) = \frac{C_{01}}{2} + \frac{1}{2} \cdot \sqrt{C_{01}^2 + 4\,K_s\,C_{02}} \qquad (105)$$

Gl. (105) läßt sich auch auf *mehrwertige* Säuren mit vollständiger Protolyse der 1. Stufe anwenden.

Beispiel 0,1 molare Schwefelsäure

$C_{01}(H_2SO_4) = 0,1 \text{ mol} \cdot L^{-1}$
$C_{02}(HSO_4^-) = 0,1 \text{ mol} \cdot L^{-1}$; $K_{s2} = 10^{-2}$

$\rightarrow c(H^+) = 0,112 \text{ mol} \cdot L^{-1}$

Es gelten folgende Näherungen:

a	$C_{01}, C_{02} \gg K_s$	$c(H^+) = C_{01}$	(96), starke Säure
b	$C_{01} \ll C_{02}$	$c(H^+) = \sqrt{K_s\,C_{02}}$	(99), schwache Säure
c	$C_{01}, C_{02} \leq K_s$	$c(H^+) = C_{01} + \sqrt{K_s\,C_{02}}$	(106)

Gl. (106) zeigt, daß sich die H_3O^+-Konzentrationen starker und schwacher Säuren nur bei *kleinen* Totalkonzentrationen additiv verhalten.

6. pH-Wert von Salzlösungen

Grundsätzlich können Kationen und Anionen eines Salzes mit Wasser eine Protolysereaktion eingehen. Der pH-Wert der Salzlösung richtet sich nach dem *Protolysegrad* der Ionen (s. S. 99). Der Einfachheit halber werden die verschiedenen Salztypen nach der klassischen Theorie bezeichnet.

Salze starker Säuren und starker Basen. Bei Salzen starker Protolyte geht weder das Kation noch das Anion eine nennenswerte Reaktion mit Wasser ein, so daß der pH-Wert von der Eigendissoziation (Autoprotolyse) des Wassers bestimmt wird. Die Lösung reagiert **neutral** (pH = 7), z.B.

$$Na^+Cl^- \Big\langle \begin{array}{c} Na^+ \\ Cl^- \end{array}$$

---

[a] s. Fußnote[b] S. 99.

Salze starker Säuren und schwacher Basen. Nur das Kation geht eine Protolysereaktion mit Wasser ein. Die Lösung reagiert **sauer;** der pH-Wert läßt sich nach (99) (s. S. 99) berechnen, z. B.

$$NH_4^+ + H_2O \;\rightleftharpoons\; NH_3 + H_3O^+ \qquad K_s$$

$$NH_4^+ Cl^-$$

$$Cl^-$$

Der pH-Wert einer 0,1 molaren Lösung (pK_s = 9,2) beträgt

$$pH = \tfrac{1}{2}\,(pK_s - \log C_0) = 0,5 \cdot (9,2 + 1) = 5,1$$

Salze schwacher Säuren und starker Basen. Nur das Anion unterliegt einer Protolysereaktion. Die Lösung reagiert **basisch;** der pH-Wert ergibt sich aus (100) (s. S. 100), z. B.

$$Na^+$$

$$Na^+ Ac^-$$

$$Ac^- + H_2O \;\rightleftharpoons\; HAc + OH^- \qquad K_b$$

Der pH-Wert einer 0,1 molaren Lösung (pK_b = 9,2) beträgt

$$pOH = \tfrac{1}{2}\,(pK_b - \log C_0) = 5,1\;;\quad pH = pK_W - pOH = 8,9$$

Salze schwacher Säuren und schwacher Basen. Hier gehen Kation *und* Anion eine Protolyse mit Wasser ein, so daß der pH-Wert der Lösung vom Verhältnis der Säure- und Basekonstanten abhängt ($K_s > K_b$: sauer, $K_s < K_b$: basisch). Außerdem tritt noch die **Autoprotolyse** zwischen Kation und Anion hinzu, z. B.

I $NH_4^+ + H_2O \;\rightleftharpoons\; NH_3 + H_3O^+ \; K_s$

II $NH_4^+ Ac^- \;$ $Ac^- + H_2O \;\rightleftharpoons\; HAc + OH^- \; K_b$

III $NH_4^+ + Ac^- \;\rightleftharpoons\; NH_3 + HAc \; K_a$

Gleichung III ergibt sich durch Addition von I und II und anschließender Subtraktion des Wasser-Gleichgewichts. Die Autoprotolyse-Konstante beträgt daher

$$K_a = \frac{K_s \cdot K_b}{K_W} \qquad\qquad (107)$$

Mit $K_s = K_b = 10^{-9}$ errechnet sich $K_a = 10^{-4}$ und pH = 7.

Wenn $K_a \gg K_s, K_b$ ist, überwiegt die wechselseitige Protolyse III die Säure-Base-Reaktionen mit Wasser. Man kann also $c(NH_4^+) = c(Ac^-)$ und $c(NH_3) = c(HAc)$ setzen. Den pH-Wert der Salzlösung erhält man durch Subtraktion I − II:

IV $\qquad$ $NH_4^+ + HAc + OH^- = NH_3 + Ac^- + H_3O^+$ $\qquad$ K

MWG $\dfrac{c(NH_3) \cdot c(Ac^-) \cdot c(H_3O^+)}{c(NH_4^+) \cdot c(HAc) \cdot c(OH^-)} = \dfrac{K_s}{K_b} = K$

Unter Berücksichtigung obiger Näherungen vereinfacht sich der Ausdruck zu

$$\frac{c(H_3O^+)}{c(OH^-)} = \frac{K_s}{K_b} \quad \text{oder} \quad c(H_3O^+) = \sqrt{K_W \cdot \frac{K_s}{K_b}} \tag{108}$$

Der pH-Wert ist *unabhängig* von der Totalkonzentration C_0. (108) läßt sich weiter vereinfachen, wenn man K_s (HAc) für K_W/K_b setzt:

$$c(H_3O^+) = \sqrt{K_{s1} \cdot K_{s2}} \quad \text{und} \tag{109a}$$

$$pH = \tfrac{1}{2}\,(pK_{s1} + pK_{s2}) \tag{109b}$$

Gl. (109) gilt auch für „Hydrogensalze", die der Autoprotolyse unterliegen (s. S. 123 und S. 37).

Säure-Base-Titration

1. Titration starker Protolyte

Da Salze starker Säuren und starker Basen keine Protolysereaktion mit Wasser eingehen, muß eine Lösung von äquivalenten Mengen Säure und Base neutral reagieren; der **Äquivalenzpunkt** ist identisch mit dem Neutralpunkt.

Die Neutralisationsgeschwindigkeit ist nach Messungen von *Eigen* sehr hoch (Geschwindigkeitskonstante $k = 1,3 \cdot 10^{11} \, \text{L} \cdot \text{mol}^{-1} \cdot \text{s}^{-1}$ bei 25°C, entsprechend 99,9% Umsetzung 0,1 molarer Lösungen in $t = 7,7 \cdot 10^{-8}$ s).

Zur *graphischen Darstellung* des Titrationsverlaufs (s. S. 85) trägt man den pH-Wert gegen die zugesetzte Menge Titrant in mL, mol oder $\text{mol} \cdot \text{L}^{-1}$ (Symbol C^*)[a] auf. Allgemeine Angaben für den Abszissenmaßstab sind % Neutralisation (Umsetzung) und **Titriergrad** τ.

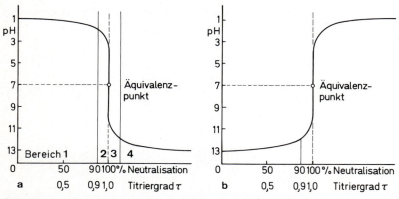

Abb. 10 Titrationsdiagramme einer $0,1 \, \text{mol} \cdot \text{L}^{-1}$ ($z = 1$) starken Säure **a** und einer $0,1 \, \text{mol} \cdot \text{L}^{-1}$ ($z = 1$) starken Base **b**

---

[a] C^* (speziell C_b^* oder C_s^*) ist nicht identisch mit der Konzentration der Maßlösung, sondern entspricht der *scheinbaren* Konzentration, die sich in der Probelösung einstellen würde, wenn keine Umsetzung stattfände; C^* ist als *Äquivalent* zur titrierten Probemenge aufzufassen.

Im folgenden soll nur die **Säuretitration a** näher diskutiert werden; für die Basetitration gelten analoge Beziehungen.

Die Form der Titrationskurve ergibt sich aus der Tatsache, daß zur Erhöhung des pH-Werts von 1 auf 2 eine Verringerung der H_3O^+-Konzentration auf 1/10 des ursprünglichen Wertes notwendig ist, oder mit anderen Worten, daß bereits 90% der äquivalenten Menge Base zugesetzt werden müssen. Von pH 2 auf 3 sind es nur noch 9%, von 3 auf 4 0,9% usw. Das Volumen der Lösung wird dabei in erster Näherung als konstant angenommen; andernfalls muß der *Verdünnungsfaktor* beachtet werden. Im Äquivalenzbereich erfolgt ein steiler Abfall der Kurve, da bereits geringe Mengen Base eine große pH-Änderung verursachen; $d\,(pH)/dC^*$ erreicht hier den Maximalwert.

In dieser Betrachtung steckt aber noch ein Fehler: Setzt man den Gedankengang konsequent fort, so dürfte nie eine vollständige Neutralisation erreicht werden (s. Tab. 11). Der Trugschluß liegt darin, daß man im Äquivalenzbereich die *Eigendissoziation* des Wassers berücksichtigen muß, weil die daraus resultierende H_3O^+-Konzentration nicht mehr klein gegenüber der Säurekonzentration ist.

Rechnerisch kann dieses Problem auf den Fall *„starke Säure und schwache Säure"* (Gl. 105) zurückgeführt werden, wobei hier das Wasser die schwache Säure darstellt. Für die einzelnen Bereiche im Titrationsverlauf einer starken Säure (Abb. 10 a) erhält man demnach folgende Beziehungen:

Es sei

C_{0s}	Gesamtkonzentration der titrierten Säure
C_b^*	Konzentration der zugesetzten Base
$c_s = C_{0s} - C_b^*$	Momentankonzentration der Säure während der Titration
$c_b' = C_b^* - C_{0s}$	Konzentration an überschüssiger Base

Dann gilt

Bereich 1

$$c\,(H^+) = c_s$$
$$pH = -\log c_s = -\log (C_{0s} - C_b^*) = -\log C_{0s}(1 - \tau) \qquad \text{oder}$$

$$pH = -\log C_{0s} - \log (1 - \tau) \qquad (\tau < 1) \tag{110}$$

Bereich 2

$$c\,(H^+) = \frac{c_s}{2} + \frac{1}{2}\sqrt{c_s^2 + 4K_W} \tag{111}$$

Tab. 11 Änderung des pH-Werts bei einer Titration einer $0,1 \, mol \cdot L^{-1}$ ($z = 1$) starken Säure

% Neutralisation	c_s	Gl. (110) $c(H^+)$	pH	Gl. (111) $c(H^+)$	pH	
0	10^{-1}	10^{-1}	1	10^{-1}	1	
10	$9 \cdot 10^{-2}$	$9 \cdot 10^{-2}$	1,05	$9 \cdot 10^{-2}$	1,05	
50	$5 \cdot 10^{-2}$	$5 \cdot 10^{-2}$	1,30	$5 \cdot 10^{-2}$	1,30	
90	10^{-2}	10^{-2}	2	10^{-2}	2	
99	10^{-3}	10^{-3}	3	10^{-3}	3	
99,9	10^{-4}	10^{-4}	4	10^{-4}	4	
99,99	10^{-5}	10^{-5}	5	10^{-5}	5	
99,999	10^{-6}	10^{-6}	6	$1,01 \cdot 10^{-6}$	5,996	$(5,96)$[a]
99,9999	10^{-7}	$(10^{-7}$	7)	$1,64 \cdot 10^{-7}$	6,785	$(6,70)$[a]
99,99999	10^{-8}			$1,05 \cdot 10^{-7}$	6,979	$(6,96)$[a]
99,999999	10^{-9}			$1,005 \cdot 10^{-7}$	6,998	$(6,996)$[a]
100	0			$1,000 \cdot 10^{-7}$	7,000	$(7,00)$[a]

[a] Werte in Klammern nach Gl. (112) berechnet

Näherung (106): $c(H^+) \approx c_s + 10^{-7}$ (112)

Am *Äquivalenzpunkt* ist $c_s = 0$ und $c(H^+) = 10^{-7}$.

Bereich 3

$$c(OH^-) = \frac{c_b'}{2} + \frac{1}{2} \sqrt{(c_b')^2 + 4 K_W}$$ (113)

Bereich 4

$$c(OH^-) = c_b'$$
$$pH = pK_W + \log c_b' = pK_W + \log(C_b^* - C_{0s}) = pK_W + \log C_{0s}(\tau - 1)$$

$$pH = pK_W + \log C_{0s} + \log(\tau - 1) \quad (\tau > 1)$$ (114)

2. Titration schwacher Protolyte

Titration einer schwachen Säure mit einer starken Base

Der Äquivalenzpunkt liegt jetzt nicht mehr bei pH 7, weil die zugesetzte Titrantbase mit der zur Säure korrespondierenden Base in Konkurrenz tritt. Die entstehende Salzlösung reagiert alkalisch (s. S. 104), da die Säureanionen mit Wasser protolysieren („*Hydrolyse*" nach der klassischen Theorie).

$$HA + OH^- \rightleftharpoons A^- + H_2O$$
zugegebene Base

$$A^- + H_2O \rightleftharpoons HA + OH^-$$
durch Protolyse gebildete Base

Man berechnet den theoretischen Endpunkt als pH-Wert einer Salzlösung mit der Anfangskonzentration (Totalkonzentration) der Säure HA. Dieser pH-Wert wird **Titrierexponent** pT genannt.

Der Kurvenverlauf (Abb. 11) wird im **Pufferbereich** (10 – 90% Neutralisation, s. S. 141) durch das Massenwirkungsgesetz beschrieben:

$$HA + H_2O \rightleftharpoons H_3O^+ + A^-$$

$$c(H^+) = K_s \cdot \frac{c(HA)}{c(A^-)}$$

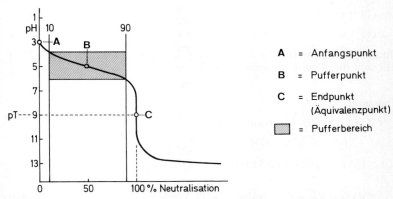

A = Anfangspunkt

B = Pufferpunkt

C = Endpunkt (Äquivalenzpunkt)

▨ = Pufferbereich

Abb. 11 Titrationsdiagramm einer schwachen Säure ($C_0 = 0,1 \ mol \cdot L^{-1}$, $pK_s = 5$)

Da in guter Näherung $c(HA) = C_0 - C_b^*$ und $c(A^-) = C_b^*$ (= zugegebene Menge Base, s. Fußnote S. 106) gesetzt werden kann, erhält man

$$c(H^+) = K_s \cdot \frac{C_0 - C_b^*}{C_b^*} \quad \text{und} \tag{115a}$$

$$pH = pK_s - \log \frac{C_0 - C_b^*}{C_b^*} \quad \text{oder} \tag{115b}$$

$$pH = pK_s - \log \frac{1 - \tau}{\tau} \quad (\tau < 1) \tag{115c}$$

Berechnung der charakteristischen Punkte

Anfangspunkt

$C_b^* = 0$ (0% Neutralisation)

$$HA + H_2O \rightleftharpoons H_3O^+ + A^- \quad K_s$$

Mit $c(A^-) = c(H^+)$ und $c(HA) = C_0$ erhält man aus dem MWG

$$c(H^+) = \sqrt{K_s \cdot C_0} \quad \text{pH-Wert einer schwachen Säure} \tag{99}$$

Pufferpunkt

$C_b^* = 0,5\, C_0$ (50% Neutralisation)

Aus (115) ergibt sich

$$c(H^+) = K_s \tag{116}$$

Durch potentiometrische Bestimmung der Titrationskurve (s. S. 277) läßt sich die *Säurekonstante* ermitteln.

Endpunkt

$C_b^* = C_0$ (100% Neutralisation)

$$A^- + H_2O \rightleftharpoons HA + OH^- \quad K_b = K_W/K_s$$

Mit $c(HA) = c(OH^-)$ und $c(A^-) = C_0$ erhält man aus dem MWG

$$c(OH^-) = \sqrt{K_b \cdot C_0} \quad \text{oder} \quad c(H^+) = \sqrt{\frac{K_W \cdot K_s}{C_0}} \tag{100}$$

pH-Wert einer schwachen Base

Titration einer schwachen Base mit einer starken Säure

Es gelten analoge Beziehungen wie für die Titration einer schwachen Säure. Der Äquivalenzpunkt liegt im sauren Medium (pH < 7; s. S. 104).

$$B + H_3O^+ \rightleftharpoons BH^+ + H_2O$$
$$BH^+ + H_2O \rightleftharpoons B + H_3O^+$$

Für den Kurvenverlauf (Abb. 12) erhält man

Pufferbereich

$$pOH = pK_b + \log C_s^* - \log(C_0 - C_s^*) \quad \text{und} \qquad (117\,a)$$
$$pH = pK_W - pK_b - \log C_s^* + \log(C_0 - C_s^*) \quad \text{oder} \qquad (117\,b)$$

C_s^* = zugesetzte Menge Titrantsäure

$$pH = pK_s + \log \frac{1 - \tau}{\tau} \quad (\tau < 1) \qquad (117\,c)$$

Anfangspunkt

$$pOH = \tfrac{1}{2}(pK_b - \log C_0) \quad \text{und}$$
$$pH = pK_W - \tfrac{1}{2}pK_b + \tfrac{1}{2}\log C_0 \qquad (118)$$

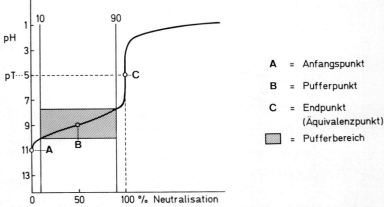

Abb. 12 Titrationsdiagramm einer schwachen Base ($C_0 = 0{,}1 \ \text{mol} \cdot \text{L}^{-1}$, $pK_b = 5$)

Pufferpunkt

$$pOH = pK_b$$
$$pH = pK_W - pK_b = pK_s \qquad (119)$$

Endpunkt

$$pOH = \tfrac{1}{2}\,(pK_W + pK_b + \log C_0)$$
$$pH = pT = \tfrac{1}{2}\,(pK_W - pK_b - \log C_0) \qquad (120)$$

Titration einer schwachen Säure mit einer schwachen Base

Aus Kurve IV in Abb. 13 geht hervor, daß kein ausgeprägter Sprung in der Titrationskurve auftritt, da die Steigung auch im Äquivalenzbereich nicht den Maximalwert erreicht. Die Titration zweier schwacher Protolyte miteinander ist als quantitative Bestimmung ungeeignet.

3. Säure-Base-Indikatoren

Als Neutralisationsindikatoren zur Endpunktsanzeige verwendet man organische Farbstoffe, deren Struktur und Farbton pH-abhängig ist.

Zweifarbige Indikatoren weisen im sauren und alkalischen Medium verschiedene Farben auf. Sie zeigen daher am Äquivalenzpunkt (Umschlagspunkt) eine Mischfarbe.

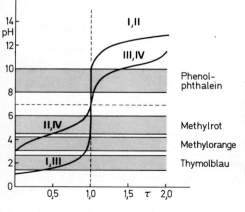

Abb. 13 Titration 0,1 mol · L^{-1} Lösungen (nach[11])

I   starke Säure + starke Base
II schwache Säure (pK$_s$ = 5) + starke Base
III starke Säure + schwache Base (pK$_b$ = 5)
IV schwache Säure + schwache Base (pK$_s$, pK$_b$ = 5)

Phenol-phthalein

Methylrot

Methylorange

Thymolblau

Einfarbige Indikatoren sind im sauren Medium farblos und nur im alkalischen Bereich gefärbt. Der Umschlagspunkt wird durch die erste wahrnehmbare Farbtönung angezeigt.

Die Neutralisationsindikatoren stellen selbst *korrespondierende Säure-Base-Paare* dar. Man darf deshalb nur geringe Mengen zusetzen, um das zu titrierende System nicht zu beeinträchtigen; die Farbintensität soll daher möglichst hoch sein. Der Umschlag (Farbänderung) des Indikators muß im **Äquivalenzbereich** (Sprung der Titrationskurve) erfolgen (Abb. 13), also bei starken Protolyten etwa zwischen pH 4 und 10. Für die Titration schwacher Säuren sind nur Indikatoren mit einem Umschlagsbereich pH > 7 geeignet (schwache Basen: pH < 7). Die wichtigsten Indikatoren sind in Abb. 14 aufgeführt [9-11].

Zweifarbige Indikatoren

Beispiel

Methylrot (Natriumsalz der 4-Dimethylamino-azobenzol-2′-carbonsäure). Nur in der protonierten Form ist eine Ladungsdelokalisierung energetisch begünstigt. Die Ausbildung des konjugierten π-Elektronensystems führt zu einer Verringerung der Anregungsenergie und damit zur Farbvertiefung (*bathochromer Effekt*).

$$HInd \xrightleftharpoons[4,4-6,2]{Umschlag} H^+ + Ind^- \qquad K_i$$

rot   orange   gelb
saures   basisches Medium

Methylrot

Die Anwendung des Massenwirkungsgesetzes ergibt

$$a(H_3O^+) = K_i \cdot \frac{a(HInd)}{a(Ind^-)} = K_i \cdot \frac{c(HInd) \cdot f(HInd)}{c(Ind^-) \cdot f(Ind^-)}$$

$$pH = pK_i - \log \frac{c(HInd)}{c(Ind^-)} - \log \frac{f(HInd)}{f(Ind^-)} \qquad (121)$$

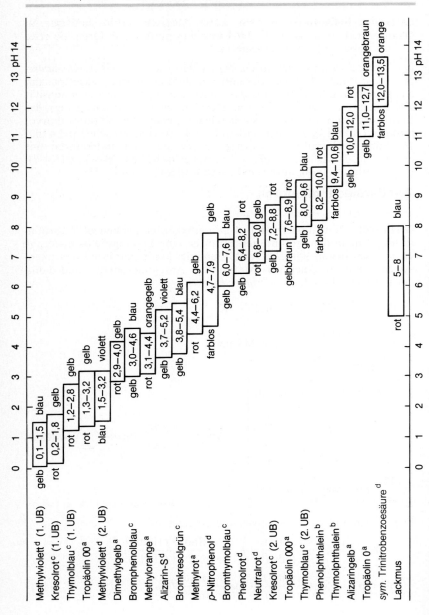

Der Äquivalenzpunkt des zu titrierenden Systems muß mit dem **Umschlagspunkt** des Indikators möglichst gut übereinstimmen. Am Umschlagspunkt tritt eine *Mischfarbe* auf, d. h. $c(\text{HInd}) = c(\text{Ind}^-)$ (bei gleicher Farbintensität). Man erhält dann aus (121) unter Vernachlässigung der Aktivitätskoeffizienten

$$\log \frac{c(\text{HInd})}{c(\text{Ind}^-)} = 0 \quad \text{und}$$

$$pH^{eq} = pT = pK_i \qquad (122)$$

Da die Mischfarbe visuell nicht so genau zu bestimmen ist, erstreckt sich das Umschlagsintervall im allgemeinen über $1-2$ pH-Einheiten. Für den zweifarbigen Indikator ist der Umschlagsbereich *unabhängig* von der Totalkonzentration.

In stärker konzentrierten Lösungen fällt auch der Faktor $\log[f(\text{HInd})/f(\text{Ind}^-)]$ ins Gewicht (sog. **Salzfehler**). Da HInd meist neutral ist, braucht nur $f(\text{Ind}^-)$ berücksichtigt zu werden. (122) geht über in

$$pH' = pK_i + \log f(\text{Ind}^-) \qquad (pH' < pK_i) \qquad (123)$$

Da sich der Titrierexponent pT schwacher Protolyte im *gleichen* Sinne verschiebt (s. S. 128), bleibt der Salzfehler im allgemeinen ohne Einfluß auf die Titrationsgenauigkeit (s. aber S. 138).

Einfarbige Indikatoren

Es werden fast ausschließlich *Phthalein-Derivate* (Kondensationsprodukte der Phthalsäure = *o*-Benzoldicarbonsäure mit Phenolen) verwendet. Sie sind nur im alkalischen Medium farbig.

Beispiel Phenolphthalein

$$\text{H}_2\text{Ind} \underset{8,0-10,0}{\rightleftharpoons} 2\,\text{H}^+ + \text{Ind}^{2-}$$

farblos   schwach   rot
          rosa

Bezeichnet man die gerade erkennbare Konzentration an Base mit c', so erhält man für einen einwertigen Indikator

$$pH = pK_i - \log \frac{c(\text{HInd})}{c(\text{Ind}^-)} = pK_i - \log \frac{C_0 - c'}{c'} \qquad (124)$$

Abb. 14 Umschlagsbereich (UB) der wichtigsten Neutralisationsindikatoren (nach[25]). [a] Azofarbstoff   [b] Phthalein   [c] Sulfophthalein   [d] Sonstige

Phenolphthalein

Für $C_0 \gg c'$ wird (ohne Berücksichtigung des Salzfehlers)

$$pH\,(eq) = pT = pK_i - \log C_0 + \log c' \tag{125}$$

Der Umschlagspunkt einfarbiger Indikatoren ist von der *Totalkonzentration* C_0 und der subjektiv erkennbaren Grenzkonzentration c' abhängig und daher weniger gut zu erfassen.

Im stark alkalischen Medium wirken Phthaleine als *Lewis*-Säuren und lagern ein OH⁻-Ion unter Bildung des farblosen, *benzoiden* Trianions an, z. B.

Phenolphthalein

Die mit Phenolphthalein eng verwandten **Sulfophthaleine** sind dagegen *zweifarbige* Indikatoren[9, 11]. Sie enthalten an Stelle des Lactonrings den weniger stabilen Sultonring I, der bereits im sauren Medium (Neutralform des Indikators) gespalten wird und sich in die farbige, *chinoide* Betain-Form II umlagert, z. B.

I
farblos

II
rot

Phenolrot

III
gelb

IV
rotviolett

Gewöhnlich wird nur die Form III zur Indikation verwendet (Umschlag gelb–rotviolett bei pH 6,4–8,2).

Mischindikatoren

In der Praxis haben sich Indikatorgemische mit geeigneter Zusammensetzung bewährt, weil sie am Umschlagspunkt einen neutralen, grauen Farbton zeigen. Die Mischung besteht entweder aus einem Indikator und einem indifferenten Farbstoff (*„Kontrastindikator"*) oder aus zwei verschiedenfarbigen Indikatoren mit gleichem Umschlagsbereich (*„Mischindikator"*).

Beispiele[17]

Kontrastindikator[a] (Methylrot + Methylenblau)

pH	4	4–6	6
Methylrot	rot	orange	gelb
Methylenblau	blau	blau	blau
Mischung	violett	grau	grün

Mischindikator (Methylrot + Bromkresolgrün)

pH	4	4–6	6
Methylrot	rot	orange	gelb
Bromkresolgrün	gelb	grün	blau
Mischung	orange	grau	grün

Indikatorgemische aus mehr als drei Komponenten (Universalindikatoren) werden meist zur *qualitativen* pH-Messung (pH-Papier) verwendet, z. B. *„Universalindikator A"* aus Bromthymolblau, Methylrot, α-Naphtholphthalein, Thymolphthalein und Phenolphthalein[25].

4. Titrationsfehler

Wegen der in Abschn. 3 beschriebenen Fehlerquellen bei der Farbindikation ist eine Diskussion des *Indikatorfehlers* bei Säure-Base-Titrationen angebracht[6, 8].

Systematischer Fehler

Ein systematischer Fehler A (s. S. 25) entsteht allein dadurch, daß der Umschlagspunkt des Indikators (pK$_i$) nicht genau mit dem Äquiva-

---

[a] auch als *Tashiro-Indikator* bekannt[24].

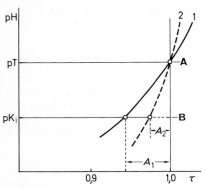

Abb. 15 Systematischer Indikatorfehler (pT > pK$_i$)[6]

lenzpunkt (pT) übereinstimmt. Aus der allgemeinen Formulierung

$$A_{rel} = \pm \left[\tau(pK_i) - \tau(pT) \right] \quad \begin{array}{l} + \text{ Säuretitration} \\ - \text{ Basetitration} \end{array} \qquad (126)$$

ergibt sich ein *Minderverbrauch* an Titrant für pT > pK$_i$ und ein *Mehrverbrauch* für pT < pK$_i$ (auf Säuretitration bezogen, Base umgekehrt).

Aus Abb. 15 erkennt man schon qualitativ, daß sich die gleiche Abweichung pT−pK$_i$ bei starken Protolyten weniger auswirkt als bei schwachen.

Für *starke Protolyte* ergibt sich A aus der Differenz zwischen der Totalkonzentration des verbrauchten Titranten C^* (tatsächlicher Wert) und der Totalkonzentration der Probe C_0 (theoretischer Wert). Im Falle einer Säuretitration wird

$$A = C^* - C_0 = c(OH^-) - c(H_3O^+) \qquad \text{Basetitration umgekehrt}$$

Somit erhält man

absolute Fehler:

$$A = \pm (c(OH^-) - c(H^+)) \quad \text{und} \qquad (127a)$$

relative Fehler:

$$A_{rel} = \pm \frac{c(OH^-) - c(H^+)}{C_0} \quad (= \tau - 1) \quad \begin{array}{l} + \text{ Säuretitration} \\ - \text{ Basetitration} \end{array} \qquad (127b)$$

$c(H_3O^+)$ und $c(OH^-)$ lassen sich aus dem pH-Wert der Lösung berechnen. Für den Grenzfall pH 7 wird $c(H_3O^+) = c(OH^-)$ und $A = 0$.

Schon bei kleinen Abweichungen von pH 7 kann ein Term vernachlässigt werden. Das Vorzeichen von A gibt an, ob es sich um eine Über- oder Untertitration handelt.

Beispiel

Übertitration einer $0,1$ mol $\cdot$ L^{-1} ($z = 1$) Säure bis pH 9

$c(H_3O^+) = 10^{-9}$ und $c(OH^-) = 10^{-5}$, also

$A = c(OH^-) - c(H_3O^+) = 10^{-5} - 10^{-9} \sim 10^{-5}$ und $A_{rel} = 10^{-4}$

Ein maximaler relativer Fehler von $\pm 0,1\%$ ($\pm 10^{-3}$) entspricht $A_{max} = \pm 10^{-4}$ ($C_0 = 0,1$ mol $\cdot$ L^{-1}) (Umschlag zwischen pH 4 und 10, s. S.113).

Analog zu Gl. (127) erhält man für die Titration *schwacher Protolyte:*

$$A = c(OH^-) - c_s \qquad \text{schwache Säure} \qquad (128\,a)$$

$$A = c(H^+) - c_b \qquad \text{schwache Base} \qquad (128\,b)$$

Zufälliger Fehler

Selbst wenn $pT = pK_i$ ist, tritt noch eine prinzipielle Unschärfe beim Erkennen des Umschlagspunktes auf, die bis zu 0,4 pH-Einheiten betragen kann[6]. Der zufällige Fehler F läßt sich mit Hilfe der *Pufferkapazität β* (s. S. 124) berechnen.

Aus der Steigung der Titrationskurve (Abb. 11, S. 109 u. 12, S. 111) ergeben sich die Beziehungen

$$\frac{\Delta pH}{\Delta C^*} = \frac{d(pH)}{dC^*} = \frac{1}{\beta} \quad \text{und}$$

$$F = \pm \Delta C^* = \pm \beta \cdot \Delta pH \qquad \Delta pH \leq 0,4 \qquad (129)$$

Wie sich theoretisch begründen läßt[1], erhält man daraus für den zufälligen Fehler bei der Titration *schwacher Säuren:*

$$F = \pm (c_s + c(OH^-)) \qquad A \neq 0 \qquad (130\,a)$$

$$F = \pm 2c_s = \pm 2\sqrt{K_b C_0} \qquad A = 0 \qquad (130\,b)$$

Die analogen Formeln für die Titration *schwacher Basen* lauten:

$$F = \pm (c_b + c(H^+)) \qquad A \neq 0 \qquad (131\,a)$$

$$F = \pm 2c_b = \pm 2\sqrt{K_s C_0} \qquad A = 0 \qquad (131\,b)$$

Da in Gl. (128 a, b, 130 a u. 131 a) jeweils der kleinere Faktor vernachlässigt werden kann, folgt die wichtige Beziehung

$$A + F = \text{konst.}, \qquad (132)$$

die die *graphische Bestimmung* des Titrationsfehlers aus dem Hägg-Diagramm (s. S. 130) ermöglicht.

Für starke Protolyte ist der zufällige Fehler gering ($F = \pm 2 \cdot 10^{-7}$). Bei schwachen Protolyten steigt F mit abnehmender Säure- bzw. Basestärke an (Gl. 130b, 131b). Für Gemische aus mehreren Protolyten (s. S. 139) zeigt die Fehlerrechnung, daß sich in wäßriger Lösung grundsätzlich nur zwei Säuren oder Basen mit genügender Genauigkeit simultan titrieren lassen. Dies gilt auch für die stufenweise Titration mehrwertiger Protolyte[1].

5. Anwendungsbeispiele

Wegen des möglichen Carbonat-Gehalts müssen bei der Titration von und mit starken Basen (NaOH, KOH) besondere Vorkehrungen getroffen werden[a]. Stark basische Maßlösungen lassen sich am besten durch *Ionenaustauscher* (s. S. 246) reinigen; das Vorratsgefäß wird mit einem Natronkalk- oder Natronasbest-Röhrchen gegen CO_2 geschützt.

Titration von Carbonat (pK$_b$ = 3,6)

Die Genauigkeit der Carbonat-Titration gegen *Methylorange* (pH 3,1 − 4,4)

$$CO_3^{2-} + 2 H_3O^+ \rightleftharpoons CO_2 + 3 H_2O$$

kann durch Aufkochen der Lösung (Entweichen von CO_2) erhöht werden (*Verdrängungstitration*). Auf diese Weise wird quantitativer Stoffumsatz erreicht, und die Titration läßt sich mit Methylrot oder Mischindikator besser indizieren. Zur Simultantitration von CO_3^{2-} und HCO_3^- siehe S. 140.

Titration von Borsäure (pK$_s$ = 9,3)

Borsäure wirkt als schwache, einbasige Säure (*Lewis*-Säure),

$$B(OH)_3 + 2 H_2O \rightleftharpoons H_3O^+ + [B(OH)_4]^-$$

die zur direkten Titration ungeeignet ist. Gibt man aber mehrwertige Alkohole (z. B. Hexite, Mannit, Sorbit) zu, so entstehen stärkere einbasige Säuren, die sich leicht titrieren lassen. Die Titration gelingt bereits mit Glycerin (schwächerer Komplexbildner) gegen *Phenolphthalein*. Da Glycerin sauer reagiert, muß es vor der Anwendung sorgfältig neutralisiert werden.

---

[a] Wie die Fehlerrechnung zeigt, kann der Carbonat-Gehalt vernachlässigt werden, wenn er 1% der Titrantkonzentration nicht übersteigt[3].

Hexit   „Didiolborat"

R = $CH_2OH-CHOH$

Sofern die Borsäure in Form definierter Salze vorliegt, kann man auch die Borate mit Salzsäure titrieren (Mischindikator), z. B. *Borax*

$$[B_4O_7 \cdot 2\,H_2O]^{2-} + 2\,H_3O^+ + H_2O \rightarrow 4\,B(OH)_3$$

1 mol HCl $\cong$ 0,5 mol Tetraborat $\cong$ 2 mol Bor

Titration von Ammonium (pK$_s$ = 9,25)

Man setzt der Probelösung einen Überschuß an Formaldehyd zu und entfernt so das bei der Titration gebildete Ammoniak laufend aus dem Gleichgewicht. Urotropin ist schwächer basisch als Ammoniak (effektiver pK$_b$-Wert 9,4), so daß sich die Titration bequem gegen *Phenolphthalein* indizieren läßt (Abb. 18, S. 131).

$$NH_4^+ + OH^- \rightleftharpoons NH_3 + H_2O \xrightarrow{\text{HCHO}} \text{Urotropin}$$
$$\mathbf{4\,NH_4^+} + 6\,HCHO \rightleftharpoons (CH_2)_6N_4 + \mathbf{4\,H^+} + 6\,H_2O$$

Der Faktor des Ammoniums bleibt dabei unverändert.

Diese Methode wurde ursprünglich zur Bestimmung von Aminosäuren entwickelt und wird als **Formol-Titration** bezeichnet[6]. Aminoverbindungen **1** reagieren in wäßriger Lösung mit Formaldehyd unter Bildung schwächer basischer *N*-Hydroxymethyl-Verbindungen **2**, die unter Wasserabspaltung in Azomethine **3** (*Schiffsche* Basen) übergehen. Im Falle des Ammoniaks läuft die Kondensation zum Hexamethylentetramin weiter.

$$R-NH_2 + HCHO \rightleftharpoons R-NH-CH_2-OH \rightleftharpoons R-N=CH_2 + H_2O$$
$$\mathbf{1} \qquad\qquad\qquad \mathbf{2} \qquad\qquad\qquad \mathbf{3}$$

Kjeldahl-Aufschluß

Stickstoff in organischen Aminoverbindungen, Kalkstickstoff (Calciumcyanamid) u. ä. wird durch Kochen mit konz. Schwefelsäure unter Luftzutritt in NH_4HSO_4 übergeführt (Oxidation organischer Bestandteile und Hydrolyse), z. B.

$$[CaCN_2]_f + 3\,H_2SO_4 + 2\,H_2O \;\rightarrow\; [CaSO_4]_f + CO_2 + 2\,NH_4HSO_4$$

Höher oxidierter Stickstoff (Nitrite und Nitrate) muß mit *Arndscher Legierung* (60% Cu, 40% Mg) in schwach saurer bis neutraler Lösung reduziert werden[17]. Diese Methode ist der Reduktion mit *Devarda-Legierung* (Cu/Al) vorzuziehen, die nur im alkalischen Medium abläuft und leicht zum Mitreißen von Laugedämpfen bei der Destillation führen kann.

Der reduzierte Stickstoff wird als NH_3 im neutralen bis alkalischen Bereich mit Wasserdampf destilliert und in einer Vorlage mit $0,1\ mol \cdot L^{-1}$ HCl aufgefangen. Die nicht verbrauchte Salzsäure titriert man mit $0,1\ mol \cdot L^{-1}$ NaOH zurück.

Beispiel

200,0 mg einer Aminoverbindung werden wie oben beschrieben aufgeschlossen und das freigesetzte Ammoniak mit verdünnter Salzsäure neutralisiert. Der Verbrauch beträgt 15 mL $0,1\ mol \cdot L^{-1}$ HCl. Wieviel Prozent Stickstoff enthält die Probe?

$$15\ mL\ 0,1\ mol \cdot L^{-1}\ HCl \mathrel{\widehat{=}} n(eq) = 1,5\ mmol$$

$$m(N) = n(eq) \cdot M(N) = 21\ mg$$

$$w(N) = \frac{21}{200} = 0,105 \quad (10,5\%)$$

Wasserhärte-Bestimmung

Unter der **Gesamthärte** versteht man die Gesamtkonzentration aller gelösten Calcium- und Magnesiumsalze. Man unterscheidet zwischen *temporärer* und *permanenter* Härte. Die temporäre Härte (Carbonathärte) wird durch lösliche *Hydrogencarbonate* verursacht und läßt sich durch Kochen beseitigen. Dagegen bleibt die permanente Härte (Mineralsäurehärte) durch Chloride, Sulfate, Nitrate u. a. in heißem Wasser unverändert.

Die Wasserhärte wird in *Milliäquivalenten pro Liter* (meq/L) oder Härtegraden angegeben. Ein **deutscher Härtegrad** (°dH) entspricht *10 mg CaO in 1 Liter Wasser* (bzw. 7,2 mg MgO pro Liter). Es gilt also

$$m = n(eq) \cdot \frac{M(eq)}{10} = n(eq) \cdot 2,8 \qquad M(eq)(CaO) = 28 \qquad \text{oder}$$

$$N°dH \mathrel{\widehat{=}} 2,8\,n(eq) \tag{133}$$

1 meq/L entspricht 2,8 °dH.

Die *temporäre Härte* läßt sich durch Titration mit $0,1 \text{ mol} \cdot L^{-1}$ HCl gegen Methylorange bestimmen. Zur Ermittlung der *permanenten Härte* versetzt man 100 mL Wasser mit 25 mL 0,1 molarer c(eq), ($z = 2$) Soda-lösung und dampft zur Trockene ein. Der Rückstand wird mit destilliertem Wasser aufgenommen, filtriert und das Filtrat mit $0,1 \text{ mol} \cdot L^{-1}$ HCl zurücktitriert ($\triangleq$ überschüssiges Na_2CO_3)[21].

100 mL Wasser verbrauchen 1,4 mL $0,1 \text{ mol} \cdot L^{-1}$ ($z = 2$) Na_2CO_3-Lösung. Die Härte beträgt 1,4 meq/L $\triangleq$ 3,9 °dH.

Zur komplexometrischen Bestimmung der *Gesamthärte* siehe S. 182.

6. Titration in nichtwäßrigen Lösungsmitteln

Viele Stoffe, besonders in der organischen Chemie, können in wäßriger Lösung nicht durch Neutralisationsanalyse bestimmt werden, weil sie in Wasser nicht genug löslich oder zu schwach protolysiert sind. In vielen Fällen ist aber eine einwandfreie Titration möglich, wenn man in *wasserfreiem* Medium arbeitet, denn die Säure- und Basekonstanten hängen vom Lösungsmittel ab (s. S. 95). Der Wasserausschluß erfordert eine etwas andere Arbeitstechnik, man verwendet vorzugsweise *automatische Büretten*. Die Titration in nichtwäßrigen Solvenzien hat in den letzten beiden Jahrzehnten zunehmend an Bedeutung gewonnen und wird auch in der pharmazeutischen Analytik angewendet[6].

Wahl des Lösungsmittels

Man unterscheidet im wesentlichen zwei Arten von Lösungsmitteln:

Protische Lösungsmittel wie H_2O, HAc, H_2SO_4, NH_3, CH_3OH sind eigendissoziiert (*Autoprotolyse*) und können Protonen abgeben und aufnehmen (*Ampholyte*). Sie besitzen eine hohe Dielektrizitätskonstante und führen zur **Solvatation** von Säuren und Basen. Da sie selbst als Säure und Base wirken können, beeinflussen sie den Neutralisations-vorgang stark (*Nivellierung*).

Aprotische Lösungsmittel wie Kohlenwasserstoffe, Benzol, Ether, Dioxan, Acetonitril, Amine sind undissoziiert und besitzen eine kleine Dielektrizitätskonstante. Sie wirken daher kaum oder gar nicht solva-tisierend, so daß Elektrolyte als nichtleitende Ionenpaare vorliegen, und beeinflussen die Säure-Base-Reaktion

$$HA + B \rightleftharpoons BH^+ + A^-$$

wenig (*Differenzierung*). Ihr Nachteil liegt in der geringen Polarität, die die Dissoziation und Löslichkeit von Protolyten stark herabsetzt. Die stärker polaren, protophilen Solvenzien wie Ether und Nitrile bilden mit Säuren Ionenpaare, z. B. Dioxan:

Neutralisation: Dioxan-H^+A^- + B $\rightleftharpoons$ BH^+A^- + Dioxan
allgemein SH^+ + B $\rightleftharpoons$ BH^+ + S   S = Solvens

Bei der Neutralisation wird das Lösungsmittel freigesetzt.

Titration von Basen

Zur Titration von Basen verwendet man eine möglichst starke Säure (z. B. $HClO_4$) und ein schwach basisches (**protogenes**) Lösungsmittel. Organische Stickstoff-Basen lassen sich gut in wasserfreier Essigsäure (Methylviolett-Indikator) titrieren, da diese auf Amine nivellierend wirkt. Z. B. wird das stark basische Trimethylamin genauso gut protolysiert wie das schwächer basische Dimethylanilin:

$$R-NH_2 + HAc \rightleftharpoons R-NH_3^+ + Ac^-$$

Gegenüber der stark aciden Perchlorsäure verhält sich Essigsäure als Base:

$$HClO_4 + HAc \rightleftharpoons H_2Ac^+ + ClO_4^-$$

Die Titration beruht also auf der Bildung von Essigsäure aus Acetacidium- und Acetat-Ion:

$$H_2Ac^+ + Ac^- \rightarrow 2\,HAc$$

Daneben ist auch die *direkte* Titration in aprotischen Lösungsmitteln möglich, z. B.

$$H_2Ac^+ + R_3N \xrightarrow{\text{Benzol}} R_3NH^+ + HAc$$

Titration von Säuren

Für die Titration schwacher Säuren (Carbonsäuren, Phenole) kommen neben den üblichen neutralen Solvenzien die basischen (**protophilen**) Lösungsmittel Butylamin, Dimethylformamid (DMF), Dimethylsulfoxid (DMSO) und Pyridin in Frage. Als Titranten eignen sich besonders Lösungen von Alkalialkoholaten (z. B. $Na^+OCH_3^-$), quartären Ammoniumsalzen (z. B. $(n\text{-}C_4H_9)_4N^+OH^-$) oder reinem KOH in Alkoholen oder Benzol. Als Urtiter dient meist Benzoesäure. Der Endpunkt läßt sich durch *Farbindikation* (Phenolphthalein, Thymolblau) oder besser *potentiometrisch* (Glaselektrode) ermitteln. Auf strengen Ausschluß von Wasser und Kohlendioxid ist zu achten.

7. Hägg-Diagramme

Mathematische Ableitung

Aussagen über die Konzentrationsverhältnisse in Lösungen schwacher Protolyte oder Protolytgemische mit Hilfe der üblichen, einfach logarithmischen Titrationskurven sind schwierig. Als besser geeignet erweist sich die *doppelt logarithmische* Darstellung, die erstmals von *Hägg*[8] verbreitet wurde und daher meist als **Hägg-Diagramm** bezeichnet wird.

Wir betrachten eine schwache Säure HA:

$$HA + H_2O \rightleftharpoons H_3O^+ + A^- \qquad K_s, C_0$$

allg. $\qquad s \qquad\qquad \rightleftharpoons \quad H^+ + b$

$$I \quad MWG \qquad \frac{c(H^+) \cdot c_b}{c_s} = K_s$$

II Massenbilanz $\quad c_s + c_b = C_0$

Einsetzen von II in I ergibt

$$\frac{c(H^+) \cdot (C_0 - c_s)}{c_s} = K_s \quad oder \quad \frac{c(H^+) \cdot c_b}{C_0 - c_b} = K_s$$

Durch Auflösen nach c_s bzw. c_b erhält man die Säure- und Basefunktionen

$$III \quad c_s = \frac{C_0 \cdot c(H^+)}{K_s + c(H^+)} \quad und \quad IV \quad c_b = \frac{C_0 K_s}{K_s + c(H^+)} \qquad (134, 135)$$

Trägt man in einem kartesischen Koordinatensystem $\log c_s$ und $\log c_b$ gegen den pH-Wert auf, erhält man hyperbelartige Kurven, deren *Asymptoten* sich leicht bestimmen lassen und weitgehend mit den Hyperbeln zusammenfallen. Betrachtet man die Bereiche $c(H^+) > K_s$ und $c(H^+) < K_s$ und vernachlässigt im Nenner von (134, 135) jeweils den kleineren Wert, so zerfallen die logarithmierten Gleichungen III und IV in vier Geradengleichungen, die den Asymptoten entsprechen.

a $c(H^+) > K_s$ (pH < pK$_s$)

III → $c_s = C_0$ und

$$\log c_s = \log C_0 \hspace{4cm} (136)$$

Parallele zur pH-Achse im Abstand $\log C_0$

IV → $c_b = \dfrac{C_0 \cdot K_s}{c(H^+)}$ und

$$\log c_b = \text{pH} + \log C_0 - \text{pK}_s \hspace{2.5cm} (137)$$

Gerade mit der Steigung + 1

b $c(H^+) < K_s$ (pH > pK$_s$)

III → $c_s = \dfrac{c(H^+) \cdot C_0}{K_s}$ und

$$\log c_s = -\text{pH} + \log C_0 + \text{pK}_s \hspace{2cm} (138)$$

Gerade mit der Steigung − 1

IV → $c_b = C_0$ und

$$\log c_b = \log C_0 \hspace{4cm} (139)$$

Wie sich durch Einsetzen leicht zeigen läßt, schneiden sich die vier Geraden im Punkt S (pK$_s$, log C_0), dem sog. **Systempunkt.** In der Umgebung des Systempunkts (pK$_s$ ± 1) gelten die Näherungsgleichungen (136 − 139) nicht, d.h. der Schnittpunkt der Hyperbeln S′ liegt etwas nach unten verschoben. Der genaue Wert ergibt sich aus der Konzentrationsbedingung am Pufferpunkt (116):

$c_s = c_b = C_0/2$ oder

$\log c_s = \log c_b = \log C_0 - \log 2$

$\log c_s = \log C_0 - 0,3$

Geometrische Konstruktion

Bei der Konstruktion des Hägg-Diagramms geht man zweckmäßig nach folgenden Schema vor:

- Ziehe eine Parallele zur pH-Achse im Abstand $\log C_0$.
- Fälle das Lot bei pH = pK_s auf diese Gerade. Der Schnittpunkt ist der Systempunkt, in dem sich die vier Asymptoten schneiden.
- Ziehe durch den Systempunkt zwei Geraden mit den Steigungen +1 und -1.
- Der genaue Schnittpunkt der Hyperbeln liegt um 0,3 Einheiten senkrecht unter dem Systempunkt.

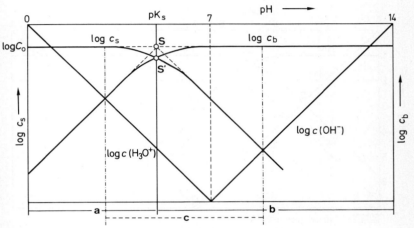

Abb. 16 Konstruktion eines Hägg-Diagramms.
S = Systempunkt, **S'** = Schnittpunkt der Hyperbeln

Im Bereich **a** liegt der Protolyt überwiegend als Säure, in **b** überwiegend als Base vor. Der Systempunkt trennt somit die Existenzbereiche von korrespondierender Säure und Base.

Da starke Säuren und Basen vollständig protolysiert sind, gilt $c_s = c(H_3O^+)$ bzw. $c_b = c(OH^-)$. Starke Protolyte lassen sich daher im Hägg-Diagramm durch die beiden Geraden

$$\log c(H_3O^+) = -pH \quad \text{und} \quad \log c(OH^-) = pH - pK_W, \qquad (140\,a, b)$$

die durch die Endpunkte der pH-Skala verlaufen, darstellen.

Das Hägg-Diagramm gibt bei jedem pH-Wert das Verhältnis c_s/c_b bzw. c_s/C_0 oder c_b/C_0 (*Umsetzungsgrad, Titriergrad*) an. Das Intervall **c** entspricht dem normalen Titrationsverlauf, also dem Bereich zwischen *Anfangs- und Endpunkt* der Titrationskurve. An diesen Punkten sind die Quotienten c_b/C_0 und c_s/C_0 gleich dem **Protolysegrad** α des korrespondierenden Säure-Base-Paares (Dissoziationsgrad einer Neutralsäure oder -base) und erlauben eine Aussage über die *Genauigkeit* der Titration (s. S. 129).

Hägg-Diagramm einer schwachen Säure (pK_S < 7)

Beispiel Essigsäure ($pK_s = 4{,}75$)

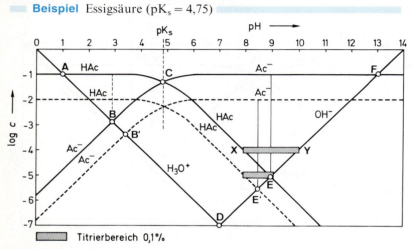

Abb. 17 Hägg-Diagramm von 0,1 molarer und 0,01 molarer Essigsäure

Die vier Kurvenzüge für HAc, Ac⁻, H_3O^+ und OH⁻ schneiden sich in sechs signifikanten Punkten (die folgenden Ausführungen gelten für 0,1 molare Säure)[a].

---

[a] Für die genaue Bestimmung der stöchiometrischen Punkte ist zu beachten, daß das Hägg-Diagramm ein *Konzentrationsdiagramm* darstellt, d. h. der Systempunkt richtet sich nicht nach der thermodynamischen, sondern nach der *stöchiometrischen* Säurekonstante K_s^c, die in konzentrierteren Lösungen 0,1–0,2 pH-Einheiten von K_s^a abweichen kann[3]. Man erhält eine ähnliche Beziehung wie für den *Salzfehler* der Indikatoren (s. S. 115):

$$pK_s^c = pK_s^a + \log \frac{f_b}{f_s} \qquad pK_s^c < pK_s^a \text{ für Neutralsäuren}$$

Dadurch wird die Säurestärke scheinbar erhöht und der Dissoziationsgrad vergrößert.

A $c(\text{HAc}) = c(\text{H}_3\text{O}^+) = C_0$; pH = 1

In stark saurem Medium liegt die Essigsäure praktisch undissoziiert vor, und der pH-Wert hängt nur von der anwesenden starken Säure ab („starke und schwache Säure", s. S.102). Dieser Punkt befindet sich außerhalb des Titrationsbereichs der Essigsäure.

B $c(\text{H}_3\text{O}^+) = c(\text{Ac}^-)$ $\text{HAc} + \text{H}_2\text{O} \rightleftharpoons \text{H}_3\text{O}^+ + \text{Ac}^-$

   pH = 2,9   *Anfangspunkt* der Titrationskurve = pH-Wert der reinen $0,1 \text{ mol} \cdot \text{L}^{-1}$ HAc-Lösung

Für den *Protolysegrad* (Dissoziationsgrad) erhält man aus dem Diagramm:

$$\alpha = \frac{c(\text{Ac}^-)}{C_0} = \frac{10^{-3}}{10^{-1}} = 10^{-2} \ (1\%)$$

C $c(\text{HAc}) = c(\text{Ac}^-)$;   pH = pK_s = 4,75   *Pufferpunkt*

D $c(\text{H}_3\text{O}^+) = c(\text{OH}^-)$;   pH = 7   *Neutralpunkt*

E $c(\text{OH}^-) = c(\text{HAc})$ $\text{Ac}^- + \text{H}_2\text{O} \rightleftharpoons \text{HAc} + \text{OH}^-$

   pH = 8,9   *Endpunkt* = pH-Wert einer 0,1 molaren Acetat-Lösung

Der Protolysegrad (Titriergenauigkeit) beträgt etwa

$$\alpha = \frac{c(\text{HAc})}{C_0} = \frac{10^{-5}}{10^{-1}} = 10^{-4} \ (0,01\%)$$

F $c(\text{Ac}^-) = c(\text{OH}^-)$

   pH = 13   pH-Wert einer starken Base, $c(\text{eq}) = 0,1 \text{ mol} \cdot \text{L}^{-1}$, analog **A**.

Indikation des Titrationsendpunkts

Für die praktische Ausführung einer Titration wird im allgemeinen eine Genauigkeit von 0,1% gefordert. Der Indikator muß also in einem Intervall umschlagen, das durch die Beziehung $\log c = \log C_0 - 3$ bestimmt wird (s. Abb. 17 und Anmerkung).

0,1 mol $\cdot$ L^{-1} HAc: Der Indikator muß zwischen pH 7,8 und 10,0 umschlagen (pH 7: 99% Neutralisation; pH 7,8: 99,9% pH 10,0: 100,1% Umsetzung).

0,01 mol $\cdot$ L^{-1} HAc: Der Umschlag muß hier zwischen pH 7,8 und 9,0 erfolgen, wenn die gleiche Genauigkeit erzielt werden soll; das Intervall ist kleiner geworden.

Allgemein gilt, daß die Titration um so ungenauer wird, je geringer die Totalkonzentration der Probe ist (Lösung nicht zu stark verdünnen).

Da die Essigsäure eine mäßige schwache Säure darstellt ($pK_s = 4,75$), muß die korrespondierende Base Acetat sehr schwach sein ($pK_b = 9,25$). Es ist daher wenig sinnvoll, Acetat mit einer starken Säure (z. B. 0,1 normale HCl) zu titrieren. Am Äquivalenzpunkt einer 0,1 molaren Acetat-Lösung bei pH 2,9 (= Anfangspunkt der Essigsäure-Titration) liegt immer noch eine Gleichgewichtskonzentration von 10^{-3} mol · L^{-1} Ac^-, entsprechend 99% Umsetzung, vor. Eine weitergehende Neutralisation ist in wäßriger Lösung nicht zu erreichen.

Allgemein läßt sich sagen, daß die Titration eines Protolyten nur für pK-Werte kleiner als 7 zweckmäßig ist. Im anderen Falle bestimmt man besser die korrespondierende Säure oder Base.

Graphische Ermittlung des Titrierfehlers

Die graphisch ermittelte Titrationsgenauigkeit aus dem Protolysegrad entspricht der *Hälfte* des Gesamtfehlers (Gl. 132) und ist daher zur Abschätzung des Titrationsfehlers gut geeignet. Eine ausführliche Diskussion der graphischen Fehlerbestimmung aus dem Hägg-Diagramm findet man in[3].

Der *systematische* Titrierfehler beträgt für schwache Säuren (s. S. 119)

$$A = c(OH^-) - c_s \quad \text{Basen: } A = c(H^+) - c_b \quad (128a, b)$$

Es sind die Werte für den Schnittpunkt des Lotes $pH = pK_i$ mit der Säurelinie $\log c_s$ einzusetzen.

Beispiel: 0,1 mol · L^{-1} HAc (Abb. 17), Punkt X. $A_x = 10^{-6,2} - 10^{-4} \approx -10^{-4}$
Punkt Y. $A_y = 10^{-4} - 10^{-6,2} \approx +10^{-4}$

Der relative Fehler ist in beiden Fällen $|10^{-3}|$. Im Äquivalenzpunkt **E** wird $c(OH^-) = c(HA)$ und damit $A = 0$, d. h. auch für schwache Protolyte kann der systematische Fehler prinzipiell eliminiert werden; allerdings wirken sich bereits geringe Abweichungen vom Äquivalenzpunkt viel mehr aus als bei starken Protolyten.

Für den *zufälligen* Fehler erhält man bei schwachen Säuren

$$F = \pm(c(OH^-) + c_s) \quad \text{Basen: } F = \pm(c(H^+) + c_b) \quad (130a, 131a)$$

Am Äquivalenzpunkt gilt

$$F(eq) = \pm 2c_s = \pm 2c(OH^-) = \pm 2\sqrt{K_b \cdot C_0} \quad (130b)$$

und

$$F(\text{eq})_{\text{rel}} = \pm 2c_s/c_0 = \pm 2\alpha$$

Hägg-Diagramm einer schwachen Base (pK$_s$ > 7)

Beispiel Ammoniak (pK$_b$ = 4,75)

Da das Hägg-Diagramm immer ein korrespondierendes Säure-Base-Paar wiedergibt, unterscheidet sich die Darstellung einer Säure und einer Base nur dadurch, daß im ersten Falle pK$_s$ kleiner und im zweiten pK$_s$ größer als 7 wird. Die Konstruktion ist völlig analog.

Man erkennt sofort, daß der Protolysegrad des Ammoniaks am Anfangspunkt **A** (pH = 11,1)

$$NH_3 + H_2O \rightleftharpoons NH_4^+ + OH^-$$

relativ hoch ist ($\sim$ 1%), der Protolysegrad des Ammonium-Ions am Endpunkt **C** (pH = 5,1) dagegen sehr gering ($\sim$ 0,01%).

$$NH_4^+ + H_2O \rightleftharpoons NH_3 + H_3O^+$$

Die Titration der Base NH$_3$ (gegen Methylrot) ist also vorzuziehen. Eine andere Möglichkeit besteht in der Erhöhung der Säurekonstante des NH$_4^+$-Ions durch Formaldehyd-Zusatz (s. S. 121).

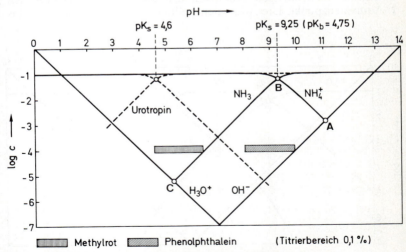

Abb. 18 Hägg-Diagramm von 0,1 molarer Ammoniak-Lösung.
A = Anfangspunkt, **B** = Pufferpunkt, **C** = Endpunkt (Äquivalenzpunkt)

Hägg-Diagramm einer zweiwertigen Säure

Das Hägg-Diagramm des *zweiwertigen* Protolyten zeigt noch eindrucksvoller den Vorteil der doppelt logarithmischen Darstellung, da die exakte Berechnung der Konzentrationsverhältnisse sehr kompliziert ist. Die Konstruktion erfolgt durch einfaches Aneinandersetzen der beiden Teilsysteme H_2A/HA^- und HA^-/A^{2-}, die näherungsweise als unabhängig betrachtet werden. Dies gilt aber nur unter der Voraussetzung, daß man im sauren Bereich ($pH < pK_1$) $c(A^{2-})$ und im basischen Sektor ($pH > pK_2$) $c(H_2A)$ vernachlässigt. Das hat zur Folge, daß die entsprechenden Kurvenäste an den Systempunkten einen Knick aufweisen, da die Geraden von der Steigung ± 1 in ± 2 übergehen, wie sich mathematisch herleiten läßt [1].

Im vorliegenden Diagramm (Abb. 19) sind die analytisch relevanten Punkte eingezeichnet.

A $c(HA^-) = c(H_3O^+)$ *Anfangspunkt*
$$H_2A + H_2O \rightleftharpoons H_3O^+ + HA^-$$
B $c(H_2A) = c(HA^-)$ *1. Pufferpunkt* ($pH = pK_1$)
C $c(H_2A) = c(A^{2-})$ *1. Äquivalenzpunkt*
                                            (,,isoelektrischer Punkt")

C tritt bei mehrwertigen Protolyten neu auf und kennzeichnet den 1. Äquivalenzpunkt. Die Äquivalenzbedingung kommt daher, daß das

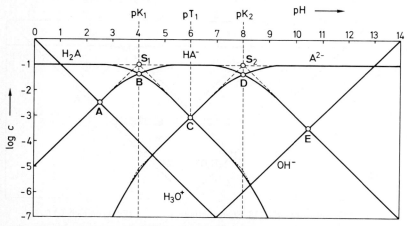

Abb. 19 Hägg-Diagramm einer zweiwertigen Säure H_2A.
$C_0 = 0{,}1$; $pK_1 = 4{,}0$; $pK_2 = 8{,}0$; $pT_1 = 6{,}0$

autoprotolytische Gleichgewicht des **Ampholyten** HA^-

$$2\,HA^- \rightleftharpoons H_2A + A^{2-} \qquad K_a$$

$$K_a = \frac{K_2}{K_1} \tag{141}$$

bevorzugt wird. Wie das Diagramm zeigt, ist pT_1 das *arithmetische Mittel* von pK_1 und pK_2 und *unabhängig* von der Gesamtkonzentration C_0 der Säure.

Durch Anwendung des MWG auf obenstehendes Gleichgewicht ergibt sich der *Autoprotolysegrad* α *zu*

$$\alpha = \frac{c(H_2A)}{C_0} = \frac{c(A^{2-})}{C_0} = \sqrt{K_a} \tag{142}$$

Auch α ist unabhängig von der Totalkonzentration C_0.

D $c(HA^-) = c(A^{2-})$ 2. *Pufferpunkt* $(pH = pK_2)$
E $c(HA^-) = c(OH^-)$ 2. *Äquivalenzpunkt*
                               $A^{2-} + H_2O \rightleftharpoons HA^- + OH^-$

Hägg-Diagramm von Salzen schwacher Protolyte

Salze aus einer schwachen Säure und schwachen Base (s. S. 104) sind in wäßriger Lösung in unterschiedlichem Ausmaß durch *Autoprotolyse* in ihre Komponenten aufgespalten.

$$BH^+ + A^- \rightleftharpoons HA + B \qquad K_a \text{ (Gl. 141)}$$

Der *Protolysegrad* α eines Salzes BH^+A^- hängt vom Verhältnis der Säurekonstanten $K_1(HA)$ und $K_2(BH^+)$ ab (analog Basekonstanten von B und A^-). Man unterscheidet drei Fälle:

$$K_1 > K_2 \; (pK_1 < pK_2)$$

Das Gleichgewicht liegt überwiegend auf den linken Seite, das Salz ist in Lösung stabil ($\alpha < 50\%$).

$$K_1 = K_2$$

Das Salz ist zur Hälfte protolysiert ($\alpha = 50\%$); alle vier Teilchen liegen in gleicher Konzentration vor.

$$K_1 < K_2 \; (pK_1 > pK_2)$$

Das Gleichgewicht liegt nun auf der rechten Seite, das Salz ist in Lösung weitgehend in seine Komponenten zerfallen ($\alpha > 50\%$).

Der pH-Wert der Lösungen (pT) ergibt sich aus den Äquivalenzbedingungen $c(BH^+) = c(A^-)$ und $c(HA) = c(B)$ als *arithmetisches Mittel* von pK_1 und pK_2 (109); Autoprotolysegrad $\alpha = \sqrt{K_a}$ (142).

pT und α sind unabhängig von C_0. Man erhält formal genau das gleiche Ergebnis wie für mehrwertige Protolyte.

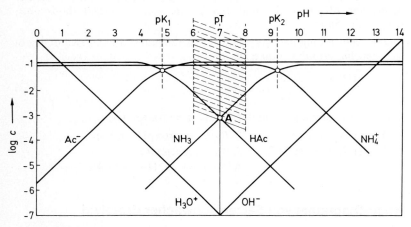

A = Äquivalenzpunkt

Abb. 20 Hägg-Diagramm einer $0{,}1$ mol $\cdot$ L^{-1} Ammoniumacetat-Lösung. Die schraffierte Zone (pT $\pm$ 1) entspricht dem Stabilitätsbereich $0{,}6 < \alpha < 6\%$. $C_0 = 0{,}1$; $pK_1 = 4{,}8$ (HAc); $pK_2 = 9{,}2$ (NH$_4^+$); $\alpha(pT) = 0{,}6\%$

Das *Hägg-Diagramm* eines Salzes schwacher Protolyte, BH$^+$A$^-$, wird durch Überlagerung der Teilsysteme BH$^+$/B und HA/A$^-$ konstruiert. Die Lage des Gleichgewichts erkennt man daran, daß für pH = pT in stabilen Lösungen die Kurvenäste von BH$^+$ und A$^-$ *oberhalb* von HA und B liegen, bei instabilen Lösungen *darunter*.

Als Beispiel sei das Hägg-Diagramm des Ammoniumacetats ($\alpha \sim 1\%$) angeführt (Abb. 20).

8. Titration mehrwertiger Protolyte

Die Titration mehrwertiger Protolyte soll am Beispiel der Phosphorsäure besprochen werden.

Titrationsdiagramm

$$H_3PO_4 + H_2O \rightleftharpoons H_3O^+ + H_2PO_4^- \qquad pK_1 = 1,96$$
$$H_2PO_4^- + H_2O \rightleftharpoons H_3O^+ + HPO_4^{2-} \qquad pK_2 = 7,12$$
$$HPO_4^{2-} + H_2O \rightleftharpoons H_3O^+ + PO_4^{3-} \qquad pK_3 = 12,32$$

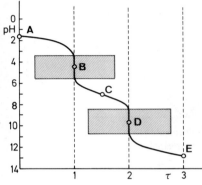

A = Anfangspunkt

B = 1. Äquivalenzpunkt

C = Pufferpunkt (pH = pK_2)

D = 2. Äquivalenzpunkt

E = (3. Äquivalenzpunkt)

τ = Titriergrad

▨ = Titrationsbereiche

Abb. 21 Titrationskurve von 0,1 mol · L^{-1} Phosphorsäure

Das *Hägg-Diagramm* (Abb. 22) setzt sich näherungsweise aus den drei Protolysestufen zusammen, die durch ihre pK-Werte bestimmt sind. Die charakteristischen Punkte werden mit **A − E** bezeichnet (sämtliche Berechnungen für 0,1 mol · L^{-1} H_3PO_4).

Da H_3PO_4 bereits eine recht starke Säure und PO_4^{3-} eine starke Base darstellt, ist die *Titrationskurve* (Abb. 21) im Anfangs- und Endbereich eher mit einem starken Protolyten zu vergleichen und besitzt dort *keine* Wendepunkte (Äquivalenz- und Pufferpunkte). Die Beziehungen pH = pK_1 und pH = pK_3 sind daher ohne analytische Bedeutung (s. S. 142). Nur für pH = pK_2 tritt ein echter *Pufferpunkt* auf. Ganz allgemein gilt, daß das Hägg-Diagramm um so ungenauer wird, je mehr sich die stöchiometrischen Punkte der H_3O^+- oder OH^--Grenzgerade annähern, weil dann die Konstruktionsvoraussetzungen pH < pK_s bzw. pH > pK_s (s. S. 126) nicht mehr gegeben sind (man vergleiche den berechneten und graphisch ermittelten pH-Wert für die Punkte **A** und **E**).

Phosphorsäure besitzt drei *Äquivalenzpunkte,* von denen nur die ersten beiden analytisch verwertbar sind. Die Titrationsgenauigkeit ist im Mittel geringer als bei einer einwertigen Säure (theoretisch ∼ 0,3%, praktisch höchstens 1%).

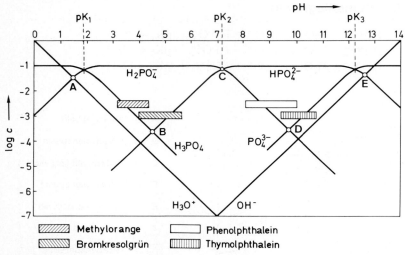

Abb. 22 Hägg-Diagramm von 0,1 mol · L⁻¹ Phosphorsäure

Berechnung der stöchiometrischen Punkte

A Anfangspunkt

In erster Näherung wird nur die 1. Dissoziationsstufe berücksichtigt. Mit $c(H_3O^+) = c(H_2PO_4^-)$ und $c(H_3PO_4) = C_0 - c(H_3O^+)$ erhält man nach (98)

$$c(H_3O^+) = 2,81 \cdot 10^{-2} \text{ mol} \cdot L^{-1} \quad \text{und} \quad pH = 1,55$$

B 1. Äquivalenzpunkt

Als Ampholyt geht das $H_2PO_4^-$-Ion bevorzugt *Autoprotolyse* ein:

I $H_2PO_4^- + H_2PO_4^- \rightleftharpoons H_3PO_4 + HPO_4^{2-} \quad K_{a1}$

Es gelten die üblichen Näherungen

$$c(H_3PO_4) = c(HPO_4^{2-}) \quad \text{und} \quad c(H_2PO_4^-) = C_0$$

Zur Berechnung der unbekannten Größen K_{a1} und pT_1 zerlegt man I in die entsprechende Säure- und Basereaktion mit Wasser:

$$H_2PO_4^- \xrightarrow{H_2O} HPO_4^{2-} + H_3O^+$$
$$H_2PO_4^- \xrightarrow{H_2O} H_3PO_4 + OH^-$$

pT_1 und K_{a1} ergeben sich durch *Addition* und *Subtraktion* der beiden Gleichungen, wobei letztere zweckmäßig als Säurereaktion von H_3PO_4 geschrieben wird.

$$\text{II} \quad H_2PO_4^- + H_2O \;\rightleftharpoons\; HPO_4^{2-} + H_3O^+ \qquad K_{s2}$$
$$\text{III} \quad H_3PO_4 + H_2O \;\rightleftharpoons\; H_2PO_4^- + H_3O^+ \qquad K_{s1}$$

Addition

$$\text{IV} \quad H_2PO_4^- + H_3PO_4 + 2\,H_2O = HPO_4^{2-} + H_2PO_4^- + 2\,H_3O^+$$

$$\text{MWG} \quad \frac{c\,(HPO_4^{2-}) \cdot c^2\,(H_3O^+)}{c\,(H_3PO_4)} = K = K_{s1} \cdot K_{s2}$$

Mit $c\,(HPO_4^{2-}) = c\,(H_3PO_4)$ erhält man

$$c\,(H_3O^+) = \sqrt{K_{s1} \cdot K_{s2}} \quad \text{oder} \quad pT_1 = \tfrac{1}{2}\,(pK_{s1} + pK_{s2}) \qquad \text{(Gl. 109)}$$

Allgemein gilt für den i. Äquivalenzpunkt einer n-wertigen Säure

$$pT_i = \tfrac{1}{2}\,(pK_i + pK_{i+1}) \qquad 1 \le i \le n-1 \qquad\qquad (143)$$

Für H_3PO_4 ergibt sich $pT_1 = 4{,}54$, so daß die Titration mit Methylorange als Indikator durchführbar ist.

Subtraktion

$$\text{V} \quad H_2PO_4^- \;-\; H_3PO_4 = HPO_4^{2-} - H_2PO_4^- \quad \text{oder}$$
$$2\,H_2PO_4^- = H_3PO_4 + HPO_4^{2-} \qquad K'$$

Man sieht sofort, daß $V = I$, also $K' = K_{a1}$.

$$K_{a1} = K_{s2}/K_{s1} \quad \text{oder} \quad pK_{a1} = pK_{s2} - pK_{s1} \qquad \text{(Gl. 141)}$$

Für H_3PO_4 ist $pK_{a1} = 5{,}16$ (Autoprotolysegrad $\alpha = \sqrt{K_a} = 2{,}6 \cdot 10^{-3}$).

C Pufferpunkt

$$c\,(H_2PO_4^-) = c\,(HPO_4^{2-}); \qquad pH = pK_{s2} = 7{,}12$$

D 2. Äquivalenzpunkt

Der 2. Äquivalenzpunkt wird durch die *Autoprotolyse* des HPO_4^{2-}-Ions bestimmt:

$$HPO_4^{2-} + HPO_4^{2-} \;\rightleftharpoons\; H_2PO_4^- + PO_4^{3-} \qquad K_{a2}$$

Es gilt $c\,(H_2PO_4^-) = c\,(PO_4^{3-})$ und $c\,(HPO_4^{2-}) = C_0$

Man erhält analog zum 1. Äquivalenzpunkt:

$$pT_2 = \tfrac{1}{2}\,(pK_{s2} + pK_{s3}) = 9{,}72$$
$$pK_{a2} = pK_{s3} - pK_{s2} = 5{,}20$$

Die Titration kann mit Thymolphthalein (Umschlag pH 9,5–10,5) durchgeführt werden. Auch Phenolphthalein ist unter bestimmten Bedingungen (s. unten) geeignet.

Da die Autoprotolysekonstanten K_{a1} und K_{a2} der Phosphorsäure gleich sind, wird auch α und damit der Titrationsfehler am 1. und 2. Äquivalenzpunkt gleich groß. In der Praxis ist aber der relative Titrierfehler wegen des doppelten Verbrauchs an Maßlösung am 2. Äquivalenzpunkt kleiner.

E 3. Äquivalenzpunkt

Der 3. Äquivalenzpunkt (allgemein n. Äquivalenzpunkt einer n-wertigen Säure) läßt sich wie bei einer einwertigen Säure aus der Basereaktion des Anions berechnen.

$$PO_4^{3-} + H_2O \;\rightleftharpoons\; HPO_4^{2-} + OH^- \qquad K_{b3} = 2{,}1 \cdot 10^{-2}$$

Mit $c(HPO_4^{2-}) = c(OH^-)$ und $c(PO_4^{3-}) = C_0 - c(OH^-)$ erhält man für $0{,}1\ mol \cdot L^{-1}$ H_3PO_4 $pT_3 = 12{,}56$.

Verschiebung des Titrierexponenten bei hoher Ionenstärke

Bei der Titration von Phosphorsäure in 2. Stufe würde Phenolphthalein (pH 8–10) normalerweise zu früh umschlagen, so daß der 2. Äquivalenzpunkt ($pT_2 = 9{,}7$) nicht ganz erreicht wird. Gibt man aber $10-15\%$ Kochsalz[a] zur Probelösung, so sinkt pT_2 um etwa eine pH-Einheit und ermöglicht durch den „Salzeffekt" (s. S. 115) eine höhere Titrationsgenauigkeit. Dieser Effekt läßt sich allein aus dem Unterschied zwischen thermodynamischer und stöchiometrischer Säurekonstante begründen (s. Fußnote S. 128).

Die Abhängigkeit des Titrierexponenten von den Aktivitätskoeffizienten erklärt sich folgendermaßen: Die Formel

$$pT_2 = \tfrac{1}{2}\,(pK_2 + pK_3)$$

gilt nur unter der Voraussetzung, daß Aktivität = Konzentration gesetzt wird, was in verdünnten Lösungen noch erlaubt ist. In der konzentrierten Salzlösung weichen aber die Aktivitäten beträchtlich von den stöchiometrischen Konzentrationen ab. Ordnet man den Ionen $H_2PO_4^-$, HPO_4^{2-} und PO_4^{3-} die Koeffi-

---

[a] Im Prinzip ist jedes beliebige neutrale Salz möglich.

zienten f_1, f_2 und f_3 zu ($f_1 > f_2 > f_3$), so ist an Stelle der stöchiometrischen Beziehungen

$$c(H_2PO_4^-) = c(PO_4^{3-}) \quad \text{und} \quad c(HPO_4^{2-}) = C_0$$

jetzt $\quad \dfrac{a(H_2PO_4^-)}{f_1} = \dfrac{a(PO_4^{3-})}{f_3} \quad \text{und} \quad \dfrac{a(HPO_4^{2-})}{f_2} = C_0$

zu setzen. Führt man damit den gleichen Rechengang durch wie für das $H_2PO_4^-$-Ion gezeigt wurde, erhält man nunmehr

$$pT_2' = \tfrac{1}{2}(pK_2 + pK_3 - \log f) \quad \text{mit} \quad f = \dfrac{f_1}{f_3}$$

Da $f > 1$, wird $\log f > 0$ und $pT_2' < pT_2$. $\log f$ beträgt etwa 0,9 bei der Ionenstärke $I = 0,1$.

Für den 1. Äquivalenzpunkt erhält man ein ähnliches Ergebnis (spielt aber analytisch keine Rolle).

9. Titration mehrerer Protolyte

Eine **Simultantitration** gelingt nur, wenn sich die pK-Werte der einzelnen Säuren und Basen genügend unterscheiden. Die Konzentration des schwächeren Protolyten soll möglichst kleiner sein. Es ergeben sich ähnliche Verhältnisse wie bei einem mehrwertigen Protolyten.

Betrachtet man ein System aus zwei korrespondierenden Säure-Base-Paaren s_1/b_1 (pK$_1$) und s_2/b_2 (pK$_2$), so wird der Äquivalenzpunkt von s_1 durch die *Autoprotolysereaktion* $b_1 + s_2 = s_1 + b_2$ bestimmt, und man erhält analog (143)

$$pT_1 = \frac{1}{2}(pK_1 + pK_2) \quad \text{für} \quad C_{01} = C_{02} \quad \text{bzw.} \tag{144a}$$

$$pT_1' = pT_1 + \frac{1}{2}\log\frac{C_{01}}{C_{02}} \quad \text{für} \quad C_{01} > C_{02} \tag{144b}$$

Der Äquivalenzpunkt von s_2 ist von der Basereaktion $b_2 + H_2O = s_2 + OH^-$ abhängig.

Beispiele

a $HCl + NH_4^+$

HCl läßt sich unabhängig von NH_4^+ (pK$_s$ = 9,25) titrieren, da im Umschlagsbereich der üblichen Indikatoren (pH 4−6) die NH_3-Konzentration noch sehr klein ist. NH_4^+ wird dagegen ohne Zusatz nicht genau erfaßt (s. Abb. 18, S. 131).

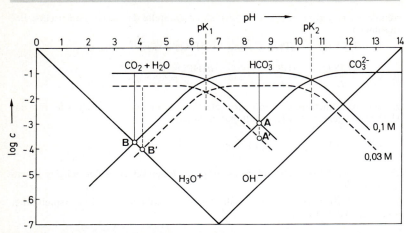

Abb. 23 Hägg-Diagramm des Kohlensäure-Systems [a] (pK$_1$ = 6,5, pK$_2$ = 10,4)

b   HCl + HAc

Essigsäure (pK$_s$ = 4,75) ist bereits so stark, daß die Bestimmung von HCl nicht mehr gelingt, wohl aber die Gesamttitration von HCl und HAc bis zum Endpunkt der Essigsäure.

Als praktisch wichtiges Beispiel soll die Simultantitration von Carbonat und Hydrogencarbonat näher betrachtet werden (Abb. 23).

Titriert man ein CO_3^{2-}/HCO_3^--Gemisch gegen Phenolphthalein, so wird nur der Carbonatanteil erfaßt (1. Äquivalenzpunkt **A**). Bei der Titration gegen Methylorange erhält man die Summe aus Carbonat und Hydrogencarbonat (2. Äquivalenzpunkt **B**).

Beispiel Gesamtverbrauch 34,0 mL, c(eq) = 0,1 mol · L^{-1} HCl

Verbrauch bis zum 1. Äquivalenzpunkt:

12 mL $\triangleq$ n(eq) = 1,2 mmol (Carbonat)

Verbrauch zwischen 1. und 2. Äquivalenzpunkt:

22 mL $\triangleq$ n(eq) = 2,2 mmol (Carbonat + Hydrogencarbonat). Davon sind zur Ermittlung des HCO_3^--Anteils 1,2 mmol abzuziehen, da zur Gesamttitration von CO_3^{2-} *zwei* Äquivalente Säure (z = 2) benötigt werden. Die ursprüngliche Probelösung enthält also 1,2 mmol $\triangleq$ 72,0 mg CO_3^{2-} und 1,0 mmol $\triangleq$ 61,0 mg HCO_3^-.

---

[a]   Man beachte, daß sich in 1 Liter Wasser bei 20 °C etwa 1,7 g $\triangleq$ 0,04 mol CO_2 lösen (s. S. 150).

Der Umsetzungsgrad für $0,1$ mol $\cdot$ L^{-1} $(0,03$ mol $\cdot$ L$^{-1})$ Lösungen beträgt am 1. Äquivalenzpunkt **A** 99% (**A′** 99%), am 2. Äquivalenzpunkt **B** etwa 99,8% (**B′** 99,7%). Für den 1. Endpunkt muß ein Fehler von $1-2\%$ einkalkuliert werden. Am 2. Endpunkt läßt sich der Fehler unter 1% halten und kann durch Verkochen des Kohlendioxids noch weiter gesenkt werden.

Ähnlich lassen sich NaOH und Na_2CO_3 simultan bestimmen: Titration bis zum 1. Endpunkt liefert die Summe $OH^- + CO_3^{2-}$, der Verbrauch zwischen 1. und 2. Endpunkt entspricht dem Carbonat-Anteil.

10. Pufferlösungen

Pufferbereich

Die Titrationskurven schwacher Protolyte (Abb. 11, 12) durchlaufen Bereiche, in denen sich der pH-Wert bei Zugabe kleiner Mengen starker Säure oder Base relativ wenig ändert. Diese *Pufferzonen* werden durch die Beziehung

$$\Delta pH = pK \pm 1 \tag{145}$$

beschrieben. Den Punkt mit maximaler Pufferwirkung (s. S. 145) bezeichnet man als **Pufferpunkt.**

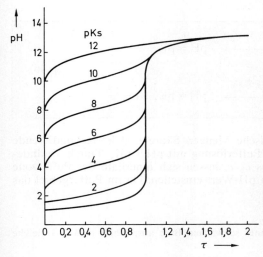

Abb. 24 Titrationskurven für einwertige Säuren verschiedener Stärke mit einer starken Base ($C_0 = 0,1$)

Die Titrationskurve weist am Pufferpunkt einen *Wendepunkt* auf, der im allgemeinen bei $\tau = 0,5$ ($C^* = C_0/2$) liegt. Streng genommen gilt dies aber nur für den pK-Wert 7, bei dem das Ausmaß der Säure- und Basereaktion genau gleich ist. Bei kleinerem pK-Wert verschiebt sich der Wendepunkt nach links ($\tau < 0,5$), bei höherem pK-Wert wandert er nach rechts ($\tau > 0,5$) (Abb. 24). Im Grenzfall erhält man die Titrationskurve starker Protolyte (Abb. 10). Für schwache Protolyte ($4 \leq pK \leq 10$) im üblichen Konzentrationsbereich ($0,1$–$0,01$ mol $\cdot$ L^{-1}) ist die Abweichung von $\tau = 0,5$ zu vernachlässigen[54].

Auch starke Säuren und Basen besitzen *Puffergebiete*, nämlich im stark sauren und alkalischen Bereich. Ein bestimmter Pufferpunkt tritt jedoch nicht auf. Z.B. gilt für eine Säure $c(H_3O^+) = C_{0s} - C_b^*$ (110). Solange $C_{0s} \gg C_b^*$ ist, erfolgt nur eine geringe Änderung des pH-Werts.

pH-Wert von Pufferlösungen

Aus dem MWG einer schwachen Säure[a] erhält man durch Auflösen nach dem pH-Wert die **Puffergleichung** von *Henderson-Hasselbalch* (146).

$$HA + H_2O \rightleftharpoons H_3O^+ + A^- \quad K_s$$
$$s \qquad\qquad H^+ \quad\; b$$

$$\text{MWG} \qquad \frac{c(H^+) \cdot c_b}{c_s} = K_s$$

$$c(H^+) = K_s \cdot \frac{c_s}{c_b}
\begin{cases}
c_s = c_b & pH = pK_s \\[2ex]
c_s \neq c_b & pH = pK_s + \log\dfrac{c_b}{c_s}
\end{cases} \qquad (146)$$

Mischt man stöchiometrische Mengen Säure und korrespondierende Base, so erhält man eine Pufferlösung mit $pH = pK_s$. Durch Veränderung des Molverhältnisses c_b/c_s lassen sich innerhalb der Pufferzone Lösungen mit beliebigem pH-Wert einstellen. Da im Puffergebiet das

---

[a] Geht man vom MWG einer schwachen Base aus, erhält man das gleiche Ergebnis.

Ausmaß der Protolysereaktionen mit Wasser

$$HA + H_2O = H_3O^+ + A^-$$
$$A^- + H_2O = HA \quad + OH^-$$

relativ gering ist, kann in erster Näherung $c_s = C_{0s}$ und $c_b = C_{0b}$ gesetzt werden. Man rechnet mit den Gesamtkonzentrationen der Säure und Base, aus denen die Lösung hergestellt wurde (Volumenänderung beim Mischen beachten!). Gl. (146) geht dann über in

$$pH = pK_s + \log \frac{C_{0b}}{C_{0s}} \tag{147}$$

Gibt man kleine Mengen einer starken Säure zu, wird

$$pH = pK_s + \log \frac{C_{0b} - c(H^+)}{C_{0s} + c(H^+)} \tag{148}$$

Analog bei Basezusatz

$$pH = pK_s + \log \frac{C_{0b} + c(OH^-)}{C_{0s} - c(OH^-)} \tag{149}$$

$c(H^+)$ und $c(OH^-)$ entsprechen den Konzentrationen der zugegebenen starken Säure (C_s) oder Base (C_b) in der Lösung.

Beispiel

Wieviel mL HCl, $c(eq) = 1$ mol $\cdot$ L^{-1}, muß man pro Liter 0,1 mol $\cdot$ L^{-1} Natrium-acetat-Lösung (pK$_s$ = 5) zugeben, um eine Pufferlösung vom pH-Wert 6 zu erhalten? Zur Vereinfachung wird das Volumen als konstant angenommen.

Aus (148) erhält man mit $C_{0b} = C_0$, $C_{0s} = 0$ und $c(H^+) = C_s$:

$$pH = pK_s + \log \frac{C_0 - C_s}{C_s}$$

oder in nichtlogarithmischer Form

$$c(H_3O^+) = K_s \cdot \frac{C_s}{C_0 - C_s} \quad \text{und} \quad C_s = \frac{C_0 \cdot c(H_3O^+)}{c(H_3O^+) + K_s}$$

Einsetzen der Zahlenwerte ergibt $C_s = 0,009$. Pro Liter Natriumacetat-Lösung müssen $n(eq) = 9$ mmol Salzsäure, entsprechend 9 mL HCl, $c(eq) = 1$ mol $\cdot$ L^{-1}, zugefügt werden.

Pufferkapazität

Die Aufnahmefähigkeit einer Pufferlösung für starke Protolyte bezeichnet man als **Pufferkapazität** (β). β wird nach *van Slyke* als *Kehr-*

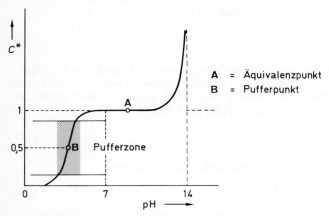

Abb. 25 Darstellung der Titrationskurve in inverser Form, $C^* = f(pH)$

wert von $d(pH)/dC^*$ (1. Ableitung der Titrationskurve) definiert.

$$\beta = \frac{dC^*}{d(pH)} \quad (\beta > 0) \qquad C^* = \text{zugesetzte Menge Base} \tag{150}$$

$$\beta = + \frac{dC_b^*}{d(pH)} = - \frac{dC_s^*}{d(pH)} \tag{151}$$

Aus der Darstellung $C^* = f(pH)$ (Abb. 25) ersieht man, daß die Steigung der Kurve im gesamten Puffergebiet positiv ist. Will man β auf Säurezusatz definieren, muß deshalb ein Minuszeichen vorgesetzt werden (151).

Berechnung von β

a Starke Säuren und Basen. Für starke Protolyte ergibt sich β unmittelbar aus der Definition des pH-Werts unter Berücksichtigung von (151).

Säuren: $pH = - \log c(H^+)$

$$\frac{1}{\beta} = - \frac{d(pH)}{dc(H^+)} = \frac{1}{2,3\,c(H^+)}$$

$$\beta = 2,3\,c(H^+) \tag{152a}$$

Basen: $pH = \log c(OH^-) + pK_W$

$$\frac{1}{\beta} = \frac{d(pH)}{dc(OH^-)} = \frac{1}{2,3\,c(OH^-)}$$

$$\beta = 2,3\,c(OH^-) \tag{152b}$$

b Schwache Protolyte. Aus dem MWG für eine schwache Säure (s. Fußnote S. 142) folgt, daß die Titrationskurve im Puffergebiet der Gleichung

$$pH = pK_s + \log\frac{c_b}{c_s} \quad (146) \qquad \text{oder}$$

$$pH = pK_s + \log c_b - \log(C_0 - c_b) \tag{115}$$

gehorcht. Durch Differenzieren nach c_b erhält man

$$\frac{d(pH)}{dc_b} = \frac{1}{2,3\,c_b} + \frac{1}{2,3\,(C_0 - c_b)} = \frac{C_0}{2,3\,c_b c_s} \quad \text{und daraus}$$

$$\beta = 2,3\,\frac{c_s \cdot c_b}{c_s + c_b} \qquad [\beta] = 1\,mol \cdot L^{-1} \tag{153}$$

Substitution von c_s und c_b durch $c(H^+)$ und K_s (134, 135) liefert die Funktion $\beta = f(c(H^+))$:

$$\beta = 2,3\,\frac{c(H^+) \cdot C_0 \cdot K_s}{(c(H^+) + K_s)^2} \tag{154}$$

Das Maximum wird für $c_s = c_b$ bzw. $c(H^+) = K_s$ erreicht (*Pufferpunkt*). Die Pufferkapazität errechnet sich aus Gl. (153) oder (154) zu $\beta = 0,58 \cdot C_0$.

Beispiel

Wieviel Gramm NaH_2PO_4 und Na_2HPO_4 müssen in 1 Liter Wasser gelöst werden, um einen pH-Wert von 7,00 und eine Pufferkapazität $\beta = 1,0\,mol \cdot L^{-1}$ einzustellen?

$$H_2PO_4^- + H_2O \rightleftharpoons HPO_4^{2-} + H_3O^+ \qquad K_2$$
$$ _b \qquad H^+$$
$$s$$

$$MWG \quad \frac{c_b}{c_s} = \frac{K_2}{c(H^+)}$$

$$\log\frac{c_b}{c_s} = pH - pK_2 = -0,2$$

$$\frac{c_s}{c_b} = 1,58 = x \quad \text{und} \quad c_s = x \cdot c_b$$

$$\beta = 2,3 \frac{c_s \cdot c_b}{c_s + c_b} = 2,3 \frac{c_b^2 \cdot x}{c_b \cdot (1 + x)} = 2,3 \frac{c_b \cdot x}{1 + x}$$

$$\rightarrow c_s = 1,12 \text{ mol} \cdot \text{L}^{-1} \quad (107,5 \text{ g NaH}_2\text{PO}_4)$$
$$c_b = 0,71 \text{ mol} \cdot \text{L}^{-1} \quad (68,9 \text{ g Na}_2\text{HPO}_4)$$

Graphische Darstellung der Pufferfunktion

a **Starke Protolyte.** Für starke Protolyte gilt nach (152 a, b)

$$\beta = 2,3 \, c(\text{H}^+) + 2,3 \, c(\text{OH}^-) \tag{155}$$

Im sauren und alkalischen Bereich kann man jeweils einen der beiden Terme vernachlässigen und erhält für die Funktion $\beta = f(\text{pH})$ [a] einen topfförmigen Kurvenverlauf (Abb. 26 a).

b **Schwache Protolyte.** Im Puffergebiet wird β durch Gl. (154) beschrieben. Die Gesamtfunktion setzt sich aus drei Termen zusammen.

$$\beta = 2,3 \, c(\text{H}^+) + 2,3 \sum \frac{c(\text{H}^+) \cdot C_0 \cdot K_s}{(c(\text{H}^+) + K_s)^2} + 2,3 \, c(\text{OH}^-) \tag{156}$$

Im allgemeinen können jeweils zwei Glieder vernachlässigt werden (Abb. 26 b).

c **Mehrwertige Protolyte.** Abb. 26 c zeigt das Pufferdiagramm von Phosphorsäure als Beispiel für einen mehrwertigen Protolyten. Da H_3PO_4 und PO_4^{3-} schon recht starke Protolyte darstellen (s. S. 135), erscheinen im sauren und alkalischen Bereich durch Überlagerung zweier Terme Wendepunkte statt Maxima.

---

[a] Korrekt müssen natürlich für die graphische Darstellung von (155) und (156) $c(\text{H}^+)$ und $c(\text{OH}^-)$ durch pH ersetzt werden, z. B.

$$\beta = f(\text{pH}) = 2,3 \cdot (10^{-\text{pH}} + 10^{\text{pH}-\text{pK}_w})$$

Der Einfachheit halber behält man aber (155) und (156) bei und rechnet entsprechend um.

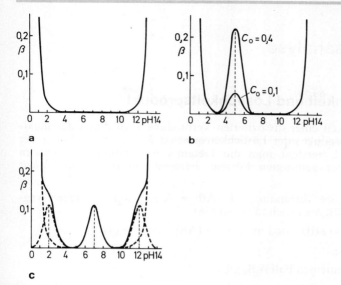

Abb. 26 Pufferdiagramm (nach[6])
a starker Protolyte, **b** schwacher Protolyte (pK_s = 4,8),
c mehrwertiger Protolyte (Phosphorsäure, $C_0 = 0,2$ mol · L^{-1})

Anwendung von Pufferlösungen

Die praktische Bedeutung der Pufferlösungen liegt darin, daß viele Reaktionen die Einhaltung eines bestimmten pH-Werts erfordern, z. B. die Sulfid- und Hydroxidfällung und andere naßchemische *Trennmethoden* (s. S. 231). Ein weiteres Anwendungsgebiet bilden *ionenselektive Elektroden* (Glaselektrode, s. S. 281). Besonders wichtig sind Pufferlösungen in *physiologischen Systemen,* da die Vorgänge in lebenden Organismen sehr stark und spezifisch vom pH-Wert abhängen. Große, irreversible pH-Änderungen deuten auf einen krankhaften Zustand hin (Stoffwechselstörung). Als Puffersubstanzen können Animosäuren und Polycarbonsäuren dienen; dem Blut liegt hauptsächlich ein Kohlensäure-Hydrogencarbonat-Puffer (pH 7,3 – 7,5) zugrunde.

Beim Verdünnen einer Pufferlösung ändert sich der pH-Wert nach Gl. (146) nicht, weil das Verhältnis c_b/c_s konstant bleibt. Bei genauen Messungen, z. B. für *Standardpuffer* (s. S. 279), ist aber zu beachten, daß in (146) eigentlich die *Aktivitäten* des korrespondierenden Säure-Base-Paares einzusetzen sind, die von der Ionenstärke der Lösung abhängen.

Kapitel 8

Fällungsanalyse

1. Löslichkeit und Löslichkeitsprodukt

Die Löslichkeit einer dissoziierten Verbindung wird durch das maximale Ionenprodukt oder **Löslichkeitsprodukt** K_L bestimmt. Unter der **Löslichkeit** L versteht man die Gesamtkonzentration des gelösten Stoffes in der gesättigten Lösung, bezogen auf die *Formeleinheit* (s. S. 52).

Für eine binäre Verbindung AB (AB $\rightarrow$ A + B; Ionenladungen weggelassen) erhält man nach (57) und (58)

$$K_L = c(A) \cdot c(B) \quad \text{und mit} \quad L = c(AB) = c(A) = c(B)$$
$$L_{AB} = \sqrt{K_L}$$

Für den allgemeinen Fall $A_i B_k$ gilt:

$$A_i B_k \rightarrow i\,A + k\,B$$
$$K_L = c^i(A) \cdot c^k(B)$$
$$L = c(A_i B_k) = \frac{1}{i} \cdot c(A) = \frac{1}{k} \cdot c(B) \quad \text{oder}$$
$$c(A) = i\,L \quad \text{und} \quad c(B) = k\,L$$

Einsetzen in K_L:

$$(iL)^i \cdot (kL)^k = K_L \quad \text{oder} \quad L^{i+k} = \frac{K_L}{i^i \cdot k^k} \quad \text{und}$$

$$L(A_i B_k) = \sqrt[i+k]{\frac{K_L}{i^i k^k}} \tag{157}$$

$$\left(\frac{k}{i}\right)^k c^{(i+k)}(A) = \left(\frac{i}{k}\right)^i c^{(i+k)}(B) = K_{L(A_i B_k)} \tag{157a}$$
$$= i^i \cdot k^k \cdot L^{(i+k)}(A_i B_k)$$

Zur Löslichkeitsänderung durch gleichionigen und fremdionigen Zusatz s. S. 53.

Beispiel Löslichkeit von $PbCl_2$ ($K_L = 1,58 \cdot 10^{-5}$)

a ohne Elektrolytzusatz (157):

$$L = \sqrt[3]{\frac{K_L}{4}} = 1,58 \cdot 10^{-2} = 0,016 \text{ mol} \cdot L^{-1}$$

b in $0,1 \text{ mol} \cdot L^{-1}$ Chlorid-Lösung:

$$L = c(Pb^{2+}) = \frac{K_L}{c^2(Cl^-)} = 1,58 \cdot 10^{-3} \text{ mol} \cdot L^{-1}$$

c wie **b** (Ionenstärke $0,1 \text{ mol} \cdot L^{-1}$) mit $f_{Pb^{2+}} = 0,38$ und $f_{Cl^-} = 0,76$:

$$L = c(Pb^{2+}) = \frac{K_L}{c^2(Cl^-) \cdot f_{Cl^-}^2 \cdot f_{Pb^{2+}}} = 7,18 \cdot 10^{-3} \text{ mol} \cdot L^{-1}$$

Das Löslichkeitsprodukt läßt sich nach folgenden Methoden experimentell bestimmen:

◆ Löslichkeitsmessungen
◆ EMK-Messungen mit Feststoffelektroden (s. S. 284).
◆ Instrumentelle Messung der fällungsanalytischen Titrationskurve (z. B. potentiometrisch, s. S. 278).

2. Schwerlösliche Säuren und Basen

Die Besonderheit schwerlöslicher Protolyte liegt darin, daß das Löslichkeitsprodukt mit der Säure- oder Basekonstante verknüpft ist. Schwerlösliche Säuren und Basen kommen vor allem in der organischen Chemie vor (hydrophobe Kohlenwasserstoffreste werden durch die polaren aciden oder basischen Gruppen nur teilweise kompensiert).

Säuren: $[s]_f \rightleftharpoons [s]_{gel} + H_2O \rightleftharpoons H_3O^+ + B^- \qquad K_s$

$$\frac{c(H^+) \cdot c(B^-)}{c_s} = K_s$$

Da in gesättigter Lösung c_s konstant ist, erhält man

$$c(H^+) \cdot c(B^-) = K_s \cdot c_s = K_L \qquad\qquad (158)$$

Der *Anfangspunkt* der Titrationskurve einer schwerlöslichen Säure (Abb. 27) ergibt sich aus (158) zu $c(H_3O^+) = \sqrt{K_L}$, ist also konzentrationsunabhängig; der *Endpunkt* liegt im homogenen Bereich und wird wie bei einer löslichen Säure berechnet. Zur doppelt logarithmischen Darstellung heterogener Systeme („*Hägg-Diagramm*" schwerlöslicher Protolyte) s.[6].

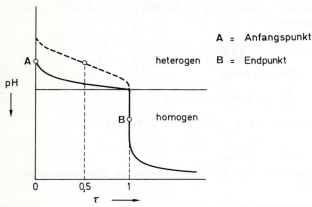

A = Anfangspunkt

B = Endpunkt

heterogen

homogen

Abb. 27 Titrationskurve einer schwerlöslichen Säure. Die gestrichelte Linie entspricht einer löslichen Säure mit dem gleichen pK_s-Wert

Die Löslichkeit der schwerlöslichen Säure beträgt näherungsweise

$$L_s = c_s + c(B^-) = c_s + \frac{K_L}{c(H^+)} \tag{159}$$

Basen: $[b]_f \rightleftharpoons [b]_{gel} + H_2O \rightleftharpoons S^+ + OH^- \qquad K_b$

$$c(S^+) \cdot c(OH^-) = K_b \cdot c_b = K_L \tag{160}$$

$$L_b = c_b + c(S^+) = c_b + \frac{K_L}{c(OH^-)} \tag{161}$$

Beispiele

Salicylsäure: Man berechne den pH-Wert einer gesättigten Lösung von Salicylsäure ($pK_s = 3$, $c_s = 0,0145 \ mol \cdot L^{-1}$). Wie ändert sich die Löslichkeit nach Erhöhen des pH-Werts auf 3,0?

(158): $K_L = K_s \cdot c_s = 10^{-3} \cdot 1,45 \cdot 10^{-2} = 1,45 \cdot 10^{-5}$

pH = 2,4

(159): $L_{3,0} = 1,45 \cdot 10^{-2} + \dfrac{1,45 \cdot 10^{-5}}{10^{-3}} = 2,9 \cdot 10^{-2} \ mol \cdot L^{-1}$

Das Ergebnis entspricht einer Verdopplung der Löslichkeit reiner Salicylsäure, ist aber wegen der eingeschränkten Gültigkeit von Gl. (159) mit einem größeren Fehler behaftet.

Kohlensäure. Als Beispiel für einen gasförmigen Protolyten soll das System CO_2/H_2O betrachtet werden. Es treten folgende Gleichgewichte auf [1]:

$[CO_2]_g \rightleftharpoons [CO_2]_{aq}$ \qquad $pK_1 = 1,4 \ (20\,°C)$

$[CO_2]_{aq} + H_2O \rightleftharpoons H_2CO_3$ \qquad $pK_2 = 3,2$

$$H_2CO_3 + H_2O \rightleftharpoons H_3O^+ + HCO_3^- \qquad pK_3 = 3,3$$
$$HCO_3^- + H_2O \rightleftharpoons H_3O^+ + CO_3^{2-} \qquad pK_4 = 10,4$$

Nach der 1. Säurekonstante (hier pK_3) wäre Kohlensäure als relativ starke Säure einzustufen. Da aber nur etwa 0,1% des gelösten Kohlendioxids Kohlensäure bildet, berechnet sich der *effektive* pK_{s1}-Wert zu

$$(pK_{s1})_{eff} = pK_2 + pK_3 = 6,5,$$

so daß entsprechend der Gleichung

$$[CO_2]_{aq} + 2H_2O \rightleftharpoons H_3O^+ + HCO_3^-$$

eine sehr schwache Säure resultiert[37]. Geht man von gasförmigem CO_2 aus, beträgt $(pK_{s1})_{eff}$ 7,9.

3. Schwerlösliche Salze

pH-Abhängigkeit der Löslichkeit

Die Löslichkeitsformel (157) gilt nur für Salze, die in Lösung nicht protolysiert werden. Bei Salzen schwacher Protolyte hängt dagegen die Löslichkeit vom *pH-Wert* ab. Da in der analytischen Chemie am häufigsten binäre Salze des Typs $M^{II}B^{II}$ (B = Anion einer schwachen zweiwertigen Säure wie CO_3^{2-}, S^{2-} etc.) vorkommen, beschränken sich die folgenden Ausführungen auf diese Verbindungsklasse. Es gilt das Gleichungssystem:

I $[MB]_f \qquad\qquad \rightleftharpoons M^{2+} + B^{2-} \qquad K_L$

II $B^{2-} + H_3O^+ \rightleftharpoons HB^- + H_2O \qquad 1/K_{s2}$

III $HB^- + H_3O^+ \rightleftharpoons H_2B + H_2O \qquad 1/K_{s1}$

IV $L = c(MB) = c(M^{2+}) = c(B^{2-}) + c(HB^-) + c(H_2B)$

Bei vorgegebenem pH-Wert erhält man 4 Gleichungen mit den Unbekannten L, $c(B^{2-})$, $c(HB^-)$, $c(H_2B)$. *Vorsicht* bei der Interpretation des Ergebnisses!

Beispiel

Löslichkeit von $BaCO_3$ ($K_L = 10^{-8}$) in 0,1 mol $\cdot$ L^{-1} HCl.

$[BaCO_3]_f \qquad\qquad\quad \rightleftharpoons Ba^{2+} + CO_3^{2-} \quad K_L$

$CO_3^{2-} + 2H_3O^+ \rightleftharpoons [CO_2]_g + 3H_2O \quad 1/\Pi K_s$

$[BaCO_3]_f + 2H_3O^+ \rightleftharpoons Ba^{2+} + [CO_2]_g + 3H_2O \qquad K = K_L/\Pi K_s$

ΠK_s = Produkt der Säurekonstanten, s. oben.

Mit den angegebenen Werten errechnet sich K zu 10^{10} und daraus

$$L = c(\text{Ba}^{2+}) = K \cdot c^2(\text{H}^+) = 10^8 \text{ mol} \cdot \text{L}^{-1}$$

Das Ergebnis ist natürlich falsch, weil zwei Voraussetzungen nicht stimmen:

◆ Der pH-Wert bleibt nicht konstant, da laufend Säure verbraucht wird.
◆ Wie das Löslichkeitsdiagramm (Abb. 28) zeigt, löst sich BaCO_3 bereits in Essigsäure vollständig auf, so daß der pH-Wert 1 gar nicht erreicht wird.

Da beim Auflösen von 1 mol BaCO_3 2 mol Säure verbraucht werden, lösen sich in 0,1 mol $\cdot$ L^{-1} HCl maximal 0,05 mol BaCO_3 ($\sim$ 10 g) pro Liter.

Die Löslichkeitsberechnungen lassen sich dadurch vereinfachen, daß man die Teilchen mit geringer Konzentration vernachlässigt. Auf dieser Näherung beruht eine graphische logarithmische Darstellung (s. unten).

Löslichkeitsdiagramm

Die Bestimmungsgleichungen zur Konstruktion des Löslichkeitsdiagramms (Abb. 28) sind in Tab. 12 zusammengestellt.

Tab. 12 Näherungsweise Löslichkeitsfunktionen binärer Salze MB zweiwertiger Säuren H_2B

Bereich	Vernachlässigung von	Löslichkeit L	$\log L$
1 $\text{pH} < \text{pK}_1$	HB^-, B^{2-}	$L = c(\text{H}^+) \cdot \sqrt{\dfrac{K_L}{K_1 \cdot K_2}}$	$\log L = -\text{pH} + \text{konst.}$ (162)
2 $\text{pK}_1 < \text{pH} < \text{pK}_2$	H_2B, B^{2-}	$L = \sqrt{\dfrac{c(\text{H}^+) \cdot K_L}{K_2}}$	$\log L = -\frac{1}{2}\text{pH} + \text{konst.}$ (163)
3 $\text{pH} > \text{pK}_2$	H_2B, HB^-	$L = \sqrt{K_L}$	$\log L = \text{konst.}$ (164) (pH-unabhängig)

pK_1, $\text{pK}_2 =$ Säurekonstanten von H_2B und HB^-

Bei vorgegebenem pH-Wert lassen sich Gl. (162) und (163) auch in der Form $L = \sqrt{K_L'}$ (164) darstellen. Man bezeichnet K_L' als *konditionelles Löslichkeitsprodukt*[5], das nur für einen bestimmten pH-Wert Gültigkeit besitzt (s. S.180).

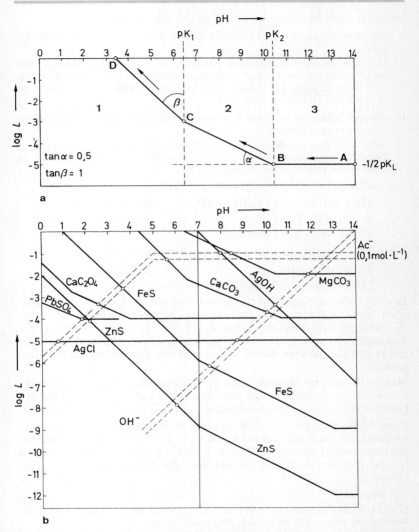

Abb. 28 a Konstruktion des Löslichkeitsdiagramms eines schwerlöslichen Salzes MB einer zweiwertigen Säure H_2B,
b Löslichkeitsdiagramm einiger binärer Salze (nach[6], S. 185; pK_L- und pK_s-Werte abgerundet)

Aus dem Löslichkeitsdiagramm (Abb. 28) erkennt man

a die Abhängigkeit der Löslichkeit vom pH-Wert (*pH-Wert vorgegeben*).

Man fällt bei dem betreffenden pH-Wert das Lot auf die Abszisse. Der Schnittpunkt mit der *L*-Kurve eines Salzes gibt direkt dessen Löslichkeit an. Z. B. lösen sich bei pH 7 fast 1 mol $MgCO_3$ pro Liter, aber weniger als 10^{-2} mol $CaCO_3$ und 10^{-8} mol ZnS.

b wieviel Salz sich in einer bestimmten Säuremenge löst (*Säurekonzentration vorgegeben*).

Dazu trägt man zusätzlich die *Hägg*-Kurven des Anions der zugegebenen Säure für die Gesamtkonzentrationen C_0 und $0,5 C_0$ in das Diagramm ein (gestrichelte Linien, Differenz $\log 2 = 0,3$).

Die Auflösung von MB erfolgt entweder nach

I $HA + [MB]_f \rightarrow A^- + HB^- + M^{2+}$ Bereich **2**

$L = c(M^{2+}) = c(A^-)$ obere Linie

„*1 mol·Säure löst 1 mol Salz*" oder

II $2HA + [MB]_f \rightarrow 2A^- + H_2B + M^{2+}$ Bereich **1**

$L = c(M^{2+}) = 0,5 c(A^-)$ untere Linie

„*1 mol Säure löst 0,5 mol Salz*"

Die zugegebene Säure HA verdrängt *äquivalente* Mengen der schwachen Säure H_2B bzw. HB^- und wird im gleichen Maße in ihr Anion A^- übergeführt. Deshalb kann die Löslichkeit von MB mit der Konzentration von A^- korreliert werden. Im Bereich **1** ist der Schnittpunkt mit der **unteren Linie,** in **2** und **3** mit der **oberen Linie** aufzusuchen.

Man sieht, daß im Bereich **3** die Löslichkeit durch Säurezusatz nicht beeinflußt wird. Vollständige Auflösung tritt nur dann ein, wenn die Löslichkeitskurve die Säureanion-Kurve im *horizontalen* Teil schneidet.

Beim Auflösen in einer starken Säure (z. B. 0,1 mol · L^{-1} HCl) kann es vorkommen, daß die Löslichkeitskurve des Salzes die Säurekurve überhaupt nicht erreicht (z. B. ZnS, $PbSO_4$). In diesem Falle ist nach **a** (s. oben) zu verfahren und der pH-Wert der Säure als konstant anzunehmen.

Beispiel

Löslichkeit von Calciumoxalat in 0,1 mol · L^{-1} HAc (**a**) und 0,1 mol · L^{-1} HCl (**b**)
Konstanten: $pK_L = 8,0$, $pK_1 = 1,4$, $pK_2 = 4,2$.

a HAc ($pK_s = 4,8$), *2. Sektor.*

$[CaOx]_f = Ca^{2+} + Ox^{2-}$ K_L $(Ox^{2-} = C_2O_4^{2-})$

$Ox^{2-} + H^+ = HOx^-$ $1/K_2$

$HAc = H^+ + Ac^-$ K_s

$$[CaOx]_f + HAc = Ca^{2+} + HOx^- + Ac^- \qquad K = \frac{K_L \cdot K_s}{K_2} \quad (pK = 8,5)$$

$$L = c\,(Ca^{2+}) \;\rightarrow\; L^3 = C_0(HAc) \cdot K$$

$$\log L = -3,17 \qquad (graph. -3,2)$$

Setzt man den pH-Wert von reiner $0,1\ mol \cdot L^{-1}$ HAc in Gl. (163) ein, erhält man

$$\log L = 0,5 \cdot (-pH - pK_L + pK_2) = -3,35$$

b HCl, *1. Sektor.*

Hier ist pH = 1 (konstant) zu setzen. Aus Gl. (162) ergibt sich

$$\log L = -pH + 0,5 \cdot (-pK_L + pK_1 + pK_2) = -2,2$$

Die OH^--Linien geben die Löslichkeit in der „Säure" Wasser an. Man erkennt z. B., daß die Löslichkeit von $MgCO_3$ und $CaCO_3$ praktisch unverändert bleibt. Wegen der höheren Carbonat-Konzentration besitzt die $MgCO_3$-Lösung den größeren pH-Wert[a]. Die Metallsulfide FeS und ZnS sind dagegen erheblich protolysiert.

Für Salze mit **einwertigem Anion** (AgCl, AgOH) ist der Schnittpunkt mit der *oberen Säurelinie* zu suchen, da die Auflösung immer im Molverhältnis 1:1 erfolgt. Für die Steigung der Löslichkeitskurve im pH-abhängigen Teil errechnet sich analog Gl. (163) der Wert $-0,5$ (nur Bereich **2** und **3** vorhanden)[b].

Zur qualitativen Beurteilung, ob ein Salz säurelöslich ist, genügt es, die *Hägg*-Kurve des Salzanions zu betrachten.

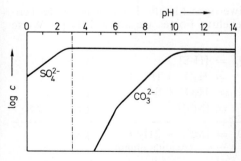

Abb. 29 Löslichkeit von $BaCO_3$ $(pK_2 = 10)$ und $BaSO_4$ $(pK_2 = 2)$ in Essigsäure $(0,1\ mol \cdot L^{-1})$

---

[a] Man beachte, daß der Schnittpunkt der *L*-Kurve mit der OH^--Linie **nicht** dem pH-Wert der Lösung entspricht, sondern mit dem Punkt **F** in Abb. 17, S. 129, zu vergleichen ist.

[b] Wegen der Verknüpfung mit dem Ionenprodukt des Wassers stellt AgOH eine Ausnahme dar. Die Löslichkeitskurve von AgOH $(pK_L = 7)$ folgt der einfachen Funktion $\log L = 7 - pH$ (Steigung -1).

Beispiel

Warum löst sich $BaCO_3$ in Essigsäure (pH $\sim$ 3), aber nicht $BaSO_4$?

Aus Abb. 29 ersieht man, daß das Sulfat-Ion bei pH 3 noch in hoher Konzentration vorliegt, während das Carbonat-Ion praktisch vollständig in Kohlensäure übergeführt ist.

Gekoppelte Salzauflösung und Salzfällung

Sind die K_L-Werte nicht zu sehr verschieden, lassen sich auch schwerer lösliche Salze partiell in leichter lösliche umwandeln[1,6], z.B. Aufschluß von $BaSO_4$ mit Na_2CO_3 (Sodaauszug).

$$\begin{array}{lll} [BaSO_4]_f & \rightleftharpoons Ba^{2+} + SO_4^{2-} & pK_1 = 10 \quad (= pK_L) \\ Ba^{2+} + CO_3^{2-} & \rightleftharpoons [BaCO_3]_f & pK_2 = -8,16 \quad (- pK_L) \\ \hline [BaSO_4]_f + CO_3^{2-} & \rightleftharpoons [BaCO_3]_f + SO_4^{2-} & pK_3 = 1,84; \\ & & K_3 = 0,015 \end{array}$$

1 Liter 1 mol $\cdot$ L^{-1} Carbonat-Lösung führt demnach 0,015 mol $\triangleq$ 3,5 g $BaSO_4$ in $BaCO_3$ über (für qualitativen Nachweis weitaus genug). Noch besser gelingt die Konvertierung in der *Schmelze* (hohe CO_3^{2-}-Konzentration, $K_3 > 0,015$).

4. Sulfidfällung

Die Sulfidfällung eines zweiwertigen Metalls kann in folgende Teilschritte zerlegt werden (umgekehrte Folge wie auf S. 151; pK-Werte aufgerundet)[1]:

$$\begin{array}{llll} I & & [H_2S]_g \rightleftharpoons [H_2S]_{aq} & pK_1 = 1 \\ II & [H_2S]_{aq} & + H_2O \rightleftharpoons H_3O^+ + HS^- & pK_2 = 7 \\ III & HS^- & + H_2O \rightleftharpoons H_3O^+ + S^{2-} & pK_3 = 13 \\ IV & M^{2+} & + S^{2-} \rightleftharpoons [MS]_f & pK_4 = - pK_L \\ \hline V & M^{2+} + [H_2S]_g + 2H_2O \rightleftharpoons [MS]_f + 2H_3O^+ & pK \\ & \qquad\qquad\text{(Acidität nimmt zu)} \end{array}$$

Durch Addition der Teilgleichungen ergibt sich $pK = 21 - pK_L$. Wenn der Partialdruck von $H_2S = 1$ gesetzt wird, erhält man aus V $K = c^2(H^+)/c(M^{2+})$. Eine Fällung kann nur stattfinden, wenn

$$K > \frac{c^2(H^+)}{c(M^{2+})} \quad \text{oder} \quad c(M^{2+}) > \frac{c^2(H^+)}{K}$$

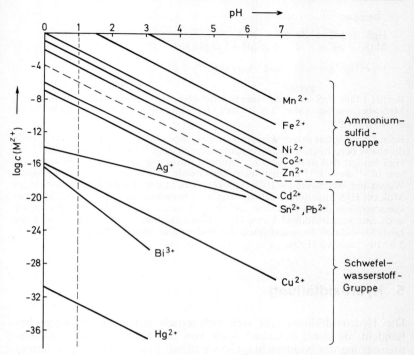

Abb. 30 Hägg-Diagramm zur Sulfidfällung (nach[6]) (ohne Berücksichtigung) von Komplexbildung

Die Fällungsbedingung lautet somit für zweiwertige Metalle[a]:

$$\log c(M^{2+}) > -2\,pH + pK \qquad pK = 21 - pK_L \qquad (165)$$

Allgemeine Fällungsbedingung für z-wertige Kationen:

$$\log c(M^{z+}) > -z\,pH + 21 \cdot \frac{z}{2} - n \qquad pK_L \qquad (166)$$

$n = 1$ für gerades z, $n = \frac{1}{2}$ für ungerades z

---

[a] Die graphische Darstellung von (165) ergibt eine Gerade mit der Steigung -2, da $c(H_2S) = 1$ gewählt wurde. Setzt man aber $c(H_2S) = c(M^{2+})$, erhält man wie beim Löslichkeitsdiagramm (s. S. 153) die Parameter -1 und $0,5\,pK$ (162).

HgS   pK = − 31
MnS   pK = + 6   Für pH = 1 ergibt sich

$$\log c\,(\mathrm{Hg}^{2+}) > -33 \quad \text{und} \quad \log c\,(\mathrm{Mn}^{2+}) > 4$$

Bei pH 1 fällt HgS schon bei einer theoretischen Hg^{2+}-Konzentration von 10^{-33}, MnS aber erst bei $c\,(\mathrm{Mn}^{2+}) = 10^4$ mol · L^{-1}, also in wäßriger Lösung überhaupt nicht (Abb. 30).

Beim Umgang mit extrem kleinen Löslichkeitsprodukten ist eine gewisse Skepsis durchaus berechtigt, wie das folgende Beispiel zeigt[5]: Der Wert $K_L = 10^{-52}$ für HgS besagt, daß in 0,1 mol · L^{-1} Sulfid-Lösung nur eine Hg^{2+}-Konzentration von 10^{-51} mol · L^{-1} möglich wäre. Dies würde aber bedeuten, daß das gesamte Wasser der Weltmeere ($\sim 10^{46}$ H_2O-Moleküle) nicht ausreicht, um ein einziges Molekül HgS aufzulösen! Selbst wenn man berücksichtigt, daß die Sulfidionenkonzentration durch Protolyse erheblich abnimmt (s. S. 155), verbleibt immer noch eine verschwindend kleine Hg^{2+}-Konzentration. In Wirklichkeit wird die Löslichkeit durch *Komplexbildung* drastisch erhöht (exp. Löslichkeit bei $20\,^\circ C$[25]: $5,6 \cdot 10^{-6}$ mol/kg H_2O).

5. Hydroxidfällung

Die Hydroxidfällung läßt sich rechnerisch nur näherungsweise behandeln, da die Löslichkeit stark von der Konsistenz und Zusammensetzung des Niederschlags sowie durch *Komplexbildung* (s. unten) beeinflußt wird[1].

$$[M(OH)_3]_f \rightleftharpoons M^{3+} + 3\,OH^- \quad K_L \quad M = Fe, Al$$

$$K_L = c\,(M^{3+}) \cdot c^3(OH^-)$$

$$L = c\,(M^{3+}) = \frac{K_L}{c^3(OH^-)} = \frac{K_L \cdot c^3(H^+)}{K_W^3}$$

Ein Maß für die *Basizität* der Metallhydroxide erhält man, wenn man den pK_L-Wert durch die Ladungszahl z (Äquivalentzahl) dividiert[1]. Man erkennt, daß die Hydroxide der vierwertigen Kationen mit überaus schwachen Basen vergleichbar sind; die dreiwertigen Kationen mit sehr schwachen Basen und die zweiwertigen mit schwachen Basen. Der zur Fällung erforderliche pH-Wert nimmt im gleichen Sinne zu. Leichter lösliche Hydroxide als $Mg(OH)_2$ ($pK_L = 10,9$) sind aus verdünnter wäßriger Lösung nicht mehr fällbar.

Metallhydroxid	z	pK_L	pK_L/z
$Sn(OH)_4$	4	56	14
$Fe(OH)_3$	3	37,4	12,5
$Al(OH)_3$	3	32,7	10,9
$Cr(OH)_3$	3	30,2	10,1
$Cu(OH)_2$	2	19,8	9,9
$Zn(OH)_2$	2	16,8	8,4
$Mn(OH)_2$	2	14,2	7,1
$Fe(OH)_2$	2	13,5	6,8
$Mg(OH)_2$	2	10,9	5,5

Zur Fällung der *drei- und vierwertigen* Kationen ist **Urotropin** (pH 5−6) am besten geeignet (s. S. 231). Die schwach basischen Kationen bilden keine löslichen Salze mit schwachen Säuren (s. S. 133). Deshalb kann man z. B. $Fe(OH)_3$ und $Al(OH)_3$ mit Carbonat oder Sulfid fällen ($Al(OH)_3$ auch mit Cyanid). Die *zweiwertigen* Kationen lassen sich mit **Ammoniak** (pH $\sim$ 11) oder NH_3/NH_4^+-Puffergemisch (pH $\sim$ 9) niederschlagen, sofern die Bildung von löslichen Amminkomplexen nicht zu sehr begünstigt ist (Zn, Cu). Die Fällung des stärker basischen Magnesiumhydroxids wird durch NH_4^+-Ionen verhindert (Säurewirkung!). Alkalilaugen sind zur quantitativen Hydroxidfällung ungeeignet.

In allgemeiner Form erhält man für die Löslichkeit eines Metallhydroxids, $M(OH)_z$:

$$L = c(M^{z+}) = \frac{K_L \cdot c^z(H^+)}{K_W^z} \qquad (167)$$

Diese Beziehung ergibt in doppelt logarithmischer Form dargestellt Geraden mit der Steigung $-z$ (Abb. 31).

$$\log L = \log c(M^{z+}) = \log \frac{K_L}{K_W^z} - z\,pH \qquad (168)$$

Konstruktion

a Steigung: $-z$

b Abszissenabschnitt: $\log L = 0 \rightarrow$

$$pH = \frac{1}{z} \log \frac{K_L}{K_W^z} = 14 - \frac{1}{z}\,pK_L$$

Der Schnittpunkt der M^{z+}-Geraden mit der Parallele zur pH-Achse im Abstand $\log C_0$ (Gesamtkonzentration des Kations) kennzeichnet den **Fällungsbeginn,** die Gerade $\log c(OH^-) = pH - pK_W$ dient zur Ermittlung des **Äquivalenzpunkts.** Der Fällungsendpunkt liegt nur für $z = 1$ genau im Schnittpunkt der Geraden; für $z > 1$ ist er wegen der stöchiometrischen Beziehung $c(OH^-) = z \cdot c(M^{z+})$ etwas nach rechts verschoben, bis das vertikale Intervall $\log z$ erreicht ist.

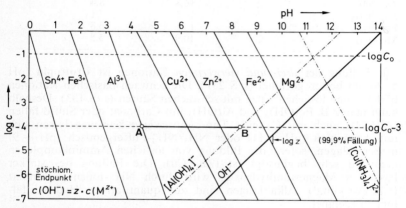

Abb. 31 Fällungsdiagramm für Metallhydroxide

Diese Beziehungen gelten unter der Voraussetzung, daß keine Auflösung durch **Komplexbildung** eintritt, wie am Beispiel des $[Al(OH)_4]^-$-Ions gezeigt wird. Eine quantitative Fällung (99,9%) von $Al(OH)_3$ ist nur im Bereich **AB** möglich. Die Geradengleichung des Hydroxokomplexes läßt sich aus dem MWG der Säurereaktion von $Al(OH)_3$ (*Lewis*-Säure) herleiten.

$$[Al(OH)_3]_f + 2H_2O \rightleftharpoons [Al(OH)_4]^- + H_3O^+ \qquad pK_s = 12,4 \ (= pK_L)$$

$$\log c[Al(OH)_4]^- = pH - pK_s \qquad \text{Parallele zur } OH^-\text{-Linie} \qquad (169)$$

Mit Ausnahme von $Sn(OH)_4$ ($pK_s \sim 12$) sind die pK_s-Werte anderer amphoterer Hydroxide (Zn, Pb, Sn(II), Cr(III)) größer, so daß im analytisch nutzbaren pH-Bereich keine merkliche Auflösung eintritt.

Auch durch Bildung *kationischer* Komplexe (Aqua-, Amminkomplexe u.a.) wird die Löslichkeit erhöht (Verschiebung der M^{z+}-Geraden nach rechts); z. B. erhält man für $[Cu(NH_3)_4]^{2+}$ eine Gerade mit dem Abszissenabschnitt pH = 10,75.

$$[Cu(NH_3)_4]^{2+} \rightarrow Cu^{2+} + 4NH_3 \qquad pK_D = \quad 13,3$$
$$Cu^{2+} + 2OH^- \rightarrow [Cu(OH)_2]_f \qquad -pK_L = -19,8$$

$$[Cu(NH_3)_4]^{2+} + 2OH^- \rightarrow [Cu(OH)_2]_f + 4NH_3 \qquad pK \ = - \ 6,5$$

Daraus ergibt sich ein scheinbares Löslichkeitsprodukt von $3,2 \cdot 10^{-7}$, das in Gl. (168) eingesetzt wird.

6. Fällung und Komplexbildung

Der Einfluß der Komplexbildung auf die Löslichkeit wurde schon in den beiden vorangehenden Abschnitten angedeutet und soll noch an zwei weiteren analytisch wichtigen Beispielen erörtert werden.

a Löslichkeit von Silberhalogeniden in Ammoniak.

Die Komplexierung verläuft in zwei Stufen:

$$Ag^+ + \quad NH_3 \rightleftharpoons [Ag(NH_3)]^+ \qquad K_1 = 2,1 \cdot 10^3$$
$$[AgNH_3]^+ + \quad NH_3 \rightleftharpoons [Ag(NH_3)_2]^+ \qquad K_2 = 6,8 \cdot 10^3$$

$$\text{I} \qquad Ag^+ + 2NH_3 \rightleftharpoons [Ag(NH_3)_2]^+ \qquad K_B = K_1 \cdot K_2$$

K_B = Komplexbildungskonstante

Durch die Komplexbildung wird die Konzentration an Ag^+-Ionen ständig verringert; da aber das Löslichkeitsprodukt konstant bleibt, muß die Konzentration an Hal^--Ionen zunehmen, d. h. das Silberhalogenid löst sich auf.

$$\text{II} \quad AgHal \rightleftharpoons Ag^+ + Hal^- \quad K_L$$

Aus K_B und K_L läßt sich die Löslichkeit der Silberhalogenide in Ammoniak berechnen.

$$L(AgHal) = c(Hal^-) = c(Ag^+) + c[AgNH_3]^+ + c[Ag(NH_3)_2]^+$$

Unter Vernachlässigung von $c(Ag^+)$ und $c[AgNH_3]^+$ wird

$$\text{III} \quad L(AgHal) = c(Hal^-) = c[Ag(NH_3)_2]^+$$

Durch Einsetzen von II und III in das MWG von I

$$\frac{c[Ag(NH_3)_2]^+}{c(Ag^+) \cdot c^2(NH_3)} = K_B$$

erhält man die Beziehung

$$\frac{c[Ag(NH_3)_2]^+ \cdot c(Hal^-)}{K_L \cdot c^2(NH_3)} = K_B \quad \text{oder} \quad c^2(Hal^-) = c^2(NH_3) \cdot K_B K_L$$

und daraus

$$L(\text{AgHal}) = c(\text{NH}_3) \cdot \sqrt{K_B \cdot K_L} \qquad (170)$$

In $0{,}1$ mol $\cdot$ L^{-1} NH$_3$-Lösung betragen die Löslichkeiten $L(\text{AgCl}) = 3{,}8 \cdot 10^{-3}$, $L(\text{AgBr}) = 2{,}4 \cdot 10^{-4}$ und $L(\text{AgI}) = 3{,}8 \cdot 10^{-6}$ mol $\cdot$ L^{-1} (letzter Wert ungenau, da Näherung III nicht mehr zutrifft).

b   Trennung von Cu und Cd durch Fällung von CdS aus den Cyanokomplexen.

$[\text{Cd(CN)}_4]^{2-}$	$\rightleftharpoons$	$\text{Cd}^{2+} + 4\,\text{CN}^-$	$-\text{pK}_B =$	$16{,}9$
$\text{Cd}^{2+} + \text{S}^{2-}$	$\rightleftharpoons$	$[\text{CdS}]_f$	$-\text{pK}_L = -28{,}4$	

$$[\text{Cd(CN)}_4]^{2-} + \text{S}^{2-} \rightleftharpoons [\text{CdS}]_f + 4\,\text{CN}^- \qquad \text{pK} = -11{,}5$$
$$K = 3{,}2 \cdot 10^{11} \text{ (quant. Fällung)}$$

$2[\text{Cu(CN)}_4]^{3-}$	$\rightleftharpoons$	$2\,\text{Cu}^+ + 8\,\text{CN}^-$	$-2\,\text{pK}_B =$	$54{,}6$
$2\,\text{Cu}^+ + \text{S}^{2-}$	$\rightleftharpoons$	$[\text{Cu}_2\text{S}]_f$	$-\text{pK}_L = -46{,}7$	

$$2[\text{Cu(CN)}_4]^{3-} + \text{S}^{2-} \rightleftharpoons [\text{Cu}_2\text{S}]_f + 8\,\text{CN}^- \qquad \text{pK} = +7{,}9$$
$$K = 1{,}3 \cdot 10^{-8} \text{ (keine Fällung)}$$

7. Fällungstitration

Titrationskurve

Beispiel: Titration von Cl$^-$ mit Ag$^+$

Unterscheide: $C^* =$ zugegebene Reagenzmenge (s. S. 84, 106)
   c = in Lösung vorliegende Konzentration

a   Anfang der Titration $c(\text{Cl}^-) \gg c(\text{Ag}^+)$

Die momentane Chlorid-Konzentration beträgt

$$c(\text{Cl}^-) = C_0 - C^*(\text{Ag}^+) \qquad (171)$$

Die entsprechende Konzentration an gelöstem Ag$^+$ ergibt sich aus dem Löslichkeitsprodukt:

$$c(\text{Ag}^+) = \frac{K_L}{c(\text{Cl}^-)} = \frac{K_L}{C_0 - C^*} \qquad (172)$$

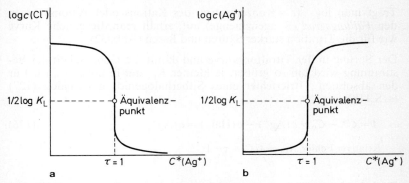

Abb. 32 Titrationsdiagramme zur Chloridfällung

a $\log c(Cl^-) = \log C_0 + \log(1-\tau)$ $(\tau < 1)$ (171)

b $\log c(Ag^+) = -[pK_L + \log C_0 + \log(1-\tau)]$ $(\tau < 1)$ (172)

b Reagenzüberschuß $c(Ag^+) \gg c(Cl^-)$

$$c(Ag^+) = C^* - C_0 \quad \text{und} \tag{173}$$

$$c(Cl^-) = \frac{K_L}{c(Ag^+)} = \frac{K_L}{C^* - C_0} \tag{174}$$

c Äquivalenzbereich $c(Ag^+) \sim c(Cl^-)$

Hier muß die *Eigendissoziation* von AgCl berücksichtigt werden.

$$c(Cl^-) = \underbrace{C_0 - C^*}_{x} + \underbrace{c'(Cl^-)}_{y} \quad \text{und} \quad c(Ag^+) = c'(Cl^-) = y \quad (\tau < 1)^{\text{a}}$$

Chlorid-   dissoziierter
Überschuß Anteil

Einsetzen in das Löslichkeitsprodukt ergibt

$$(x+y) \cdot y = K_L$$

$$y = -\frac{x}{2} + \frac{1}{2} \cdot \sqrt{x^2 + 4K_L} \tag{175}$$

Es treten analoge Verhältnisse wie bei der Neutralisation starker Protolyte auf ($K_L \cong K_W$; s. S. 107).

Am **Äquivalenzpunkt** ist $c(Ag^+) = c(Cl^-) = \sqrt{K_L}$ $(x = 0)$.

---

[a] Für $\tau > 1$ ist analog $c(Ag^+) = C^* - C_0 + c'(Ag^+)$ anzusetzen.

Trägt man $\log c$ (c = Konzentration des Kations oder Anions) gegen den *Fällungsgrad* (Reagenzmenge) auf, erhält man die gleiche Kurve wie für die Titration starker Säuren und Basen (Abb. 32).

Der Sprung in der Titrationskurve und damit die Genauigkeit der Bestimmung wird um so größer, je kleiner K_L und je höher C_0 ist. Für den absoluten **Titrierfehler** eines Silberhalogenids gilt analog (127) (s. S. 118):

$$A = C^* - C_0 = c(Ag^+) - c(Hal^-) = c(Ag^+) - \frac{K_L}{c(Ag^+)} \qquad (176)$$

Relativer Fehler $A_{rel} = A/C_0 = \tau - 1$

Fraktionierte Fällung

Ähnlich wie bei der Simultantitration von Protolyten ist eine fraktionierte Fällung nur möglich, wenn sich die Löslichkeitsprodukte genügend unterscheiden. Es fällt zuerst die Verbindung mit dem kleinsten K_L-Wert aus.

Als Beispiel sei das System AgI/AgCl angeführt (Abb. 33). Solange

$$\frac{c(I^-)}{c(Cl^-)} > \frac{K_{AgI}}{K_{AgCl}}$$

wird nur AgI gefällt. AgCl beginnt erst auszufallen, wenn

$$c(I^-) = c(Cl^-) \cdot \frac{K_{AgI}}{K_{AgCl}} \qquad (177)$$

weil vorher das Löslichkeitsprodukt von AgCl nicht erreicht wird.

Herleitung

I AgI $\rightleftharpoons$ Ag$^+$ + I$^-$ $K_1, C_0(I^-)$
II AgCl $\rightleftharpoons$ Ag$^+$ + Cl$^-$ $K_2, C_0(Cl^-)$

Chlorid beginnt bei einer Ag$^+$-Konzentration von

II $c(Ag^+) = K_2/C_0(Cl^-)$ auszufallen. Diese Ag$^+$-Konzentration entspricht einer I$^-$-Konzentration von

I $\quad c(I^-) = \frac{K_1}{c(Ag^+)} = C_0(Cl^-) \cdot \frac{K_1}{K_2}$

Beispiel

Wie groß ist die Löslichkeit der Komponenten eines Bodenkörpers aus AgSCN ($K_1 = 10^{-12}$) und AgBr ($K_2 = 5 \cdot 10^{-13}$)?

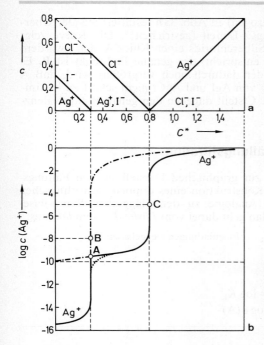

Abb. 33 Nichtlogarithmische **a** und halblogarithmische **b** Darstellung der fraktionierten Fällung von AgI und AgCl; $C_0(I^-) = 0,3$ und $C_0(Cl^-) = 0,5$ mol·L^{-1} (nach[6], S. 267)

Die Berechnung erfolgt analog Gl. (104), S.102, aus der Elektroneutralitätsbedingung

$$c(Ag^+) = c(SCN^-) + c(Br^-) = L_1 + L_2$$

Einsetzen der Löslichkeitsprodukte liefert

$$c(Ag^+) = \frac{K_1}{c(Ag^+)} + \frac{K_2}{c(Ag^+)} \quad \text{und}$$

$$c(Ag^+) = \sqrt{K_1 + K_2} = 1,18 \cdot 10^{-6} \text{ mol} \cdot L^{-1}$$

Daraus erhält man

$$L_1 = \frac{K_1}{c(Ag^+)} = 0,85 \cdot 10^{-6} \quad \text{und} \quad L_2 = \frac{K_2}{c(Ag^+)} = 0,34 \cdot 10^{-6} \text{ mol} \cdot L^{-1}$$

L_1 und L_2 sind *kleiner* als die Löslichkeiten der Reinstoffe.

Graphische Darstellung. Abb. 33a ist nur als Übersichtsskizze zu verstehen, da die exakte Darstellung eines großen Konzentrationsbereichs in nichtlogarithmischer Form unmöglich ist.

Die *Titrationskurve* (ausgezogen) in Abb. 33 b resultiert aus der Überlagerung der AgI- und AgCl-Linien (gestrichelt)[a]. Die Kurve zeigt beim Fällungsbeginn des Silberchlorids einen Knick **A,** der etwa dem Äquivalenzpunkt von AgI entspricht; der genaue Endpunkt ist **B.** Es entsteht ein *Titrierfehler,* der dadurch noch vergrößert wird, daß **A** durch Mischkristallbildung von AgI und AgCl nicht scharf zu bestimmen ist (punktierte Linie). **C** stellt dagegen den genauen Äquivalenzpunkt von AgCl dar.

Hägg-Diagramm zur Fällungstitration

Eine weitere Möglichkeit zur graphischen Darstellung von Fällungstitrationen besteht in der Konstruktion eines doppelt logarithmischen Diagramms (Abb. 34) in Analogie zu den Häggschen Säure-Base-Diagrammen (s. S. 125). Man geht dabei vom *Löslichkeitsprodukt* aus.

$$A_i B_k \rightleftharpoons i\,A + k\,B \qquad K_L \qquad \text{Ionenladungen weglassen}$$

$$c^i(A) \cdot c^k(B) = K_L$$

Logarithmieren ergibt

$$i \log c(A) + k \log c(B) = \log K_L$$

$$k \log c(B) = \log K_L - i \log c(A)$$

$$\boxed{\log c(B) = \frac{i}{k}\,pA - \frac{1}{k}\,pK_L} \qquad (178)$$

Man stellt den Logarithmus der Anion-Konzentration als lineare Funktion des negativen Logarithmus der Kation-Konzentration dar. Die Gleichung für das Kation ergibt sich aus der Definition

$$\log c(A) = -\,pA \qquad (179)$$

Konstruktion

a Richtungsfaktor: i/k
b Abszissenschnittpunkt: $\log c(B) = 0 \;\rightarrow\; pA = pK_L/i$

Da fast ausschließlich argentometrische Fällungstitrationen durchgeführt werden, beschränken sich die folgenden Ausführungen auf Silbersalze.

---

[a] Die umgekehrte Darstellung $\log c(\text{Hal}^-) = f(C^*)$ (s. Abb. 32 a) ist für die Simultantitration nicht sinnvoll.

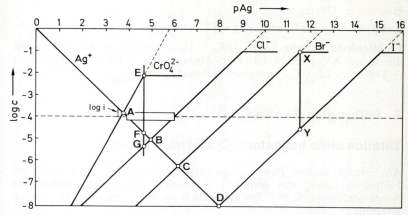

Abb. 34 Hägg-Diagramm zur Argentometrie (Silbersalz-Fällung)[3].
☐ Indikator-Umschlagsintervall für 0,1% Titrationsgenauigkeit (AgCl)

Interpretation

a *1:1-Elektrolyte.*

Vor Beginn der Fällung ist $c(B) = \text{konst.} = C_0$ (waagrechte Linien)

Fällungsbeginn: $pA = pK_L - pC_0$ (Löslichkeitsprodukt, $c(B) = C_0$)

Äquivalenzpunkt: $pA = pB$ (Schnittpunkt der Kation- und Anion-geraden)

b *i:k-Elektrolyte.*

Fällungsbeginn: $\quad pA = \dfrac{1}{i}(pK_L - k \cdot pC_0)$

Äquivalenzpunkt: $\quad \dfrac{c(A)}{c(B)} = \dfrac{i}{k}$ oder

$$\log c(A) - \log c(B) = \log i - \log k$$

Der Äquivalenzpunkt liegt nicht genau im Schnittpunkt der Geraden **A,** sondern so weit nach links verschoben, bis die Äquivalenzbedingung erfüllt ist (vgl. Abb. 31, S. 160). Da für Silbersalze immer $k = 1$ ist, beträgt das Intervall $\log i$ Einheiten (i = Zahl der Ag^+-Ionen).

Beispiel Ag_2CrO_4 ($pK_L = 11,4$)

Funktion (178): $\log c(CrO_4^{2-}) = 2pAg - pK_L$

Fällungsbeginn ($C_0 = 0,01$): $pAg = 0,5(pK_L + \log C_0) = 4,7$

Äquivalenzpunkt: $\log c(Ag^+) - \log c(CrO_4^{2-}) = \log 2 = 0,3$

Einsetzen in (178) ergibt

$$\log c\,(\mathrm{CrO_4^{2-}}) = -4 \quad \text{und} \quad \mathrm{pAg} = 3{,}7$$

Fraktionierte Fällung. AgBr ($\mathrm{pK_L} = 12{,}4$) beginnt auszufallen, wenn die Linie **XY** erreicht ist. Der Abstand **XY** beträgt 3,6 Einheiten (= Differenz der $\mathrm{pK_L}$-Werte von AgI und AgBr).

8. Fällungsindikation

Titration ohne Indikator („Cyanid nach Liebig")

Am *isoelektrischen Punkt* (Äquivalenzpunkt) beobachtet man bei Fällungen häufig das spontane Ausflocken des vorher kolloidalen Niederschlags (s. S. 56). Zur Indikation ist diese Erscheinung aber zu ungenau.

Besser zu verfolgen ist die Fällung aus einem löslichen Komplex, z. B. bei der Titration von Cyanid:

$$2\,\mathrm{CN^-} + \mathrm{Ag^+} \;\rightarrow\; [\mathrm{Ag(CN)_2}]^- \xrightarrow{\;+\mathrm{Ag^+}\;} 2\,[\mathrm{AgCN}]_f$$
$$\text{gelöst} \hspace{5.5cm} \text{fest}$$

Komplexierung $\quad \mathrm{Ag^+} + 2\,\mathrm{CN^-} \;\rightarrow\; [\mathrm{Ag(CN)_2}]^- \quad K_B = 10^{21}$

Fällung $\quad\quad\quad \mathrm{Ag^+} + [\mathrm{Ag(CN)_2}]^- \;\rightarrow\; 2\,[\mathrm{AgCN}]_f \quad K = 2{,}5 \cdot 10^{11}$

Komplexbildung begünstigt

Die Fällung von AgCN beginnt erst, wenn das Molverhältnis $\mathrm{CN^-}/\mathrm{Ag^+} < 2$ geworden ist. Man titriert bis zu einer gerade erkennbaren Trübung, also auf das Vorliegen des $[\mathrm{Ag(CN)_2}]^-$-Komplexes, d. h. 1 mol $\mathrm{Ag^+}$ entspricht *2 mol* Cyanid!

Indikation durch farbigen Niederschlag („Chlorid nach Mohr")

Indikator: Chromat-Lösung

Sobald nach Überschreiten des Titrationsendpunkts ein $\mathrm{Ag^+}$-Überschuß auftritt, wird das rotbraune Silberchromat gebildet.

I $\quad \mathrm{Cl^-} + \mathrm{Ag^+} \;\rightleftharpoons\; [\mathrm{AgCl}]_f \quad K_L = 10^{-10}$

II $\quad \mathrm{Cr_2O_7^{2-}} + 3\,\mathrm{H_2O} \;\rightleftharpoons\; 2\,\mathrm{CrO_4^{2-}} + 2\,\mathrm{H_3O^+}$

III $\quad \mathrm{CrO_4^{2-}} + 2\,\mathrm{Ag^+} \;\rightleftharpoons\; [\mathrm{Ag_2CrO_4}]_f \quad K_L = 4 \cdot 10^{-12}$

Man muß im neutralen bis schwach alkalischen Medium arbeiten, weil sich im sauren Bereich das Gleichgewicht II nach links verschiebt (Auflösung von $\mathrm{Ag_2CrO_4}$) und in basischer Lösung $\mathrm{Ag_2O}$ entsteht.

Anschaulich lassen sich die Verhältnisse im Hägg-Diagramm (Abb. 34) darstellen. Wie schon berechnet wurde, beginnt die Fällung von Ag_2CrO_4 bei einer Ag^+-Konzentration von $pAg = 4{,}7$ ($C_0 = 0{,}01$) (**E**). Die entsprechende Chlorid-Konzentration beträgt $pCl = pK_L$ (AgCl) $-$ $pAg = 5{,}3$. Der Äquivalenzpunkt **B** ($pAg = pCl = 5{,}0$) ist bereits etwas überschritten (Gerade **EFG**). Die zur genauen Indizierung erforderliche Totalkonzentration an Chromat ergibt sich aus dem Löslichkeitsprodukt von Ag_2CrO_4, wenn man $pAg = 5$ setzt:

$$pC_0 = pK_L (Ag_2CrO_4) - 2pAg = 1{,}4 \quad \text{und}$$
$$C_0 = 4 \cdot 10^{-2}\ \text{mol} \cdot \text{L}^{-1}$$

In der Praxis spielt die genaue Einhaltung der Chromat-Konzentration keine Rolle, da der relative Titrierfehler kleiner als 0,1% ist. Grundsätzlich lassen sich auch die übrigen Silberhalogenide und -pseudohalogenide mit Chromat indizieren, jedoch werden meist andere Methoden (s. unten) vorgezogen. In der pharmazeutischen Analytik ist z. B. die Bromid-Bestimmung nach *Mohr* vorgesehen[6].

Für den Titrierfehler erhält man nach (176)

$$F = c\,(Ag^+) - c\,(Br^-) = 2 \cdot 10^{-5} - 2 \cdot 10^{-8} \approx 2 \cdot 10^{-5}$$

Der *relative* Titrierfehler für eine 0,1 molare Bromid-Lösung ist mit $2 \cdot 10^{-4}$ nur wenig größer als für Chlorid ($1{,}5 \cdot 10^{-4}$). Die übliche Titrationsgenauigkeit von 0,1% wird in beiden Fällen erreicht.

Indikation durch Anfärben des Fällungsprodukts
(Adsorptionsindikatoren nach Fajans)

Indikatoren: Eosin (Br^-, I^-, SCN^-), Fluorescein (Cl^-)

Als Adsorptionsindikatoren verwendet man meist **Phthaleinfarbstoffe** mit ähnlicher Struktur und Wirkungsweise wie der Prototyp Phenolphthalein (s. S. 116).

Fluorescein X = H
Eosin X = Br

Schwerlösliche, kolloidale Stoffe wie hier die Silberhalogenide besitzen die Eigenschaft, überschüssige Ionen aus der Lösung zu adsorbieren. Titriert man ein Halogenid-Ion mit Ag^+, wird zunächst Hal^- adsorbiert, d. h. der Niederschlag lädt sich negativ auf. Erst bei Zugabe der stöchiometrischen Menge Ag^+ werden die Oberflächenladungen neutralisiert, und der Niederschlag flockt aus. Nach Überschreiten des Äquivalenzpunkts werden überschüssige Ag^+-Ionen adsorbiert. Setzt man nun ein geeignetes farbiges organisches Anion zu, lagert es sich an das positiv geladene Silberhalogenid an und verleiht dem Niederschlag eine charakteristische, intensive Färbung. Die Farbreaktion ist reversibel. Eine mögliche Erklärung dafür ist, daß der Indikator auf dem Niederschlag einen tieffarbigen, neutralen Silberkomplex bildet, der in Lösung sofort dissoziiert. Die Lösung sollte daher möglichst keine überschüssigen Fremddionen enthalten, da diese durch den Aktivitätseffekt die Dissoziation begünstigen.

Die unterschiedliche Verwendung von Fluorescein und Eosin beruht darauf, daß die Adsorptionsfähigkeit der Silberhalogenide verschieden ist und der Farbstoff nicht stärker als das Halogenid-Ion gebunden werden darf, weil sonst vorzeitiger Umschlag erfolgen würde. In der folgenden Verschiebungsreihe

$$I^-, CN^- > SCN^- > Br^- > Eosin > Cl^- > Ac^- > Fluorescein$$
$$> NO_3^- > ClO_4^-$$

verdrängt das weiter links stehende Ion das rechts stehende, d. h. der Indikator muß *rechts* vom titrierten Ion angeordnet sein. Da die Indikatoren schwache Säuren darstellen, arbeitet man im Neutralbereich.

In der Literatur[10] wird auch eine titrimetrische **Sulfatfällung** mit *Alizarin-S* als Indikator beschrieben. In Wasser-Methanol-Gemisch (1:1) erhält man einen lockeren, adsorptionsfähigen Niederschlag von $BaSO_4$. Der Nachteil dieser Methode liegt darin, daß Bariumsulfat sehr stark zur Mitfällung neigt (s. S. 59), die sich natürlich bei einem flockigen Niederschlag mit großer Oberfläche besonders störend auswirkt. Günstiger ist die Fällung mit Bariumperchlorat in 80 prozentigem Isopropanol gegen Thorin (roter Barium-Indikator-Komplex).

Alizarin - S

Eine Variante der *Fajans*-Methode stellt die Iodidfällung mit *Iod-Stärke*-Indikator dar[11]. Da die tiefblaue Farbe der Einlagerungsverbindung nur in Gegenwart von I^--Ionen auftritt (s. S. 40), ist der Endpunkt an einem deutlichen Farbumschlag (schwach gelbliche Iodlösung) zu erkennen.

Indikation durch farbige Lösung ("Silber nach Volhard")

Indikator: Eisen(III)-Salz, z. B. $NH_4Fe(SO_4)_2$

Das Fällungsreagenz (Rhodanid-Lösung) setzt sich bevorzugt mit dem zu titrierenden Ion um. Erst nach Überschreiten des Äquivalenzpunkts wird der farbige, lösliche Indikatorkomplex gebildet (s. S. 41).

$$Ag^+ + SCN^- \rightleftharpoons [AgSCN]_f \qquad \text{farblos, schwerlöslich}$$
$$Fe^{3+} + 3\,SCN^- \rightleftharpoons [Fe(SCN)_3] \qquad \text{tiefrot, löslich}$$

Auf die gleiche Weise läßt sich Hg^{2+} bestimmen, da $Hg(SCN)_2$ molekular gelöst und praktisch undissoziiert vorliegt (Arbeiten unter Eiskühlung). Der Endpunkt ist am Auftreten einer schwachen Rotfärbung zu erkennen.

Die *Volhard*-Methode wird auch zur indirekten **Halogenid-Bestimmung** angewendet, indem man mit überschüssiger Silbernitrat-Lösung fällt und die unverbrauchte Silbermenge mit Rhodanid zurücktitriert. Wenn das zu bestimmende Silberhalogenid leichter löslich als AgSCN ist (z. B. AgCl), muß der Niederschlag entweder vorher abfiltriert oder mit einem hydrophoben Lösungsmittel (Toluol, Nitrobenzol) geschützt werden.

Fluorid-Bestimmung

Wegen der Wasserlöslichkeit des Silberfluorids ist keine direkte argentometrische Bestimmung möglich. Als wichtigste Literaturmethoden[55] seien genannt:

a Titration mit Thoriumnitrat-Lösung gegen Alizarin-S. Die Methode arbeitet bei *reinen* Fluorid-Lösungen sehr genau, aber größere Mengen Alkalisalze stören. Neuerdings werden auch Lanthan- und Cernitrat-Maßlösungen verwendet.

b Fluorid-Bestimmung mit einer ionenspezifischen Elektrode (s. S. 284). In der Praxis wirkt sich die langsame Potentialeinstellung, vor allem bei niedrigen Konzentrationen, nachteilig aus.

c Photometrische Bestimmung (s. S. 304) der Entfärbung des $ZrOCl_2$-Farblacks bei Anwesenheit von Fluorid-Ionen (Bildung von farblosem $ZrOF_2$, ZrF_4 und anderen Zirkonfluoriden). Die Methode eignet sich besonders zur *Spurenbestimmung* (Farbstoff Eriochromcyanin, 546 nm).

Komplexometrie

Die Komplexometrie oder *Chelatometrie* stellt die jüngste Methode unter den klassischen maßanalytischen Verfahren dar und wurde um 1945 von *Schwarzenbach*[43] entwickelt. Wegen ihrer großen Vielseitigkeit hat sie rasch eine breite Anwendung gefunden[44].

1. Komplexbildung

Als *Komplexe* bezeichnet man allgemein alle aus einzelnen Ionen oder Molekülen zusammengesetzten Teilchen der Form $[ML_n]^{\pm z}$. Komplexe im engeren Sinne sind solche Verbindungen, die leicht in einfachere Ionen und Moleküle zerlegt werden können, z. B.

Diamminsilber(I)-Ion $[Ag(NH_3)_2]^+ \;\rightleftharpoons\; Ag^+ \;+\; 2\,NH_3$

Dicyanoargentat(I) $[Ag(CN)_2]^- \;\rightleftharpoons\; Ag^+ \;+\; 2\,CN^-$

                                    Zentralion   Liganden

Die **Koordinationszahl** des Zentralions gibt an, wieviel einzähnige Liganden gebunden sind. In wäßriger Lösung liegen meist $[M(OH_2)_4]^{z+}$- oder $[M(OH_2)_6]^{z+}$-Aquakomplexe vor.

Unter der *Zähnigkeit* versteht man die Zahl der (möglichen oder tatsächlich betätigten) Koordinationsstellen des Liganden. Komplexe mit mehrzähnigen Liganden heißen **Chelate** (von griech. „*chele*" = Schere, Klaue), z. B.[a]

  a   Tris(oxalato)ferrat(III)   **b**   Bis(tartrato)cuprat(II)

---

[a] Chiralität: **a** dissymmetrisch (D_3), *optisch aktiv* (2 Enantiomere); **b** inversionssymmetrisch (C_i), *optisch inaktiv* trotz chiralem Liganden.

Neutrale Chelate nennt man auch **Innere Komplexe** (Nichtelektrolyte). Sie sind meist farbig, schwerlöslich und besonders stabil. Als Beispiele seien die Fällungsreagenzien in Tab. 2 (S. 62) angeführt.

Für die **Stabilität** von Komplexen sind *thermodynamische* und *kinetische* Faktoren bestimmend. Ein Maß für die thermodynamische Stabilität ist die Komplexbildungskonstante K_B bzw. -dissoziationskonstante $K_D = 1/K_B$. Hochsymmetrische Komplexe (z. B. Oktaeder) sind oft trotz positiver freier Bildungsenthalpie (s. S. 35) kinetisch stabil, da die geschlossene Ligandensphäre das Zentralion stark abschirmt und den Angriff eines Reaktionspartners erschwert. Die bevorzugte Bildung von Chelatkomplexen ist vor allem auf einen **Entropieeffekt** zurückzuführen. Der mehrzähnige Ligand verdrängt eine größere Zahl einzähniger Liganden, so daß insgesamt ein Zustand mit geringerer Ordnung und höherer Entropie entsteht.

Nomenklaturregeln für Komplexverbindungen

Komplexe Baueinheiten werden in der Formel durch *eckige* Klammern bezeichnet. Für die Benennung wurden folgende Regeln entwickelt:

1. Wie für alle Salze gilt auch für Verbindungen mit komplexen Ionen grundsätzlich die Reihenfolge *Kation – Anion*. Bei der Benennung ist zwischen der *Formel-* und *Namenschreibweise* zu unterscheiden.

2. In der **Formel** gilt immer die Reihenfolge *Metall – Liganden*. Die Liganden werden im allgemeinen nach *zunehmender* Ladung (negativ – neutral – positiv) angeordnet.

3. Im **Namen** der Verbindung werden zuerst die Liganden genannt. Dabei gilt:
   a. *Liganden* in *alphabetischer* Reihenfolge. Präfixe (s. unten) bleiben unberücksichtigt, außer wenn sie Bestandteil des Namens sind.
   b. *Zentralatom.* Kation: *Deutscher* Name des Elements, Anion: Stamm des *lateinischen* Namens mit der Endung **-at.**
   c. *Oxidationsstufe* des Zentralatoms in *römischen* Ziffern oder *Ionenladung* in *arabischen* Ziffern (beide in runden Klammern).

4. *Neutrale* Liganden werden mit ihrem üblichen Namen bezeichnet, *anionische* Liganden erhalten die Endung **-o** (bei Halogeniden und Pseudohalogeniden wird die Endung „*id*" ausgelassen).

Wichtige Ausnahmen: H_2O = aqua,
(Neutralliganden) NH_3 = ammin,
CO = carbonyl,
NO = nitrosyl

5. Die Anzahl gleicher Liganden wird durch ein *griechisches* Präfix (mono-, di-, tri-, tetra- usw.) ausgedrückt. Zur Angabe von mehrzähnigen und komplizierter zusammengesetzten Liganden verwendet man *multiplikative* Präfixe (bis-, tris-, tetrakis- usw.).

6. *Verbrückte* Liganden werden durch ein vorangestelltes μ, „π-gebundene" Liganden mit η oder *h* (= *hapto*) gekennzeichnet.

7. In oktaedrischen und planaren Komplexen unterscheidet man *cis*- und *trans*-Isomere.

Beispiele:

$NH_4[Cr(NCS)_4(NH_3)_2] \cdot H_2O$ = *trans*-Ammonium-diammintetraisothiocyanato-chromat(III)-monohydrat
$[PtCl_4(NH_3)_2]$ = *trans*-Diammintetrachloroplatin (IV)
$[Pt(NH_3)_6]Cl_4$ = Hexaamminplatin (IV)-chlorid
$K[PtCl_3(C_2H_4)]$ = Kalium-trichloro(η-**e**thylen)platinat (II)
$Na[Fe(CO)_2(C_5H_5)]$ = Natrium-di**ca**rbonyl(η-**cy**clopentadienyl)ferrat (0)
$Na_2[Fe(CN)_5NO]$ = Natrium-penta**cy**ano**n**itrosylferrat (III)

2. Analytische Anwendung

Mehrzähnige Liganden

> **Prinzip:** Das Metall-Kation bildet einen stabilen, stöchiometrischen Komplex. Die Menge des zugesetzten Liganden wird bestimmt.

Als Titranten lassen sich nur *mehrzähnige* Liganden (Chelatbildner) verwenden, weil bei einzähnigen Liganden im allgemeinen kein genügend großer Sprung in der Titrationskurve (Abb. 35 **a**) auftritt. Die Ursache liegt darin, daß die einzähnigen Liganden nach und nach an das Metallion gebunden werden und der Unterschied in den einzelnen Komplexbildungskonstanten zu gering ist. Dadurch ändert sich die

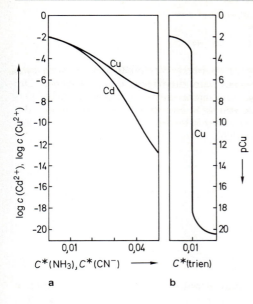

Abb. 35 Komplexometrische Titration (nach [6], S. 278).
a Titrationskurven Cu^{2+}/NH_3 und Cd^{2+}/CN^-
($C_0 = 0{,}01$ mol · L^{-1})
b Titrationskurve von Cu^{2+} mit Triethylentetraamin (trien)

Konzentration an freiem Metallion nicht sprunghaft, sondern stetig. Bei mehrzähnigen Liganden erfolgt die Koordination in einem Schritt, und man beobachtet einen steilen Abfall der Titrationskurve (Abb. 35 b).

Am besten haben sich Derivate von Aminopolycarbonsäuren als Komplexbildner bewährt. Im folgenden soll die am häufigsten angewandte **Ethylendiamintetraessigsäure**[a] **(EDTA)** besprochen werden. Wegen der geringen Löslichkeit der freien Säure (Betainstruktur) wird gewöhnlich das Dinatriumsalz („*Titriplex III*") eingesetzt.

$$\begin{array}{c} HOOC-CH_2 \\ \quad \searrow \overset{+}{N}H-CH_2-CH_2-\overset{+}{N}H \\ {}^-OOC-CH_2 \end{array} \begin{array}{c} CH_2-COO^- \\ \nearrow \\ \searrow \\ CH_2-COOH \end{array} \qquad H_4A$$

Säurekonstanten: $pK_1 = 2{,}07$, $pK_2 = 2{,}75$, $pK_3 = 6{,}24$, $pK_4 = 10{,}34$

---

[a] Die Bezeichnungen „Komplexon®" (*Chem. Fabrik Uetikon*), „Titriplex®" (*Merck*), „Idranal®" (*Riedel-de Haën*) sind gesetzlich geschützte Markennamen.

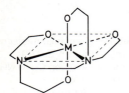

$$Na^+ \ ^-OOC-CH_2 \backslash_{N^+H-CH_2-CH_2-N^+H}^{CH_2-COO^-} \ H_2A^{2-}$$

EDTA bildet mit Metallionen beliebiger Wertigkeit ($z > 1$) sechsfach koordinierte **1:1-Komplexe** mit fünfgliedrigen Chelatringen[a]. Die Komplexe sind wasserlöslich und nicht oder nur wenig gefärbt. Das Metall ist pseudooktaedrisch von 4 O- und 2 N-Atomen umgeben; die beiden Stickstoffatome stehen in *cis*-Position (*trans*-Anordnung aus sterischen Gründen nicht möglich).

M = Metall-Kation

Die Stabilität der Komplexe nimmt mit der Wertigkeit des Metalls zu (s. Tab. 13, S. 177). Einwertige Kationen sind zur komplexometrischen Titration in wäßriger Lösung nicht geeignet (Silber-Bestimmung s. S. 181). Drei- und vierwertige Kationen können dagegen oft schon im sauren Bereich titriert und so von anderen Metallen getrennt werden.

Neuere Komplexbildner leiten sich von den **Alkan-1,1-diphosphonsäuren** ab. Wegen ihres guten Calcium-Bindevermögens werden sie u.a. als *Phosphat-Ersatz* in Waschmitteln eingesetzt.

z.B. $R^1 = CH_3$, $R^2 = OH$ (HEDP)

$R^1 = O$ $N-$ (Morpholin),

$R^2 = H$ (MMDP)

gut wasserlöslich, hydrolysebeständig, stabile Metallkomplexe

Die makrocyclischen Polyether vom Typ **a** (*Kronenether*) erlauben die Komplexierung und chelatometrische Bestimmung von Alkali- und Erdalkali-Ionen in hoher Selektivität. Die Komplexe sind in organischen Solventien gut löslich. Mit den bicyclischen Aminopolyethern **b** (*Cryptanden*) lassen sich Alkalimetalle in Ethern oder Aminen auflösen (Bildung von *Alkali-Anionen*).

---

[a] Einzelne Koordinationsstellen können durch einzähnige Liganden (H_2O, NH_3) besetzt sein.

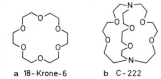

a 18-Krone-6   b C-222

Titrationskurve

Bei der Titration mit EDTA müssen bestimmte pH-Bereiche eingehalten werden (Verwendung von *Pufferlösungen*). Im ammoniakalischen Medium (pH $\geq$ 11) liegt der Ligand überwiegend als Tetraanion (A^{4-}) vor; das NH_3 wirkt gleichzeitig als *Hilfskomplexbildner* und verhindert die Ausfällung des Metallhydroxids. Die tabellierten Komplexbildungskonstanten werden gewöhnlich auf A^{4-} bezogen:

$$M^{z+} + A^{4-} \rightleftharpoons [MA]^{z-4} \quad \text{oder vereinfacht}$$

$$M + A \rightleftharpoons [MA] \quad K \quad \text{(Komplexbildungskonstante)}$$

$$K = \frac{c(MA)}{c(M) \cdot c(A)} \tag{180}$$

Richtwert: $K = 10^7 - 10^8$

Beispiel

$C_0(M) = 0,1 \text{ mol} \cdot L^{-1} (= c_e(MA))$

$c_e(M) = c_e(A) = 10^{-4} \text{ mol} \cdot L^{-1}$ (99,9% Umsetzung)

$K = 10^7$

Aus Gl. (180) läßt sich die **Titrationskurve** (Abb. 36) ableiten und die Metallkonzentration am Anfang ($c(M) = C_0$) und Ende der Titration ($c(M) = c(A)$) berechnen.

Tab. 13 Bildungskonstanten einiger EDTA-Komplexe[5]

Kation	$\log K$	Kation	$\log K$	Kation	$\log K$
Fe^{3+}	25,1	Pb^{2+}	18,0	La^{3+}	15,4
Th^{4+}	23,2	Cd^{2+}	16,5	Mn^{2+}	14,0
Cr^{3+}	23,0	Zn^{2+}	16,5	Ca^{2+}	10,7
Bi^{3+}	22,8	Co^{2+}	16,3	Mg^{2+}	8,7
Cu^{2+}	18,8	Al^{3+}	16,1	Sr^{2+}	8,6
Ni^{2+}	18,6	Ce^{3+}	16,0	Ba^{2+}	7,8

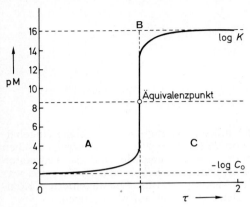

Abb. 36 Konstruktion der komplexometrischen Titrationskurve für eine 0,1 mol $\cdot$ L^{-1} Lösung des Metallions M ($K = 10^{16}$)

Bereich **A**: $\quad$ pM $= -\log C_0 - \log(1-\tau)$ $\quad$ ($\tau < 1$)
Äquivalenzpunkt **B**: $\quad$ pM $= -0{,}5(\log C_0 - \log K)$ $\quad$ ($\tau = 1$)
Bereich **C**: $\quad$ pM $= \log K + \log(\tau - 1)$ $\quad$ ($\tau > 1$)

Herleitung

Es bedeuten:

$C(M) = C_0$ $\quad$ Totalkonzentration des Metallions
$C(A) = C^*$ $\quad$ Gesamtkonzentration an Komplexbildner

Dann gelten während der Titration die Beziehungen:

I $\quad C(M) = c(M) + c(MA)$
II $\quad C(A) = c(A) + c(MA)$

III $\quad \dfrac{c(MA)}{c(M) \cdot c(A)} = K \quad$ MWG $\hfill (180)$

Anfangsbereich ($\tau < 1$). Der zugegebene Ligand wird praktisch vollständig verbraucht.

Mit $c(A) \ll c(MA)$ folgt aus II $\quad c(MA) = C(A)$ und in I eingesetzt

$\quad c(M) = C(M) - C(A) \quad$ oder $\quad c(M) = C_0(1-\tau)$ $\hfill$ **A**

Der Umsetzungsgrad ist *unabhängig* von der Komplexbildungskonstante.

Äquivalenzpunkt ($\tau = 1$). Mit $\quad c(MA) = C(M)$ (vollständiger Umsatz) und $c(M) = c(A)$ erhält man aus III

$$\frac{C(M)}{c^2(M)} = K \quad \text{und} \quad c(M) = \sqrt{\frac{C_0}{K}} \qquad \textbf{B}$$

Überschußbereich ($\tau > 1$). Da jetzt $c(M) \ll c(MA)$, folgt aus I $C(M) = c(MA)$ und in II eingesetzt

$$c(A) = C(A) - C(M) \quad \text{oder mit III}$$

$$c(M) = \frac{C(M)}{C(A) - C(M)} \cdot \frac{1}{K} = \frac{1}{(\tau - 1) \cdot K} \qquad \qquad \mathbf{C}$$

Für $\tau = 2$ wird $c(M) = \dfrac{1}{K}$ $\quad (\text{pM} = \log K)$

Der Formalismus ist etwas anders als bei Neutralisations- und Fällungskurven, da der Komplex [MA] *gelöst* vorliegt und seine Konzentration variiert. Setzt man $c(MA) = 1$, erhält man völlig analoge Beziehungen.

Konditionalkonstante

Das Komplexierungsgleichgewicht ist stark **pH-abhängig,** da die Konzentration an freiem A^{4-}-Ion bei abnehmendem pH-Wert durch Protonierung ständig verringert wird.

$$M + A \rightleftharpoons [MA]$$
$$nH \!\Updownarrow$$
$$HA, H_2A, H_3A, H_4A$$

Gl. (180) bleibt weiter gültig, wenn der Anteil β_A des A^{4-}-Ions an der Gesamtkonzentration des Komplexons bekannt ist.

$$\beta_A = \frac{c(A)}{\sum\limits_i c_i(H_nA)} = \frac{c(A)}{C(A)} \tag{181}$$

β_A läßt sich näherungsweise aus den Säurekonstanten der einzelnen Protolysestufen von EDTA berechnen und als Funktion des pH-Werts graphisch darstellen (Abb. 37).

Herleitung

Aus Gl. (181) folgt

$$\beta_A = \frac{c(A)}{c(H_4A) + c(H_3A) + c(H_2A) + c(HA) + c(A)} \quad \text{bzw.}$$

$$\frac{1}{\beta_A} = \frac{c(H_4A)}{c(A)} + \frac{c(H_3A)}{c(A)} + \frac{c(H_2A)}{c(A)} + \frac{c(HA)}{c(A)} + 1$$

Aus dem MWG der Protolysestufen lassen sich die Quotienten durch $c(H^+)$ und K_n ersetzen:

$$\frac{1}{\beta_A} = \frac{c^4(H^+)}{K_1 K_2 K_3 K_4} + \frac{c^3(H^+)}{K_2 K_3 K_4} + \frac{c^2(H^+)}{K_3 K_4} + \frac{c(H^+)}{K_4} + 1 \tag{182}$$

Damit ist die Funktion $\beta_A = f(\text{pH})$ eindeutig definiert. Bei der Berechnung genügen meist zwei Terme, da die übrigen zu vernachlässigen sind.

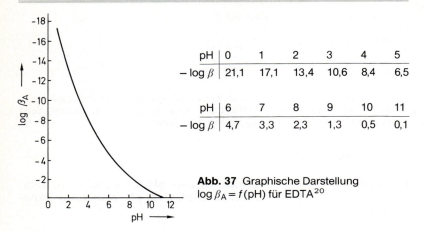

pH	0	1	2	3	4	5
$-\log\beta$	21,1	17,1	13,4	10,6	8,4	6,5

pH	6	7	8	9	10	11
$-\log\beta$	4,7	3,3	2,3	1,3	0,5	0,1

Abb. 37 Graphische Darstellung $\log\beta_A = f(\text{pH})$ für EDTA[20]

Durch Einsetzen von (181) in (180) erhält man

$$K = \frac{c(\text{MA})}{c(\text{M}) \cdot C(\text{A})\,\beta_A} \quad \text{oder}$$

$$K' = K\beta_A = \frac{c(\text{MA})}{c(\text{M}) \cdot C(\text{A})} \tag{183}$$

K und β_A werden zu einer sog. konditionellen Gleichgewichtskonstante oder kurz **Konditionalkonstante** vereinigt, die nur für einen bestimmten pH-Wert gültig ist. Durch Einsetzen des jeweiligen β_A-Wertes läßt sich das Komplexgleichgewicht für jeden beliebigen pH-Wert berechnen. Da $\beta_A < 1$, wird auch $K' < K$, und der Sprung der Titrationskurve wird mit abnehmendem pH-Wert kleiner. Daher lassen sich die schwächer komplexierenden zweiwertigen Kationen im allgemeinen nur im alkalischen Medium quantitativ bestimmen.

░░ **Beispiel** Titration von Mg^{2+} bei pH 5, 7, 9, 11. ░░

$\log K(\text{MgA}) = 8,7$
$\log K' = \log K + \log\beta$ (183)

pH	$\log\beta$	$\log K'$	
5	$-6,5$	2,2	ungeeignet
7	$-3,3$	5,4	schlecht
9	$-1,4$	7,3	noch möglich
11	$-0,2$	8,5	geeignet

Weitere Komplikationen entstehen durch **Hilfskomplexbildner** L (OH^-, NH_3, Citrat, Tartrat), die erforderlich sind, um das Metallion in Lösung zu halten.

$$[ML] \underset{+L}{\overset{-L}{\rightleftharpoons}} M + A \rightleftharpoons [MA]$$

Das Gleichgewicht läßt sich mit Hilfe der freien Metallkonzentration ($c(M) = \beta_M C(M)$) berechnen, wenn man in (180) bzw. (183) statt $c(M)$ $C(M)\beta_M$ einsetzt. Da $\beta_M < 1$, resultiert eine zusätzliche Verringerung der Gleichgewichtskonstante und Titrationsgenauigkeit.

3. Titrationsverfahren [45]

Direkte Titration. Wichtig ist die Wahl des geeigneten pH-Bereichs und des passenden Indikators (s. S. 183). Die direkte Titration ist nur möglich, wenn die Komplexierung rasch und quantitativ verläuft; andernfalls sind indirekte Verfahren vorzuziehen.

Da EDTA mit allen Metallen 1:1-Komplexe bildet, wird gewöhnlich eine $0,1 \ mol \cdot L^{-1}$ Maßlösung verwendet. Die einzige Ausnahme stellt Silber dar, das wegen der indirekten Bestimmung den doppelten Faktor besitzt.

$$[Ni(CN)_4]^{2-} + 2\,Ag^+ \rightarrow Ni^{2+} + 2[Ag(CN)_2]^-$$
$$\downarrow \text{EDTA}$$
$$[Ni \cdot EDTA]^{2-}$$

Beispiele

Pb Zugabe von Kalium-natriumtartrat, Ammoniak (pH 10), Erio T.
Mn Kalium-natriumtartrat, Ascorbinsäure (Verhinderung der Oxidation), $70-80\,°C$, pH $10-11$, Puffertablette.
Ca Calcon(carbonsäure), pH 12 (in Gegenwart von Mg).
Fe Fe^{3+} gegen 5-Sulfosalicylsäure bei pH 2,5 (recht selektiv).
Ni Murexid, pH 11.
Cu Murexid, pH 8.

Indirekte Titration (Rücktitration)

Titration von Kationen. Man setzt einen Überschuß an Komplexon ein und titriert mit $MgSO_4$ oder $ZnSO_4$ zurück.

Beispiele

Al Rücktitration mit $ZnSO_4$ bei pH $4-6$ gegen Dithizon oder bei pH $5-6$ gegen Xylenolorange.
Hg Rücktitration mit $ZnSO_4$ gegen Erio-T (Puffertablette). Zur selektiven Hg-Bestimmung wird die austitrierte Lösung mit $1-2$ g KI versetzt und die freigewordene EDTA erneut mit $ZnSO_4$-Lösung titriert:

$$[Hg \cdot EDTA]^{2-} + 4I^- \rightarrow [HgI_4]^{2-} + EDTA^{4-}$$

Titration von Anionen. Auch Anionen lassen sich komplexometrisch bestimmen, wenn man ein schwerlösliches Salz des Anions ausfällt, dieses wieder auflöst und das freigesetzte Metall titriert. Ebenso kann man mit einem Überschuß an Metall fällen und zurücktitrieren.

Beispiele

◆ Fluorid als CaF_2,
◆ Molybdat als $PbMoO_4$,
◆ Phosphat als $MgNH_4PO_4$,
◆ Sulfat als $BaSO_4$.

Phosphat läßt sich auch direkt mit Ce(III)-Maßlösung gegen Erio-T titrieren (inverse komplexometrische Titration, Bildung von $[Ce(PO_4)_2]^{3-}$).

Substitutionstitration. Man setzt den relativ instabilen Magnesium-Komplex ($\log K_B = 8,7$) mit dem zu bestimmenden Metallion um und titriert das freigesetzte Mg^{2+} mit EDTA:

$$M^{2+} + [MgA]^{2-} \rightleftharpoons Mg^{2+} + [MA]^{2-}$$
$$Mg^{2+} + H_2A^{2-} \rightleftharpoons [MgA]^{2-} + 2H^+$$

Beispiele Pb, Mn, Ca, Sr, Ba gegen Erio-T.

Simultantitration. Durch geeignete Wahl der Reaktionsbedingungen lassen sich auch mehrere Metalle hintereinander bestimmen. Als Beispiel sei die Trennung von Calcium und Magnesium angeführt. Mg^{2+} wird im ammoniakalischen Medium als $Mg(OH)_2$ gefällt und Ca^{2+} allein gegen Calconcarbonsäure titriert. Nach dem Zerstören des Indikators durch Kochen mit Perhydrol löst man das Hydroxid in wenig Salzsäure und titriert Mg^{2+} mit einer Puffertablette.

Die Beobachtung des Umschlags von Calconcarbonsäure wird durch $Mg(OH)_2$ erleichtert (rotviolette Adsorptionsverbindung). Die *Summenbestimmung* Ca + Mg gelingt auch mit Erio-T als Indikator. Dagegen ist die Titration reiner Ca-Lösungen gegen Erio-T wegen des labilen Indikator-Komplexes weniger zu empfehlen[10] (vorzeitiger Umschlag). Die Calcium-Bestimmung wird nach Zusatz von Mg-EDTA durchgeführt, die freigesetzten Magnesium-Ionen entsprechend der Substitutionstitration ermittelt (s. o.).

Die Trennung von Pb und Zn gelingt durch Gesamtbestimmung gegen Erio-T, Zerstören des Zn-EDTA-Komplexes mit KCN und Rücktitration der freigesetzten EDTA mit $MgSO_4$. Ähnlich läßt sich Zn in Gegenwart von Mg titrieren, wenn das Mg mit NH_4F maskiert wird.

Wasserhärte-Bestimmung. Zur Bestimmung der *Gesamthärte* gibt man zur Wasserprobe einen Überschuß an Mg-EDTA-Lösung und titriert das freigesetzte Mg^{2+} mit EDTA zurück. Auf diese Weise werden sämtliche in der Probe anwesenden Kationen erfaßt. Bei der Härteberechnung ist zu beachten, daß mit EDTA *molare* Stoffmengen angezeigt werden, die zur Umrechnung in deutsche Härtegrade (s. S.122) mit dem Faktor **5,6** zu multiplizieren sind.

Beispiel

Eine 200 mL-Wasserprobe wird mit überschüssiger Mg-EDTA-Lösung versetzt und mit 0,01 mol · L^{-1} EDTA-Lösung zurücktitriert. Der Verbrauch beträgt 38,5 mL. Wie groß ist die Wasserhärte?

38,5 mL 0,01 mol · L^{-1} EDTA = 0,385 mmol Metall in 200 mL Lösung bzw.
1,925 mmol pro Liter

Deutsche Härtegrade (133): 5,6 · 1,925 = 10,8 °dH.

4. Indikation

Komplexometrische Indikatoren sind Komplexbildner, deren Konstante kleiner sein muß als die des Titranten. Der Indikatorkomplex muß ferner eine andere Farbe aufweisen als der freie Indikator und wesentlich intensiver gefärbt sein als der Titrantkomplex. Da die Indikatoren meist mehrwertige Säuren darstellen, sind Umschlagsbereich und Farbe *pH-abhängig*.

Zu Beginn der Titration reagiert der Indikator mit der äquivalenten Menge Metallionen unter Bildung des Metall-Indikator-Komplexes, der die Farbe der Lösung bestimmt. Das Komplexon setzt sich zunächst mit den freien Metallionen um und entzieht gegen Ende der Titration auch dem schwächeren Indikatorkomplex das Metall. Bei gleicher Farbintensität ist der *Umschlagspunkt* erreicht, wenn 50% des Indikators freigesetzt worden sind (Auftreten einer Mischfarbe). Zusatz von organischen Lösungsmitteln wirkt sich günstig aus, weil die Komplexdissoziation durch die Verringerung der Dielektrizitätskonstante zurückgedrängt wird (schärferer Umschlag).

Der wichtigste Indikator ist **Eriochromschwarz T** (Erio T), eine dreiwertige Säure, die als Natriumsalz, NaH$_2$Ind, eingesetzt wird. **Calconcarbonsäure** besitzt eine ähnliche Struktur.

H$_2$Ind$^-$ MInd$^-$

Eriochromschwarz T

$[H_2Ind]^- \xrightleftharpoons[\text{pH 6,3}]{-H^+} [HInd]^{2-} \xrightleftharpoons[\text{pH 11,5}]{-H^+} [Ind]^{3-}$
weinrot   tiefblau   orange

Die alkalische Lösung des Indikators ist oxidationsempfindlich, daher setzt man Ascorbinsäure oder Hydroxylamin zu. Die sog. **Puffertablette** stellt einen komplexometrischen Mischindikator mit Pufferwirkung auf der Basis von Erio T dar (Farbfolge rot−grau−grün). Die Probelösungen müssen frei von *Schwermetallspuren* sein, da diese sehr stabile Komplexe mit Erio T bilden und den Indikator blockieren.

Da die Titration meist im ammoniakalischen Medium durchgeführt wird, spielt gewöhnlich nur der zweite Umschlag eine Rolle, z. B.

$$HInd^{2-} + Mg^{2+} \rightleftharpoons [MgInd]^- + H^+ \text{ (von der Base aufgenommen)}$$
blau   rot

$$MWG \quad \frac{a(MgInd^-) \cdot a(H^+)}{a(HInd^{2-}) \cdot c(Mg^{2+})} = K$$

Bei pH 10 erhält man mit pK = 4,5 für den Indikatorumschlag [$a(MgInd^-) = a(HInd^{2-})$] eine Mg^{2+}-Konzentration von

$$c(Mg^{2+}) = \frac{a(H^+)}{K} = 10^{-5,5}$$

pMg = 5,5

Der Umschlagsbereich liegt also zwischen pMg 4,5−6,5, so daß der Äquivalenzpunkt der Mg-Titration gut erfaßt wird (pMg = 5,1 für C_0 = 0,01; s. S.178).

Andere gebräuchliche Indikatoren sind **Murexid,** das Ammoniumsalz der Purpursäure, und **Sulfosalicylsäure** (Fe-Bestimmung). Murexid wird vor allem zur Indikation von Co^{2+}, Ni^{2+} und Cu^{2+} verwendet, bei denen der Farbumschlag mit Erio-T zu langsam oder irreversibel erfolgt.

Murexid

5-Sulfosalicylsäure

Kapitel 10

Redoxvorgänge

1. Oxidation und Reduktion

Redoxvorgänge stellen neben den Säure-Base-Reaktionen die zweite wichtige Gruppe von Austauschprozessen (Reaktionstypen) dar. Die **Oxidation** verläuft unter Elektronenabgabe, die **Reduktion** unter Elektronenaufnahme. Ein Elektronendonor wirkt seinerseits als *Reduktionsmittel,* ein Elektronenakzeptor als *Oxidationsmittel.*

$$\text{Reduzierte Form (Red)} \underset{\text{Reduktion}}{\overset{\text{Oxidation}}{\rightleftharpoons}} \text{Oxidierte Form (Ox)} + z\,e^-$$
$$\textit{Reduktionsmittel} \qquad\qquad \textit{Oxidationsmittel}$$

Wie die positiven Protonen sind auch Elektronen als negativ geladene Elementarteilchen wegen ihres hohen Reaktionspotentials (geringer Teilchenradius) in kondensierter Materie nur kurze Zeit existent[a]. Analog den Säure-Base-Reaktionen können Oxidation und Reduktion nur zusammen vorkommen (= **Redoxreaktion**):

$$\text{Ox}_1 + z\,e^- \quad \rightarrow \quad \text{Red}_1$$
$$\text{Red}_2 \qquad\quad \rightarrow \quad \text{Ox}_2 + z\,e^-$$

$$\text{Ox}_1 + \text{Red}_2 \quad \rightarrow \quad \text{Red}_1 + \text{Ox}_2$$

Beispiele

$$\text{Cu}^{2+} + 2\,e^- \rightarrow \text{Cu} \qquad\qquad \text{Fe}^{3+} + e^- \quad\rightarrow \text{Fe}^{2+}$$
$$\text{Zn} \qquad\quad \rightarrow \text{Zn}^{2+} + 2\,e^- \qquad \tfrac{1}{2}\text{H}_2 \qquad\rightarrow \text{H}^+ + e^-$$

$$\text{Cu}^{2+} + \text{Zn} \rightarrow \text{Cu} + \text{Zn}^{2+} \qquad \text{Fe}^{3+} + \tfrac{1}{2}\text{H}_2 \rightarrow \text{Fe}^{2+} + \text{H}^+$$

Die letzte Reaktion ist ein Beispiel für die bei Redoxvorgängen häufig auftretende *Reaktionshemmung* (s. S. 212), d.h. die Umsetzung läuft normalerweise nicht ab, obwohl sie thermodynamisch erlaubt wäre.

---

[a] Die Halbwertszeit beträgt etwa 1 ms und ist ausreichend, um mit Elektronen eine „Chemie" zu betreiben. Freie Elektronen wirken als sehr starke Reduktionsmittel und zersetzen z.B. spontan Wasser ($\text{H}_2\text{O} + e^- \rightarrow \tfrac{1}{2}\text{H}_2 + \text{OH}^-$). In bestimmten Lösungsmitteln wie fl. Ammoniak treten *solvatisierte* Elektronen mit höherer Lebensdauer auf.

Schema zur Aufstellung von Redoxgleichungen am Beispiel der Oxidation von Arsen(III) mit Permanganat

Vorgang	Reduktion	Oxidation
1. Oxidationsstufe	$\overset{(+7)}{MnO_4^-} \rightarrow \overset{(+2)}{Mn^{2+}}$	$\overset{(+3)}{As^{3+}} \rightarrow \overset{(+5)}{AsO_4^{3-}}$
2. Elektronenausgleich	$MnO_4^- + \mathbf{5e^-} \rightarrow Mn^{2+}$ $\underbrace{\quad}_{-6} \; \underbrace{\quad}_{+2}$	$As^{3+} \rightarrow AsO_4^{3-} + \mathbf{2e^-}$ $\underbrace{\quad}_{+3} \; \underbrace{\quad}_{-5}$
3. Ladungsbilanz	**a** $(+8)$ **b** (-8)	**b** (-8) **a** $(+8)$
4. Ladungsausgleich und Stoffbilanz	**a** $MnO_4^- + 5e^- + \mathbf{8H^+} \rightarrow Mn^{2+} + 4H_2O$ **b** $(MnO_4^- + 5e^- + 4H_2O \rightarrow Mn^{2+} + \mathbf{8OH^-})$[b]	**a** $As^{3+} + 4H_2O \rightarrow AsO_4^{3-} + 2e^- + \mathbf{8H^+}$ [a] **b** $As^{3+} + \mathbf{8OH^-} \rightarrow AsO_4^{3-} + 2e^- + 4H_2O$
5. Gesamtgleichung für **a**	$MnO_4^- + 5e^- + 8H^+ \rightarrow Mn^{2+} + 4H_2O$ $As^{3+} + 4H_2O \rightarrow AsO_4^{3-} + 2e^- + 8H^+$	$\mid \cdot \mathbf{2}$ $\mid \cdot \mathbf{5}$
Ionengleichung	$2\,MnO_4^- + 5\,As^{3+} + 12\,H_2O \rightarrow 2\,Mn^{2+} + 5\,AsO_4^{3-} + 24\,H^+$ $(+\,2\,K^+ + 15\,Cl^-)$	
Stoffgleichung	$2\,KMnO_4 + 5\,AsCl_3 + 12\,H_2O \rightarrow 2\,MnCl_2 + 5\,H_3AsO_4 + 9\,HCl + 2\,KCl$	

[a] Im stark sauren Medium umgekehrte Reaktion.
[b] Hypothetische Formulierung, da MnO_4^- im alkalischen Medium zu MnO_2 reduziert wird.

Oxidation und Reduktion chemischer Verbindungen lassen sich auch als Änderung der **Oxidationsstufe** beschreiben. Die Oxidation führt zu einer Erhöhung, die Reduktion zur Verminderung der Oxidationsstufe. Da es sich um *relative* Veränderungen handelt, wird ein willkürlich definiertes Bezugssystem durch folgende Regeln mit abnehmender Priorität festgelegt[6].

◆ Metalle, Halbmetalle: Positive Oxidationszahl
◆ Fluor: Oxidationszahl (-1)
◆ Wasserstoff: Oxidationszahl $(+1)$ (mit Ausnahme der Metallhydride)
◆ Sauerstoff: Oxidationszahl meist (-2) (alle Stufen von $(+2)$ bis (-2) bekannt)
◆ Halogenid, Hydroxid: Oxidationszahl (-1)

In der **Substanzformel** werden die Atome und Atomgruppen im allgemeinen nach *zunehmender* Elektronegativität angeordnet (z. B. HCl, H_2SO_4, NaOH, SO_2Cl_2). Daneben gibt es aber viele, historisch bedingte, Ausnahmen (z. B. NH_3 statt H_3N). Für Teilchen, die Atome in verschiedenen Oxidationsstufen enthalten, kann man auch die *mittlere* Oxidationszahl angeben, z. B. für S in $S_2O_3^{2-}$ $(+2)$, $S_4O_6^{2-}$ $(+2,5)$, $S_3O_6^{2-}$ $(+3,3)$.

Bei der Formulierung von **Redoxgleichungen** in wäßriger Lösung stellt man zunächst die Teilgleichungen für die Oxidation und Reduktion getrennt auf. Durch Vergleich der Oxidationsstufen bestimmt man die Zahl der ausgetauschten Elektronen (Elektronenausgleich) und stellt dann durch Hinzufügen von H^+- oder OH^--Ionen die *Elektroneutralität* her (Ladungsausgleich), wobei sich die *Stoffbilanz* zwangsläufig ergibt. Die vollständige Redoxgleichung (Bruttogleichung) erhält man durch Bildung des kleinsten gemeinsamen Vielfachen der Elektronenzahlen (s. S. 204) und anschließender Addition der Teilgleichungen (Schema S. 186).

Die genaue Befolgung des Schemas empfiehlt sich besonders bei komplizierten Redoxgleichungen. Dabei ist die Formulierung als **Ionengleichung** vorzuziehen, da sie keine überflüssigen Teilchen enthält, die für die Reaktion nicht unmittelbar notwendig sind. Die für präparative Arbeiten erforderliche **Stoffgleichung** läßt sich leicht aus der Ionengleichung herleiten. Auf keinen Fall sollten Ionen- und Stoffgleichung vermischt werden.

Oxidation von As_2S_3 mit HNO_3

1. $(+3)\,(-2)\quad 2\cdot(+5)\quad 3\cdot(+6)$

2. $\underbrace{[As_2S_3]_f} \rightarrow \underbrace{2\,AsO_4^{3-}\ +\ 3\,SO_4^{2-}}\ +\ \mathbf{28}\,e^-$

3. $0 \qquad\qquad -40$

4. $[As_2S_3]_f + 20\,H_2O \ \rightarrow\ 2\,AsO_4^{3-} + 3\,SO_4^{2-} + 28\,e + \mathbf{40\,H^+}\ |\cdot\ \mathbf{3}$

$NO_3^- + 3\,e^- + 4\,H^+ \ \rightarrow\ NO + 2\,H_2O \qquad\qquad\qquad |\cdot\,\mathbf{28}$

5. $3\,As_2S_3 + 28\,NO_3^- \ + 4\,H_2O \ \rightarrow\ 6\,AsO_4^{3-} + 9\,SO_4^{2-} + 28\,NO + 8\,H^+$

$(+28\,H^+)$

$3\,As_2S_3 + 28\,HNO_3 \ + 4\,HZ_2O \ \rightarrow\ 6\,H_3AsO_4 + 9\,H_2SO_4 + 28\,NO$

2. Elektrodenpotential

Unter einem Potential versteht man allgemein die Fähigkeit eines Systems, Arbeit zu leisten. Das *chemische Potential* entspricht der Zunahme an nutzbarer Arbeit beim Transport einer (differentiellen) *Stoffmenge* (s. S. 35). Das *elektrische Potential* bezieht sich auf die Arbeitsfähigkeit der *positiven* Ladungseinheit im elektrischen Feld[6]. Positiv geladene Teilchen bewegen sich freiwillig vom höheren zum niedrigeren Potential und setzen dabei Energie frei (*konventionelle Stromrichtung*, s. S. 190). Umgekehrt wandern negative Ladungen vom kleineren zum größeren Potential hin. Als **Elektrodenpotential** bezeichnet man die „*Gleichgewichtsspannung*" (Galvanispannung) eines Metalls gegen die Lösung seines Kations.

Das Potential bildet den *Intensitätsparameter* der Energie. Jede Energieform läßt sich als Produkt einer extensiven und intensiven Größe darstellen, z. B. potentielle Energie $V = m \times (g\,h)$, thermische Energie (Wärme) $Q = C \times T$, „chemische Energie" (Gibbs-Energie) $\Delta G = n \times \mu$ und elektrische Energie $A_{el} = q \times \varepsilon$. Da für eine *reversible* elektrochemische Reaktion die freigesetzte elektrische Energie gleich der Nutzarbeit bzw. der Gibbs-Energie ΔG wird, kann man grundsätzlich das chemische *oder* elektrische Potential als Kenngröße einer Redoxreaktion heranziehen (s. S. 197).

Zur Herleitung der *Nernst-Gleichung* definiert man ein *elektrochemisches* Potential μ_i^*, das sich aus dem chemischen (μ_i) und elektrischen Potential φ_i (*Galvani-Potential*, inneres Potential) zusammensetzt[37, 38]:

$$I \quad \mu_i^* = \mu_i + zF \cdot \varphi_i = \mu_i^0 + RT \cdot \ln a_i + zF \cdot \varphi_i$$

Befindet sich ein Metall (′) im Gleichgewicht mit der Lösung seines Kations (″), müssen die elektrochemischen Potentiale in beiden Phasen gleich sein:

$$II \quad \mu_i^{*\prime} = \mu_i^{*\prime\prime}$$

Als *Elektrodenpotential* ε bezeichnet man die Differenz der Galvanipotentiale $\Delta\varphi$ und erhält aus I und II:

$$\text{III} \quad \varepsilon = \Delta\varphi = \varphi' - \varphi'' = \frac{\mu_i^{0''} - \mu_i^{0'}}{zF} + \frac{RT}{zF} \ln \frac{a_i''}{a_i'}$$

Diese Beziehung ergibt umgeformt die *Nernstsche Gleichung* (184):

$$\text{IV} \quad \varepsilon = \varepsilon^0 + \frac{RT}{zF} \ln a_i \quad (a_i'' = a\,(M^{z+}) = a_i, \;\; a_i' = a\,(M^0) = 1)$$

Beispiel Zink- und Kupfer-Elektrode (Abb. 38).

Als unedles Metall wird das Zink leicht oxidiert und hat die Tendenz, Zn^{2+}-Ionen in die Lösung abzugeben, wodurch sich der Metallstab negativ auflädt. Umgekehrt nimmt das edlere Kupfer bevorzugt Cu^{2+}-Ionen aus der Lösung auf und erhält dadurch eine positive Ladung. Bei isolierten Elektroden ist das Reaktionsausmaß verschwindend gering, weil die Aufladung des Metalls eine Weiterreaktion verhindert (Ausbildung einer elektrolytischen *Doppelschicht*). Elektrodenpotentiale lassen sich daher nicht direkt messen, sondern nur ihre Differenz (= *Spannung*). Eine meßbare Reaktion setzt erst ein, wenn zwei Halbelemente (*Elektroden*) zu einem **Galvanischen Element** (*Zelle*) kombiniert werden. Dabei muß eine leitende Verbindung (*Stromschlüssel, Salzbrücke*) zwischen den Elektrodenräumen geschaffen werden, um den Ladungsausgleich in der Lösung zu gewährleisten.

Im vorliegenden Fall ist der Zinkstab die elektronenreiche und der Kupferstab die elektronenarme Elektrode. Die Zink-Elektrode besitzt somit das niedrigere Potential und wird als **Kathode** bezeichnet; die Kupfer-Elektrode mit höherem Potential heißt **Anode** (allgemeine Definitionen s. S. 252).

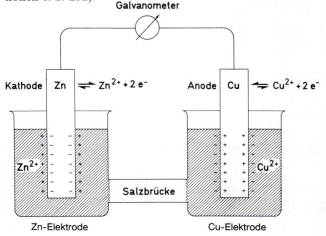

Galvanometer

Kathode | Zn $\rightleftharpoons$ Zn^{2+} + 2 e⁻   Anode | Cu $\rightleftharpoons$ Cu^{2+} + 2 e⁻

Zn^{2+} Cu^{2+}

Salzbrücke

Zn-Elektrode   Cu-Elektrode

Abb. 38
Galvanisches
Element

In Analogie zum chemischen Potential hat *Nernst* den theoretischen Ansatz für das Potential einer Elektrode formuliert (**Nernstsche Gleichung**, s. oben).

$$\varepsilon = \varepsilon^0 + \frac{RT}{zF} \ln a_i \qquad (184)$$

ε = Elektrodenpotential (V)
ε^0 = Normalpotential
R = Gaskonstante
T = absolute Temperatur (K)
z = Zahl der ausgetauschten Elektronen (Äquivalenzzahl)
F = 1 Faraday = 96 485 Coulomb pro Äquivalent (As $\cdot$ mol^{-1})
a_i = Ionenaktivität der Lösung

Bezieht man das Elektrodenpotential auf die *Normalwasserstoffelektrode* (s. S. 195) und setzt deren Normalpotential willkürlich gleich Null, so werden an Stelle der theoretischen Potentiale ε (184) jetzt *meßbare* Elektrodenpotentiale E definiert (sog. *„praktische Einzelpotentiale"*[39]).

Bei $T = 298$ K (25 °C) und Verwendung des dekadischen Logarithmus erhält man

$$E = E^0 + \frac{0{,}059}{z} \log a_i \, (c_i) \qquad t = 25\,°C \qquad (185)$$

Für $a_i = 1$ wird $E = E^0$ (*Normalpotential*, s. S. 195).

Verbindet man zwei Halbelemente zur galvanischen Kette (Abb. 38), so findet eine chemische Reaktion statt. Die gemessene Spannung ist gleich der Differenz aus dem höheren und tieferen Potential. Nach der IUPAC-Konvention ist die Kette im Formelschema so zu schreiben, daß die Elektrode mit dem höheren Potential *rechts* steht, z. B.

Das Schema entspricht der Reaktion

$$Cu^{2+} + Zn \rightarrow Cu + Zn^{2+}$$

$$\Delta E = E_1 - E_2 \qquad (E_1 > E_2, \ \Delta E > 0) \qquad (186)$$

ΔE bezeichnet man heute noch mit dem historisch bedingten Namen **Elektromotorische Kraft**[a] (EMK). Die Querstriche im Formelschema symbolisieren die *Phasengrenzen* ($|$ fest-flüssig, $\|$ flüssig-flüssig).

Beispiele:

Cu/Zn-Kette (*Daniell*-Element)

$$Zn \,|\, Zn^{2+}(c_2) \,\|\, Cu^{2+}(c_1) \,|\, Cu$$
$$ E_2 \phantom{{}^{2+}(c_2) \,\|\,} E_1$$

$$Cu^{2+} + Zn \;\rightarrow\; Cu + Zn^{2+} \quad (z = 2)$$

$$\Delta E = E_1^0 + \frac{0,059}{z_1} \log c_1 - \left(E_2^0 + \frac{0,059}{z_2} \log c_2 \right)$$

$$\Delta E = \Delta E^0 + \frac{0,059}{z} \log \frac{c_1}{c_2} \quad (z_1 = z_2 = z) \tag{187}$$

Eine Spannung wird auch dann erzeugt, wenn das gleiche Metall in Lösungen verschiedener Konzentration taucht (sog. *Konzentrationskette*). Die chemische Reaktion besteht im Konzentrationsausgleich.

$$M \,|\, M^{z+}(c_2) \,\|\, M^{z+}(c_1) \,|\, M \qquad c_1 > c_2$$
$$ E_2 \phantom{{}^{z+}(c_2) \,\|\,} E_1$$

$$\Delta E = \frac{0,059}{z} \log \frac{c_1}{c_2} \quad (\Delta E^0 = 0) \tag{188}$$

Ist die Zahl der ausgetauschten Elektronen verschieden, bildet man das kleinste gemeinsame Vielfache und setzt die stöchiometrischen Konzentrationen ein:

$$\Delta E = \Delta E^0 + \frac{0,059}{z} \log \frac{(c_1)^{v_1}}{(c_2)^{v_2}} \quad (z_1 \neq z_2) \tag{189}$$

Z. B. erhält man für die Kette

$$Cu \,|\, Cu^{2+}(c_2) \,\|\, Ag^{+}(c_1) \,|\, Ag$$
$$ E_2 \phantom{{}^{2+}(c_2) \,\|\,} E_1$$
$$2\,Ag^{+} + Cu \;\rightarrow\; 2\,Ag + Cu^{2+} \quad (z = 2)$$

$$\Delta E = \Delta E^0 + \frac{0,059}{2} \log \frac{c_1^2}{c_2}$$

---

[a] Die aus der *Nernstschen* Gleichung folgende theoretische EMK entspricht der *maximalen* Klemmspannung eines Elements ohne Stromfluß (unendlich hoher Widerstand) und wird auch mit dem Symbol E_0 (nicht zu verwechseln mit dem Normalpotential E^0) bezeichnet. Bei endlichem Widerstand vermindert sich die Klemmspannung um den Spannungsabfall im Inneren der Zelle (s. S. 254).

An den Phasengrenzen galvanischer Elemente treten infolge der unterschiedlichen Beweglichkeit von Kationen und Anionen (s. S. 265) zusätzlich **Diffusionspotentiale** auf, die sich durch Wahl geeigneter Salzbrücken (gesättigte KCl- oder NH_4NO_3-Lösung) eliminieren lassen.

3. Allgemeine Form des Redoxpotentials

Auch Redoxvorgängen, an denen kein elementares Metall oder eine vergleichbare Elektrode beteiligt ist, kommt ein **Redoxpotential** zu, das mit einer inerten Hilfselektrode (z.B. Platindraht) gegen eine Bezugselektrode gemessen werden kann. Die allgemeine Formulierung der *Nernstschen* Gleichung (185) lautet für das Gleichgewicht

$$Ox + z\,e^- \rightleftharpoons Red$$

$$E = E^0 + \frac{0{,}059}{z} \log \frac{a_{ox}}{a_{red}} \qquad t = 25\,°C \qquad (190)$$

Man beachte, daß der Aktivitätsquotient den *Kehrwert* des Massenwirkungsquotienten darstellt.

$$Fe^{3+} + e^- \rightleftharpoons Fe^{2+}$$

$$E = E^0 + 0{,}059 \log \frac{a(Fe^{3+})}{a(Fe^{2+})}$$

$$Sn^{4+} + 2\,e^- \rightleftharpoons Sn^{2+} \quad (schematisch)$$

$$E = E^0 + \frac{0{,}059}{2} \log \frac{a(Sn^{4+})}{a(Sn^{2+})}$$

$$MnO_4^- + 8\,H^+ + 5\,e^- \rightleftharpoons Mn^{2+} + 4\,H_2O$$

$$E = E^0 + \frac{0{,}059}{5} \log \frac{a(MnO_4^-) \cdot a^8(H^+)}{a(Mn^{2+})}$$

Das letzte Beispiel gehört zu den *pH-abhängigen* Redoxreaktionen, die eine wichtige Rolle in der Analytik spielen. Die H^+- oder OH^--Ionenaktivität geht unmittelbar in die *Nernstsche* Gleichung ein.

Setzt man $a(MnO_4^-) = a(Mn^{2+})$, so vereinfacht sich die Gleichung zu

$$E = E^0 + \frac{0{,}059}{5} \log a^8(H^+) \qquad oder$$

$$E \approx E^0 - 0{,}1\,pH \qquad (E^0 = 1{,}52\,V)$$

Trägt man E gegen den pH-Wert auf, sieht man z.B., daß Chlorid nur im stark sauren (pH < 1,7), Bromid auch im schwach sauren (pH < 4,7) und Iodid noch im neutralen Medium (pH $\geq$ 7) oxidiert wird (Abb. 39).

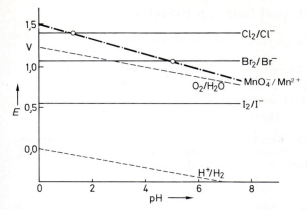

Abb. 39 pH-Abhängigkeit des Redoxpotentials MnO_4^-/Mn^{2+}
mit $a\,(MnO_4^-) = a\,(Mn^{2+})$ (nach[17, 20])

Für Metallelektroden geht Gl. (190) in (185) über ($a_{red} = 1$).

Für Elektroden, bei denen die oxidierte und reduzierte Form ungelöst
vorliegt (Feststoffelektroden oder „*Elektroden zweiter Art*"), ist das
Potential konstant (Verwendung als Bezugselektrode, s. S. 276).

$$E = E^0 + \text{konst.} \tag{191}$$

Die Konstante hängt vom *Löslichkeitsprodukt* ab.

███ **Beispiel**

Silberchlorid-Elektrode; $E = 0{,}198$ V (gesättigte KCl-Lösung)

$$[AgCl]_f \;\rightleftharpoons\; Ag^+ + Cl^- \qquad Ag \mid [AgCl]_f, Cl^-\,(a)$$
$$Ag^+ + e^- \;\rightleftharpoons\; Ag$$

Mit $a\,(Ag^+) \cdot a\,(Cl^-) = K_L$ wird

$$E = E^0 + 0{,}059 \log a\,(Ag^+) = E^0 + 0{,}059 \log K_L/a\,(Cl^-)$$

Bezieht man $\log K_L$ in das Normalpotential mit ein, erhält man

$$E = E^{0\prime} - 0{,}059 \log a\,(Cl^-)$$

Das Potential hängt von der Chlorid-Konzentration ab[a] und entspricht formal
einer Chlor-Elektrode mit dem Standardpotential $E^{0\prime}$ (daher die Bezeichnung
„Elektrode zweiter Art"). Bei hoher Konzentration kann $a\,(Cl^-)$ als konstant
angesehen werden (191).

---

[a] Durch die Komplexbildung ($[AgCl_n]^{1-n}$) in konzentrierter Chloridlösung
tritt eine Abweichung vom berechneten Potentialwert ein.

4. Wasserstoff- und Sauerstoff-Elektrode

Das Potential des Wasserstoffs ergibt sich nach (190) zu

$$E = E^0 + 0{,}059 \log \frac{a(\mathrm{H^+})}{\sqrt{c(\mathrm{H_2})}} \qquad \mathbf{Pt,\ H_2}(c) \mid \mathbf{H^+}(a)$$

entsprechend der Reaktionsgleichung

$$\mathrm{H^+} + e^- \;\rightleftharpoons\; \tfrac{1}{2}\mathrm{H_2} \quad (\mathrm{H_3O^+} + e^- \;\rightleftharpoons\; \tfrac{1}{2}\mathrm{H_2} + \mathrm{H_2O})$$

$c(\mathrm{H_2})$ bezeichnet die Konzentration des *gelösten* elementaren Wasserstoffs, die nach dem *Henryschen* Gesetz (30) (S. 39) dem Partialdruck proportional ist. Damit erhält man für das Potential

$$E = E^{0\prime} + 0{,}059 \log \frac{a(\mathrm{H^+})}{\sqrt{p(\mathrm{H_2})}} \qquad \mathbf{Pt,\ H_2}(p) \mid \mathbf{H^+}(a)$$

Das **Normalpotential** E^0 bzw. $E^{0\prime}(a(\mathrm{H^+}),\, p(\mathrm{H_2}) = 1)$ wird willkürlich gleich Null gesetzt und als Standard für alle anderen Potentiale verwendet. Für eine beliebige Wasserstoff-Elektrode erhält man damit

$$E = 0{,}059 \log \frac{a(\mathrm{H^+})}{\sqrt{p(\mathrm{H_2})}} \tag{192}$$

und beim *Standarddruck* [a]

$$E = -0{,}059 \,\mathrm{pH} \qquad p = 1 \tag{193}$$

Für die Reaktion

$$\tfrac{1}{2}\mathrm{O_2} + 2\,\mathrm{H^+} + 2\,e^- \;\rightleftharpoons\; \mathrm{H_2O}$$

erhält man analog zur Wasserstoff-Elektrode als Potential des Sauerstoffs

$$E = E^0 + \frac{0{,}059}{2} \log [\sqrt{p(\mathrm{O_2})} \cdot c^2(\mathrm{H^+})] \tag{194}$$

oder für den *Standarddruck*

$$E = E^0 - 0{,}059 \,\mathrm{pH} \qquad E^0 = 1{,}23\ \mathrm{V} \tag{195}$$

---

[a] s. Fußnote S. 35.

Wasserstoff- und Sauerstoff-Elektrode bestimmen die thermodynamische Stabilität von wäßrigen Lösungen. Durch Einsetzen der Grenzwerte pH 0 und 14 in (193) und (194) erhält man für

pH = 0 $E_H = 0$; $E_0 = 1,23$ V
pH = 14 $E_H = -0,82$; $E_0 = 0,41$ V

In wäßriger Lösung sind nur solche korrespondierenden Redoxpaare stabil, deren Potential der Bedingung

$$-0,82 \leq E \leq +1,23 \text{ V}$$

genügt[a]; sonst tritt *Zersetzung* des Wassers ein, falls keine Reaktionshemmung vorliegt.

5. Normalpotential und Spannungsreihe

Die Normalpotentiale sämtlicher Redoxsysteme werden auf die **Normal-Wasserstoffelektrode** $(E_H^0 = 0)$[b] bezogen (zur praktischen Ausführung s. S. 280).

$$\text{Pt, } H_2(p=1) \mid H^+(a=1) \parallel Ox(a=1) \mid Red(a=1) \qquad t = 25\,°C$$
$$E_H^0 = 0 \qquad\qquad\qquad E^0$$
$$\Delta E^0 = E^0 - E_H^0 = E^0 \tag{196}$$

Die Potentialdifferenz wird gleich dem **Normalpotential** des Redoxsystems (das Δ-Zeichen kann weggelassen werden). Die systematische Anordnung der Normalpotentiale[c] nach zunehmenden Werten heißt **Spannungsreihe**. In der Spannungsreihe (Tab. 14) oxidiert das weiter *rechts* (bzw. unten) stehende Redoxpaar alle *links* (oben) stehenden. Die Potentialwerte chemischer Redoxsysteme reichen von etwa $+3$ V ($F_2/2F^-$) bis -3 V (Li^+/Li).

Das *Vorzeichen* des Potentials bzw. der Potentialdifferenz macht eine Aussage über die **Reaktionsrichtung,** da das Potential direkt mit der

---

[a] Die Beziehung gilt für wäßrige Lösungen generell; bei einem bestimmten pH-Wert beträgt das Intervall nur 1,23 V.
[b] Zur Definition des *Normalzustands* siehe Fußnote S. 35.
[c] Falls nicht anders angegeben, beziehen sich die Standardpotentiale auf wäßrige Lösungen der „freien" Ionen, d. h. bei Metallen auf die *hydratisierten* Kationen (Aquakomplexe). Man beachte, daß das Potential des Kations durch Komplexbildung oder Solvens-Wechselwirkung stark verändert werden kann.

Tab. 14 Spannungsreihe

$Ox + ze^- \rightleftharpoons Red$	E^0 (V)
$Li^+ + e^- \rightleftharpoons Li$	$-3{,}02$
$K^+ + e^- \rightleftharpoons K$	$-2{,}92$
$Ca^{2+} + 2e^- \rightleftharpoons Ca$	$-2{,}87$
$Na^+ + e^- \rightleftharpoons Na$	$-2{,}71$
$Mg^{2+} + 2e^- \rightleftharpoons Mg$	$-2{,}34$
$H_2 + 2e^- \rightleftharpoons 2H^-$	$-2{,}24$
$Al^{3+} + 3e^- \rightleftharpoons Al$	$-1{,}67$
$Mn^{2+} + 2e^- \rightleftharpoons Mn$	$-1{,}05$
$Zn^{2+} + 2e^- \rightleftharpoons Zn$	$-0{,}76$
$2CO_2 + 2H^+ + 2e^- \rightleftharpoons H_2C_2O_4$	$-0{,}47$
$Fe^{2+} + 2e^- \rightleftharpoons Fe$	$-0{,}44$
$Cr^{3+} + e^- \rightleftharpoons Cr^{2+}$	$-0{,}41$
$Co^{2+} + 2e^- \rightleftharpoons Co$	$-0{,}28$
$Ni^{2+} + 2e^- \rightleftharpoons Ni$	$-0{,}25$
$Sn^{2+} + 2e^- \rightleftharpoons Sn$	$-0{,}14$
$\mathbf{2H^+ + 2e^- \rightleftharpoons H_2}$	**0,00**
$Sn^{4+} + 2e^- \rightleftharpoons Sn^{2+}$	$0{,}15$
$Cu^{2+} + e^- \rightleftharpoons Cu^+$	$0{,}17$
$Cu^{2+} + 2e^- \rightleftharpoons Cu$	$0{,}35$
$I_2 + 2e^- \rightleftharpoons 2I^-$	$0{,}54$
$O_2 + 2H^+ + 2e^- \rightleftharpoons H_2O_2$	$0{,}68$
$Fe^{3+} + e^- \rightleftharpoons Fe^{2+}$	$0{,}77$
$Ag^+ + e^- \rightleftharpoons Ag$	$0{,}80$
$Hg^{2+} + 2e^- \rightleftharpoons Hg$	$0{,}85$
$Br_2 + 2e^- \rightleftharpoons 2Br^-$	$1{,}07$
$O_2 + 4H^+ + 4e^- \rightleftharpoons 2H_2O$	$1{,}23$
$Cl_2 + 2e^- \rightleftharpoons 2Cl^-$	$1{,}36$
$Cr_2O_7^{2-} + 14H^+ + 6e^- \rightleftharpoons 2Cr^{3+} + 7H_2O$	$1{,}36$
$Au^{3+} + 3e^- \rightleftharpoons Au$	$1{,}42$
$BrO_3^- + 6H^+ + 6e^- \rightleftharpoons Br^- + 3H_2O$	$1{,}44$
$MnO_4^- + 8H^+ + 5e^- \rightleftharpoons Mn^{2+} + 4H_2O$	$1{,}52$
$H_2O_2 + 2H^+ + 2e^- \rightleftharpoons 2H_2O$	$1{,}78$
$Co^{3+} + e^- \rightleftharpoons Co^{2+}$	$1{,}84$
$S_2O_8^{2-} + 2e^- \rightleftharpoons 2SO_4^{2-}$	$2{,}06$
$O_3 + 2H^+ + 2e^- \rightleftharpoons O_2 + H_2O$	$2{,}07$
$F_2 + 2e^- \rightleftharpoons 2F^-$	$2{,}85$

Freien Enthalpie ΔG verknüpft ist. Für jede Redoxreaktion gilt die thermodynamische Beziehung

$$\Delta G = -z \cdot F \cdot \Delta E \qquad (197)$$

ΔG = Freie Enthalpie (Gibbs-Energie)
z = Zahl der ausgetauschten Elektronen
F = 1 Faraday = $96\,485\,\text{As} \cdot \text{mol}^{-1}$
ΔE = Potentialdifferenz (EMK)

Eine chemische Reaktion läuft freiwillig ab, wenn $\Delta G < 0$. Dann wird aber

$$\Delta E = -\frac{\Delta G}{zF} > 0, \qquad (198)$$

d. h. bei spontan verlaufenden Reaktionen ergibt sich ein *positives* Vorzeichen für die EMK.

Die Beziehungen

$$\Delta G = -zF \cdot \Delta E \qquad \text{(Gesamtreaktion der Zelle)} \qquad (197)$$
bzw. $\qquad \Delta G = -zF \cdot E \qquad \text{(Teilreaktionen der Elektroden)} \qquad (197a)$

entsprechen dem *elektrochemischen Äquivalent* ($A_{el} = U \cdot I \cdot t = U \cdot Q$). Das Minuszeichen kommt daher, daß das Vorzeichen von E bzw. ΔE durch die Elektrodenpolarität (s. S. 189) bzw. durch Konvention vorgegeben ist.

Mit

$$\Delta G = \Delta G^0 + RT \cdot \ln K \quad (16) \quad \left(K = \frac{a_{red}}{a_{ox}} \quad \text{für} \quad Ox + ze^- \rightleftharpoons Red \right)$$

erhält man aus (197a)

$$E = -\frac{\Delta G}{zF} = -\left(\frac{\Delta G^0}{zF} + \frac{RT}{zF} \ln K \right)$$

Setzt man $E^0 = -\dfrac{\Delta G^0}{zF}$ und $-\ln K = +\ln \dfrac{1}{K}$, ergibt sich direkt die *Nernstsche* Gleichung (190):

$$E = E^0 + \frac{RT}{zF} \ln \frac{1}{K} = E^0 + \frac{RT}{zF} \ln \frac{a_{ox}}{a_{red}}$$

Eine Mehrdeutigkeit des Vorzeichens tritt erst auf, wenn man die Teilsysteme (Halbelemente) *isoliert* betrachtet[6].

Beispiel: **Zink- und Wasserstoff-Elektrode**

$$+ \text{Pt}, \text{H}_2 \,|\, \text{H}^+ \,\|\, \text{Zn}^{2+} \,|\, \text{Zn} -$$
$$E^0$$

Bezogen auf die Normalwasserstoffelektrode besitzt die Zink-Elektrode ein *negatives* Potential von $-0,76$ V. Die der Zellreaktion

$$Zn + 2H^+ \rightarrow Zn^{2+} + H_2$$

entsprechende EMK ist trotzdem *positiv*, da sie konventionsgemäß als Differenz zwischen dem höheren und niedrigeren Potential angegeben wird (s. S. 190).

$$-Zn \mid Zn^{2+} \parallel H^+ \mid H_2, Pt +$$
$$E^0$$

$$\Delta E^0 = E_H^0 - E_{Zn}^0 = -E_{Zn}^0 = +0,76 \text{ V}$$

Das Vorzeichen des Potentials ist damit in der galvanischen Kette eindeutig festgelegt.

Betrachtet man aber das *Zn-Halbelement*, so treten verschiedene Vorzeichen auf, je nachdem, ob man von der Teilreaktion

$$Zn \rightarrow Zn^{2+} + 2e^- \quad \text{Oxidation} \quad \text{oder}$$
$$Zn^{2+} + 2e^- \rightarrow Zn \quad \text{Reduktion} \quad \text{ausgeht}$$

Für die Oxidation erhält man das Normalpotential

$$E_{ox}^0 = -\Delta G^0/zF = +0,76 \text{ V} \quad \text{„Oxidationspotential“}$$

und für die Reduktion

$$E_{red}^0 = +\Delta G^0/zF = -0,76 \text{ V} \quad \text{„Reduktionspotential“}$$

Da nur E_{red}^0 das tatsächlich meßbare Vorzeichen für die Zellreaktion wiedergibt, hat man auf der Stockholmer IUPAC-Konferenz 1953 festgelegt, daß stets das **Reduktionspotential** anzugeben ist und Halbreaktionen in der Form

$$Ox + ze^- \rightleftharpoons Red$$

zu schreiben sind. Die tabellierten Normalpotentiale entsprechen dieser Konvention.

Für eine allgemeine Redoxreaktion erhält man demnach

I $\qquad Ox_1 + ze^- \rightleftharpoons Red_1 \quad E_1$

II $\qquad Ox_2 + ze^- \rightleftharpoons Red_2 \quad E_2$

I−II: $\quad Ox_1 - Ox_2 = Red_1 - Red_2$

III $\qquad Ox_1 + Red_2 \rightleftharpoons Red_1 + Ox_2 \qquad \pmb{\Delta E = E_1 - E_2}$

Die Bruttogleichung III ergibt sich aus der *Differenz* von I und II, führt aber zum gleichen Ergebnis wie die sonst übliche Addition. Man vermeidet dadurch Vorzeichenfehler und erkennt am Vorzeichen von ΔE sofort, ob die Reaktion freiwillig abläuft.

$$Cu^{2+} + 2e^- \rightleftharpoons Cu \qquad E_1^0 \quad (E_1^0 > E_2^0)$$
$$Zn^{2+} + 2e^- \rightleftharpoons Zn \qquad E_2^0$$

$$Cu^{2+} + Zn \rightleftharpoons Cu + Zn^{2+} \qquad \Delta E^0$$
$$\Delta E^0 = E_1^0 - E_2^0 = 0,35 - (-0,76) = +1,11 \text{ V}$$

Für den umgekehrten Vorgang

$$Cu + Zn^{2+} \rightleftharpoons Cu^{2+} + Zn \qquad \text{erhält man}$$
$$\Delta E^0 = E_2^0 - E_1^0 = -0,76 - 0,35 = -1,11 \text{ V} \qquad \text{(keine Reaktion)}.$$

6. Redoxamphoterie

Luthersche Regel

Kommt ein Redoxsystem in drei (oder mehr) Oxidationsstufen vor, läßt sich folgendes Schema aufstellen[6]:

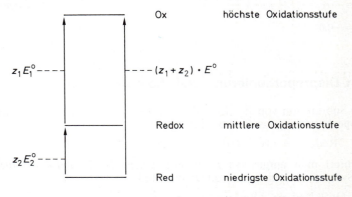

Die angegebenen Potentiale entsprechen den Gleichgewichten (s. S. 204)

$$\text{I} \quad Ox \quad + z_1 e^- \rightleftharpoons Redox \quad E_1^0 \qquad \log K_1 = \frac{z_1 E_1^0}{0,059}$$

$$+\text{II} \quad Redox + z_2 e^- \rightleftharpoons Red \quad E_2^0 \qquad \log K_2 = \frac{z_2 E_2^0}{0,059}$$

$$\text{III} \quad Ox + (z_1 + z_2) e^- \rightleftharpoons Red \quad E^0 \qquad \log K_3 = \frac{(z_1 + z_2) E^0}{0,059}$$

Da $\log K_3 = \log K_1 + \log K_2$, muß auch gelten

$$z_1 E_1^0 + z_2 E_2^0 = (z_1 + z_2) \cdot E^0 \qquad (199)$$

Diese Beziehung heißt **Luthersche Regel** und gestattet die Berechnung eines Potentials in ternären Redoxsystemen, wenn die beiden anderen gegeben sind. Weiterhin erlaubt die *Luthersche Regel* eine Aussage über die *Stabilität* der mittleren Oxidationsstufe (Redox) und das *Gleichgewichtspotential* der Redoxdisproportionierung oder -komproportionierung (s. unten). Bei der graphischen Darstellung von Gl. (199) ist das Vorzeichen der Potentiale zu beachten.

Beispiel Eisen

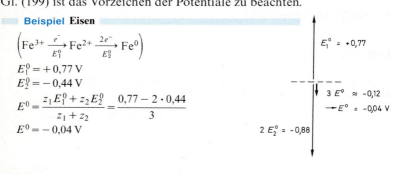

$$\left(Fe^{3+} \xrightarrow[E_1^0]{e^-} Fe^{2+} \xrightarrow[E_2^0]{2e^-} Fe^0 \right)$$

$$E_1^0 = +0,77 \text{ V}$$
$$E_2^0 = -0,44 \text{ V}$$
$$E^0 = \frac{z_1 E_1^0 + z_2 E_2^0}{z_1 + z_2} = \frac{0,77 - 2 \cdot 0,44}{3}$$
$$E^0 = -0,04 \text{ V}$$

$E_1^0 = +0,77$

$3\,E^0 \approx -0,12$

$E^0 = -0,04$ V

$2\,E_2^0 = -0,88$

Redox-Disproportionierung und -Komproportionierung

Durch Subtraktion von II − I erhält man direkt die Gleichung für die **Disproportionierung** der Redox-Stufe.

IV $2\,\text{Redox} \rightleftharpoons \text{Ox} + \text{Red}$ für $z_1 = z_2$

Subtrahiert man umgekehrt I − II, ergibt sich die **Komproportionierung** (Symproportionierung) von Ox und Red.

V $\text{Ox} + \text{Red} \rightleftharpoons 2\,\text{Redox}$ $z_1 = z_2$

Potentialdifferenz für die *Disproportionierung:* $\Delta E^0 = E_2^0 - E_1^0$
Potentialdifferenz für die *Komproportionierung:* $-\Delta E^0 = E_1^0 - E_2^0$

Durch Vergleich von E_1^0 und E_2^0 läßt sich die Stabilität der mittleren Oxidationsstufe abschätzen:

$E_2^0 > E_1^0$ und $\Delta E^0 > 0$ Redoxstufe *instabil*, Disproportionierung IV begünstigt

$E_2^0 < E_1^0$ und $\Delta E^0 < 0$ Redoxstufe *stabil*, Komproportionierung V begünstigt

$E_2^0 = E_1^0$ und $\Delta E^0 = 0$ \qquad Redoxstufe *indifferent,*
Reaktion IV und V möglich

Im letzten Fall befindet sich die Redox-Stufe im *Gleichgewicht,* dessen Verschiebung von den Konzentrationsverhältnissen der Reaktanten abhängt.

Für den allgemeinen Fall $z_1 \neq z_2$ gilt an Stelle von IV

$(z_1 + z_2)$ Redox $\rightleftharpoons z_2$ Ox $+ z_1$ Red

Im Unterschied zur Gleichgewichtskonstante (s. S. 204) ist die Potentialdifferenz ΔE^0 *unabhängig* von den stöchiometrischen Faktoren.

Beispiel

$3 Fe^{2+} \rightleftharpoons 2 Fe^{3+} + Fe^0$ \quad $(z_1 = 1,\ z_2 = 2)$
$\Delta E^0 = E_2^0 - E_1^0 = -0,44 - 0,77 = -1,21$ V

Eisen(II) ist also gegen Disproportionierung stabil; die Gleichgewichtskonstante beträgt

$$\log K = \frac{z_1 \cdot z_2}{0,059}\ (E_2^0 - E_1^0) = -41$$

Gleichgewichtspotential

Das Gleichgewicht der Disproportionierung IV oder Komproportionierung V ist erreicht, wenn die Potentialdifferenz gleich Null geworden ist[a]:

$\Delta E = 0$ \quad und damit \quad $E_1 = E_2 = E(eq)$

Das **Gleichgewichtspotential** E^{eq} nimmt für die Disproportionierung und Komproportionierung den gleichen Wert an[b]. Durch Umformen erhält man:

$$2 E(eq) = E_1 + E_2 \quad \text{oder} \quad E(eq) = \frac{E_1 + E_2}{2}$$

---

[a] Da die Normalpotentiale E^0 konstant sind, müssen hier die tatsächlichen, konzentrationsabhängigen Potentiale E eingesetzt werden.

[b] Diese Aussage mag auf den ersten Blick überraschen, wird aber deutlicher, wenn man das Gleichgewichtspotential mit dem pH-Wert eines amphoteren Protolysesystems (*Ampholyt*) vergleicht, bei dem ganz ähnliche Verhältnisse vorliegen.

$E^0 = 0,5 \cdot (E_1^0 + E_2^0)$ \qquad pH $= 0,5 \cdot (pK_1 + pK_2)$
redoxamphoter \hspace{3cm} *protonamphoter*

Für einen Ampholyten HA^- ist der pH-Wert unabhängig davon, ob sich das Gleichgewicht $2 HA^- \rightleftharpoons H_2A + A^{2-}$ von der linken oder rechten Seite her einstellt.

Bei stöchiometrischem Umsatz (s. S. 206) gilt

$$E(\text{eq}) = \frac{E_1^0 + E_2^0}{2} \tag{200}$$

Die Beziehung ist identisch mit der *Lutherschen Regel* (199) $E(\text{eq}) = E^0$, $z_1 = z_2$).

Anwendungsbeispiele

Als Anwendungsbeispiel für die *Luthersche Regel* soll das **Wasserstoffperoxid** behandelt werden. H_2O_2 kann als Oxidations- oder Reduktionsmittel wirken.

Reduktion: $H_2O_2 + 2\,H^+ \quad + 2\,e^- \rightarrow 2\,H_2O \qquad E_2^0 = \quad 1{,}78\ \text{V}$
(pH 0)

bzw. $\quad H_2O_2 \qquad\qquad + 2\,e^- \rightarrow 2\,OH^- \qquad E_2 = \quad 0{,}95\ \text{V}$
(pH 14)

Oxidation: $H_2O_2 \qquad\qquad \rightarrow 2\,H^+ \; + O_2 + 2\,e^- \quad E_1^0 = \quad 0{,}68\ \text{V}$[a]
(pH 0)

bzw. $\quad H_2O_2 + 2\,OH^- \rightarrow 2\,H_2O + O_2 + 2\,e^- \quad E_1 = -0{,}15\ \text{V}$[a]
(pH 14)

Welche Reaktion abläuft, hängt vom Reaktionspartner ab. So wird z. B. im sauren Medium Fe^{2+} ($E^0 = 0{,}77$ V) oxidiert, aber MnO_4^- ($E^0 = 1{,}52$ V) reduziert. Das Potential von MnO_2 ($E^0 = 1{,}28$ V) liegt nahe beim Gleichgewichtspotential von H_2O_2 (s. unten), daher wird Wasserstoffperoxid von Braunstein katalytisch zersetzt.

Für die **Disproportionierung**

$$H_2O_2 \rightarrow H_2O + \tfrac{1}{2}\,O_2$$

erhält man

$$\Delta E^0 = E_2^0 - E_1^0 = 1{,}78 - 0{,}68 = 1{,}10\ \text{V} .$$

Das **Gleichgewichtspotential** ergibt sich aus (200) zu

$$E^0 = \tfrac{1}{2}\,(E_1^0 + E_2^0) = 1{,}23\ \text{V} ,$$

ist also gleich dem Normalpotential der *Sauerstoff-Elektrode* (s. S. 194).

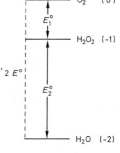

---

[a] Die Werte beziehen sich definitionsgemäß auf den *umgekehrten* Vorgang.

H_2O_2 wäre eigentlich thermodynamisch instabil, aber die Disproportionierung ist kinetisch gehemmt und kann erst durch einen *Katalysator* in Gang gesetzt werden.

Nach den Potentialverhältnissen ist Ag(I) stabil, aber Cu(I) instabil und bildet bevorzugt schwerlösliche und komplexe Verbindungen. Manganat(VI) ist im alkalischen Medium stabil, disproportioniert aber beim Ansäuern sofort zu MnO_4^- und MnO_2. Umgekehrt sind die Halogene (Cl_2, Br_2, I_2) nur im sauren Medium stabil und disproportionieren in basischer Lösung zu Halogenid und Halogenat.

Beispiele

$\underline{Cu^0}$ $E_2^0 = 0,52$ V $\underline{Ag^{2+}}$ $E_1^0 = 1,98$ V

$\underline{Cu^+}$ $E^0 = 0,35$ V $\underline{Ag^+}$ $E^0 = 1,39$ V

$\underline{Cu^{2+}}$ $E_1^0 = 0,18$ V $\underline{Ag^0}$ $E_2^0 = 0,80$ V

$E_2^0 > E^0 > E_1^0$ $E_1^0 > E^0 > E_2^0$
Cu^+ *instabil* Ag^+ *stabil*

7. Gleichgewichtskonstante von Redoxreaktionen

Wir betrachten die allgemeine Redoxgleichung

$$v_1\, Ox_1 + v_2\, Red_2 \rightleftharpoons v_1\, Red_1 + v_2\, Ox_2 \qquad K, \Delta E$$

Die stöchiometrischen Faktoren v_1 und v_2 ergeben sich aus der Zahl der ausgetauschten Elektronen der Redoxpaare 1 und 2.

$$
\begin{array}{lll}
\text{I} & Ox_1 + z_1 e^- \rightleftharpoons Red_1 \mid \cdot z_2 & K_1, E_1 \\
\text{II} & Ox_2 + z_2 e^- \rightleftharpoons Red_2 \mid \cdot z_1 & K_2, E_2 \\[4pt]
\text{I} & z_2 Ox_1 + z_1 z_2 e^- = z_2 Red_1 & \\
-\text{II} & z_1 Ox_2 + z_1 z_2 e^- = z_1 Red_2 &
\end{array}
$$

$$\text{III} \quad z_2 Ox_1 + z_1 Red_2 \rightleftharpoons z_2 Red_1 + z_1 Ox_2 \qquad v_1 = z_2,\ v_2 = z_1$$

Im Sonderfall $z_1 = z_2$ werden die Faktoren *unabhängig* von der Zahl der ausgetauschten Elektronen gleich eins.

$$Ox_1 + Red_2 \rightleftharpoons Red_1 + Ox_2 \qquad z_1 = z_2$$

Für die Potentiale der Teilreaktionen I und II erhält man

$$E_1 = E_1^0 + \frac{0,059}{z} \log \left(\frac{c_{ox_1}}{c_{red_1}} \right)^{z_2} \qquad z = z_1 z_2$$

$$E_2 = E_2^0 + \frac{0{,}059}{z} \log \left(\frac{c_{\mathrm{ox}_2}}{c_{\mathrm{red}_2}} \right)^{z_1}$$

Im *Gleichgewichtszustand* wird

$$\Delta E = E_1 - E_2 = 0, \quad \text{also } E_1 = E_2$$

Durch Gleichsetzen von E_1 und E_2 und Umformen erhält man

$$\log \left[\left(\frac{c_{\mathrm{red}_1}}{c_{\mathrm{ox}_1}} \right)^{z_2} \cdot \left(\frac{c_{\mathrm{ox}_2}}{c_{\mathrm{red}_2}} \right)^{z_1} \right] = \frac{z}{0{,}059} \ (E_1^0 - E_2^0) \tag{201}$$

$$\log K = \frac{z}{0{,}059} \ (E_1^0 - E_2^0) \qquad t = 25\,^\circ\mathrm{C} \tag{202}$$

Gl. (202) läßt sich auch direkt aus (18) und (197) herleiten.

$$\Delta G^0 = -RT \cdot \ln K \quad \text{und} \quad \Delta G^0 = -zF \cdot \Delta E^0$$

$$\ln K = -\frac{\Delta G^0}{RT} = +\frac{zF \cdot \Delta E^0}{RT} \quad \text{oder}$$

$$\log K = \frac{z}{0{,}059} \ (E_1^0 - E_2^0)$$

Für z ist das *kleinste gemeinsame Vielfache* von z_1 und z_2 einzusetzen. K hängt nur von z und den Normalpotentialen der Reaktionspartner ab.

Für Teilchen mit mehreren Redoxzentren (z.B. Cl_2, H_2O_2, $S_2O_3^{2-}$) sind die stöchiometrischen Faktoren der oxidierten und reduzierten Form verschieden, und K hängt von der Formulierung der Redoxgleichung ab (s. S. 33).

Da $\log K = \log K_1 - \log K_2$, ergeben sich durch Vergleich mit (202) die formalen Konstanten der Teilreaktionen.

$$\log K_1 = \frac{z}{0{,}059} E_1^0 \qquad \log K_2 = \frac{z}{0{,}059} E_2^0 \tag{203a, b}$$

Aus (201) und (202) lassen sich die Gleichgewichtskonstante und die minimale Potentialdifferenz für eine *quantitative* (99,9%) Umsetzung berechnen.

$$z_2 \mathrm{Ox}_1 + z_1 \mathrm{Red}_2 \rightarrow z_2 \mathrm{Red}_1 + z_1 \mathrm{Ox}_2$$

$$K = \left(\frac{c_{\mathrm{red}_1}}{c_{\mathrm{ox}_1}} \right)^{z_2} \cdot \left(\frac{c_{\mathrm{ox}_2}}{c_{\mathrm{red}_2}} \right)^{z_1} = X^{z_1 + z_2} \qquad X = 10^3 \tag{204}$$

$$\Delta E_{\mathrm{min}}^0 = \frac{0{,}059}{z} \log K$$

Beispiele

a $Ce^{4+} + Fe^{2+} \rightarrow Ce^{3+} + Fe^{3+}$ $\Delta E^0 = 0,84\,V$ $(z = 1)$

$\log K = \dfrac{\Delta E^0}{0,06} = 14 \rightarrow K = 10^{14}$ (vollständige Umsetzung)

Mindestwerte: $K = 10^6$ und $\Delta E^0 = 0,36\,V$.

b $2\,Fe^{3+} + Sn^{2+} \rightarrow 2\,Fe^{2+} + Sn^{4+}$ $\Delta E^0 = 0,62\,V$ $(z = 2)$

$\log K = \dfrac{\Delta E^0}{0,03} = 20,7 \rightarrow K = 4,6 \cdot 10^{20}$ (vollständige Umsetzung)

Mindestwerte: $K = 10^9$ und $\Delta E^0 = 0,27\,V$.

8. Redoxtitration

Äquivalenzpotential

Es soll zuerst der einfache Fall

$$Ox_1 + Red_2 \rightarrow Red_1 + Ox_2$$

betrachtet werden. Je nach Art der Probe fügt man eine oxidierende oder reduzierende Maßlösung solange zu, bis 1 mol Ox mit 1 mol Red reagiert hat. Am Äquivalenzpunkt gilt dann

$$c_{red_1} = c_{ox_2}$$
$$c_{ox_1} = c_{red_2}$$

Die Division der Gleichungen ergibt

$$X = \frac{c_{red_1}}{c_{ox_1}} = \frac{c_{ox_2}}{c_{red_2}}$$

Durch Einsetzen in das MWG folgt

$$K = \frac{c_{red_1} \cdot c_{ox_2}}{c_{ox_1} \cdot c_{red_2}} = X^2 \quad \text{bzw. allgemein}$$

$$K = X^{z_1 + z_2} \tag{204}$$

Für die Potentiale gilt am *Äquivalenzpunkt*

$$E_1 = E_2 = E(eq) \quad \text{oder} \quad 2\,E(eq) = E_1 + E_2$$

Durch Entwickeln der *Nernst*-Gleichung für E_1 und E_2 erhält man

$$2\,E(eq) = E_1^0 + E_2^0 + \frac{0,059}{z} \log \frac{c_{ox_1} \cdot c_{ox_2}}{c_{red_1} \cdot c_{red_2}}$$

Mit (204) vereinfacht sich der Ausdruck zu

$$E(\text{eq}) = \frac{E_1^0 + E_2^0}{2} \tag{205}$$

und man erhält dieselbe Gleichung (200), wie sie bereits für die Redoxdisproportionierung und -komproportionierung abgeleitet wurde ($c_{\text{ox}_1} = c_{\text{red}_2}$).

Für die allgemeine Gleichung

$$z_2 \text{Ox}_1 + z_1 \text{Red}_2 \; \rightarrow \; z_2 \text{Red}_1 + z_1 \text{Ox}_2$$

errechnet sich das **Äquivalenzpotential** nach der *Lutherschen Regel* (199) zu

$$E(\text{eq}) = \frac{z_1 E_1^0 + z_2 E_2^0}{z_1 + z_2} \tag{206}$$

Für eine *pH-abhängige* Reaktion des häufig vorkommenden Typs

$$z_2 \text{Ox}_1 + (z_2) m\,\text{H}^+ + z_1 \text{Red}_2 \; \rightarrow \; z_2 \text{Red}_1 + z_1 \text{Ox}_2$$

ergibt sich das Äquivalenzpotential

$$E(\text{eq}) = \frac{z_1 E_1^0 + z_2 E_2^0 - 0{,}059\, m\, \text{pH}}{z_1 + z_2} \tag{207}$$

Im Gegensatz zur Gleichgewichtskonstanten (202) ist das Äquivalenzpotential *unabhängig* von der Formulierung der Redoxgleichung.

Die Übereinstimmung der Gleichungen (205 – 207) mit den Ansätzen für die Redoxdisproportionierung bzw. -komproportionierung (s. S. 200) zeigt, daß die Redoxtitration als stöchiometrische *Symproportionierung* aufzufassen ist. Der einzige Unterschied besteht darin, daß gewöhnlich zwei verschiedene Redoxsysteme beteiligt sind. In bestimmten Fällen (Mangan nach *Volhard-Wolff*, s. S. 218, Komproportionierung von Halogenat und Halogenid, s. S. 226) wird die Symproportionierung in ternären Redoxsystemen direkt analytisch angewendet.

▓░ **Beispiele** ░▒▒▒▒▒▒▒▒▒▒▒▒▒▒▒▒▒▒▒▒▒▒▒▒▒▒▒▒▒▒▒▒▒▒▒▒

$\text{Cu}^{2+} + \text{Zn} \; \rightarrow \; \text{Cu} + \text{Zn}^{2+}$

$z_1 = z_2 = 2$

$E(\text{eq}) = \frac{1}{2}\,[0{,}35 + (-0{,}76)] = -0{,}21 \text{ V} \quad (205)$

$2\,\text{Ce}^{4+} + \text{Sn}^{2+} \; \rightarrow \; 2\,\text{Ce}^{3+} + \text{Sn}^{4+}$

$z_1 = 1 \quad z_2 = 2$

$E(\text{eq}) = \frac{1}{3}\,(1{,}61 + 2 \cdot 0{,}15) = 0{,}64 \text{ V} \quad (206)$

$\text{MnO}_4^- + 5\,\text{Cl}^- + 8\,\text{H}^+ \; \rightarrow \; \text{Mn}^{2+} + 2{,}5\,\text{Cl}_2 + 4\,\text{H}_2\text{O}$

$z_1 = 5 \quad z_2 = 1 \quad m = 8 \;\; (\text{pH 1})$

$E(\text{eq}) = \frac{1}{6}\,(5 \cdot 1{,}52 + 1{,}39 - 0{,}06 \cdot 8) = 1{,}4 \text{ V} \quad (207)$

oder

$$2\,MnO_4^- + 10\,Cl^- + 16\,H^+ \rightarrow 2\,Mn^{2+} + 5\,Cl_2 + 8\,H_2O$$

$z_1 = 10 \qquad z_2 = 2 \qquad m = 16 \ (pH\ 1)$

$E(eq) = \frac{1}{12}\,(10 \cdot 1{,}52 + 2 \cdot 1{,}39 - 0{,}06 \cdot 16) = 1{,}4\ V$

Titrationskurve

Die Titrationskurve läßt sich in der Weise konstruieren, daß man für jeden Punkt der Titration das Potential aus den vorliegenden Konzentrationen berechnet und E gegen die zugesetzte Menge Titrant aufträgt. Bis zum Äquivalenzpunkt bestimmt man das Potential aus dem Konzentrationsverhältnis des *Probesystems,* danach besser aus dem *Titrantsystem.*

Beispiel

$$Fe^{2+} + Ce^{4+} \rightarrow Fe^{3+} + Ce^{3+}$$

Hat man gerade soviel Ce(IV) zur Fe(II)-Lösung gegeben, daß das Verhältnis $c\,(Fe^{3+})/c\,(Fe^{2+}) = 10$ geworden ist, erhält man das Potential

$$E_{Fe} = E_{Fe}^0 + 0{,}059 \log 10 = 0{,}83\ V$$

Das Cersystem muß das gleiche Potential besitzen:

$$E_{Ce} = E_{Fe} = E_{Ce}^0 + 0{,}059 \log [c\,(Ce^{4+})/c\,(Ce^{3+})]$$

Daraus errechnet sich das Konzentrationsverhältnis

$$c\,(Ce^{4+})/c\,(Ce^{3+}) = 6 \cdot 10^{-14}$$

Da das Potential eine *logarithmische* Funktion der Konzentration darstellt, erhält die Kurve $E = f(C^*)$ ein ähnliches Aussehen wie die Neutralisationskurve. Die Höhe des Sprungs wird von der Potentialdifferenz der beiden Redoxsysteme bestimmt (s. S. 204). Die Titrationskurve verläuft bei einer Oxidation vom niedrigeren zum höheren Potential, bei einer Reduktion umgekehrt. Der Anfangspunkt läßt sich *nicht* aus der *Nernstschen* Gleichung berechnen (s. unten).

Hier soll nur der einfache Fall einer *oxidimetrischen Titration,*

$$Ox_1 + Red_2 \rightarrow Red_1 + Ox_2$$

bei der alle vier Komponenten gelöst vorliegen, näher betrachtet werden (Abb. 40 a).

Berechnung der charakteristischen Punkte

A 0% Oxidation (*Anfangspunkt*)

$$E_A = E_2^0 + \frac{0{,}059}{z} \log \frac{c_{ox_2}}{c_{red_2}}$$

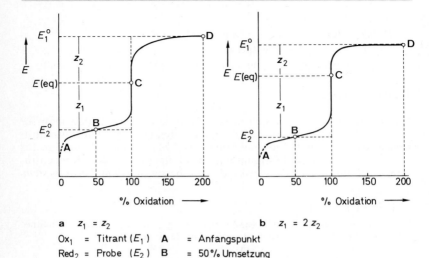

a $z_1 = z_2$ **b** $z_1 = 2\,z_2$

Ox_1 = Titrant (E_1) **A** = Anfangspunkt
Red_2 = Probe (E_2) **B** = 50% Umsetzung
                           C = Äquivalenzpunkt
                           D = „200%" Umsetzung

Abb. 40 Diagramm einer Redoxtitration (Oxidation)
a Zahl der ausgetauschten Elektronen im Titrant- und Probesystem gleich
b Zahl der ausgetauschten Elektronen verschieden

Aus der *Nernst*-Gleichung folgt für $c_{ox_2} = 0$, daß $E_A \rightarrow -\infty$ strebt. Sofern kein zweites Redoxpaar mit Red_2/Ox_2 im Gleichgewicht steht, ist das Anfangspotential unbestimmt, da normalerweise keine Reaktion und Potentialeinstellung mit dem Lösungsmittel erfolgt. Bei der Neutralisation liegt dagegen ein *definiertes* Protolysegleichgewicht vor, aus dem sich der pH-Wert des Anfangspunktes eindeutig berechnen läßt.

B   50% Oxidation (Analogon zum *Pufferpunkt*)

$$E_B = E_2^0 + \frac{0{,}059}{z} \log \frac{c_{ox_2}}{c_{red_2}} = E_2^0 \qquad c_{ox_2} = c_{red_2}$$

C   100% Oxidation (*Äquivalenzpunkt*)

$$E_C = E(eq) = \tfrac{1}{2}(E_1^0 + E_2^0) \qquad c_{ox_1} = c_{red_2};\ c_{red_1} = c_{ox_2}$$

D   „200%" Oxidation (doppelte stöchiometrische Menge Titrant)

$$E_D = E_1^0 + \frac{0{,}059}{z} \log \frac{c_{ox_1}}{c_{red_1}} = E_1^0 \qquad c_{ox_1} = c_{red_1}$$

Für die allgemeine Gleichung

$$z_2 Ox_1 + z_1 Red_2 \rightarrow z_2 Red_1 + z_1 Ox_2$$

liegt $E(eq)$ näher am Normalpotential desjenigen Systems, das *mehr* Elektronen austauscht. Aus der Titrationskurve läßt sich das Verhältnis z_2/z_1 entnehmen, wie durch Umformen von (206) leicht ersichtlich ist (Abb. 40 b).

$z_1 = z_2$ (Abb. 40 a) $z_1 \neq z_2$ (Abb. 40 b)

$$E(eq) = \tfrac{1}{2}(E_1^0 + E_2^0) \qquad E(eq) = \frac{z_1 E_1^0 + z_2 E_2^0}{z_1 + z_2}$$

$$\frac{E_1^0 - E(eq)}{E(eq) - E_2^0} = 1 \qquad \frac{E_1^0 - E(eq)}{E(eq) - E_2^0} = \frac{z_2}{z_1} \qquad (208)$$

Allgemeine Funktion der Titrationskurve (s. S. 84). Die allgemeine Funktion läßt sich leicht aus der *Nernstschen* Gleichung ableiten. Für den normalen Titrationsbereich $0 < \tau < 1$ erhält man aus

$$E = E^0 + k \log \frac{c_{ox}}{c_{red}} \quad \left(k = \frac{0,059}{z} \right) \quad \text{mit}$$

$c_{ox} = C^*$ (zugesetzte Titrantmenge)

$c_{red} = C_0 - C^*$ (verbleibende Probemenge)   und $C^* = \tau \cdot C_0$

$$E = E^0 + k \log \frac{C^*}{C_0 - C^*} = E^0 - k \log \frac{1 - \tau}{\tau} \quad (\tau < 1) \qquad (209)$$

Die Funktion entspricht der Titrationskurve eines *schwachen* Protolyten.

Für eine *Metallelektrode* ($a_{red} = 1$) erhält man

$$E = E^0 + k \log c_{ox} \quad \left(k = \frac{0,059}{z} \right) \quad \text{und mit} \quad c_{ox} = C^*$$

$$E = E^0 + k \log C^* = E^0 + k \log C_0 + k \log \tau \quad (\tau < 1) \qquad (210)$$

entsprechend der Titrationskurve eines *starken* Protolyten.

9. Redoxindikatoren

Wenn bei einem Redoxpaar **eine** Form gefärbt ist, erübrigt sich ein Indikator, z. B. bei der Titration mit $KMnO_4$. Ist die Eigenfarbe zu gering, muß die Farbintensität durch geeignete Zusätze erhöht werden (z. B. Iod mit Stärke).

Die eigentlichen *Redoxindikatoren* stellen reversible Redoxsysteme dar, deren reduzierte und oxidierte Form verschiedenfarbig ist.

$$I_{ox} + z e^- \rightleftharpoons I_{red} \quad \text{ohne Protonenaustausch}$$
$$I_{ox} + m H^+ + z e^- \rightleftharpoons I_{red} \quad \text{mit Protonenaustausch}$$

Zweifarbige Indikatoren

$$E = E_i^0 + \frac{0{,}059}{z} \log \frac{a_{iox} \cdot a^m(H^+)}{a_{ired}} =$$

$$= E_i^0 + \frac{0{,}059}{z} \left(\log \frac{c_{iox}}{c_{ired}} + \log \frac{f_{iox}}{f_{ired}} - m\,pH \right) \tag{211}$$

Unter den üblichen Bedingungen (s. Säure-Base-Indikatoren, S. 115) erhält man ein theoretisches *Umschlagspotential* von

$$E_u = E_i^0 - \frac{0{,}059 \cdot m}{z}\,pH \qquad c_{iox} = c_{ired} \tag{212}$$

Beispiel **Ferroin** = Tris(*o*-phenanthrolin)eisen(II)

o - Phenanthrolin (phen)

$[Fe(phen)_3]^{3+} + e^- \rightleftharpoons [Fe(phen)_3]^{2+}$ $\qquad E_i^0 = 1{,}14\,V$

„Ferriin"   Ferroin
schwach blau   tief rot

Bei einer Oxidationstitration liegt E_u um 0,06 V höher als E_i^0, weil infolge der schwachen Eigenfarbe des Eisen(III)-Komplexes etwa 90% in der oxidierten Form vorliegen müssen, damit der Umschlag zu erkennen ist.

Einfarbige Indikatoren

Wenn I_{red} farblos und I_{ox} farbig ist, ergibt sich das Umschlagspotential (s. S. 116) aus (211) zu

$$E_u = E_i^0 + \frac{0{,}059}{z} \left(\log \frac{c_{ox}'}{C_0 - c_{ox}'} + \log \frac{f_{iox}}{f_{ired}} - m\,pH \right) \tag{213}$$

C_0 = Totalkonzentration des Indikators
c_{ox}' = Grenzkonzentration an I_{ox}

Beispiel **Diphenylamin**

$I_{ox} + 4H^+ + 4e^- \rightleftharpoons 2I_{red}$ $\qquad E_i^0 = 0{,}76\,V$
violett   farblos

I_{ox}
N,N′- Diphenyl–diphenochinon–diimin

I_{red}
Diphenylamin

Diphenylamin ist eigentlich kein reversibler Indikator, da die Oxidation über mehrere Zwischenstufen verläuft und ein Schritt *irreversibel* ist (Benzidinumlagerung des primär gebildeten Tetraphenylhydrazins)[6]. Die Reduktion des Chinons gelingt daher nur bis zum N,N'-Diphenylbenzidin (Aufnahme von zwei Elektronen). An Stelle des Diphenylamins wird häufig das besser lösliche N-Methyldiphenylamin-p-sulfonat ($E_i^0 = 0{,}8$ V) verwendet.

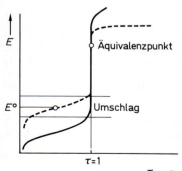

Das Normalpotential von Fe^{3+}/Fe^{2+} ($E^0 = 0{,}77$ V) liegt gerade im Umschlagsbereich von Diphenylamin (Abb. 41). Bei der Eisen-Bestimmung mit Dichromat (s. S. 216) würde daher der Indikator zu früh umschlagen. Durch Zusatz von Phosphorsäure wird das Redoxpotential des Eisens soweit erniedrigt, daß jetzt der Umschlag bereits in den Äquivalenzbereich fällt und nur einen geringen Titrationsfehler verursacht. Nach Überschreiten des Äquivalenzpunkts steigt die Kurve weiter steil an, da auch Cr^{3+} von Phosphorsäure komplexiert wird.

Beispiel Methylenblau (Phenothiazin)

$$I_{ox} + 2\,H^+ + 2\,e^- \;\rightleftharpoons\; I_{red} \qquad E_i^0 = 0{,}53\;V\;(pH\;7)$$
blau   farblos („Leukobase")

Abb. 41 Titrationskurve zur dichromatometrischen Eisen-Bestimmung mit Natrium-N-methyldiphenylamin-p-sulfonat ohne (————) und mit (——) Phosphorsäure-Zusatz (nach[20])

10. Kinetik von Redoxreaktionen

Reaktionshemmung

Im Gegensatz zur spontan verlaufenden Neutralisation beobachtet man bei Redoxvorgängen häufig **Reaktionshemmungen,** d. h. die Umsetzung läuft unter normalen Bedingungen sehr langsam oder gar nicht ab. Andererseits können solche Reaktionen durch geeignete *Katalysatoren* stark beschleunigt werden. Der Redoxvorgang ist oft *irreversibel,* so daß das experimentell bestimmte Potential nicht mit dem theoretischen Wert nach der *Nernstschen* Gleichung übereinstimmt.

Als **Ursachen** der Hemmung kommen in Frage:

◆ Zerstörung kinetisch stabiler Komplexe. Z. B. wird Hexacyanoferrat(II) ($E^0 = 0,33$ V) an der Luft nicht zum roten Blutlaugensalz oxidiert, obwohl das Potential des Sauerstoffs viel höher ist.

◆ Reaktion zwischen gleichnamig geladenen Teilchen (Hemmung durch elektrostatische Abstoßung). Der Elektronenaustausch erfordert ein Gegenion als „Brücke". Z. B. wird Eisen(III) von Zinn(II) in Salzsäure (guter Donor) rasch, aber in Perchlorsäure (schlechter Donor) sehr langsam reduziert.

◆ Komplexe Redoxsysteme wie MnO_4^- oder $Cr_2O_7^{2-}$ reagieren über mehrere Zwischenstufen, die zum Teil eine hohe Aktivierungsenergie besitzen (s. unten).

◆ Gasentwicklung. Die Bildung von dimolekularen Gasen verläuft über sehr reaktive Atome oder Radikale mit extremen Potentialwerten.

Beispiele

Sauerstoff. Die Entwicklung und Übertragung von Sauerstoff ist in wäßriger Lösung stark gehemmt. Daher sind Permanganat-, Chromat- oder Bromatlösungen stabil; Perchlorat wirkt in wäßriger Lösung nicht oxidierend. Die katalytische Wirkung von Ag^+-Ionen bei Oxidationsreaktionen mit Peroxodisulfat beruht auf der Bildung von Ag^{2+}, das leicht wieder zu Silber(I) reduziert wird.
Molekularer Sauerstoff ist dagegen in seiner Reaktionswirkung nicht gehemmt (Arbeiten unter Luftausschluß).

Wasserstoff. Auch die Bildung und Übertragung von Wasserstoff ist oft gehemmt, da einerseits eine Reihe unedler Metalle ($E^0 < 0$) in Säuren unlöslich ist, andererseits viele Oxidationsmittel ($E^0 > 0$) nicht von Wasserstoff reduziert werden. An bestimmten *Metalloberflächen* (Pd, Pt) wird die H_2-Entwicklung katalytisch begünstigt.

Induktion

Verwandt mit der Reaktionshemmung ist die Erscheinung der **Induktion**. Hierbei wird eine normalerweise nicht oder nur langsam verlaufende Reaktion durch eine zweite beschleunigt. Im Unterschied zur *Katalyse* wird der Induktor vollständig verbraucht.

Beispiel

Die Reduktion von $HgCl_2$ zu Hg_2Cl_2 mit Oxalsäure wird durch Zugabe eines Tropfens Permanganat-Lösung induziert:

$$2\,Hg^{2+} + 2\,Cl^- + C_2O_4^{2-} \xrightarrow{\;MnO_4^-\;} [Hg_2Cl_2]_f + 2\,CO_2$$

Das bekannteste, analytisch wichtige, Beispiel ist die Oxidation von Chlorid durch Permanganat in Gegenwart von Fe^{2+} (s. S. 216). Ohne Anwesenheit von Eisen(II) wird Chlorid in verdünnter, schwach saurer Lösung nicht von Permanganat oxidiert, obwohl dessen Normalpotential höher ist.

Sehr häufig wird die Oxidation mit *Luftsauerstoff* bei oxidimetrischen Titrationen induziert, z.B. bei der Bestimmung von I^-, Sn^{2+}, S^{2-} und SO_3^{2-} mit $Cr_2O_7^{2-}$, MnO_4^- oder $S_2O_8^{2-}$.

Kapitel 11

Redoxtitration

Tab. 15 gibt eine Übersicht der wichtigsten analytischen Redoxverfahren. Die Reaktionsgleichungen der Titranten sind im nachfolgenden Text angeführt und werden fortlaufend mit großen Buchstaben bezeichnet.

Tab. 15 Redoxtitrationen

Verfahren	Titrant	(Äquiv.-zahl)	Indikator	zur Bestimmung von
Oxidimetrische Bestimmungen				
Mangano-metrie	$KMnO_4$ sauer	($z = 5$)	–	Fe, $Ca(C_2O_4^{2-})$, H_2O_2, NO_2^-, U
	neutral	($z = 3$)	–	Mn (*Volhard-Wolff*)
Dichroma-tometrie	$K_2Cr_2O_7$	($z = 6$)	Diphenyl-amin	Fe
Brom(at)o-metrie	$KBrO_3$	($z = 6$)	Methyl-orange	As, Sb, Sn, Cu(Bi), Tl, NH_4^+; Metalloxinate
Iodometrie	I_2 ($KIO_3 + KI$) oxidimetrisch		Iod/Stärke	As, Sb, Sn, Hg, H_2O; S^{2-}, SO_3^{2-}
	KI ($Na_2S_2O_3$) reduktometrisch	($z = 1$)		Cu, Cr, Co, V, MnO_2, PbO_2, SeO_4^{2-}, H_2O_2, ClO_3^-, BrO_3^-, IO_3^-, CN^-, SCN^-; CO
Cerimetrie	$Ce(SO_4)_2$[a]	($z = 1$)	Ferroin	As, Fe, Sn, H_2O_2
Reduktometrische Bestimmungen				
Ferrometrie	$FeSO_4$	($z = 1$)	Diphenyl-amin	Cr, V (H_2O)[b]
Titanometrie	$TiCl_3$	($z = 1$)	Rhodanid	Fe, ClO_3^-, NO_3^-

[a] eigentlich $(NH_4)_2[Ce(SO_4)_3]$
[b] durch Hydrolyse organischer Vanadinsäureester (R_3VO_4)

Die reduktometrischen Verfahren werden wegen der Instabilität der Maßlösungen (Autoxidation) nur noch selten angewendet und sollen daher nicht näher besprochen werden[17, 21].

1. Manganometrie

Grundgleichungen

Saures Medium (überwiegende Anwendung)

A

$$MnO_4^- + 8H^+ + 5e^- \rightarrow Mn^{2+} + 4H_2O \qquad E^0 = 1,52\ V$$
$$z = 5$$
$$c(eq)(KMnO_4) = c(^1/_5\ KMnO_4) = 5\,c(KMnO_4)$$

Neutrales bis schwach alkalisches Medium

B

$$\left.\begin{array}{l} MnO_4^- + 4H^+ + 3e^- \rightarrow MnO_2 + 2H_2O \\ MnO_4^- + 2H_2O + 3e^- \rightarrow MnO_2 + 4OH^- \end{array}\right\} E^0 = 1,68\ V$$
$$z = 3$$
$$c(eq)(KMnO_4) = c(^1/_3\ KMnO_4) = 3\,c(KMnO_4)$$

Stark alkalisches Medium (wenig angewendet)

C

$$MnO_4^- + e^- \rightarrow MnO_4^{2-} \qquad E^0 = 0,54\ V \qquad z = 1$$

In Wirklichkeit verläuft die Reduktion nach einem komplizierten Mechanismus, der auch praktische Konsequenzen hat (s. S. 216). Der Nachteil von $KMnO_4$-Lösungen liegt in ihrer leichten Zersetzlichkeit (öfters Gehalt überprüfen!), die durch ausgeschiedenes MnO_2 katalysiert wird.

$KMnO_4$-Maßlösung läßt sich gegen getrocknetes *Natriumoxalat* (oder As_2O_3) einstellen. Man erwärmt die Rohlösung einige Stunden auf dem Wasserbad, bis der Faktor konstant bleibt und filtriert vom Ungelösten ab. Die Vorratsflasche ist gründlich zu reinigen.

$$
\begin{array}{ll}
MnO_4^- + 8H^+ + 5e^- & \rightarrow \quad Mn^{2+} + 4H_2O \mid \cdot 2 \\
C_2O_4^{2-} & \rightarrow \quad 2CO_2 \ + 2e^- \quad \mid \cdot 5 \\
\hline
2MnO_4^- + 5C_2O_4^{2-} + 16H^+ & \rightarrow \ 2Mn^{2+} + 10CO_2 + 8H_2O
\end{array}
$$

$$2\ mol\ MnO_4^- \triangleq 5\ mol\ C_2O_4^{2-}$$
$$n(eq) = 10\ mol \qquad n(eq) = 10\ mol$$

Manganometrische Eisen-Bestimmung

Eisen(II) in schwefelsaurer Lösung. Die Reaktion verläuft glatt nach

$$MnO_4^- + 5\,Fe^{2+} + 8\,H^+ \;\rightarrow\; Mn^{2+} + 5\,Fe^{3+} + 4\,H_2O$$

Den Endpunkt erkennt man an einer schwachen Orangefärbung (Mischfarbe aus violett und gelb). Durch Zusatz von *Phosphorsäure* läßt sich Fe^{3+} in den farblosen Komplex $[Fe(PO_4)_2]^{3-}$ überführen.

$$Fe^{2+} \;\rightarrow\; Fe^{3+} + e^- \qquad z = 1$$
$$n(eq)(Fe) = n(Fe)$$

Eisen(III) muß vorher reduziert werden. Als Reduktionsmittel dienen Schwefeldioxid, Zinkpulver oder Zinkamalgam (*Jones*-Reduktor).

Eisen(II) in salzsaurer Lösung. Dieser Bestimmung kommt große Bedeutung zu, weil das Eisen meist als Chlorid vorliegt. Die Titration verläuft komplizierter, da die Oxidation des Chlorid-Ions induziert wird.

$$MnO_4^- + 8\,H^+ + 5\,Cl^- \;\rightarrow\; Mn^{2+} + 2{,}5\,Cl_2 + 4\,H_2O$$

Daneben wird auch Braunstein gebildet. Die Folgen sind Mehrverbrauch an Maßlösung und unscharfe Endpunktsanzeige.

Verdünnte Salzsäure wird normalerweise nicht von $KMnO_4$ angegriffen, auch nicht in Gegenwart von $Fe(III)$, obwohl es aufgrund der Potentiale möglich wäre. Die Oxidation des Chlorids ist gehemmt und wird erst durch die Reaktion von $Fe(II)$ mit Permanganat aktiviert. Als Induktoren wirken höhere Oxidationsstufen des Mangans, in erster Linie $Mn(III)$. Das Redoxpaar Mn^{3+}/Mn^{2+} besitzt ein Normalpotential von 1,51 V und ist nicht gehemmt.

Die Bildung von Mn^{3+} durch *Komproportionierung* von MnO_4^- und Mn^{2+}

$$MnO_4^- + 4\,Mn^{2+} + 8\,H^+ \;\rightarrow\; 5\,Mn^{3+} + 4\,H_2O$$

ist vermutlich dafür verantwortlich, daß Oxidationen mit Permanganat allgemein zunächst sehr langsam verlaufen (*Induktionsperiode*) und erst allmählich beschleunigt werden.

Bei der Titration von Fe^{2+} soll aber die Bildung von Mn^{3+} gerade verhindert werden. Wie aus dem Redoxpotential

$$E = E^0 + 0{,}059 \log \frac{c(Mn^{3+})}{c(Mn^{2+})}$$

zu ersehen ist, muß man dazu den Quotienten $c(\mathrm{Mn}^{3+})/c(\mathrm{Mn}^{2+})$ möglichst klein halten. In der Praxis setzt man eine Mischung aus konzentrierter $\mathrm{MnSO_4}$-Lösung und Phosphorsäure zu (= *Zimmermann-Reinhardt-Lösung*). Die Phosphorsäure verringert die Konzentration an freiem Mn^{3+} (und Fe^{3+}) durch Komplexbildung soweit, daß in Verbindung mit der hohen Mn^{2+}-Konzentration eine einwandfreie Titration des Eisens möglich wird[a].

Titration von Eisen(III). Da das Eisen normalerweise in *dreiwertiger* Form vorliegt, reduziert man mit einem geringen Überschuß von $\mathrm{SnCl_2}$,

$$\mathrm{Sn^{2+} + 2\,Fe^{3+} \;\rightarrow\; Sn^{4+} + 2\,Fe^{2+}}$$
$$\text{als } [\mathrm{SnCl_6}]^{2-}$$

der durch Zugabe von wenig $\mathrm{HgCl_2}$-Lösung wieder beseitigt wird:

$$\mathrm{Sn^{2+} + 2\,Hg^{2+} + 2\,Cl^{-} \;\rightarrow\; Sn^{4+} + [Hg_2Cl_2]_f}$$

Weder Sn(IV) noch Hg(I) stören die Titration ($\mathrm{Hg_2Cl_2}$ darf nur in kleinen Mengen anwesend sein).

Oxalat-, Peroxid- und Nitrit-Bestimmung

Lösungen von Oxalat oder Oxalsäure können direkt bestimmt werden. Ca^{2+} wird als Oxalat gefällt, das ausgeschiedene $\mathrm{CaC_2O_4}$ in Schwefelsäure (~ 1 molar) gelöst und mit $\mathrm{KMnO_4}$-Maßlösung titriert:

$$\mathrm{C_2O_4^{2-} \;\rightarrow\; 2\,CO_2 + 2\,e^{-}} \qquad z = 2$$
$$n(\mathrm{eq})(\mathrm{Ca}) = n(\tfrac{1}{2}\,\mathrm{Ca})$$

In saurer Lösung wird $\mathrm{H_2O_2}$ glatt von $\mathrm{KMnO_4}$ oxidiert (s. S. 202):

$$\mathrm{H_2O_2 \;\rightarrow\; O_2 + 2\,H^{+} + 2\,e^{-}} \qquad z = 2$$
$$n(\mathrm{eq})(\mathrm{H_2O_2}) = n(\tfrac{1}{2}\,\mathrm{H_2O_2})$$

Da sich Nitrite in der Kälte nur langsam mit Permanganat umsetzen, führt man nach *Lunge* eine *umgekehrte* (inverse) Titration durch, d.h. man legt eine bekannte Menge $\mathrm{KMnO_4}$-Lösung vor und gibt solange Nitritlösung zu, bis Entfärbung eintritt.

$$\mathrm{NO_2^- + H_2O \;\rightarrow\; NO_3^- + 2\,H^{+} + 2\,e^{-}} \qquad z = 2$$
$$n(\mathrm{eq})(\mathrm{NO_2^-}) = n(\tfrac{1}{2}\,\mathrm{NO_2^-})$$

---

[a] Es wird nur Fe^{2+}, aber nicht mehr Cl^- oxidiert. Durch die Komplexierung von Fe(III) erniedrigt sich auch das Redoxpotential des Eisens und erleichtert die Oxidation von Fe(II).

Mangan-Bestimmung nach Volhard-Wolff

Diese Methode spielt vor allem in der Metallurgie eine Rolle, da sie die spezifische Bestimmung von Mangan in Gegenwart anderer Metalle gestattet.

$$2\,MnO_4^- + 3\,Mn^{2+} + 2\,H_2O \xrightarrow{80-90\,°C} 5\,[MnO_2]_f + 4\,H^+$$

Teilschritt:
$$Mn^{2+} + 2\,H_2O \longrightarrow MnO_2 + 4\,H^+ + 2\,e^-$$
$$z = 2$$

Äquivalente: **a**   mit $c(eq) = c(\frac{1}{3}\,KMnO_4)$ Grundgleichung **B**
$$n(eq)(Mn) = n(0,5\,Mn)$$

         b   mit $c(eq) = c(\frac{1}{5}\,KMnO_4)$ Grundgleichung **A**
$$n(eq)(Mn) = n(0,6 \cdot 0,5\,Mn)^a = n(0,3\,Mn)$$

Man arbeitet in *neutraler* bis *essigsaurer* Lösung in der Wärme. Durch das entstehende MnO_2 ist der Titrationsendpunkt schlecht zu erkennen. Außerdem adsorbiert der Niederschlag stark zweiwertige Kationen, also auch Mn^{2+}, so daß eine quantitative Umsetzung verhindert würde. Man gibt daher einen Überschuß an indifferenten Fremdionen (z. B. Zn^{2+}) zu und titriert möglichst rasch.

2. Dichromatometrie

Grundgleichung D

$$Cr_2O_7^{2-} + 14\,H^+ + 6\,e^- \rightarrow 2\,Cr^{3+} + 7\,H_2O \quad E^0 = 1,36\,V \quad z = 6$$
$$c(eq)(K_2Cr_2O_7) = c(\frac{1}{6}\,K_2Cr_2O_7) = 6\,c(K_2Cr_2O_7)$$

Die Dichromatometrie wird zur technischen *Eisen-Bestimmung* verwendet. Sie hat gegenüber der manganometrischen Titration den Vorteil, daß $K_2Cr_2O_7$ sehr rein erhältlich ist (Urtiter-Substanz), stabile Lösungen bildet und keine Chlorid-Oxidation induziert. Der Nachteil liegt in der schwierigen Erkennbarkeit des Umschlagspunktes wegen der starken Eigenfarbe von Chrom(III).

Indikation mit Diphenylamin. In neutraler Lösung ist E_i^0 etwa gleich $E^0(Fe^{3+}/Fe^{2+})$. Man setzt Phosphorsäure zur Maskierung von Fe^{3+} zu, um einen vorzeitigen Umschlag zu verhindern (Abb. 41, S. 211).

[a]   Der Faktor 0,6 resultiert aus dem Verhältnis $\frac{1}{5}:\frac{1}{3}$ (Gehalt der $\frac{1}{5}$ mol $\cdot$ L^{-1} Lösung beträgt 60% der $\frac{1}{3}$ mol $\cdot$ L^{-1} Lösung).

Indikation durch Tüpfelprobe. Man stellt den ungefähren Verbrauch fest und prüft nach Zugabe der Hauptmenge Dichromat einen Tropfen der Probelösung mit verdünnter $K_3[Fe(CN)_6]$-Lösung auf das Verschwinden der intensiven Farbe von Berliner Blau. Die Indikatorlösung muß absolut frei von $[Fe(CN)_6]^{4-}$ sein.

3. Bromatometrie [a]

Die bromatometrische Titration wird zur Bestimmung von As(III), Sb(III), Sn(II), Cu(I), Tl(I) sowie NH_4^+, N_2H_4 und ähnlichen Stickstoff-Verbindungen angewendet. Daneben lassen sich viele Metalle in Form ihrer Oxinato-Komplexe bromometrisch bestimmen. $KBrO_3$-Lösungen sind rein erhältlich (*Urtiter*) und stabil.

Grundgleichung E

$$BrO_3^- + 6H^+ + 6e^- \rightarrow Br^- + 3H_2O \qquad E^0 = 1{,}44\ V \qquad z = 6$$
$$c(eq)(KBrO_3) = c(^1/_6\,KBrO_3) = 6\,c(KBrO_3)$$

Indikation. Der Titrationsendpunkt wird durch elementares Brom angezeigt, das sich bei Bromat-Überschuß durch *Komproportionierung* bildet:

$$BrO_3^- + 5Br^- + 6H^+ \rightarrow 3Br_2 + 3H_2O$$

Da die Eigenfarbe von verdünnten Bromlösungen zu gering ist, benutzt man die Oxidationswirkung des Broms auf organische Farbstoffe wie *Methylorange* als Nachweis (Entfärbung). Die Oxidation ist *irreversibel*, geht aber nur langsam vor sich; daher muß man in der Umgebung des Äquivalenzpunktes vorsichtig titrieren.

Arsen- und Antimon-Bestimmung. Die Oxidation erfolgt in salzsaurer Lösung (1 − 2 normal) bei 50 °C bis zur Entfärbung von Methylorange.

$$MO_3^{3-} + H_2O \rightarrow MO_4^{3-} + 2H^+ + 2e^- \qquad z = 2$$
$$M = As,\ Sb$$

Stickstoff-Bestimmung. Verbindungen mit Stickstoff in niedriger Oxidationsstufe werden durch $KBrO_3$ zu elementarem Stickstoff oxidiert, z. B.

$$2NH_4^+ \rightarrow N_2 + 8H^+ + 6e^- \qquad z = 3 \text{ (pro } NH_3)$$

---

[a] Auch als „*Bromometrie*" anwendbar (Erzeugung von elementarem Brom durch Komproportionierung mit Bromid).

Bromometrische Bestimmung von Oxinato-Komplexen. Die leichte elektrophile Substitution durch Brom macht man sich in der pharmazeutischen Analytik zur quantitativen Bestimmung ungesättigter organischer Verbindungen zunutze[11]. Durch Kombination geeigneter aromatischer Moleküle (Liganden) mit Metallionen können diese indirekt bestimmt werden. Das bekannteste Beispiel ist die Disubstitution von **8-Hydroxychinolin** (Oxin):

Das Brom wird durch Zugabe von überschüssigem KBr und Titration mit $KBrO_3$ erzeugt. Da die Substitution des Oxins langsam verläuft, arbeitet man mit einem Überschuß an $KBrO_3$ und bestimmt die verbleibende Menge nicht umgesetztes Brom durch Reduktion mit KI und Rücktitration des ausgeschiedenen Iods mit Thiosulfat (s. S. 221).

1 mol Oxin $\widehat{=}$ 2 mol Br_2 $\widehat{=}$ 4 mol Br

$n(eq)(Oxin) = n(\frac{1}{4} Oxin) = 4n(Oxin)$

Bei der Komproportionierung von Bromat und Bromid entstehen aus 1 mol BrO_3^- 6 mol Br, also gilt

$n(eq)(BrO_3^-) = n(\frac{1}{6} BrO_3^-) \widehat{=} n(Br) \widehat{=} n(\frac{1}{4} Oxin)$

Daraus erhält man die Relationen:

Zweiwertiges Metall $\quad n(eq)(M^{2+}) = n(\frac{1}{8} M^{2+})$
Dreiwertiges Metall $\quad n(eq)(M^{3+}) = n(\frac{1}{12} M^{3+})$

4. Iodometrie

Die Iodometrie stellt die vielseitigste Redoxtitrationsmethode dar, da sie als Oxidations- *und* Reduktionsverfahren eingesetzt werden kann. Sie hat auch in der organischen und pharmazeutischen Analytik weite Verbreitung gefunden[11].

Grundgleichung F

$I_2 + 2e^- \rightarrow 2I^- \qquad E^0 = 0,54 \text{ V} \qquad z = 2$

$n(eq)(I_2) = n(\frac{1}{2} I_2) = 2n(I_2) \qquad (= n(I))$

Reduzierende Stoffe werden direkt mit Iod-Lösung titriert, der man zur Erhöhung der Löslichkeit Kaliumiodid zusetzt (Bildung von KI_3). Da die Maßlösung unbeständig ist und ihren Gehalt rasch ändert, verwendet man besser ein KI/KIO_3-Gemisch im Molverhältnis 5:1, das beim Ansäuern Iod liefert:

$$IO_3^- + 5I^- + 6H^+ \rightarrow 3I_2 + 3H_2O$$

Die Reaktionsgeschwindigkeit ist stark pH-abhängig (*Landoltsche Zeitreaktion*), so daß die Komproportionierung auch zur quantitativen Säurebestimmung herangezogen werden kann[6].

Oxidierende Verbindungen werden mit überschüssigem Kaliumiodid reduziert und das ausgeschiedene Iod mit Thiosulfat zurücktitriert, das dabei im neutralen bis schwach sauren Medium zum Tetrathionat oxidiert wird[a].

Grundgleichung G

$$2S_2O_3^{2-} \rightarrow S_4O_6^{2-} + 2e^- \qquad E^0 = 0{,}17\,V^{\,b} \qquad z = 1$$
$$c(eq)(Na_2S_2O_3) = c(Na_2S_2O_3)$$

Die Thiosulfat-Lösung ist nicht lange haltbar, da leicht Autoxidation erfolgt, die durch Schwermetallspuren oder Enzyme von Schwefelbakterien katalysiert wird.

Im alkalischen Medium disproportioniert Iod in Iodid und Iodat (Umkehrung der obigen Gleichung). Da Iodat ein höheres Redoxpotential als Iod besitzt ($E^0 = 1{,}09\,V$), wird Thiosulfat zum Sulfat oxidiert:

$$S_2O_3^{2-} + 10\,OH^- \rightarrow 2SO_4^{2-} + 8e^- + 5H_2O$$

Indikation. Als sehr empfindlicher Indikator für freies Iod dient **Stärke** (Grenzkonzentration $\sim 10^{-5}\,mol \cdot L^{-1}$), aber nur in Gegenwart von Iodid-Ionen. Bei Titrationen mit Iod-Lösung wird die Stärke von Anfang an, bei Umsetzungen mit Iodid (Iod-Überschuß) erst *gegen Ende* der Reaktion zugegeben. Die Stärkelösung kann durch Zusatz von HgI_2 vor Bakterienbefall geschützt werden.

Die blaue Farbe beruht auf der Bildung einer **Einschlußverbindung** von atomarem Iod und Stärke, und zwar mit der *Amylose* (unverzweig-

---

[a] Nicht zu stark ansäuern, da sonst in größerem Maße die instabile freie Thioschwefelsäure entsteht ($H_2S_2O_3 \rightarrow H_2O + SO_2 + S$).
[b] E^0 für die Reduktion.

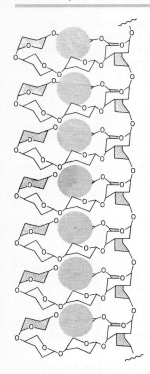

Amylose (α-1,4 - Glucosidbindung)

Abb. 42 Iod-Stärke-Einschlußverbindung (aus[11])

te Kette), die helixartige Struktur besitzt und in ihren Wendeln das Iod einschließt (Abb. 42). Es entstehen lineare Ketten mit etwa 15 Atomen und einem I—I-Abstand von 3,06 Å (306 pm)[6]. Das Clathrat verfügt über ein niedriges Leitfähigkeitsband, das leicht *Charge-Transfer*-Übergänge mit einem Absorptionsmaximum von 620 nm ermöglicht. Die Iodid-Ionen wirken offenbar aktivierend (Bildung von Polyiodiden, z. B. I_5^-).

Oxidimetrische Bestimmungen

Mit *Iod-Lösung* (bzw. KIO_3/KI-Gemisch) kann man bestimmen: As(III), Sb(III), Sn(II); S^{2-} ($\to$ S), $S_2O_3^{2-}$ ($\to S_4O_6^{2-}$), SO_3^{2-} ($\to SO_4^{2-}$); Hg und H_2O. Im folgenden soll nur auf die beiden letzten Verfahren näher eingegangen werden.

Quecksilber-Bestimmung. Quecksilber läßt sich iodometrisch als Hg(I) und Hg(II) bestimmen[21].

Hg(I): Hg_2Cl_2 wird mit überschüssiger Iod-Lösung und Kaliumiodid umgesetzt und die nicht verbrauchte Iodmenge mit Thiosulfat zurücktitriert. Die Bestimmung beruht auf der Bildung des sehr stabilen $[HgI_4]^{2-}$-Komplexes.

$$Hg_2Cl_2 + I_2 + 6I^- \;\rightarrow\; 2[HgI_4]^{2-} + 2Cl^-$$
$$n(eq)(Hg) = n(Hg)$$

Hg(II): Hg(II)-Salze werden zunächst in $[HgI_4]^{2-}$ übergeführt, im alkalischen Medium mit Formaldehyd reduziert und das ausgeschiedene Quecksilber in *essigsaurer* Lösung mit überschüssigem Iod oxidiert. Die nicht verbrauchte Iodmenge wird wie oben zurücktitriert.

$$[HgI_4]^{2-} + 2e^- \;\overset{HCHO}{\underset{I_2}{\rightleftharpoons}}\; Hg^0 + 4I^-$$
$$HCHO + 3OH^- \;\longrightarrow\; HCOO^- + 2e^- + H_2O$$
$$Hg + I_2 + 2I^- \;\longrightarrow\; [HgI_4]^{2-}$$
$$n(eq)(Hg) = n(\tfrac{1}{2}Hg)$$

Wasserbestimmung nach Karl Fischer (1935). Die Methode ist geeignet zur Bestimmung *kleiner* Wassermengen, z. B. in Hydraten, Komplexen, Mischphasen und organischen Solvenzien[46]. Sie beruht auf der Erscheinung, daß Iod nur in Anwesenheit von Wasser mit Schwefeldioxid reagiert[a].

$$SO_2 + I_2 + 2H_2O \;\rightarrow\; 4H^+ + 2I^- + SO_4^{2-}$$

Das Iod wird in methanolischer Lösung, das SO_2 in Pyridin (zur Neutralisation der entstehenden Säure) eingesetzt. Die **Karl-Fischer-Lösung** stellt ein Gemisch aus beiden Bestandteilen dar. Der Endpunkt ist am Auftreten der braunen Farbe des Iods zu erkennen (Verstärkung mit Methylenblau)[b]. Am besten eignen sich elektrochemische Indikationsverfahren (s. S. 293).

Der Wirkungswert der *Karl-Fischer-Lösung* ändert sich mit der Zeit und muß vor jeder Meßreihe gegen eine bekannte Wassermenge eingestellt werden.

Die Reaktion läuft zwar ohne Methanol im Molverhältnis $H_2O : I_2 : SO_2$ = 2 : 1 : 1 ab, ist aber dann nicht spezifisch und reproduzierbar. Das annähernd gefundene Molverhältnis 1 : 1 : 1 wird erreicht, wenn das Methanol aktiv in den Reaktionsablauf eingreift. Als reaktive Zwi-

---

[a] Es handelt sich hierbei um die schon lange bekannte **Bunsen-Reaktion,** die ursprünglich zur *Sulfit-Bestimmung* angewendet wurde.

[b] Warum läßt sich Stärke hier nicht verwenden?

schenstufe wurde das **Methylsulfit-Ion** nachgewiesen, dessen Bildung durch *Basezusatz* begünstigt wird, d. h. die Reaktionsgeschwindigkeit nimmt mit dem pH-Wert zu.

$$2\,CH_3OH + SO_2 \xrightarrow{Base} CH_3OH_2^+ + \mathbf{SO_3CH_3^-}$$

Damit ergibt sich die Bruttogleichung

$$H_2O + I_2 + SO_2 + CH_3OH + 3\,B \rightarrow [BH]SO_4CH_3 + 2\,[BH]I$$

Anstelle von Pyridin wird häufig Diethanolamin, Imidazol oder einfach Natriumacetat als Base (B) verwendet. Statt Methanol können auch höhere Alkohole (Propanol, *t*-Butanol) eingesetzt werden.

Man gebraucht heute noch überwiegend *Einkomponenten-Reagentien,* die nach entsprechender Eichung problemlos zu handhaben sind. *Zweikomponenten-Reagentien*[a] bestehen aus dem **Solvent** (SO_2, Pyridin, Methanol) und dem **Titrant** (Iod in Methanol). Sie ermöglichen besser reproduzierbare Bedingungen und einen stabilen Endpunkt.

Reduktometrische Bestimmungen

Mit *Iodid/Thiosulfat* lassen sich titrieren: Cu(II), Co(III), Cr(VI), H_2O_2, höhere Oxide und Oxoanionen (MnO_2, PbO_2, V_2O_5, SeO_4^{2-}, TeO_4^{2-}), Halogenate (ClO_3^-, BrO_3^-, IO_3^-, IO_4^-) und Kohlenmonoxid (CO).

Kupfer. Bedingt durch die Schwerlöslichkeit des Kupfer(I)-iodids verläuft die Redoxreaktion

$$Cu^{2+} + 2\,I^- \rightarrow [CuI]_f + \tfrac{1}{2}\,I_2 \qquad K = 6,3 \cdot 10^4$$

bei ausreichendem Iodid-Überschuß *entgegen* den Normalpotentialen.

$$E_I = E^0 + 0,06 \log \frac{\sqrt{c\,(I_2)}}{c\,(I^-)} \qquad E^0 = 0,54\,V$$

$$E_{Cu} = E^0 + 0,06 \log \frac{c\,(Cu^{2+})}{c\,(Cu^+)} \qquad E^0 = 0,15\,V$$

Wegen der sehr geringen Cu^+-Konzentration wird $E_{Cu} > E_I$.

Beispiel

$$c\,(Cu^{2+}) = c\,(I^-) = c\,(I_2) = 0,1\ mol \cdot l^{-1}$$
$$E_I = E^0 + 0,03 = 0,57\,V$$

[a] „*Reaquant*®" (Baker Chemicals), „*Hydranal*®" (Riedel-de Haën).

$$E_{Cu} = E^0 + 0,06 \log \frac{c(Cu^{2+}) \cdot c(I^-)}{K_L} \qquad K_L = 5 \cdot 10^{-12}$$

$$E_{Cu} = E^0 + 0,55 = 0,70 \text{ V}$$

Der Gleichgewichtsexponent errechnet sich aus den Normalpotentialen und dem Löslichkeitsprodukt zu pK = −4,8. Mit Bromid (pK = 7,9) und Chlorid (pK = 14,2) gelingt die Reduktion nicht. Ebenso versagt die Methode bei komplex gebundenem Kupfer, z. B. $[Cu(NH_3)_4]^{2+}$ (pK = 8,3).

Eisen(III) wird nicht quantitativ reduziert (pK = −3,9, entsprechend etwa 99% Umsetzung).

$$Fe^{3+} + I^- \rightleftharpoons Fe^{2+} + \tfrac{1}{2} I_2$$

Bei der Kupfer-Bestimmung wird anwesendes Eisen mit Phosphorsäure komplexiert.

Berechnung von K (aus (203))

$$Cu^{2+} + e^- \rightarrow Cu^+ \qquad \log K_1 = \frac{E_1^0}{0,06} = 2,5$$

$$\tfrac{1}{2} I_2 + e^- \rightarrow I^- \qquad \log K_2 = \frac{E_2^0}{0,06} = 9,0$$

$$Cu^{2+} + I^- \rightarrow Cu^+ + \tfrac{1}{2} I_2 \qquad \log K' = \log K_1 - \log K_2 = -6,5$$

$$Cu^+ + I^- \rightarrow [CuI]_f \qquad -\log K_L = pK_L = 11,3$$

$$Cu^{2+} + 2 I^- \rightarrow [CuI]_f + \tfrac{1}{2} I_2 \qquad \log K = \log K' + pK_L = +4,8$$

$$K_L = 6,3 \cdot 10^4$$

Cobalt. Das vorliegende Cobalt(II)-Salz wird unter Zusatz von $NaHCO_3$ mit *Perhydrol* (30 proz. H_2O_2) zum dunkelgrünen Co(III)-Carbonatokomplex oxidiert. Durch Zugabe von KI und Ansäuern mit HCl wird der Komplex zerstört und Co(III) wieder quantitativ reduziert.

$$Co^{3+} + I^- \rightarrow Co^{2+} + \tfrac{1}{2} I_2$$

$$E_{Co} = E^0 + 0,06 \log \frac{c(Co^{3+})}{c(Co^{2+})}$$

Bei der iodometrischen Cobalt-Bestimmung macht man sich die Abhängigkeit des Redoxpotentials von der Koordination des Co^{3+}-Ions zunutze. Das Normalpotential des *freien* Co^{3+}-Ions beträgt 1,84 V (starkes Oxidationsmittel), wird aber durch Komplexierung beträchtlich verringert, da das dreiwertige Cobalt in komplexgebundenem

Zustand stabiler ist (Edelgaskonfiguration, isoelektronisch mit Eisen(II)-Komplexen).

Chrom (als Dichromat). Die Reduktion von Dichromat mit Iodid gelingt nur im stark sauren Medium genügend rasch; dabei besteht die Gefahr der *Autoxidation* des Iodids. Man puffert mit Kaliumhydrogencarbonat ab und gibt nur soviel halbkonzentrierte Schwefelsäure zu, daß die Farbe der Lösung nach orange umschlägt.

$$Cr_2O_7^{2-} + 14\,H^+ + 6\,e^- \rightarrow 2\,Cr^{3+} + 7\,H_2O \qquad z = 6$$

$$n(eq)(Cr) = n(^1/_6\,Cr_2O_7^{2-}) = n(^1/_3\,Cr)$$

Die Reduktion von **Wasserstoffperoxid** mit Iodid verläuft sehr langsam und muß durch Zusatz von Molybdat katalysiert werden (vermutlich Bildung von reaktiven Peroxomolybdaten).

$$H_2O_2 + 2\,H^+ + 2\,e^- \xrightarrow{MoO_4^{2-}} 2\,H_2O \qquad z = 2$$

$$n(eq)(H_2O_2) = n(^1/_2\,H_2O_2)$$

Höhere Oxide und Oxoanionen („Braunstein nach *Bunsen*"). Leicht reduzierbare Oxide von Metallen in höheren Oxidationsstufen und Anionen von Sauerstoffsäuren lassen sich indirekt iodometrisch bestimmen. Das Verfahren beruht auf der Oxidation von konz. Salzsäure und anschließender Substitution des freigesetzten Chlors durch die äquivalente Menge Iod (s. S. 83).

$$MO_2 + 4\,HCl \rightarrow MCl_2 + Cl_2 + 2\,H_2O \qquad M = Mn, Pb$$
$$Cl_2 \;\; + 2\,I^- \;\; \rightarrow I_2 + 2\,Cl^-$$
$$n(eq)(MO_2) = n(^1/_2\,MO_2)$$

Selenate und Tellurate werden zur vierwertigen Stufe reduziert.

$$ElO_4^{2-} + 2\,HCl \rightarrow ElO_3^{2-} + H_2O + Cl_2 \qquad El = Se, Te$$
$$n(eq)(El) = n(^1/_2\,El)$$

Halogenate. Chlorat und Bromat werden in salzsaurer Lösung mit KBr umgesetzt. Das ausgeschiedene Brom wird mit KI durch Iod substituiert und dieses mit Thiosulfat zurücktitriert.

$$ClO_3^- + 6\,Br^- + 6\,H^+ \rightarrow 3\,Br_2 + Cl^- + 3\,H_2O \qquad z = 6$$
$$BrO_3^- + 5\,Br^- + 6\,H^+ \rightarrow 3\,Br_2 + 3\,H_2O \qquad z = 6$$

Iodat und Periodat symproportionieren in saurer Lösung direkt mit Iodid zu Iod:

$$IO_3^- + 5\,I^- + 6\,H^+ \rightarrow 3\,I_2 + 3\,H_2O \qquad z = 6$$
$$IO_4^- + 7\,I^- + 8\,H^+ \rightarrow 4\,I_2 + 4\,H_2O \qquad z = 8$$

Kohlenmonoxid wird von Diiodpentoxid zu Kohlendioxid oxidiert (qualitativer und quantitativer Nachweis) und das entstehende Iod mit Thiosulfat titriert.

$$I_2O_5 + 5\,CO \rightarrow I_2 + 5\,CO_2$$

1 Äquivalent Iod $\cong$ 2,5 Mol CO (s. S. 83).

5. Cerimetrie

Zur Bestimmung von As(III), Fe(II), Sn(II), H_2O_2, NO_2^-.
Indikator: Ferroin.

Grundgleichung H

$$Ce^{4+} + e^- \rightarrow Ce^{3+} \qquad E^0 = 1,61\ V \qquad z = 1$$
$$c(eq)(Ce) = c(Ce)$$

Die Gleichung ist nur formal zu verstehen, da Cer(IV) in Wirklichkeit als *Nitrato-* oder *Sulfato-Komplex* ($E^0 = 1,61$ bzw. 1,44 V) vorliegt. Meist geht man von dem Doppelsalz $2\,(NH_4)_2SO_4 \cdot Ce(SO_4)_2 \cdot 2\,H_2O$ aus. Die Lösung ist stabil und kann gegen Arsentrioxid oder Oxalsäure eingestellt werden. Die cerimetrische Eisen-Bestimmung hat den Vorteil, daß keine störende Chlorid-Oxidation induziert wird und ein sauberer Indikator-Umschlag erfolgt.

Trennungen

Zur quantitativen Analyse natürlicher und technischer Stoffgemische wurden zahlreiche Trennmethoden bzw. -verfahren entwickelt[48, 49]. Da die einzelnen Verfahren oft sehr speziell ausgerichtet sind, kann hier nur ein Abriß der grundlegenden Methoden gegeben werden[a].

1. Aufschluß und Trennung

Die meisten Proben liegen im festen Zustand vor und müssen zuerst durch *Auflösen* oder *Aufschließen* in die meßgerechte *flüssige* Phase gebracht werden[60]. Ein geeignetes Löse- oder Aufschlußreagenz soll rasch, vollständig und ohne Störung wirken. Für *anorganische* Stoffe bieten sich *Wasser* (pH-Wert variieren) und *Mineralsäuren* (konzentriert oder halbkonzentriert) als Lösungsmittel an. Schwerlösliche Substanzen werden durch eine **Schmelzreaktion** (s. S. 236) (saures, basisches, oxidatives oder reduktives Milieu) in eine lösliche Form übergeführt. Eine Zusammenstellung der wichtigsten Verfahren enthält Tab. 16.

Naßchemische Trennungen (s. S. 231) werden meist durch Auflösen und Ausfällen, Komplexierung („Maskieren") oder Redoxreaktion vollzogen. Zu den *physikalisch-chemischen* Methoden[61] (s. S. 234) gehören:

◆ Destillation (Sublimation)
◆ Extraktion (allgemein: Verteilung zwischen zwei Phasen; Chromatographie)
◆ Ionenaustausch
◆ Elektrolyse (Elektrophorese)

Spurenbestandteile können durch *Adsorption* an oberflächenaktiven Niederschlägen (z. B. Metallhydroxiden) angereichert werden (Mitfällung)[62].

Eine besondere Arbeitstechnik erfordert die **Gasanalyse**[20, 32], die auf der allgemeinen *Gasgleichung* (27) und den daraus folgenden *Gasgesetzen* basiert. Nach der Meßgröße unterscheidet man die *Gasvolu-*

---

[a] Eine ausführliche und umfassende Sammlung von Zweistoff- und Dreistofftrennungen findet man in[19]; detaillierte Angaben zur Analyse von Legierungen und Mineralien enthalten[20, 23].

Tab. 16 Löse- und Aufschlußreagenzien für anorganische Stoffe

Metalle

Element	Solvens	Element	Solvens
Ag	HNO_3	Nb, Ta	$HF + HNO_3$
Al	HCl, NaOH	Pb	HNO_3
As, Bi	HNO_3, H_2SO_4, Königswasser[a]	Sb	H_2SO_4, HNO_3 + Tartrat
		Sn	HCl, Königswasser
Cd	HNO_3	Ti	HF, H_2SO_4
Co, Ni	Säuren	U	HNO_3
Cr	HCl, verd. H_2SO_4	V	HNO_3, H_2SO_4
Cu	HNO_3, $HCl + H_2O_2$	W	$HF + HNO_3$
Fe	Säuren	Zn	Säuren, NaOH
Hg, Mo	HNO_3	Zr	HF

Carbonate, Oxide, Sulfide
Gewöhnlich säurelöslich; einige erfordern Schmelzaufschluß.

Phosphate
Einige säurelöslich, vielfach Alkalischmelze erforderlich.

Silicate
Die meisten Proben lösen sich in Flußsäure (Si geht beim Erhitzen als H_2SiF_6 flüchtig); gewöhnlich wird durch Alkalicarbonat-Schmelze aufgeschlossen.

[a] Gemisch aus konz. HNO_3 und konz. HCl im Verhältnis 1:3

$$HNO_3 + 3\,HCl \longrightarrow NOCl + 2\langle Cl\rangle + 2\,H_2O$$

metrie (p = konst., V gemessen) und *Manometrie* (V = konst., p gemessen). Absorptionsfähige Gase können durch die Volumenabnahme in der Gasphase (*Absorptiometrie*) oder aus der Massenzunahme des (festen oder flüssigen) Sorptionsmittels (*Gasgravimetrie*) bestimmt werden. Zur Leuchtgasanalyse nach *Orsat* siehe[20]. Heute verwendet man überwiegend die **Gas-Chromatographie** (s. S. 250) zur qualitativen und quantitativen Analyse.

2. Stöchiometrische Berechnungen

Simultan- und Differenzbestimmung. Die Komponenten eines Zweistoffgemisches lassen sich im einfachsten Fall *simultan* bestimmen (z.B. Ca/Mg komplexometrisch, Titration verschieden starker Säuren oder Basen, fraktionierte Fällung). Eine *Differenzbestimmung* ist möglich, wenn eine der Komponenten unabhängig ermittelt werden kann.

Beispiel Fe/Al

Auswaage „M_2O_3" (= Fe_2O_3 + Al_2O_3): 0,7455 g
Fe (manganometrisch, bezogen auf gleiche Einwaage): 0,1324 g

$m\,(Fe) = 0,1324\,g \cong m\,(Fe_2O_3) = 1,430 \cdot 0,1324 = 0,1893\,g$
$m\,(Al_2O_3) = m\,(M_2O_3) - m\,(Fe_2O_3) = 0,5562\,g \cong$
$m\,(Al) = 0,5293 \cdot 0,5562 = 0,2944\,g$

Eine **indirekte Analyse** (im engeren Sinne) liegt vor, wenn keine der Komponenten unmittelbar bestimmt wird. Sind aber die Summe der *Massen* und die Summe der *Stoffmengen* bekannt, lassen sich daraus die Einzelanteile berechnen.

Beispiel Al/Fe

Einwaage: 500 mg
Auswaage der Oxide: 361,0 mg Al_2O_3 + Fe_2O_3
Komplexometrische Gesamtbestimmung: 6,3 mmol Al + Fe

Stoffmengengleichung:

$n\,(Al) + n\,(Fe) = 6,3$
 x   y

Massengleichung ($m = n \cdot M$):

$$x M_x \cdot f_x + y M_y \cdot f_y = 361 \quad \text{mit} \quad f = \frac{M(M_2O_3)}{2\,M(M)}$$

Ergebnis: x = 4,91 mmol $\cong$ 132,5 mg (26,5%) Al
            y = 1,38 mmol $\cong$ 77,4 mg (15,5%) Fe

Aufstellen einer Substanzformel. Bei chemischen Verbindungen oder stöchiometrisch zusammengesetzten Gemischen läßt sich die empirische Substanzformel aus den gefundenen Massengehalten ermitteln. Man dividiert den *Massengehalt* durch die entsprechende molare (atomare) Masse, teilt das *Atomverhältnis* durch den kleinsten gemeinsamen Wert und erhält so die stöchiometrischen Faktoren.

Beispiel: Ein Silicat mit definierter Zusammensetzung ergibt folgende Analysenwerte:

     Na 19,1   Al 16,8   Si 17,5   S 6,7   O 39,9%

Man bestimme die Bruttoformel $[Na_aAl_bSi_cS_dO_e]_n$. Wie groß ist n mindestens zu wählen, um eine chemisch sinnvolle Substanzformel zu erhalten?

Element	w (%)	M_{rel}	w/M	Atomverhältnis
Na	19,1	23,00	0,83	4
Al	16,8	26,98	0,62	3
Si	17,5	28,09	0,62	3
S	6,7	32,06	0,21	1
O	39,9	16,00	2,49	12

$\div$ 0,21

n = 1: $\underbrace{Na_4Al_3Si_3SO_{12}}_{+25 \quad -26 \ S(-2)}$ $= \underbrace{Na_3Al_3Si_3O_{12}}_{+24 \quad -24} \cdot \underbrace{NaS}_{S(-1)}$

n = 2: $Na_6Al_6Si_6O_{24} \cdot Na_2S_2$ **(Ultramarin)**

Die Aufstellung der Formel wird durch einen Vergleich der Oxidationsstufen von Kationen und Anionen erleichtert.

3. Naßchemische Trennmethoden

Gruppentrennungen

Bei Mehrkomponentensystemen kann eine *selektive* Trennung, wie sie in der qualitativen Analyse üblich ist, durchaus sinnvoll sein (theoretische Beschreibung der Sulfid- und Hydroxid-Fällung s. S. 156–161). Zur quantitativen Abtrennung[a] als **Sulfid** eignen sich z.B. Ag^+, Hg^{2+}, Pb^{2+}, Cu^{2+}, Cd^{2+}, Zn^{2+} und Mn^{2+}. ZnS läßt sich bei pH 2,5 (Natriumhydrogensulfat/Natriumsulfat-Puffer) in Gegenwart anderer Kationen der Ammonsulfid-Gruppe spezifisch fällen (anwesendes Fe^{3+} vorher reduzieren). **Hydrolysetrennungen** schwach basischer Metalle werden mit NH_3, Urotropin, NH_4HS und Acetat-Puffergemisch (s. unten) durchgeführt. Die Erdalkalimetalle (Ca, Sr, Ba) lassen sich als **Carbonate** abtrennen, Alkalisalze durch Abrauchen mit konz. Schwefelsäure und Glühen bei 600–800 °C in **Sulfate** überführen.

Als Einzelbestimmung wird die Hydroxidfällung z.B. für Fe(III), Al(III), Si(IV) und Sn(IV) angewendet. Die besonderen Merkmale der *Urotropin-Trennung* (pH 5–6) sind

a kleine NH_3-Konzentration (schwach saures Medium);
b außer $M(OH)_z$ ($z \geq 3$) fallen dreiwertige Metallphosphate, aber keine Erdalkaliphosphate;
c Formaldehyd wirkt als reduktiver Schutz gegen Autoxidation, z.B. von $Mn(OH)_2$ zu MnO_2.

Ein spezielles hydrolytisches Fällungsreagenz für drei- und vierwertige Kationen stellt Essigsäure/Natriumacetat-Puffergemisch (pH 4–5) dar. Die wichtigste Anwendung ist die Abtrennung von Eisen[b] als „*basisches Acetat*". Es entsteht zunächst der lösliche Acetato-Komplex $[Fe_3(OH)_2Ac_6]Ac \cdot 3H_2O$, der beim Aufkochen zu hydratisiertem $Fe(OH)_3$ zerfällt.

---

[a] Die Sulfide von As, Sb und Sn lassen sich durch Digerieren mit Polysulfid (NH_4HS_x) auflösen und so von anderen H_2S-Metallen abtrennen.
[b] Phosphat wird quantitativ als $FePO_4$ mitgefällt.

Hexa-μ-acetato-μ_3-oxotrieisen(III)-acetat

Spezifische Fällung

Zur *selektiven Fällung* von Metallionen eignen sich außer den im letzten Abschnitt erwähnten Gruppenreagenzien auch Oxalat, Chlorid und Sulfat, also solche Anionen, bei denen stark ausgeprägte Unterschiede in der Löslichkeit ihrer Salze bestehen. So kann Ag^+ von fast allen Elementen als *AgCl* abgetrennt werden, Pb^{2+} als *PbSO$_4$* und Ni^{2+} als *Diacetyldioxim-Komplex*[a]. Auch die Fällung von Phosphat in stark salpetersaurer Lösung als $(NH_4)_3[P(Mo_3O_{10})_4]$ verläuft selektiv.

Beispiele

Ca/Mg:	Ca als Oxalat, Mg als MgNH$_4$PO$_4$ oder Oxinat hintereinander fällen.
Ni/Cl$^-$ (SO$_4^{2-}$):	Ni mit Diacetyldioxim, Cl$^-$ als AgCl bzw. SO$_4^{2-}$ als BaSO$_4$.
Ni/Co:	Ni mit Diacetyldioxim, Co mit Nitrosonaphthol oder titrimetrisch.
Na/K:	Summe als Sulfate[b], K mit Kalignost, Na[B(C$_6$H$_5$)$_4$] (s. S. 60).

Oft können auch durch Einstellung eines bestimmten *pH-Werts* Trennungen selektiv gestaltet werden.

Beispiele

Ba/Ca:	Ba als BaCrO$_4$ in essigsaurer Lösung, pH 3−4; Ca als CaC$_2$O$_4$.
Al, Zn/Mg:	Al und Zn in essigsaurer Lösung als Oxinate; Mg-oxinat fällt erst im ammoniakalischen Medium.

Komplexbildung

Außer zur direkten Bestimmung (= *Komplexometrie*) wendet man die Komplexbildung häufig zur **Maskierung** störender Ionen an, die nach

---

[a] Bei Anwesenheit zweiwertiger Kationen in essigsaurer Lösung fällen.
[b] Bei Alkalihalogeniden auch als Chloride.

Zerstörung des Komplexes analysiert werden können. Als Komplexbildner dienen *Weinsäure* bzw. *Tartrat* (Fe, Al, Pb, Sb), *Cyanid* (Zn, Cd, Hg, Co, Ni, Cu), *Triethanolamin* (Fe^{3+}, Mn^{3+}) und *Ammoniumfluorid* (Fe^{3+}, Al^{3+}). Weinsäure und andere organische Reagenzien lassen sich durch mehrfaches Abrauchen mit konzentrierter Schwefelsäure und Salpetersäure oder Perhydrol entfernen.

Der Zink-Komplex $[Zn(CN)_4]^{2-}$ ist in der Hitze instabil. Die Simultantitration von Zink in Gegenwart anderer Metalle kann durch Zugabe von NH_3 und HCHO erreicht werden.

$$[Zn(CN)_4]^{2-} + 4\,NH_3 + 4\,HCHO + 4\,H_2O \rightarrow [Zn(NH_3)_4]^{2+}$$
$$+ 4\,CH_2(OH)CN + 4\,OH^-$$
$$\text{„Cyanhydrin"}$$

Beispiele

Ni/Fe: Ni im ammoniakalischen Medium mit Diacetyldioxim fällen; Fe bleibt als Tartrat-Komplex gelöst.

Mg/Al: Mg als $MgNH_4PO_4$, Al als Tartrat-Komplex.

Mg/Zn: Mg als $MgNH_4PO_4$, Zn bleibt als Cyano-Komplex gelöst.

Fe/Zn: Fe als basisches Acetat, Zn als Cyano-Komplex.

Zn/Pb: Zn als $ZnNH_4PO_4$, Pb als Tartrat-Komplex.

Cu/Fe: Fe als $[FeF_6]^{3-}$ maskiert, Cu iodometrisch.

Bei geeigneter Wahl der Reaktionsbedingungen (pH-Wert, Indikator, Hilfskomplexbildner) lassen sich einige Metalle mit EDTA simultan komplexometrisch bestimmen (s. S. 182).

Beispiele[45]

Ca/Mg: Ca im alkalischen Medium gegen Calconcarbonsäure; nach dem Zerstören des Indikators und Ansäuern Mg gegen Erio T.

Fe/Al: Fe bei pH 2−2,5 gegen Sulfosalicylsäure; Rücktitration von Al bei pH 5 mit $ZnSO_4$ gegen Xylenolorange.

Fe/Mn: Fe wie oben, Mn gegen Erio T nach Triethanolamin-Zusatz.

Fe/Zn: 1. Probe: Zn gegen Erio T, Fe mit Triethanolamin maskieren; 2. Probe: Fe allein gegen Sulfosalicylsäure.

Redoxreaktionen

In einigen Fällen kann die Trennung durch *Oxidation* oder *Reduktion* einzelner Bestandteile erreicht werden. Ist eine Komponente inert, läßt sich die zweite direkt redoxanalytisch bestimmen.

Beispiele

Cu/Zn: Cu iodometrisch, Zn stört nicht.

Fe/Mn: Fe manganometrisch.

Fe/Cr: alkalische Oxidation zu Chromat und $Fe(OH)_3$, Abtrennen des Eisens und iodometrische Bestimmung des Chromats im sauren Medium.

Cr/Cl⁻: alkalische Oxidation zu Chromat und iodometrische Bestimmung; Chlorid nach *Mohr*.

Mn/Zn: Mn kann von anderen Metallen durch Oxidation mit H_2O_2 oder Bromwasser zu MnO_2 abgetrennt werden.

4. Physikalisch-chemische Methoden

Unter den zahlreichen physikalisch-chemischen Trennmethoden sollen nur die im analytischen Labor am häufigsten angewandten Verfahren Destillation, Extraktion ($\rightarrow$ Chromatographie), Ionenaustausch und Elektrolyse erwähnt werden.

Destillation

Einige Metalle und Halbmetalle bilden kovalente, flüchtige Halogenide, die sich durch Destillation abtrennen lassen. Unter geeigneten Versuchsbedingungen gelingt eine selektive Trennung.

Beispiele[17−20]

As/Sb: Fraktionierte Destillation in stark salzsaurer Lösung. $AsCl_3$ (Siedetemperatur 130 °C) läßt sich mit einer Kolonne quantitativ von $SbCl_3$ (Siedetemperatur 223 °C) trennen. Durch den HCl-Zusatz wird der Siedepunkt von $AsCl_3$ auf etwa 110 °C erniedrigt. Nach Zugabe von H_2SO_4 destilliert auch $SbCl_3$ bei ca. 155 °C vollständig über.

As/Sn: Reines $SnCl_4$ siedet bei 114 °C, bleibt aber in salzsaurer Lösung als $[SnCl_6]^{2-}$ gelöst und destilliert erst ab, wenn das gesamte Arsen entfernt ist. Bei Zusatz von H_3PO_4 wird das Zinn so fest gebunden, daß auch die Trennung von Antimon möglich ist.

Fünfwertiges Arsen und Antimon werden mit Hydroxylamin oder Hydrazin (in Form der Hydrochloride) reduziert (Beschleunigung durch Borax oder Kaliumbromid).

Extraktion

Bei der Extraktion (*„Ausschütteln"*) macht man sich die unterschiedlichen Löseeigenschaften nichtmischbarer Solvenzien zunutze. Salzartige Verbindungen gehen als *Ionenassoziate* oder *Innerkomplexe* in die organische Phase über. Am bekanntesten ist die Extraktion von

$FeCl_3$ in salzsaurer Lösung ($H^+FeCl_4^-$) mit Ether, durch die man Eisen quantitativ von anderen Metallen abtrennen kann. Dieses klassische Verfahren wurde weiterentwickelt, so daß heute zahlreiche Kombinationen organischer Lösungsmittel zur Verfügung stehen; z. B. lassen sich Lithiumsalze wegen der geringen Größe des Li^+-Ions (stark polarisierend) leicht mit Amylalkohol von anderen Alkalisalzen trennen[17].

Ein vielseitiges Lösungsmittel ist *Methylisobutylketon* (MIBK), mit dem sich praktisch alle Schwermetalle extrahieren lassen[20]. MIBK bildet Neutralkomplexe, z. B. [$FeCl_3(MIBK)_3$], mit hydrophoben Außengruppen, die in Wasser schwerlöslich sind. Die Trennleistung hängt vom *pH-Wert* und der Anwesenheit von *Komplexbildnern* ab. Optimale Bedingungen erzielt man mit $5-7$ molarer Salzsäure ($> 99{,}8$proz. Austausch); bei höherer Säurekonzentration nimmt die Trennwirkung durch Phasenvermischung ab.

$$H_3C{-}\underset{\underset{O}{\|}}{C}{-}CH_2{-}CH\overset{CH_3}{\underset{CH_3}{\big<}} \qquad \text{Methylisobutylketon}$$

Auf *Verteilungsgleichgewichten* beruhen auch die modernen chromatographischen Verfahren (s. S. 246), die man als selektive, kontinuierliche Extraktion in flüssiger oder gasförmiger Phase ansehen kann.

Ionenaustausch

Ionenaustausch basiert auf dem Verteilungsgleichgewicht *ionogener* Teilchen zwischen flüssiger (*Lösung*) und fester Phase (*Matrix*). Mit Hilfe eines Ionenaustauschers lassen sich viele selektive Gruppentrennungen und Einzelbestimmungen durchführen. Durch *fraktionierte Elution* („Ionenaustausch-Chromatographie") gelingt auch die Trennung chemisch eng verwandter Ionen, z. B. der Lanthanoide (s. S. 243).

Beispiele[17]

Ca/PO_4^{3-}: (Phosphat in Düngern und Phosphorerzen). Das Phosphat wird mit einem Kationenaustauscher in H_3PO_4 übergeführt; die Metallionen verbleiben in der Säule und werden mit 10proz. HCl eluiert.

Cu/As: Cu wird an einem Kationenaustauscher abgetrennt, As(III) bromatometrisch bestimmt.

Fe(III)/Ni: Abtrennung des Fe(III) aus stark salzsaurer Lösung als Chlorokomplex an einem Anionenaustauscher.

Elektrolyse

Die *elektrogravimetrische* Trennung von Metallen ist möglich, wenn sich die Zersetzungsspannungen genügend unterscheiden (s. S. 257); sei es aufgrund der *Normalpotentiale* (Spannungsreihe) oder der *Überpotentiale* (Elektrodenmaterial). Weitere Variationsmöglichkeiten ergeben sich durch Änderung des pH-Werts oder Zusatz von Komplexliganden.

Beispiele

Ag/Cu: Quantitative Trennung im sauren Medium möglich.

Cu/Ni: Cu im sauren, Ni im ammoniakalischen Medium.

Cu/Zn: Infolge der hohen Überspannung des Wasserstoffs ist die Trennung im sauren Medium möglich.

Co/Ni: Wegen der ähnlichen Normalpotentiale läßt sich nur die Summe ermitteln; Ni oder Co müssen einzeln auf anderem Wege bestimmt werden.

Unter **Elektrophorese** versteht man die Trennung gelöster, elektrisch geladener Teilchen aufgrund ihrer unterschiedlichen *Beweglichkeit* im elektrischen Feld (s. S. 266). Die Elektrophorese kann trägerfrei (*Grenzflächen-Elektrophorese*) oder nach Art der Papier-Chromatographie (s. S. 249) auf einem Trägermaterial (*Zonen-Elektrophorese*) durchgeführt werden und dient hauptsächlich der Trennung ionogener organischer Materialien (Aminosäuren, Peptide)[11].

5. Aufschlüsse

In diesem Abschnitt soll etwas näher auf die Problematik und Technik von Aufschlußverfahren zur quantitativen Analyse eingegangen werden[6, 23].

Die Schmelze als Reaktionsmedium (Theorie von Bjerrum)

Reaktionen in oxidischen Schmelzen lassen sich theoretisch nach einem ähnlichen Formalismus behandeln wie Säure-Base-Reaktionen in wäßriger Lösung (s. S. 90). An Stelle von Protonen werden **Oxid-Ionen** ausgetauscht.

Wäßrige Lösung: $\quad s \rightleftharpoons b + H^+ \qquad$ nach *Brönsted*
$\qquad\qquad\qquad\quad$ Säure $\quad$ Base

Schmelze: $\qquad\quad b \rightleftharpoons ab + O^{2-} \qquad$ nach *Bjerrum*
$\qquad\qquad\qquad\quad$ Base $\quad$ Antibase

Die in Lösung üblichen Solvolyse-, Fällungs-, Komplexierungs- und Redoxvorgänge sind sinngemäß auf Schmelzen übertragbar.

Reaktionen ohne Elektronenübertragung

$$CO_3^{2-} \rightarrow CO_2 + O^{2-}$$
$$S_2O_7^{2-} + O^{2-} \rightarrow 2SO_4^{2-}$$

$$CO_3^{2-} + S_2O_7^{2-} \rightarrow CO_2 + 2SO_4^{2-}$$

CO_3^{2-} wirkt in der Schmelze als Base, $S_2O_7^{2-}$ als Antibase. *Amphoteres* Verhalten ist ebenfalls möglich: Fe_2O_3 und Al_2O_3 lassen sich sauer oder basisch aufschließen.

$$\mathbf{S_2O_7^{2-}:} \quad M_2O_3 \rightarrow 2M^{3+} + 3O^{2-}$$
$$\mathbf{CO_3^{2-}:} \quad M_2O_3 + O^{2-} \rightarrow 2MO_2^{-}$$
$$M = Fe, Al$$

$$\downarrow \text{ }_{H_2O}$$

$$[Fe(OH)_3]_f + [Al(OH)_4]^- \xrightarrow{\text{ } CO_2 \text{ }} [Al(OH)_3]_f$$

Da sich Eisen nur in der Schmelze amphoter verhält, ist die Trennung von Aluminium in wäßriger Lösung möglich.

Für die analytische Chemie bedeutsam ist, daß manche Reaktionen in der Schmelze *umgekehrt* verlaufen wie in Lösung und so den „Aufschluß" ermöglichen.

$$BaSO_4 + CO_3^{2-} \underset{\text{Lösung}}{\overset{\text{Schmelze}}{\rightleftharpoons}} BaCO_3 + SO_4^{2-}$$

$$SiO_2 + 2CO_3^{2-} \underset{\text{Lösung}}{\overset{\text{Schmelze}}{\rightleftharpoons}} SiO_4^{4-} + 2CO_2$$

Reaktionen mit Elektronenübertragung (Redoxaufschlüsse)

Für *Oxidationsschmelzen* ist ein Elektronenakzeptor (z. B. Nitrat) und Oxidionendonor (meist Carbonat) erforderlich; in den Peroxiden sind beide Funktionen vereinigt.

$$NO_3^- + 2e^- \rightarrow NO_2^- + O^{2-}$$
$$CO_3^{2-} \rightarrow CO_2 + O^{2-}$$

$$NO_3^- + CO_3^{2-} + 2e^- \rightarrow NO_2^- + CO_2 + 2O^{2-}$$

Manganatschmelze

$$MnO_2 + 2O^{2-} \rightarrow MnO_4^{2-} + 2e^-$$
$$O_2^{2-} + 2e^- \rightarrow 2O^{2-}$$

$$MnO_2 + O_2^{2-} \rightarrow MnO_4^{2-}$$

Chromeisenstein

$$2\,FeCr_2O_4 + 12\,O^{2-} \rightarrow 2\,FeO_2^- + 4\,CrO_4^{2-} + 14\,e^-$$
$$O_2^{2-} \qquad + \ 2\,e^- \ \rightarrow 2\,O^{2-} \qquad\qquad\qquad\qquad | \cdot 7$$

$$2\,FeCr_2O_4 + \ 7\,O_2^{2-} \rightarrow 2\,FeO_2^- + 4\,CrO_4^{2-} + 2\,O^{2-}$$

Freiberger Aufschluß

$$2\,SnO_2 + 2\,CO_3^{2-} + 9\,S \rightarrow 2[SnS_3]^{2-} + 3\,SO_2 + 2\,CO_2$$

oder reduktiv

$$SnO_2 + 2\,CN^- \rightarrow [Sn]_f + 2\,OCN^-$$

Die Aufschlüsse gelingen auch bei As und Sb (als Oxide oder Sulfide).

Sulfid-Aufschluß[17, 20]

> Sulfiderze werden im allgemeinen mit einer Mischung aus konz. HNO_3 und HCl (*Königswasser*) und etwas Brom (zur Oxidation von elementarem Schwefel) in Lösung gebracht. Nach dem Abtrennen vom Rückstand (SiO_2, Silicate, Carbide) wird das Filtrat den Bestandteilen entsprechend aufgearbeitet.

Zur *Schwefel-Bestimmung* wird das Filtrat zweimal mit konz. HCl abgeraucht, mit Hydroxylamin behandelt (Reduktion von Fe^{3+}) und das Sulfat mit $BaCl_2$ gefällt.

Schwer zersetzbare Sulfiderze werden durch *alkalische Oxidationsschmelze* aufgeschlossen (Na_2CO_3/KNO_3 oder Na_2O_2). Die Methode hat den Vorteil, daß keine störende Salpetersäure notwendig ist. Beim Vorliegen von $BaSO_4$ muß zwangsläufig der alkalische Aufschluß durchgeführt werden.

Schwefel-Bestimmung durch Abrösten. Man erhitzt das Sulfiderz im Quarzrohr auf $800-1000\,°C$ im Luftstrom und leitet die austretenden Gase durch eine H_2O_2-Lösung. Der Schwefel wird zu H_2SO_4 oxidiert und titrimetrisch oder gravimetrisch bestimmt.

Ähnlich läßt sich Kohlenstoff bei $1100-1200\,°C$ im Sauerstoffstrom zu CO_2 verbrennen (*Kohlenstoff-Bestimmung* im Stahl), das durch Absorption mit Natronasbest oder Kalilauge gemessen wird (s. S. 229).

▨▨ **Beispiel** Kupferkies, $CuFeS_2$ ▨▨▨▨▨▨▨▨▨▨▨▨▨▨▨▨▨▨▨▨
Hauptbestandteile: Cu, Fe, S
Nebenbestandteile: Zn, Pb (SiO_2)

Das Mineral wird mit Königswasser/Brom in Lösung gebracht und der Rückstand (SiO_2) mit HCl abgeraucht. Aus dem Filtrat läßt sich der Schwefel als $BaSO_4$ bestimmen (überschüssiges Nitrat mit HCl verkochen). Kupfer wird parallel dazu als CuS gefällt und iodometrisch oder elektrogravimetrisch bestimmt. Aus dem CuS-Filtrat fällt man das Eisen als $Fe(OH)_3$, das zu Fe_2O_3 verglüht oder nach dem Auflösen manganometrisch titriert wird.

Silicat-Aufschluß[17, 20]

Charakteristisch für viele Silicate ist der sog. **Glühverlust** (GV), d.h. derjenige Anteil, der beim Glühen flüchtig geht (H_2O, CO_2 u.a.). Der Glühverlust wird durch längeres Erhitzen der luftgetrockneten Substanz auf 1000 °C bis zur Gewichtskonstanz bestimmt und prozentual auf die ursprüngliche Masse bezogen.

> Silicate werden gewöhnlich durch Schmelzen mit Soda bzw. Na_2CO_3/K_2CO_3-Gemisch (1:1) im Platintiegel aufgeschlossen (ersatzweise Zirkon- oder Nickeltiegel), sofern die Schmelze nicht oxidierend wirkt oder andere für Platin schädliche Stoffe (Halogene, Schwefel, Kohlenstoff, Schwermetalle) enthält (man informiere sich vorher über die Eigenschaften von Platingeräten[a]!).

$$SiO_3^{2-} + CO_3^{2-} \rightarrow SiO_4^{4-} + CO_2$$

$$SiO_4^{4-} + 4H^+ \rightarrow H_4SiO_4 \xrightarrow[-H_2O]{} (HO)_3Si-O-Si(OH)_3$$

ortho-
Kieselsäure

Dikieselsäure
(Pyrokieselsäure)

$$(HO)_3Si-O-Si(OH)_3 \xrightarrow[-x\,H_2O]{H^+} [H_2SiO_3]_x \xrightarrow[-x\,H_2O]{\Delta T} [SiO_2]_x$$

meta-
Kieselsäure

Silicium-
dioxid

Den Schmelzkuchen nimmt man mit Salzsäure auf, wobei sich Kieselsäure abscheidet, die nach dem Glühen als SiO_2 zur Wägung gebracht wird. Da die Kieselsäure als *Hydrosol* (s. S. 56) anfällt, muß man sie zuvor durch mehrfaches Abrauchen mit konz. HCl oder besser $HClO_4$ (**Vorsicht!**) in eine unlösliche Form überführen.

Da neben Kieselsäure noch andere schwerlösliche Rückstände beim Sodaaufschluß übrigbleiben können (Kohlenstoff, Carbide), empfiehlt

---

[a] Ein praktisches Hilfsmittel ist die „*Platin-Korrosionsuhr*" der Firma *Heraeus* GmbH, Hanau.

es sich, das SiO_2 durch Abrauchen mit Flußsäure (**Vorsicht, nicht auf die Haut bringen!**) auf Reinheit zu prüfen.

$$6\,HF + SiO_2 \xrightarrow[-2\,H_2O]{} H_2[SiF_6] \rightleftharpoons 2\,HF + SiF_4$$

Fe_2O_3 und Al_2O_3 werden aus dem Kieselsäurefiltrat mit NH_3 gefällt und meist zusammen als „M_2O_3" bestimmt. Vorhandener Phosphor wird als $FePO_4$ mitgefällt und muß durch Sodaaufschluß abgetrennt werden (Bestimmung mit Ammoniummolybdat). Ca und Mg werden aus dem Hydroxid-Filtrat gravimetrisch (Ca auch manganometrisch) bestimmt.

Beispiel Feldspat, $KAlSi_3O_8$ [17]

Nach dem Sodaaufschluß wird der Schmelzkuchen mit Wasser aufgenommen und das Gemisch vorsichtig mit konz. HCl angesäuert und abgeraucht. Man digeriert den Rückstand mit verdünnter Salzsäure und filtriert die abgeschiedene Kieselsäure, die nach dem Veraschen des Filters zur Gewichtskonstanz geglüht wird.

Aus dem Kieselsäure-Filtrat fällt man die Metallhydroxide $Fe(OH)_3$ und $Al(OH)_3$ mit Urotropin oder Ammoniak (bei Al auf den pH-Wert achten!). Die Hydroxide werden in die Oxide übergeführt und als Summe (M_2O_3) bestimmt oder die Metalle nach dem Auflösen titrimetrisch ermittelt.

Das Filtrat der Hydrolysentrennung wird angesäuert und Ca als CaC_2O_4 gefällt (gravimetrische oder manganometrische Bestimmung). Zur Zerstörung von NH_4^+ und Oxalat verkocht man das Filtrat mit konz. HNO_3 und fällt Mg als $MgNH_4PO_4$ oder Oxinat.

Alkalimetall-Bestimmung. Bei der Alkali-Bestimmung nach *Smith* wird das Silicat mit einem $NH_4Cl/CaCO_3$-Gemisch im Platintiegel aufgeschlossen:

$$2\,NH_4Cl + CaCO_3 \rightarrow CaCl_2 + 2\,NH_3 + CO_2 + H_2O$$

Das entstehende $CaCl_2$ bildet schwerlösliches Calciumsilicat und setzt die Alkalimetalle als Chloride frei. Die Methode ist wegen der aufwendigen Arbeitsvorschrift und zahlreicher Fehlerquellen nicht zu empfehlen.

Einfacher gelingt der Aufschluß von *Berzelius*, bei dem das Silicat (und ggf. Borat) durch Abrauchen mit H_2SO_4/HF-Mischung (s. oben) in einer Platinschale zerstört wird (*Glasanalyse*). Der Rückstand wird mit HCl aufgenommen und nach Abtrennen der Erdalkali- und Schwermetalle durch erneutes Abrauchen mit halbkonzentrierter Schwefelsäure in Alkalisulfate übergeführt (flammenphotometrische Bestimmung, s. S. 309). Bei Anwesenheit von Pb und Ba (schwerlösliche Sulfate) hat sich die Verwendung von $HClO_4$ als günstig erwiesen.

Aufschluß von organischen Verbindungen

Zum Aufschluß organischer und metallorganischer Verbindungen sind hauptsächlich zwei Verfahren gebräuchlich:

a Oxidationsschmelze mit Peroxid nach *Wurzschmitt* in einem Nickeltiegel (*Parr*-Bombe),

b Verbrennung mit Sauerstoff nach *Schöniger* im verschlossenen Glaskolben.

Der Aufschluß dient zur Bestimmung von Halogenen, Schwefel, Phosphor sowie der Metalle. Bei allen Operationen ist unbedingt eine **Schutzbrille** zu tragen!

Der **Wurzschmitt-Aufschluß** wird vorwiegend als *Makroanalyse* (Substanzeinwaage 50−300 mg) durchgeführt. Man bringt die Substanz zusammen mit 5−10 g grobkörnigem Natriumperoxid[a] in einen fingerhutförmigen, mit einem Deckel verschließbaren Nickeltiegel (Abb. 43 **a**) von ca. 10 ml Inhalt. Nach Zugabe einiger Tropfen Ethylenglykol als Zündmittel wird die Bombe mit einem Schraubgewinde fest verschlossen und im Schutzofen (Abb. 43 **b**) mit einem Mikrobrenner gezündet. Nach dem Erkalten öffnet man die Bombe, nimmt den Inhalt mit Wasser auf und verkocht das überschüssige Peroxid. Danach wird angesäuert und von ungelösten Bestandteilen abfiltriert. Die so erhaltene Lösung ist gebrauchsfertig zur Elementbestimmung (s. unten).

Der **Schöniger-Aufschluß** ist ein Verfahren zur *Mikroanalyse* (Substanzeinwaage 5−30 mg). Ein 500 ml fassender Erlenmeyer-Schliffkolben aus Borosilicatglas (Abb. 43 **c**) wird mit etwa 5−10 mL Absorptionsflüssigkeit (NaOH bzw. NaOH/H_2O_2) beschickt und mit reinem Sauerstoff (aus der Stahlflasche) gefüllt. Die Substanzprobe wird in aschefreies Papier gewickelt und auf einem mit dem Schliffstopfen verbundenen Träger aus Platin oder Quarzglas befestigt. Nach dem Anzünden des Papierstreifens bringt man die Probe sofort in den Kolben und verschließt ihn fest mit dem Schliffstopfen. Nach beendeter Reaktion werden die Verbrennungsprodukte mit der Absorptionsflüssigkeit aufgenommen und ggf. filtriert.

Elementbestimmung

Chlorid und *Bromid* werden nach *Volhard* und *Fajans* bestimmt oder potentiometrisch indiziert. Beim Aufschluß wird Bromid teilweise zu Brom (*Schöniger*) bzw. Bromat (*Wurzschmitt*) oxidiert und muß durch Zugabe von H_2O_2 bzw. Na_2SO_3 zum Bromid reduziert werden.

---

[a] Pulverförmiges Peroxid darf wegen Explosionsgefahr nicht verwendet werden. Die Bombe soll etwa zu zwei Dritteln gefüllt sein.

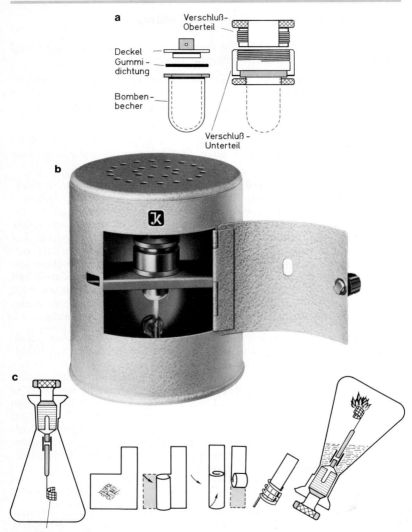

Abb. 43 a Aufschlußbombe zum *Wurzschmitt*-Aufschluß, **b** Schutzofen (mit freundlicher Genehmigung der Firma *Janke und Kunkel*, Staufen im Breisgau), **c** Aufschlußkolben und Probenvorbereitung nach *Schöniger*

Iodid wird beim *Wurzschmitt*-Aufschluß zu Iodat oxidiert und durch Kompro-portionierung mit Iodid bestimmt (s. S. 226). Das beim *Schöniger*-Aufschluß entstehende elementare Iod kann mit alkalischer Bromlösung (Hypobromit) zum Iodat oxidiert und wie oben bestimmt werden. Dadurch erreicht man einen „*Potenzierungseffekt*" (aus ursprünglich 1 mol werden 6 mol Iod erzeugt), der besonders bei kleinem Iodgehalt von Vorteil ist.

Schwefel wird in Sulfat übergeführt und gravimetrisch oder (bei Anwesenheit von Phosphat) titrimetrisch (s. S. 170) ermittelt.

Phosphat läßt sich als Molybdophosphat gravimetrisch bestimmen.

Moderne Aufschlußverfahren

In der Elementspurenanalytik kommt dem Probenaufschluß eine besonders große Bedeutung zu. Bei der Auswahl der Reagenzien und der Aufschlußtemperatur muß auf die Flüchtigkeit einiger Elemente (bzw. Verbindungen) geachtet werden. Kontaminationen und Verluste bei Naßaufschlüssen können bei der Ausführung in *Druckbomben* weitge-hend vermieden werden. Geringe Einwaagen (200 bis 500 mg), erhöhte Temperaturen, welche den Aufschluß beschleunigen, sind weitere Vor-teile solcher *geschlossener Systeme*. Beim Aufschluß in Teflonbechern liegt jedoch die Temperaturgrenze bei etwa 170 °C. In neuerer Zeit wer-den Quarzglaseinsätze verwendet, eine Erhöhung der Aufschlußtempera-tur auf 300 °C ist hier möglich. Außer durch thermische Anregung lassen sich Druckaufschlüsse auch mittels *Mikrowellenanregung* durchführen. Die Vorteile gegenüber einer thermischen Anregung liegen im geringeren Zeitbedarf und in der Aufheizung nur durch Anregung von Molekül-bindungen (Gefäß nur indirekt).

Ein wesentlicher Nachteil eines Aufschlusses durch *Verbrennung* in offe-nen Gefäßen, die Verluste an flüchtigen Bestandteilen, läßt sich durch den Übergang zu einem *geschlossenen System* aus Quarzglas ausschalten. Die Quarzapparatur enthält in der Mitte eine Brennkammer, darüber ein Kühlsystem (mit flüssigem Stickstoff) und darunter ein Gefäß, in dem sich die Probenlösung sammelt. Mit Hilfe eines Probenträgers wird die Probe in die Brennkammer gebracht und dort in einem regelbaren *Sauer-stoffstrom* mit Hilfe einer IR-Lampe gezündet (s. auch Aufschlußkolben nach Schöniger). Bei der *Kalt-Plasma-Veraschung* erfolgt der Aufschluß mit Hilfe von aktiviertem Sauerstoff: Durch ein angelegtes Vakuum wird der Sauerstoffpartialdruck auf wenige mbar erniedrigt, in einem Hoch-frequenzfeld (eine Hochfrequenzspule befindet sich vor dem Schiffchen mit der Probe) wird angeregter Sauerstoff, d. h. ein Plasma, erzeugt, so daß bei niedrigen Temperaturen bis 150 °C infolge reaktiver kurzlebiger Radikale eine Oxidation organischer Matrices erfolgt. Die Elementspu-ren am Kühlfinger sowie am Boden des Gefäßes werden in wenig (ca. 2 mL) Säure gelöst.

6. Ionenaustauscher

Ionenaustauscher bestehen aus Salzen (Säuren, Basen) mit einem *mobilen* und *stationären* Ion[47].

Kationenaustauscher: $n\,Ka^+[An^-]_n$ Anion polymer

Anionenaustauscher: $[Ka^+]_n\,n\,An^-$ Kation polymer

Prinzip: Aus jeder Zelle des Austauschers, in die ein Fremdionenaggregat eingedrungen ist, tritt wieder ein Ionenaggregat aus. Dabei kann das mobile Ion ausgetauscht werden, während das Gegenion unverändert durchläuft[1].

Beispiel

Austausch von Na^+ gegen K^+ (Abb. 44)

$$m\,Na^+ + [(K^+)_n A^{n-}]_f \longrightarrow m\,K^+ + [(Na^+)_m (K^+)_{n-m} A^{n-}]_f \quad m \ll n$$
$$m\,Cl^- \quad \text{Ionenaustauscher} \quad m\,Cl^-$$

Die **Belegungskapazität** gibt an, wieviel Äquivalente maximal von 1 kg Ionenaustauscher umgesetzt werden (organische Austauscher: $1-10\,mol \cdot kg^{-1}$). Die analytisch nutzbare Kapazität beträgt etwa $50-60\%$ des Maximalwerts.

Die **Affinität** eines Ions zum Austauscher hängt von Ladung und Radius des hydratisierten Ions ab. Ein Ion wird um so schneller ausgetauscht, je größer das Verhältnis Ladung zu Radius ist.

Für die **Selektivität** eines Ionenaustauschers lassen sich aufgrund der unterschiedlichen Gleichgewichtskonstanten verschiedener Ionen Selektivitätsreihen aufstellen, z.B. für einwertige Kationen: $Li-H-Na-NH_4-K-Rb-Cs-Ag-Tl$; in Richtung nach rechts ist die Aufnahme der Ionen durch den Ionenaustauscher begünstigt. (Für zweiwertige Kationen: $Mg-Zn-Co-Cu-Cd$, $Ni-Ca-Sr-Pb-Ba$)

Beispiel

Lanthanoid-Trennung. Der Radius des hydratisierten Ions nimmt mit der Ordnungszahl zu, daher sammeln sich die leichteren Elemente oben und die schwereren weiter unten an. Im Eluat findet man die *umgekehrte* Reihenfolge (Lu zuerst, La zuletzt).

Der Austausch erfolgt mit einer bestimmten *statistischen Wahrscheinlichkeit*, aber bei genügender Säulenlänge immer quantitativ.

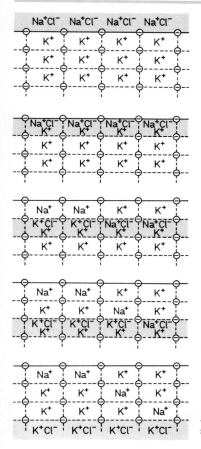

Abb. 44 Schema eines Ionenaustauschers ($w_a = 0{,}5$) (nach[11], S. 182)

Durchlaufwahrscheinlichkeit	einzelne Zelle:	w_d
	n Zellen:	$W_d = (w_d)^n$
Austauschwahrscheinlichkeit	einzelne Zelle:	$w_a = 1 - w_d$
	n Zellen:	$W_a = 1 - (w_d)^n$

Da die Summe $w_a + w_d = 1$ sein muß, wird vollständiger Austausch erreicht:

$$\lim_{n \to \infty} W_d = \lim (w_d)^n = 0 \quad (0 < w < 1) \quad \text{und}$$

$$\lim_{n \to \infty} W_a = 1$$

Auch für $w_a < 0{,}5$ wird quantitativer Austausch erreicht, wie sich durch Einsetzen leicht zeigen läßt.

Anorganische Austauscher

Kationen: Zeolithe, z. B. Natrolith, $2\,n\,Na^+[(Al_2Si_3O_{10})_n]^{2n-} \cdot 2\,n\,H_2O$.
Permutite (künstlich hergestellte Silicate)

Anionen: Apatite (Polyphosphate)

Organische Austauscher

Als organische Austauscher dienen Polymerisations- bzw. Kondensationsprodukte ungesättigter Moleküle (Styrol, Divinylbenzol bzw. Phenol und Formaldehyd), die basische oder saure funktionelle Gruppen tragen.

Saure Gruppen: $-O^-$ (Phenol), $-COO^-$, $-SO_3^-$ (als Natriumsalze)
Sammelbezeichnung: **Phenoplaste.**

Basische Gruppen: $-NH_3^+$, $-NR_3^+$ (als Hydrogencarbonate)
Sammelbezeichnung: **Aminoplaste.**

Um die in der Analytik am häufigsten verwendete *saure* bzw. *basische* Form des Austauschers zu erhalten, wäscht man mehrmals mit mäßig starker $(2-4\,mol \cdot L^{-1})$ Säure bzw. Lauge und spült die Säule solange mit reinem Wasser, bis das Eluat elektrolytfrei abläuft.

Anwendungsbeispiele:

„Schwer bestimmbare Ionen" (z. B. NO_3^-, ClO_3^-, ClO_4^-, CH_3COO^-). Die als Alkalisalze vorliegenden Anionen werden durch einen Kationen- oder Anionenaustauscher geschickt und die freigesetzte Säure oder Base titriert.

Entsalzen von Leitungswasser. Man läßt das Wasser zuerst durch einen Kationen- **A** und danach durch einen Anionenaustauscher **B** laufen:

A $[R-SO_3^-]_n(H_3O^+)_n + n\,A^+B^- \rightarrow [R-SO_3^-]_n(A^+)_n + n\,H_3O^+B^-$

B $[R'-NR_3^+]_n(OH^-)_n + n\,H_3O^+B^- \rightarrow [R'-NR_3^+]_n(B^-)_n + 2\,n\,H_2O$

Störungen können entstehen durch

- stark saure und basische Lösungen (eluierende Wirkung),
- schwache Elektrolyte (geringe Dissoziation; schwache Protolyte und $HgCl_2$ durchlaufen die Säule fast ohne Austausch),
- schwach basische Kationen (Hydrolyse, Komplexbildung),
- starke Oxidationsmittel wie Halogene oder Salpetersäure (Zerstörung von organischen Austauschern).

Charakterisierung von Ionenaustauschern

Die *physikalische Stabilität,* d. h. Festigkeit und thermische Beständigkeit, kann durch Trocknungstests der meist kugelförmigen Harzkörper und durch dabei auftretende Veränderungen festgestellt werden. Die *chemische Stabilität* beinhaltet die Beständigkeit gegen pH-Wert-Änderungen und gegen Oxidationsmittel. Die *Korngröße,* welche den größten Einfluß auf die Trennleistung hat, von Ionenaustauscher-Kugeln oder -Granula wird in mm oder in der amerikanischen Siebnorm mesh (16/ mesh = mm) angegeben. Mit steigender *Vernetzung* nehmen Quellung und Porengröße ab, die Teilchen werden mechanisch stabiler. Gleichzeitig können die Ionen immer schwerer in das Innere eindringen, so daß mittlere Vernetzungsgrade als Kompromiß angestrebt werden. Die *Porosität* ergibt sich aus dem Grad der Vernetzung als *Maschenweite* des Austauschernetzwerkes. Durch die Porosität werden auch Kapazität und Selektivität beeinflußt. Unter Quellung versteht man die Volumenvergrößerung durch die Aufnahme von Wasser oder auch anderen Lösungsmitteln. Sie hängt ab von der Art der Matrix und vom Vernetzungsgrad, von der Art der Lösung, der Ladungsdichte der austauschaktiven Ionen und von der Art der Gegenionen.

7. Chromatographie

Verteilungsgleichgewicht

Unter Chromatographie versteht man die Trennung von Stoffen aufgrund ihrer Verteilung zwischen einer *mobilen* und *stationären* Phase[48–55]. Die Vorteile gegenüber den klassischen Methoden liegen in der einfachen Handhabung, dem geringeren Zeitaufwand, der größeren Empfindlichkeit und höherer Trennschärfe, die noch die Separierung kleinster Substanzmengen ermöglicht. Je nach Art des aufnehmenden Mediums unterscheidet man zwischen **Verteilungs-Chromatographie** (flüssige Phase) und **Adsorptions-Chromatographie** (feste Phase). Beide Varianten beruhen auf einer Folge von Verteilungsgleichgewichten durch kontinuierliche Extraktion und Adsorption (*multiplikative Verteilung*) und lassen sich in der Praxis nicht streng voneinander trennen.

Verteilungsgleichgewicht

⟨ Extraktion (fl./**fl.**, fest/**fl.**)

⟩ Adsorption (fl./**fest**, gasf./**fest**)

stationäre Phase halbfett

Die Extraktion wird quantitativ durch den *Nernstschen Verteilungssatz* (Gl. 23, S. 37) beschrieben. Für die Adsorption wurden empirische Funktionen, z. B.

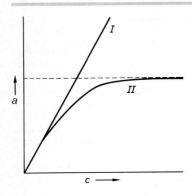

Abb. 45 Langmuirsche Adsorptionsiso-
therme.
I ideale ($k_2c \ll 1$), II reale Isotherme

die *Langmuir-Isotherme* (Gl. 214, Abb. 45), entwickelt[49].

$$a = \frac{k_1 c}{1 + k_2 c} \quad \text{Langmuir-Isotherme} \tag{214}$$

a Belegung der Oberfläche in g · cm^{-2} oder g (mol) Substanz pro Gramm Ad-
sorbens
c Lösungskonzentration (mol · L^{-1})
k_1, k_2 Konstanten

Bei der Adsorptionschromatographie verwendet man als *stationäre
Phase* zur Trennung anorganischer oder polarer organischer Verbindungen[49] unpolare Trägermaterialien. Umgekehrt eignen sich zur
Trennung unpolarer Verbindungen **polare** anorganische Phasen (Kieselgel, Aluminiumoxid). Die Polarität der *mobilen Phase* (Fließmittel)
richtet sich dagegen direkt nach den Eigenschaften der zu trennenden
Stoffe. Bei polarer stationärer Phase nimmt die eluierende Wirkung
mit der Dielektrizitätskonstante des Lösungsmittels zu.

Eluotrope Reihe (Ausschnitt).
Petrolether − Cyclohexan − CS$_2$ − CCl$_4$ − Toluol − Benzol − CHCl$_3$ −
CH$_2$Cl$_2$ − Diethylether − Tetrahydrofuran − Ethylacetat − Aceton −
n-Propanol − Ethanol − Methanol − Wasser − Eisessig − Pyridin.

Flüssigkeits-Chromatographie (LC)

Hier soll nur die überwiegend angewandte *Flüssig/Fest-Chromatogra-
phie* mit flüssiger mobiler und fester stationärer Phase erwähnt
werden. Nach Art des Trägers (Matrix) unterscheidet man

Säulen-Chromatographie (SC)	⎫	Kieselgel, Aluminiumoxid
Dünnschicht-Chromatographie (DC)	⎬	
Papier-Chromatographie (PC)	⎭	Cellulose

Anorganische (Gläser, Zeolithe) und organische Makromoleküle (Stärke, Polyamide) mit ausgeprägter Ringstruktur besitzen definierte Porengrößen und können als selektive **Molekularsiebe** dienen. SC und DC [51, 52] sind auch für makroskopische (präparative) Trennungen geeignet, die PC [49] eher zum qualitativen Nachweis.

Zur PC verwendet man langfaserige Cellulose mit Wasser oder einem wasserhaltigen, polaren Lösungsmittel als stationäre Phase. Die Trennwirkung kann durch Imprägnierung des Papiers oder Funktionalisierung der Cellulose verändert werden. Die PC läßt sich grundsätzlich in *aufsteigender* oder *absteigender* Form durchführen, je nachdem, ob das untere oder obere Ende des Papierstreifens in das Fließmittel eintaucht.

Die DC erfordert höheren Aufwand, weil das Sorptionsmittel (Al_2O_3, Kieselgel) sorgfältig und gleichmäßig auf die Platte aufgetragen werden muß (Schichtdicke 0,2–0,3 mm). Zur präparativen DC gebraucht man Glasplatten der Dimension 20×20 cm, die mit einem Abstandshalter in einen verschließbaren Glastrog (*Chromatographiekammer*) eingesetzt werden. Das Fließmittel befindet sich auf dem Boden der Wanne (aufsteigendes Verfahren).

Auch die SC bedarf gründlicher Vorbereitung. Die Säule besteht aus einem Glasrohr (Verhältnis Länge zu Durchmesser größer als 20 : 1), das am unteren Ende mit Fritte und Hahn versehen ist. Das *trockene* Adsorbens wird gleichmäßig im Laufmittel suspendiert (etwa 50–100 g pro Gramm Probe) und langsam in der Säule absitzen gelassen, wobei Blasen und Klumpen zu vermeiden sind. **Wichtig:** Die Säule darf nicht trocken laufen!

Die Ausbildung von Zonen (SC), Streifen oder Flecken (PC, DC) kommt durch die statistische Verteilung des Retentionsvermögens für einen Stoff zustande, die zu Konzentrationsgradienten auf der stationären Phase führt.

Eine wichtige Kenngröße für die Flüssigkeits-Chromatographie (als PC oder DC) ist der sog. R_f**-Wert** [a] (Abb. 46 a):

$$R_f = \frac{l_S}{l_L} \qquad (0 \leq R_f \leq 1) \tag{215}$$

l_S = Strecke Startpunkt-Substanzfleck
l_L = Strecke Startpunkt-Lösungsmittelfront

Die einzelnen Komponenten erkennt man an der Eigenfärbung; farblose Verbindungen lassen sich durch UV-Bestrahlung (Fluoreszenz) oder *Entwickeln* mit Farb- bzw. Fluoreszenzindikatoren sichtbar

---

[a] englisch „*ratio of fronts*" oder „*related to front*" (of solvent).

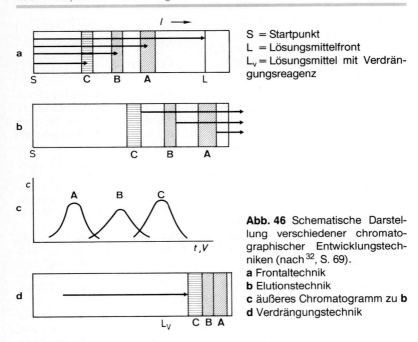

S = Startpunkt
L = Lösungsmittelfront
L_v = Lösungsmittel mit Verdrängungsreagenz

Abb. 46 Schematische Darstellung verschiedener chromatographischer Entwicklungstechniken (nach [32], S. 69).
a Frontaltechnik
b Elutionstechnik
c äußeres Chromatogramm zu **b**
d Verdrängungstechnik

machen. Zur optischen Detektion werden Durchflußphotometer (s. S. 302) verwendet. Quantitative Trennung wird durch Zerteilen des Trägers oder *Elution* mit Lösungsmitteln unterschiedlicher Polarität erreicht (Abb. 46 b). Die zur Elution eines Stoffes aus der stationären Phase benötigte Frist heißt **Retentionszeit** und stellt eine weitere Kenngröße zur Identifizierung dar (Abb. 46 c). Bei der *Verdrängungstechnik* wird das Lösungsmittel (ggf. mit Hilfsstoff) stärker sorbiert als die zu trennenden Substanzen (Abb. 46 d).

Die heute häufig angewendete Mitteldruck- (MPLC) und Hochdruck-Flüssigkeits-Chromatographie (HPLC) erlaubt kürzere und dünnere Säulen (Durchmesser 1–3 mm) mit hoher Trennleistung. Der raschere Durchlauf ist für empfindliche Substanzen von Vorteil; Kosten und experimenteller Aufwand sind entsprechend höher (ausführliche Einzelheiten s. in [49]).

Gas-Chromatographie (GC)

Die **Gas-Chromatographie** hat sich in den letzten Jahrzehnten zu einem breiten und vielfältigen Anwendungsgebiet entwickelt[11, 55].

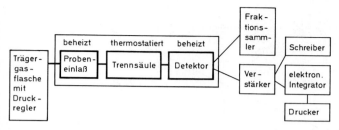

Abb. 47 Schematischer Aufbau einer gaschromatographischen Apparatur

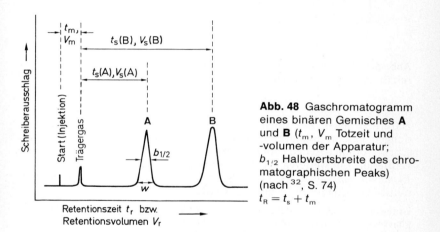

Abb. 48 Gaschromatogramm eines binären Gemisches **A** und **B** (t_m, V_m Totzeit und -volumen der Apparatur; $b_{1/2}$ Halbwertsbreite des chromatographischen Peaks) (nach [32], S. 74)

$$t_R = t_s + t_m$$

Da sie vorwiegend zur Trennung organischer Verbindungen angewandt wird, sollen hier nur die Grundzüge erläutert werden. Die gasförmige Probe[a] wird mit einer Injektionsspritze eingebracht und mit einem inerten Trägergas (H_2, N_2, He, Ar) durch die Trennsäule transportiert und vom **Detektor** (Wärmeleitfähigkeits- oder Flammenionisationsdetektor) registriert (Abb. 47). Als Trägermaterial dient vorwiegend Kieselgur, das mit der stationären flüssigen Phase (Siliconöl, Squalan, Apiezon) beschickt ist. Die austretenden Stoffe werden durch ihre *Retentionszeiten* und *-volumina* (t_R, V_R) charakterisiert (Abb. 48).

---

[a] Flüssigkeiten werden im heizbaren Einlaßblock verdampft.

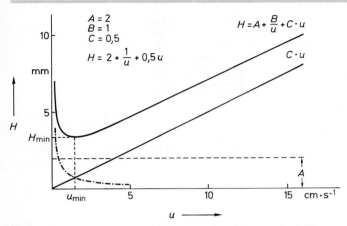

Abb. 48 a Abhängigkeit der theoretischen Trennstufenhöhe von der linearen Strömungsgeschwindigkeit (van-Deemter-Gleichung) − aus[49]

Natürlich lassen sich auch anorganische Gase und flüchtige Verbindungen gaschromatographisch trennen. Die GC hat hier die klassischen volumetrischen oder manometrischen Verfahren weitgehend verdrängt. Ein weiteres wichtiges Anwendungsgebiet ist die *organische Elementaranalyse* (C, H, O, N, S), bei der die Verbrennungsprodukte mittels GC quantitativ registriert werden.

Unter der *Totzeit* t_m versteht man die Verweilzeit der Komponenten in der Gasphase zwischen Einlaß und Detektor. Die *Retentionszeit* t_s bezeichnet die Aufenthaltszeit der einzelnen Komponenten in der stationären Phase. Das *Retentionsvolumen* V_r ergibt sich als Produkt aus Retentionszeit und Trägergasströmung.

Der Zusammenhang zwischen Trennstufenhöhe H und Strömungsgeschwindigkeit $\bar{u}$ (mittlere lineare Trägergasgeschwindigkeit) wird durch die **van-Deemter-Gleichung** (216) beschrieben. Für jede Trennsäule gibt es eine optimale Trägergasgeschwindigkeit, die durch die Diffusionsparameter $A-D$ bestimmt wird[49].

$$H = A + \frac{B}{\bar{u}} + (C + D) \cdot \bar{u} \qquad (216)$$

$\bar{u}$: lineare Strömungsgeschwindigkeit in cm · s⁻¹

Serienmäßige GC-Trennungen werden heute direkt mit spektroskopischen Methoden, v. a. Massenspektroskopie (sog. *GC/MS-Kopplung*), kombiniert, um eine optimale und rationale Substanz- und Strukturbestimmung zu gewährleisten. In Verbindung mit einem Computer läßt sich der analytische Prozeß weitgehend automatisieren.

Grundgleichungen der Chromatographie

Die Gesamtretentionszeit t_R als Gesamtaufenthaltszeit einer Substanz in einer chromatographischen Trennstrecke stellt nach der kinetischen Theorie[49] die Summe aus der Nettoretentionszeit t_s (Aufenthaltszeit in der stationären Phase) und Durchflußzeit t_m (Aufenthalt in der mobilen Phase) dar ($t_R = t_m + t_s$).

Die Theorie der Böden[49] zerlegt die stationäre Phase einer chromatographischen Trennstrecke in einzelne Trennabschnitte, die als *theoretische Trennstufen* bezeichnet werden. Die *Trennstufenhöhe* ist als das Verhältnis zwischen der Verbreiterung der Substanzbanden zur Retentionszeit t_R bezogen auf die Säulenlänge L definiert:

$$H = \frac{1000\,L}{8 \ln 2}\left(\frac{b_{1/2}}{t_R}\right)^2 = \frac{1000\,L}{16}\left(\frac{w}{t_R}\right)^2 \quad \text{in mm} \tag{216a}$$

Die *Zahl der theoretischen Trennstufen* ist ein quantitatives Maß für die Trennleistung einer chromatographischen Trennstrecke:

$$N = 16\left(\frac{t_R}{w}\right)^2 = 8 \ln 2 \left(\frac{t_R}{b_{1/2}}\right)^2 \tag{216b}$$

Kapitel 13

Elektrochemische Methoden

In den letzten Jahrzehnten haben die instrumentellen Methoden – auch aufgrund der Fortschritte in der Elektronik (speziell Mikroprozessortechnik) – immer mehr Verbreitung gefunden und sind aus der modernen Analytik nicht mehr wegzudenken. Trotz des größeren apparativen Aufwands erweist sich die *Instrumentalanalyse*[12–16] den klassischen Methoden in vieler Hinsicht – Vielseitigkeit, Selektivität, gute Reproduzierbarkeit, hohe Empfindlichkeit, rasche Ausführung von Serienbestimmungen – als überlegen. Einen wichtigen Anwendungsbereich stellen Titrationen in nichtwäßrigen Lösungsmitteln dar.

Die instrumentellen Methoden können zur direkten analytischen **Bestimmung** oder zur **Indikation** des Titrationsendpunkts angewendet werden. Zur Bestimmung und Indizierung kann grundsätzlich jede physikalische Größe dienen, die in eindeutiger Beziehung zur Konzentration der Probelösung bzw. der Konzentrationsänderung am Titrationsendpunkt steht. Ein besonderer Vorteil der instrumentellen Indikation liegt darin, daß sich der *gesamte* Titrationsverlauf verfolgen läßt, während Farbindikatoren nur den Endpunkt anzeigen. In diesem Buch sollen die wichtigsten Grundlagen und Anwendungen der *elektrochemischen*, *optischen* und *thermischen* Methoden behandelt werden; zur Vertiefung wird auf die Lehrbücher der Elektrochemie, Photometrie und Thermoanalyse verwiesen.

Die elektroanalytischen Verfahren[56–59] sind in Tab. 17 zusammengestellt.

1. Elektrolyse

Grundbegriffe

Unter **Elektrolyse** versteht man die Zersetzung von ionogenen Stoffen (*Elektrolyten*) durch den elektrischen Strom, hauptsächlich in wäßriger Lösung. Das Wasser kann am elektrolytischen Vorgang beteiligt sein. Die Versuchsanordnung ist im Prinzip die gleiche wie für das galvanische Element (Abb. 38, S. 189), nur daß zusätzlich eine *äußere* Spannungsquelle erforderlich wird (Schaltbild Abb. 49). Die Funktionsweise der Elektroden läßt sich wie folgt beschreiben:

Tab. 17 Elektroanalytische Methoden

Verfahren	Stromart	Meßgröße	Bestim-mung	Indika-tion
Elektrolyse	GS			
Elektrogravimetrie		Masse m	+	–
Coulometrie		Ladung $Q = I \cdot t$	+	–
Leitfähigkeits-messung	WS			
Konduktometrie		Widerstand R bzw. Leitwert $L = 1/R$	–	+
Oszillometrie (Hochfrequenztitration)		Resonanz-frequenz v_0	–	+
Potentiometrie	GS	Spannung $U(\varDelta U)$ zwischen Indikator- und Bezugselektrode	(+)	+
Polarisations-methoden	GS (WS)			
Polarographie		Diffusionsgrenz-strom I_d (I_d prop. c_i)	+	–
Voltammetrische Titration (Grenz-stromtitration)		(eine polarisierbare Elektrode)		
Voltametrie		U	–	+
Amperometrie		I	–	+
Dead-Stop-Verfahren		(zwei polarisierbare Elektroden)		
voltametrisch		U	–	+
amperometrisch		I	–	+

Die **Kathode** ist die Elektrode, die negative Ladung abgibt oder positive Ladung aufnimmt (*Elektronendonor*).
Die **Anode** ist die Elektrode, die positive Ladung abgibt oder negative Ladung aufnimmt (*Elektronenakzeptor*).

An der Kathode findet somit eine *Reduktion,* an der Anode eine *Oxidation* statt. Als wichtige Konsequenz ergibt sich daraus, daß Funktionsweise und Bezeichnung der Elektroden beim galvanischen Element und der elektrolytischen Zelle *entgegengesetzt* sind. Um Verwechslungen zu vermeiden, kann man die Elektroden auch nach ihrer aus der *Spannungsreihe* folgenden Polarität bezeichnen (vgl. S. 189). Die Elektrode mit dem höheren Potential ist dann stets die **Anode,** die mit niedrigerem Potential die **Kathode.**

Unter der **Elektromotorischen Kraft** E_0 (EMK, s. S. 191) versteht man die Klemmspannung eines galvanischen Elements ohne Stromfluß. Bei endlichem Widerstand gilt für die EMK die Beziehung

$$E_0 = I \cdot R_i + I \cdot R_a \tag{217}$$

R_i, R_a = Innen- bzw. Außenwiderstand

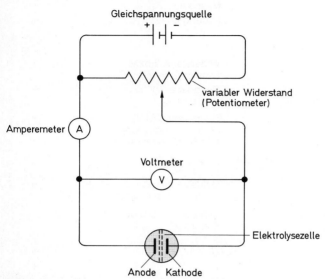

Abb. 49 Schaltbild zur Elektrolyse (nach[11])

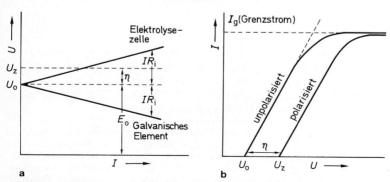

Abb. 50 a Spannungs-Strom-Diagramm (Klemmspannung);
b Strom-Spannungs-Diagramm

Für die **Klemmspannung** U erhält man daraus (Abb. 50 a):

$$|U| = E_0 - I \cdot R_i \qquad \text{galvanisches Element} \quad \text{oder} \qquad (218\,a)$$

$$|U| = E_0 + I \cdot R_i \qquad \text{elektrolytische Zelle}^{[a]} \qquad (218\,b)$$

Die Reaktionsprodukte einer Elektrolyse sind vom Elektrodenmaterial abhängig.

Beispiel $CuSO_4$-Lösung

a Kupfer-Elektroden

Kathode: $Cu^{2+} + 2e^- \rightarrow Cu$

Anode: $Cu \rightarrow Cu^{2+} + 2e^-$

Das Sulfat-Ion wird nicht entladen. Es erfolgt Kupfertransport von der Anode zur Kathode.

b Platin-Elektroden

Kathode: $Cu^{2+} + 2e^- \rightarrow Cu$

Anode: $2OH^- \rightarrow \frac{1}{2}O_2 + H_2O + 2e^-$

Das Sulfat-Ion wird auch nicht entladen, da das Hydroxid-Ion die geringere Zersetzungsspannung (s. unten) besitzt. Im Elektrolyten wird $CuSO_4$ in H_2SO_4 umgewandelt.

Für den Ladungstransport gelten die **Faradayschen Gesetze:**

- Die abgeschiedene Stoffmenge ist proportional der transportierten Ladungsmenge.
- 1 Faraday = 96485 Coulomb setzt ein Äquivalent eines Stoffes frei.

Zersetzungsspannung

Beispiel $CuSO_4$-Lösung/Platin-Elektroden

Es wird eine Zelle aus zwei Halbelementen (Elektroden) gebildet.

Cu^{2+}/Cu		O_2/OH^-
$Cu^{2+} + 2e^- \rightleftharpoons Cu$		$\frac{1}{2}O_2 + H_2O + 2e^- \rightleftharpoons 2OH^-$
E_2		E_1

---

[a] Für die elektrolytische Zelle ist $U = -\Delta E$ $(U_0 = -E_0)$ und bezeichnet eine äußere Spannung, die der EMK entgegen gerichtet ist (s. DIN 1323). Hier kommt es aber nur auf den *Betrag* von U an.

Die Zelle liefert die maximale Spannung (EMK)

$$E_0 = E_1 - E_2$$

entsprechend der Reaktion

$$Cu + \tfrac{1}{2} O_2 + H_2O \rightarrow Cu^{2+} + 2\,OH^-$$

Zersetzung der Lösung gemäß

$$Cu^{2+} + 2\,OH^- \rightarrow Cu + \tfrac{1}{2} O_2 + H_2O$$

ist erst möglich, wenn die an die Zelle gelegte äußere Spannung U mindestens gleich der Zersetzungsspannung U_z wird (Abb. 50a). U_z stellt die *theoretische* (thermodynamische) Zersetzungsspannung bei verschwindendem Stromfluß dar und ist dem Betrag nach gleich der EMK E_0. Tatsächlich beobachtet man meist eine *effektive* Zersetzungsspannung $(U_z)_{eff} > (U_z)_{th}$. Die Differenz

$$\eta = U_z - U_0 \qquad |U_0| = E_0 \tag{219}$$

heißt **Überspannung** und hat kinetische Ursachen (hohe Aktivierungsenergie der Elektrodenprozesse, *Polarisation*, s. S. 285). Der Betrag von η hängt von der *Stromdichte* ab. Im Grenzfall einer unpolarisierbaren Zelle wird $\eta = 0$ und $U_z = U_0$.

Für die Metallabscheidung ist η meist gering, nicht aber bei Gasentwicklung (s. S. 212); z.B. beträgt die Überspannung bei der Elektrolyse einer 1 normalen Säure an Platinelektroden etwa 0,47 V (O_2-Entwicklung gehemmt).

Elektrolytlösungen gehorchen bis zu einer bestimmten Spannung dem **Ohmschen Gesetz** (U prop. I). Wenn aber dieser Wert überschritten wird, nimmt die Wanderungsgeschwindigkeit der Ionen nicht mehr proportional der Feldstärke zu. Es stellt sich schließlich ein stationäres Gleichgewicht mit konstanter Stromstärke, dem Grenzstrom I_g (Abb. 50b), ein.

Elektrogravimetrie

Die Abscheidung von Metallen wird am besten in *schwefelsaurer* Lösung vorgenommen; Chloride und Nitrate sind wegen ihrer leichten Oxidierbarkeit nicht geeignet (Zerstörung der Elektrode und Nebenreaktionen)[6].

Die *Zersetzungsspannung*[a] einer Metallsalz-Lösung berechnet sich nach

$$|U_z| = E(O_2) - E(M) \quad \text{mit} \tag{220}$$

---

[a] $U_z = -\Delta E = E(M) - E(O_2)$; s. Fußnote S. 257.

$$E(O_2) = E^0(O_2/H_2O) - 0,059\,\text{pH} + \eta(O_2) \tag{221}$$

$$E(M) = E^0(M^{z+}/M) + \frac{0,059}{z}\log c(M^{z+}) + \eta(M) \tag{222}$$

U_z ist nicht konstant, sondern wächst mit abnehmender Metallionen-konzentration, da das *Anodenpotential* $E(O_2)$ um

$$\Delta E(O_2) = 0,059\,\Delta\text{pH} \tag{223}$$

zunimmt (Entladung von OH^- = Zunahme von H_3O^+), während das *Kathodenpotential* $E(M)$ um

$$\Delta E(M) = -\frac{0,059}{z}\log\frac{c(M^{z+})\ (\text{Anfang})}{c(M^{z+})\ (\text{Ende})} \tag{224}$$

abnimmt.

Für die resultierende Änderung der Zersetzungsspannung ΔU_z ergibt sich demnach

$$\Delta U_z = 0,059 \cdot \left[\Delta\text{pH} + \frac{1}{z}\log\frac{c(M^{z+})\ (\text{Anfang})}{c(M^{z+})\ (\text{Ende})}\right] \tag{225}$$

Bei der üblichen analytischen Genauigkeit von 0,1% (99,9% Abscheidung) beträgt ΔU_z maximal 0,5 V; in saurer Lösung (pH konst.) weniger als 0,2 V.

Zur Abscheidung unedler Metalle müssen Platinelektroden zum Schutz verkupfert werden. Die Entwicklung von Wasserstoff wird gewöhnlich durch seine hohe Überspannung (s. unten) verhindert. Ferner kann man die H_2- und O_2-Abscheidung durch sog. *Depolarisatoren* unter-drücken. Oxidationsmittel (z. B. Nitrat) wirken kathodisch, Reduktionsmittel (z. B. Hydrazin) anodisch depolarisierend.

Beispiel Elektrolyse von Blei(II)-chlorid und -nitrat.

Während eine $PbCl_2$-Lösung wie erwartet zu elementarem Blei und Chlor zersetzt wird ($U_z \sim 1,5$ V), erfolgt in einer $Pb(NO_3)_2$-Lösung *anodische Oxidation* des Pb^{2+}-Ions zu PbO_2 und *kathodische Reduktion* des Nitrat-Ions zu N_2, NH_4^+ u. a. Die intermediär entstehenden Stickoxide lassen sich mit Harnstoff entfernen. Wegen der geringen Zersetzungsspannung ($U_z \sim 0,5$ V) ist die Reduktion zum Nitrit als primärer Schritt begünstigt.

Zur quantitativen Bestimmung müssen die Metalle in fest haftender, reiner Form an der Kathode niedergeschlagen werden. Günstig wirken sich *Rühren* und *Erwärmen* der Elektrolytlösung aus (mechanische und thermische Konvektion), (s. S. 265). Unter diesen Bedingungen lassen sich Metallmengen von $0,1-0,5$ g in $30-60$ Minuten abscheiden („*Schnellelektrolyse*"). Vorteilhaft ist auch die Fällung von Metallen aus ihren *Komplexsalzen* (Ammin-, Hydroxo-, Cyano-Komplexe). Man beachte, daß sich hierbei die Zersetzungsspannung beträchtlich ändern kann (s. unten).

Bei genügend großem Unterschied in der Zersetzungsspannung lassen sich elektrogravimetrische *Trennungen* durchführen. Die Verhältnisse werden übersichtlich in einem logarithmischen Diagramm (Abb. 51) dargestellt. Man trägt $\log c\,(M^{z+})$ gegen U_z (aus Gl. 220) auf und erhält Geradengleichungen der Form

$$\log c\,(M^{z+}) = k - \frac{z}{0{,}059}\,U_z \quad pH = \text{konst.} \tag{226}$$

$$k = \frac{z}{0{,}059}\,(\Delta E^0 + \Delta \eta - 0{,}059\,\text{pH})$$

Beispiele

M = Cu $\Delta E^0 = 1{,}23 - 0{,}35 = 0{,}88\,\text{V}$
$(z = 2)$ $\Delta \eta \;= 0{,}47\,\text{V};\ pH = 0 \;\rightarrow\; k = 45{,}8$

$\log c\,(Cu^{2+}) = 45{,}8 - 33{,}9\,U_z$

Steigung: $-33{,}9$
Abszissenschnittpunkt: $\log c = 0 \;\rightarrow\; U_z = \Delta E^0 + \Delta \eta = 1{,}35\,\text{V}$

M = Ni $\Delta E^0 = 1{,}23 - (-0{,}25) = 1{,}48\,\text{V}$
$(z = 2)$

$pH = \;\;0: \; U_z = \Delta E^0 + \Delta \eta = 1{,}95\,\text{V}$
$pH = 10: \; U_z = \Delta E^0 + \Delta \eta - 0{,}059 \cdot 10 = 1{,}36\,\text{V}$

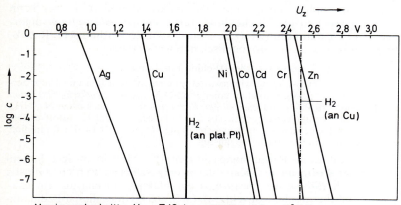

Abszissenabschnitt: $U_z = E\,(O_2) - E\,(M) = 1{,}7 - E^0\,(M)$

Abb. 51 Zersetzungsspannung von Metallsulfaten in $0{,}5\ \text{mol} \cdot L^{-1}$ Schwefelsäure ($\eta(O_2) = 0{,}47\,\text{V}$; $\eta(M) = 0$)

Aus Abb. 51 ersieht man, daß sich Ag^+ und Cu^{2+} simultan bestimmen lassen und quantitativ abgeschieden werden, ohne daß Wasserstoffentwicklung eintritt. Man beachte, daß die Zersetzungsspannung der Schwefelsäure selbst ($M^{z+} = H_3O^+$) *unabhängig* von der H_3O^+-Konzentration ist, da die pH-abhängigen Terme des H_2- und O_2-Elektrodenpotentials bei der Differenzbildung herausfallen[a] (220−225).

Die Abscheidung von Ni^{2+}, Co^{2+} und Cd^{2+} an Platinelektroden ist in saurer Lösung nicht möglich. Durch Erhöhung des pH-Werts (Arbeiten im ammoniakalischen Medium) läßt sich die Zersetzungsspannung verringern (Parallelverschiebung der Metall-Geraden im Diagramm nach links). Bei Verwendung der üblichen verkupferten Platinelektroden kann die Abscheidung auch im sauren Medium erfolgen (hohe Überspannung von H_2 an Kupfer). Da die Überspannung des Wasserstoffs an Zink noch größer ist, läßt sich selbst Zn^{2+} in schwach saurer Lösung an Kupferelektroden niederschlagen.

Coulometrie

Eine Alternative zur Elektrogravimetrie stellt die **Coulometrie** dar: Nicht die abgeschiedene Stoffmenge, sondern die verbrauchte *Strommenge* wird gemessen (besonders vorteilhaft bei löslichen und inhomogenen Reaktionsprodukten). Der elektrische Strom wirkt als „maßanalytisches Reagenz" und muß daher in *stöchiometrischer* Menge eingesetzt werden. Es gelten die **Faradayschen Gesetze** (s. S. 254):

$$m = \frac{M \cdot Q}{z \cdot F} \tag{227}$$

m = Masse des abgeschiedenen Stoffes (g)
M = molare Masse (g $\cdot$ mol^{-1})
Q = gemessene Ladungsmenge (C = As)
z = Zahl der ausgetauschten Elektronen (Äquivalenzzahl)
F = elektrochemisches Äquivalent (1 F = 96485 C $\cdot$ mol^{-1})

Voraussetzungen für die Anwendung der Coulometrie sind:

---

[a] Dies läßt sich schon qualitativ voraussagen, da wegen der hohen Überspannung des Sulfat-Ions nicht die Schwefelsäure, sondern das Wasser zersetzt wird.

- Die Reduktion oder Oxidation muß zu einer definierten Oxidationsstufe führen.
- Der Prozeß muß mit 100% Stromausbeute (keine Nebenreaktionen) verlaufen.
- Die analytische Genauigkeit soll eingehalten werden.

Für die praktische Durchführung ist es wichtig, die Oxidation oder Reduktion des Lösungsmittels sowie die Reduktion von Luftsauerstoff zu verhindern. Man arbeitet deshalb in der Regel in einer geschlossenen Apparatur unter Schutzgas mit einer *Hg-Kathode* (hohe H_2-Überspannung) und *Pt-Anode* (hohe O_2-Überspannung).

Man kann die Coulometrie sowohl bei konstantem Potential (*potentiostatisch*) als auch bei konstanter Stromstärke (*galvanostatisch*) betreiben.

Potentiostatische Coulometrie ($U = R \cdot I =$ konst.). Der Vorteil der potentiostatischen Methode (= *Coulometrische Analyse*) liegt in ihrer hohen Empfindlichkeit und Selektivität, da die Spannung so gewählt wird, daß gerade das zu bestimmende Ion abgeschieden wird bzw. daß der gewünschte Prozeß abläuft. Nachteilig wirkt sich die lange Versuchsdauer aus, da die Stromstärke gegen Ende der Bestimmung wegen der geringen Ionenkonzentration sehr klein wird. Die Ermittlung der verbrauchten Ladungsmenge erfolgt *graphisch* (Abb. 52 a), „*coulometrisch*" (mit einem chemischen Coulometer, in dem man simultan zur eigentlichen Bestimmung eine gut reproduzierbare Elektrolyse ausführt) oder *elektronisch* (Stromintegrator).

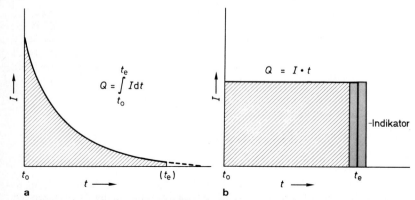

Abb. 52 a Potentiostatische Coulometrie, **b** Galvanostatische Coulometrie

Zur graphischen Auswertung. Aus den *Fickschen* Diffusionsgesetzen (s. S. 287) folgt eine exponentielle Beziehung zwischen I und t:

$$I_t = I_0 \cdot e^{-kt} \qquad I_0 = I(t=0), \quad k = \text{Konstante} \qquad (228)$$

Integration von (228) ergibt die verbrauchte Ladungsmenge:

$$Q = \int_{t=0}^{t \to \infty} I \cdot dt = \int_0^\infty I_0 \cdot e^{-kt} \cdot dt = -\frac{I_0}{k} \cdot \overset{\infty}{\underset{0}{[e^{-kt}]}} = \frac{I_0}{k} \qquad (229)$$

Die erforderlichen Parameter I_0 und k lassen sich leicht einer logarithmischen (linearen) Darstellung der Funktion $\log I = \log I_0 - 0{,}434\,k \cdot t$ entnehmen, die den weiteren Vorteil hat, daß man den Kurvenverlauf aus wenigen Meßpunkten konstruieren und auf $t = 0$ bzw. $t \to \infty$ extrapolieren kann.

Galvanostatische Coulometrie ($I = U/R = $ konst.). Die galvanostatische Methode hat sich vor allem für Routinemessungen wegen der kürzeren Elektrolysedauer und der einfachen Ladungsbestimmung (Abb. 52 **b**) bewährt, erfordert allerdings die *Indikation* des Endpunkts (Farbindikator oder instrumentelle Anzeige). Der wesentliche Nachteil besteht in der Gefahr von Nebenreaktionen, da die vorgegebene Stromstärke gegen Ende der Elektrolyse nicht mehr durch die gewünschte Zellreaktion aufrechterhalten werden kann. Durch die ständige Zunahme des Potentials können andere Prozesse eingeleitet werden.

Zur Vermeidung dieser Schwierigkeiten wird die galvanostatische Coulometrie bevorzugt *indirekt* durchgeführt (= **Coulometrische Titration**). Man erzeugt elektrochemisch einen Hilfstitranten (Zwischenreagenz) in geringer stationärer Konzentration, der sich quantitativ mit der Probe umsetzt. Da das Potential durch das „Hilfsredoxpaar" (im Überschuß) stabilisiert wird, werden Nebenreaktionen verhindert. Außer der Redoxtitration lassen sich auch *Neutralisationsanalysen* (Erzeugung von OH^--Ionen durch kathodische Reduktion des Wassers), *Fällungsanalysen* (Erzeugung von Ag^+- oder Hg_2^{2+}-Ionen durch anodische Oxidation des Metalls) und *komplexometrische* Analysen coulometrisch durchführen. Die coulometrische Titration ist eine sehr genaue Methode, selbst bei geringen Stoffmengen bis in den μg-Bereich.

Beispiele

Neutralisation

Kathode: $2\,H_2O + 2\,e^- \rightarrow H_2 + 2\,\mathbf{OH^-}$ ($\rightarrow$ Säuretitration)

Anode: $H_2O \rightarrow \tfrac{1}{2}\,O_2 + 2\,\mathbf{H^+} + 2\,e^-$ ($\rightarrow$ Basetitration)

Der jeweils andere Elektrodenraum muß durch ein Diaphragma abgetrennt werden.

Redoxtitration

Oxidation von Fe(II) in Gegenwart von überschüssigem Ce(III): Anfangs erfolgt direkte Oxidation von Fe^{2+}. Wenn aber die Fe^{2+}-Konzentration ein gewisses Maß unterschreitet, wird der Stromfluß praktisch vollständig durch Oxidation von Ce^{3+} aufrecht erhalten. Ce^{4+} oxidiert wiederum leicht das restliche Fe^{2+}, so daß man formal von einer Titration von Fe(II) mit Ce(IV) sprechen kann, zu der weder Bürette noch Maßlösung erforderlich sind. Die Bestimmung des Endpunkts erfolgt am besten voltammetrisch oder amperometrisch (s. S. 293).

Weitere Beispiele für coulometrische Redoxtitrationen

Oxidation

Reaktion	Hilfstitrant
$As^{3+} \rightarrow AsO_4^{3-}$	
$Fe^{2+} \rightarrow Fe^{3+}$	Mn^{2+}/MnO_4^-
$H_2O_2 \rightarrow \frac{1}{2}O_2$	
$C_2O_4^{2-} \rightarrow 2CO_2$	
$As^{3+} \rightarrow AsO_4^{3-}$	
$Sb^{3+} \rightarrow SbO_4^{3-}$	$2Br^-/Br_2$
$2I^- \rightarrow I_2$	
$NH_3 \rightarrow \frac{1}{2}N_2$	

Reduktion

Reaktion	Hilfstitrant
$Ce^{4+} \rightarrow Ce^{3+}$	
$CrO_4^{2-} \rightarrow Cr^{3+}$	Fe^{3+}/Fe^{2+}
$MnO_4^- \rightarrow Mn^{2+}$	
$Cu^{2+} \rightarrow Cu^+$	
$I_2 \rightarrow 2I^-$	Sn^{4+}/Sn^{2+}
$Br_2 \rightarrow 2Br^-$	

2. Konduktometrie

Bei der Konduktometrie wird der **Leitwert** L [a] (bzw. der *Widerstand* $R = 1/L$) einer Elektrolytlösung in Abhängigkeit von der zugesetzten Reagenzmenge gemessen. Es entstehen Diagramme nach dem Muster von Abb. 53.

Die Gesamtleitfähigkeit setzt sich *additiv* aus den Beiträgen der einzelnen Ionen zusammen. Die Konduktometrie ist in solchen Fällen ungeeignet, bei denen eine hohe Fremddionenkonzentration vorliegt, weil die Leitfähigkeitsänderung während der Titration oft zu gering ausfällt.

Bei der Leitfähigkeitstitration muß grundsätzlich mit **Wechselstrom** gearbeitet werden, damit keine Elektrolyse eintritt. Man unterscheidet

---

[a] Nach DIN 1310 wird insbesondere der Wechselstrom-Leitwert mit dem Symbol G bezeichnet, um eine Verwechslung mit der *Induktivität* L zu vermeiden. Unter *Leitfähigkeit* versteht man heute die Größe $\varkappa$ (s. nächster Abschnitt).

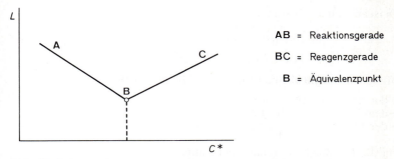

Abb. 53 Schema eines konduktometrischen Titrationsdiagramms

zwischen der überwiegend angewandten niederfrequenten Titration oder **Konduktometrie** ($\sim$ 1 kHz[a]) und der *Hochfrequenztitration* oder **Oszillometrie** ($>$ 1 MHz).

Theorie der Leitfähigkeit

Elektrolytische Leitfähigkeit. Die Ionenleitung kann nach drei verschiedenen Mechanismen erfolgen.

◆ **Konvektion:** Thermische Ionenwanderung[b] *(Temperaturgradient)*.

◆ **Migration:** Wanderung oder *Überführung* im elektrischen Feld *(Feldgradient)*.

◆ **Diffusion:** Wanderung durch chemische Potentialunterschiede *(Konzentrationsgradient)*. Quantitativ wird die Diffusion durch die **Fickschen Gesetze** beschrieben (s. S. 287).

Die **Leitfähigkeit** $\varkappa$ einer verdünnten Elektrolytlösung[c] hängt ab

◆ von der Zahl der Ionen N bzw. deren *Konzentration c*,
◆ von der Zahl der Elementarladungen pro Ion z *(Äquivalenzzahl)*,
◆ von der Wanderungsgeschwindigkeit der Ionen v bzw. der *Beweglichkeit u*.

---

[a] Frequenzen im Kilohertz-Bereich sind zur Vermeidung der Polarisation und Verringerung des Elektrodenwiderstands günstiger als normaler Wechselstrom (50 Hz).

[b] Auch mechanische Konvektion (z. B. durch Rühren) möglich.

[c] Der Ausdruck „*spezifische Leitfähigkeit*" für $\varkappa$ (σ) soll nicht mehr verwendet werden. Dies ist insofern inkonsequent, als der Kehrwert $\varrho = 1/\varkappa$ nach wie vor als spezifischer Widerstand bezeichnet wird.

Zwischen u und v besteht die Beziehung

$$u = \frac{v}{E} \quad [u] = 1\,\mathrm{cm}^2 \cdot \mathrm{s}^{-1} \cdot \mathrm{V}^{-1} \tag{230}$$

$$E = \text{Feldstärke}$$

Die **Ionenbeweglichkeit** u ist ihrerseits abhängig von

◆ der Art der Ionen,
◆ dem Verhältnis Ladung zu Radius,
◆ der *Viskosität* der Lösung[a] (η temperaturabhängig).

Für die *Leitfähigkeit*[b] erhält man demnach

$$\varkappa \cdot V = e_0 (N_+ z_+ u_+ + N_- z_- u_-) \quad (N = n \cdot N_A)$$
$$\varkappa \cdot V = N_A e_0 |nz| (u_+ + u_-) \quad (n_+ z_+ = n_- z_- = n(\mathrm{eq}))$$
$$\varkappa \cdot V = F \cdot n(\mathrm{eq}) \cdot u \quad (N_A e_0 = F)$$
$$\varkappa \cdot V = F \cdot c^*(\mathrm{eq}) V \cdot u \quad (n(\mathrm{eq}) = c^*(\mathrm{eq}) V)$$

oder auf das Volumen bezogen:

$$\varkappa = F \cdot c^*(\mathrm{eq}) \cdot u \tag{231}$$

$$
\begin{aligned}
e_0 &= \text{Elementarladung} \\
N_A &= \text{Avogadro-Konstante} \\
n(\mathrm{eq}) &= \text{Äquivalentmenge} \\
F &= \text{Faraday-Konstante} \\
c^*(\mathrm{eq}) &= \text{Äquivalentkonzentration in mol} \cdot \mathrm{cm}^{-3}
\end{aligned}
$$

Die Äquivalentkonzentration $c^*(\mathrm{eq})$ oder kurz c^* wird in **mol $\cdot$ cm^{-3}** angegeben, damit man $\varkappa$ ohne Umrechnungsfaktor in der Dimension $(\Omega \cdot \mathrm{cm})^{-1}$ erhält:

$$[\varkappa] = \frac{1\,\mathrm{As} \cdot \mathrm{mol} \cdot \mathrm{cm}^2}{\mathrm{mol} \cdot \mathrm{cm}^3 \cdot \mathrm{Vs}} = \frac{1\,\mathrm{A}}{\mathrm{V} \cdot \mathrm{cm}} = \frac{1}{\Omega \cdot \mathrm{cm}} \left(= 1\,\frac{\mathrm{S}}{\mathrm{cm}} \right)$$

Die Leitfähigkeit hängt nach (231) von der *Konzentration* und von der *Beweglichkeit* der Ionen ab. Bei der Konduktometrie bleibt meist eine der beiden Variablen konstant, so daß sich eine *lineare* Beziehung zwischen $\varkappa$ und c^* bzw. $\varkappa$ und u ergibt.

---

[a] $u \cdot \eta =$ konst. (*Waldensche* Regel).
[b] $\varkappa \cdot V =$ Leitfähigkeit einer Lösung mit dem Volumen V im Unterschied zum Leitwert L ($L = \varkappa \cdot A/l$, Gl. 232).

Da Elektrolytlösungen (in gewissen Grenzen) dem *Ohmschen* Gesetz (s. S. 255) folgen, gilt für den **Leitwert** L

$$L = \frac{1}{R} = \varkappa \cdot \frac{A}{l} \quad [L] = 1\,\Omega^{-1} = 1\,S \text{ (Siemens)} \tag{232}$$

A = Elektrodenfläche
l = Elektrodenabstand

Für A, l = konst. wird L *proportional* $\varkappa$ (231).

Um eine *konzentrationsunabhängige* Größe zu erhalten, definiert man die **Äquivalentleitfähigkeit** Λ (eq) (im folgenden mit Λ bezeichnet) als Quotient aus $\varkappa$ und c^* (eq):

$$\Lambda(\text{eq}) = \frac{\varkappa}{c^*(\text{eq})} = \frac{\varkappa}{z \cdot c_m^*} \quad [\Lambda] = 1\,S \cdot cm^2 \cdot mol^{-1} \tag{233}$$

Genau so läßt sich die **molare Leitfähigkeit** Λ^m definieren:

$$\Lambda^m = \frac{\varkappa}{c_m^*} \quad \text{und} \quad \Lambda^m = z \cdot \Lambda(\text{eq}) \tag{234}$$

Die folgenden Betrachtungen gelten sowohl für Λ (eq) als auch Λ^m, die sich nach (234) ineinander umrechnen lassen. Der Einfachheit halber werden alle Beziehungen für $\Lambda = \Lambda$ (eq) formuliert.

Durch Gleichsetzen von (231) und (233) erhält man

$$\Lambda \cdot c^* = F \cdot c^* \cdot u$$
$$\Lambda = F \cdot u \tag{235}$$

Λ ist der *Beweglichkeit* u direkt proportional.

Die Leitfähigkeit $\varkappa$ geht für unendlich verdünnte Lösungen gegen Null, aber Λ strebt gegen den Grenzwert Λ_0:

$$\lim_{c^* \to 0} \varkappa = 0 \qquad \lim_{c^* \to 0} \Lambda = \Lambda_0 \neq 0 \tag{236}$$

Λ_0 heißt *Grenzäquivalentleitfähigkeit* oder kurz **Grenzleitfähigkeit**. Λ_0 setzt sich additiv aus den Grenzleitfähigkeiten der Kationen (λ_0^+) und Anionen (λ_0^-) zusammen (*Gesetz der unabhängigen Ionenwanderung*).

Tab. 18 Grenzäquivalentleitfähigkeit einiger Ionen in Wasser bei 25 °C

Kationen	λ_0^+ (S · cm^2 · mol^{-1})	Anionen	λ_0^- (S · cm^2 · mol^{-1})
H_3O^+	349,8	OH^-	197,0
NH_4^+	73,7	SO_4^{2-}	80,8
K^+	73,5	Br^-	78,4
Ba^{2+}	63,2	I^-	76,5
Ag^+	62,2	Cl^-	76,4
Ca^{2+}	59,8	NO_3^-	71,5
Mg^{2+}	53,1	ClO_4^-	68,0
Na^+	50,1	F^-	55,4
Li^+	38,6	CH_3COO^-	40,9

Unter der **Überführungszahl** n_+ bzw. n_- versteht man den Stromanteil, der vom Kation bzw. Anion transportiert wird.

$$n_+ = \frac{\lambda_+}{\Lambda} = \frac{u_+}{u_+ + u_-} \qquad n_- = \frac{\lambda_-}{\Lambda} = \frac{u_-}{u_+ + u_-} \qquad (237)$$

Durch experimentelle Bestimmung der Überführungszahlen lassen sich Ionenleitfähigkeiten und -beweglichkeiten ermitteln.

Die Grenzleitfähigkeiten einiger Ionen in wäßriger Lösung sind in Tab. 18 zusammengestellt.

Die ungewöhnlich hohe Leitfähigkeit („*Extraleitfähigkeit*") der Ionen des Wassers kommt durch einen anderen Transportmechanismus zustande. Bildlich gesprochen, brauchen die H_3O^+- und OH^--Ionen nicht direkt zu den Elektroden zu wandern, sondern können mit dem Lösungsmittel Ladungen austauschen, wodurch ein schnellerer Transport erreicht wird (Maximalwert bei etwa 150 °C).

Äquivalentleitfähigkeit schwacher Elektrolyte. Für schwache Elektrolyte gilt das *Ostwaldsche Verdünnungsgesetz* (34). Die Äquivalentleitfähigkeit hängt vom **Dissoziationsgrad** α ab. (233) geht für $c^* \to 0$ und $\alpha \to 1$ in

$$\varkappa = \Lambda_0 \cdot c^*$$

über. Für beliebige Konzentrationen $\alpha \cdot c^*$ erhält man demnach

$\varkappa = \Lambda_0 \cdot \alpha \cdot c^* = \Lambda \cdot c^*$ und damit

$$\Lambda = \alpha \cdot \Lambda_0 \qquad (238)$$

Einsetzen in das *Ostwald*-Gesetz ergibt

$$\frac{\Lambda^2 \cdot c^*}{\Lambda_0(\Lambda_0 - \Lambda)} = K_c \qquad (239)$$

Sofern K_c bekannt ist, lassen sich Λ_0 und α aus Leitfähigkeitsmessungen berechnen und umgekehrt. Für kleines α ($\Lambda_0 \gg \Lambda$) vereinfacht sich (239) zu

$$\Lambda \cdot \sqrt{c^*} = \sqrt{K_c} \cdot \Lambda_0 = \text{konst.} \qquad (240)$$

Trägt man Λ gegen $\sqrt{c^*}$ auf, erhält man eine *Hyperbelfunktion* (Abb. 54 **a**). Die graphische Bestimmung von Λ_0 durch Extrapolation ist daher weniger geeignet.

Äquivalentleitfähigkeit starker Elektrolyte (Theorie von *Debye, Hückel* und *Onsager*). Für starke Elektrolyte sollte man eine *konzentrationsunabhängige* Äquivalentleitfähigkeit (233) erwarten; infolge der Ionenwechselwirkung treten aber schon in relativ verdünnten Lösungen Abweichungen auf (s. S. 45).

Die Bewegung eines Ions im elektrischen Feld wird im wesentlichen durch zwei Effekte beeinflußt, die daraus resultieren, daß jedes Ion von einer „Wolke" (*Sphäre*) entgegengesetzt geladener Teilchen umgeben ist. Der Einfluß nimmt

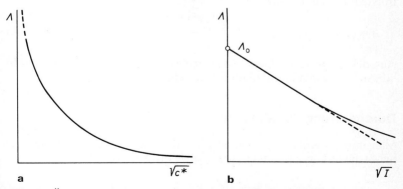

Abb. 54 Äquivalentleitfähigkeit. **a** schwache, **b** starke Elektrolyte

mit steigender Konzentration zu. Die beiden Effekte lassen sich folgendermaßen beschreiben:

◆ Die Bewegung jedes Ions wird durch die *Coulombsche* Anziehungskraft der Gegenionenwolke gehemmt, die ständig neu aufgebaut werden muß (**Relaxations- oder Asymmetrieeffekt**).

◆ Da sich die Ionenwolke in entgegengesetzter Richtung bewegt, erzeugt sie eine „Strömung", die das einzelne Ion überwinden muß (**Elektrophoretischer Effekt**).

Da die *Relaxationszeit* (zum Aufbau der Gegenionenwolke) etwa 10^{-8} s beträgt, läßt sich der Asymmetrieeffekt durch Anlegen einer entsprechend hochfrequenten Wechselspannung beseitigen (*Debye-Falkenhagen*-Effekt). Ebenso unterbleibt der Aufbau der Ionenwolke bei hoher Feldstärke ($E \sim 2 \cdot 10^5$ V·cm^{-1}; *Wien*-Effekt). In beiden Fällen nimmt die Leitfähigkeit beträchtlich zu.

Für verdünnte Lösungen starker Elektrolyte wurde folgende Formel[a] abgeleitet (s. S. 47):

$$\Lambda = \Lambda_0 - A \cdot \sqrt{I} \qquad A = \text{Konstante} \qquad (241)$$
$$I = \text{Ionenstärke}$$

Bei 1:1-Elektrolyten vereinfacht sich (241) zu

$$\Lambda = \Lambda_0 - A \cdot \sqrt{c} \qquad (242)$$

Die lineare Funktion der Äquivalentleitfähigkeit von $\sqrt{c}$ wurde bereits vor 100 Jahren erkannt (*Kohlrausch*-Quadratwurzelgesetz). Allerdings stimmen die berechneten und experimentellen Werte erst für $c < 0{,}01$ mol · L^{-1} gut überein.

In Analogie zum Dissoziationsgrad α (238) kann man für starke Elektrolyte formal einen **Leitfähigkeitskoeffizienten** φ definieren:

$$\Lambda = \varphi \cdot \Lambda_0 \quad \text{mit} \quad \varphi = 1 - \frac{A \cdot \sqrt{I}}{\Lambda_0} \qquad (243)$$

Aus der graphischen Darstellung der Funktion $\Lambda = f(\sqrt{I})$ (Abb. 54 **b**) läßt sich Λ_0 durch Extrapolation ermitteln.

Durchführung der Messung

Man mißt in einer **Leitfähigkeitszelle,** d. h. einem Gefäß unterschiedlicher Bauart mit platinierten Platinelektroden (zur Vermeidung der

---

[a] Vereinfachte Form der exakten Gleichung.

Polarisation) und Rührvorrichtung. Für jede Zelle ist die **Zellkonstante** $C = l/A$ charakteristisch.

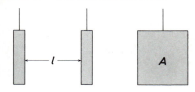

Da $\quad R = \dfrac{1}{\varkappa} \cdot \dfrac{l}{A} = \dfrac{C}{\varkappa}\quad$ (232), gilt auch

$$C = \varkappa \cdot R \qquad\qquad\qquad\qquad\qquad (244)$$

C bestimmt man mit Hilfe bekannter Eichlösungen. Der Widerstand R der Lösung wird mit einer *Wheatstoneschen* Brückenschaltung gemessen. Heute verwendet man ausschließlich elektronische Meßgeräte (*Konduktometer*).

Konduktometrische Titration

Die Konduktometrie ist vor allem zur Indikation von *Neutralisations-* und *Fällungsreaktionen* geeignet. Im folgenden sind einige Beispiele angeführt.

Neutralisation einer starken Säure

Beispiel Salzsäure (Abb. 55)

$$\mathbf{H_3O^+} + Cl^- + Na^+ + OH^- \;\rightarrow\; \mathbf{Na^+} + Cl^- + 2\,H_2O$$

Die Gesamtionenkonzentration bleibt gleich, weil eine *Verdrängung* der H_3O^+-Ionen durch Na^+-Ionen stattfindet und die zugegebenen OH^--Ionen sofort neutralisiert werden (geringe Eigendissoziation des Wassers). Die Ursache für die Abnahme der Leitfähigkeit während der Titration ist darin zu sehen, daß H_3O^+- und OH^--Ionen eine wesentlich höhere *Äquivalentleitfähigkeit* (Beweglichkeit) besitzen als andere Kationen und Anionen (s. Tab. 18). Die Gesamtleitfähigkeit nimmt zunächst proportional zur Verringerung der H_3O^+-Konzentration ab und nach Überschreiten des Äquivalenzpunkts wieder zu, da jetzt freie OH^--Ionen (und Na^+-Ionen) im Überschuß vorliegen. Es entstehen einfache, lineare Diagramme nach dem Muster von Abb. 53.

Nach Gl. (231) hängt die spezifische Leitfähigkeit eines Elektrolyten von der Äquivalentkonzentration *und* der Ionenbeweglichkeit ab (s. S. 266). Um Ge-

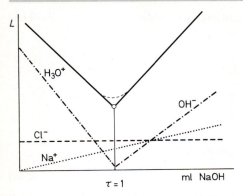

Abb. 55 Leitfähigkeitstitration von HCl mit NaOH (schematisch[a])

radengleichungen zu erhalten, muß jeweils eine der beiden Variablen konstant gehalten werden. Während der Titration ($\tau < 1$) bleibt die Ionenkonzentration gleich, und $\varkappa$ ist proportional zur Beweglichkeit u. Für $\tau > 1$ ist u konstant und $\varkappa$ proportional zur Teilchenkonzentration.

Neutralisation einer schwachen Säure

Beispiel Essigsäure (Abb. 56 a)

$$\text{I} \quad \text{HAc} + \text{H}_2\text{O} \rightleftharpoons \text{H}_3\text{O}^+ + \text{Ac}^-$$

$$\text{II} \quad \mathbf{H_3O^+} + \text{Ac}^- + \text{Na}^+ + \text{OH}^- \rightarrow \mathbf{Na^+} + \text{Ac}^- + 2\,\text{H}_2\text{O}$$

$$\text{III} \quad \text{Ac}^- + \text{H}_2\text{O} \rightleftharpoons \text{HAc} + \text{OH}^-$$

Die Gesamtleitfähigkeit L ist anfangs klein (geringe Dissoziation, I) und nimmt weiter ab (**AB**), weil H_3O^+-Ionen durch Na^+-Ionen mit geringerer Äquivalentleitfähigkeit verdrängt werden (II). Erst allmählich bildet sich soviel Na^+Ac^-, daß L wieder ansteigt (**BC**). Nach Überschreiten des Äquivalenzpunkts **C** nimmt die Leitfähigkeit weiter zu (**CD**), weil keine OH^--Ionen mehr verbraucht werden. Der Schnittpunkt der Geraden **BC** und **CD** läßt sich um so weniger genau bestimmen, je kleiner die *Säurekonstante* (und je größer die Verdünnung) ist, da die Leitfähigkeit im Bereich **BC** infolge der stärkeren Protolyse des

---

[a] Für die genaue Konstruktion des Diagramms („ideale Kurve") muß die *Volumenzunahme* beim Titrieren berücksichtigt werden, d. h. die gemessenen Werte sind mit dem Faktor V_e/V_a zu multiplizieren:

$$L_{\text{korr}} = \frac{V_e}{V_a} \cdot L_{\text{exp}}$$

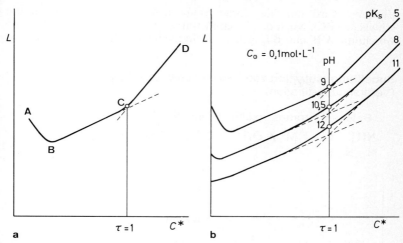

Abb. 56 Titrationsdiagramm.
a 0,1 mol · L^{-1} Essigsäure, **b** mol · L^{-1} schwache Säuren

Anions (III) überproportional zunimmt (*nichtlinearer* Kurvenverlauf, Abb. 56 **b**).

Simultantitration einer starken und einer schwachen Säure

Zwei Säuren (Basen) können nebeneinander titriert werden, wenn sich die Säurekonstanten (Basekonstanten) genügend unterscheiden (s. S. 139).

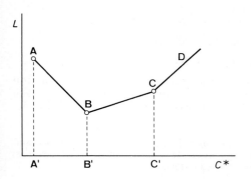

Abb. 57 Simultantitration zweier Säuren

Zunächst wird nur die starke Säure neutralisiert (**AB**), dann die schwache (**BC**). Nach der Gesamttitration nimmt L stark zu (**CD**). Die Abschnitte **A'B'** und **B'C'** geben die äquivalenten Mengen Base an.

Substitutionstitration von Salzen schwacher Protolyte (Verdrängungstitration)

▨ **Beispiel** Titration von NH_4Cl mit NaOH und KOH

$$NH_4^+ + Cl^- + M^+ + OH^- \rightarrow NH_3 + H_2O + M^+ + Cl^-$$
$$M = Na, K$$

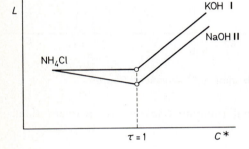

Abb. 58 Substitutionstitration von NH_4Cl

I $\lambda(NH_4^+) = \lambda(K^+)$
II $\lambda(NH_4^+) > \lambda(Na^+)$

Analog lassen sich Salze schwacher Säuren mit starken Säuren titrieren.

Fällungstitration

Da es viele Fällungsreaktionen ohne geeigneten Indikator gibt, bildet die konduktometrische Indikation eine wichtige Ergänzung.

▨ **Beispiel** Fällung von Bromid mit Silbernitrat

$$K^+ + Br^- + Ag^+ + NO_3^- \rightarrow K^+ + NO_3^- + [AgBr]_f$$

Es wird Bromid durch Nitrat verdrängt. Da $\lambda(Br^-) > \lambda(NO_3^-)$, nimmt L zunächst ab, und es entsteht ein einfaches Diagramm nach Abb. 53[a]. Je kleiner das *Löslichkeitsprodukt*, um so schärfer wird der

---

[a] Wenn das Titrant-Ion eine höhere Äquivalentleitfähigkeit als die Probe aufweist, erscheint der Äquivalenzpunkt als *Maximum*. Ein Beispiel hierfür ist die Sulfidfällung (s. S. 156), bei der H_3O^+-Ionen freigesetzt werden.

Endpunkt bestimmt. Fehlerquellen entstehen durch Adsorption von Ionen auf dem Niederschlag und Sekundärreaktionen.

Hochfrequenztitration (Oszillometrie)

Wie schon der Name sagt, verwendet man hochfrequenten Wechselstrom im Megahertz-Bereich. Die Leitfähigkeit ist größer als bei normalem Wechselstrom, weil die Verzögerungseffekte der entgegengesetzt geladenen Ionenwolke infolge ihrer Trägheit wegfallen (s. S. 270).

Meßprinzip. Da sich die Elektroden außerhalb der Leitfähigkeitszelle befinden (Abb. 59 a), bildet das System einen *Kondensator*[a], der für Gleichstrom einen hohen Widerstand darstellt. Für Wechselstrom ist der kapazitive Widerstand R_C jedoch umgekehrt proportional der Kreisfrequenz ω, so daß der Scheinwiderstand Z kleiner wird als für Gleichstrom ($\omega \to 0$, $R_C \to \infty$).

Theoretisch besteht die Kondensatorzelle aus den drei Teilkondensatoren A, B und C. A und B sind konstant und können zusammengefaßt werden. C ist der eigentliche Meßkondensator, dessen Dielektrikum vom Elektrolyten gebildet wird. Der Ohmsche Widerstand R der Glaswand ist natürlich wesentlich höher als der Innenwiderstand. Schematisch läßt sich die Kapazitätszelle durch das Schaltbild Abb. 59 b wiedergeben.

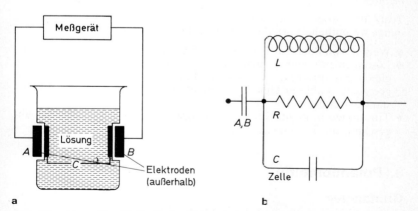

a   **b**

Abb. 59 a Kapazitive Meßzelle, **b** schematisches Schaltbild zur Hochfrequenztitration

---

[a] Die Meßzelle läßt sich auch als *Induktivität* schalten (Umwicklung mit einer Spule).

$$Z = \sqrt{R^2 + \left(\omega L - \frac{1}{\omega C}\right)^2} = \sqrt{R^2 + (R_L - R_C)^2} \qquad (245)$$

Z = Scheinwiderstand (*Impedanz*)
R = Wirkwiderstand (*Ohmscher* Widerstand)
R_L = induktiver Widerstand
R_C = kapazitiver Widerstand
$R_L - R_C$ = Blindwiderstand

Die Änderung hochfrequenter Ströme wird mit Hilfe eines **Schwingkreises** (Abb. 59 **b**) gemessen, für den die Resonanzfrequenz ω_0 (bzw. v_0) charakteristisch ist. ω_0 ergibt sich aus der Resonanzbedingung $R_L = R_C$ ($R = 0$) zu

$$\omega_0 = 2\pi v_0 = \frac{1}{\sqrt{L \cdot C}} \qquad R = 0 \qquad (246)$$

Thomsonsche Schwingungsformel
L = Induktivität C = Kapazität

Da zusätzlich ein *Ohmscher* Widerstand R auftritt, weicht ω_0 etwas vom idealen Wert nach (246) ab. Die Resonanzfrequenz wird durch einen Sender angeregt und die im Verlauf der Titration erfolgende Frequenzverschiebung entweder in ein Stromsignal umgewandelt (*Ausschlagsmethode*) oder mit dem Sender abgeglichen (*Nullpunktsmethode*).

Trotz des größeren apparativen Aufwands bietet die Oszillometrie einige wesentliche Vorteile gegenüber der Konduktometrie:

◆ Wegfall von Polarisationseffekten (Elektroden außerhalb der Zelle).
◆ Lösungen mit sehr geringer und sehr hoher Eigenleitfähigkeit sind gleich gut titrierbar, da sich die Form der Titrationskurve durch geeignete Wahl der Geräteparameter (*Kennkurve*) steuern läßt (Verstärkungseffekt).
◆ Titrationen in nichtwäßrigen Lösungsmitteln werden durch das abgeschlossene System erleichtert.

3. Potentiometrie

Grundlagen

Bei der Potentiometrie mißt man die Potentialdifferenz (Spannung), die eine **Indikatorelektrode** während der Titration gegen eine **Vergleichselektrode** mit konstantem Potential (Referenzelektrode) zeigt. Die Indikatorelektrode muß rasch und reversibel auf das zu bestimmende Ion ansprechen, z. B.

Titration mit Ag^+: Silberelektrode
Titration von oder mit H_3O^+: Wasserstoff-Elektrode
Titration mit I^-: Iod/Platin-Elektrode

Als Beispiel sei die Neutralisation einer starken Säure angeführt (Tab. 19 und Abb. 60). Grundsätzlich ist aber jedes Redoxpotential mit einer Inertelektrode meßbar, an der sich das Redox-Gleichgewicht einstellt, so daß sich alle Titrationsarten potentiometrisch indizieren lassen.

Der *Äquivalenzpunkt* wird aus *ΔE*- bzw. pH-Messungen graphisch ermittelt. Die Genauigkeit läßt sich durch Differenzieren der Titra-

Tab. 19 Titration von 100 mL 0,01 mol · L^{-1} HCl mit 1 mol · L^{-1} NaOH (1 mL)

Reagenzzusatz (mL)	$c(H^+)$	pH	Potential E^a (mV)
0,00	10^{-2}	2	-118
0,90	10^{-3}	3	-117
0,99	10^{-4}	4	-236
1,00	10^{-7}	7	$-413\ E\,(eq)$
1,01	10^{-10}	10	-590
1,10	10^{-11}	11	-649
2,00	10^{-12}	12	-708

^{a} auf die Normalwasserstoffelektrode bezogen

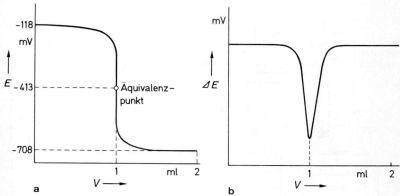

Abb. 60 Potentiometrische Titrationskurve einer 0,01 mol · L^{-1} (c (eq), $z = 1$) starken Säure mit 1 mol · L^{-1} (c (eq), $z = 1$) Base.
a Direkte Messung, **b** Differentialmessung (1. Ableitung)

tionskurve noch erhöhen (Abb. 60 **b**). Durch die Möglichkeit der punktweisen Konstruktion der Kurve werden Simultanbestimmungen erleichtert. Aus der Titrationskurve lassen sich *Reaktionskonstanten* (Säure-, Base-, Dissoziations-, Löslichkeitskonstanten) experimentell bestimmen, z.B. das Ionenprodukt des Wassers ($K_W = c^2(H_3O^+) = c^2(OH^-)$ am Äquivalenzpunkt eines starken Protolyten) oder das Löslichkeitsprodukt K_L eines Salzes.

Beispiel Löslichkeitsprodukt von Silberhalogeniden.

Gemessene Spannung $\Delta E = E_{Ag} - E_{ref}$ (z. B. Kalomel-Elektrode)

$$\Delta E = E_{Ag}^0 + 0{,}06 \log a(Ag^+) - E_{ref}$$
$$= E^{0\prime} - 0{,}03 \, pK_L$$

$$pK_L = \frac{E^{0\prime} - \Delta E}{0{,}03}$$

(mit $E^{0\prime} = E_{Ag}^0 - E_{ref}$ und $a(Ag^+) = \sqrt{K_L}$)

Man beachte, daß nicht das Normalpotential der Silberelektrode in die Rechnung einzusetzen ist, sondern die *Differenz* zur verwendeten Vergleichselektrode.

Durchführung

Man kombiniert das Indikator-Halbelement mit dem Bezugssystem über einen Stromschlüssel und mißt die Potentialdifferenz der beiden Elektroden (Abb. 61). Als Bezugssystem verwendet man meist die

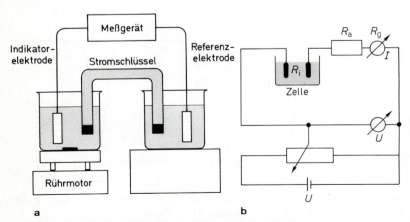

a   **b**

Abb. 61 a Potentiometrische Meßanordnung, **b** Schaltbild

Kalomel-Elektrode ($E = 0,241$ V) oder die **Silberchlorid-Elektrode** ($E = 0,198$ V; jeweils für gesättigte KCl-Lösung, s. S. 193).

In der Praxis werden Meß- und Bezugselektrode gemeinsam in die Probelösung eingesetzt oder zu einer *Einstab-Meßkette* (s. S. 283) verbunden. Die Vergleichselektrode ist von einem Glasmantel mit Elektrolyt-Lösung umgeben, die durch ein Diaphragma von der Titrierlösung abgetrennt wird.

Damit während der Messung keine Elektrolyse eintritt, muß die Stromstärke so gering wie möglich gehalten werden. Deshalb schaltet man einen großen Außenwiderstand R_a in den Stromkreis.

Die EMK E_0 der Zelle beträgt

$$E_0 = I \cdot (R_a + R_g + R_i) \tag{247}$$

Da R_a, $R_g \gg R_i$, kann R_i vernachlässigt werden.

Nach der *Poggendorffschen* Kompensationsmethode schaltet man der zu messenden EMK eine äußere Spannung U entgegen, die über einen Schiebewiderstand solange variiert wird, bis ein in den Stromkreis eingeführtes Galvanometer stromlos wird (Abb. 61 **b**).

Bei der elektronischen Messung mit einem **Röhrenvoltmeter** steuert man mit dem Element die *Gitterspannung* einer Elektronenröhre, die verstärkte, meßbare Schwankungen des Anodenstroms verursacht. Durch geeignete Schaltung (Abb. 62) kann der Meßkreis absolut stromlos gehalten werden (Vermeidung der Polarisation). Heute verwendet man dafür Halbleiterelemente (*Transistoren*).

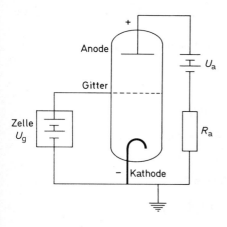

Abb. 62 Schaltbild eines Röhrenvoltmeters (Triode)

U_a = Anodenspannung
R_a = Widerstand
U_g = Gitterspannung

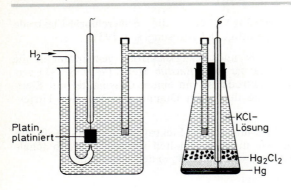

Platin, platiniert

H₂ →

KCl–Lösung

Hg₂Cl₂
Hg

Abb. 63 Wasserstoff- und Kalomel-Elektrode (nach[6], S. 319)

Indikatorelektroden zur pH-Messung

Die klassische **Wasserstoff-Elektrode** besteht aus einer platinierten (d. h. mit fein verteiltem „Platinmohr" zur Vermeidung der Überspannung überzogenen) Platinelektrode, die in eine wäßrige Lösung mit bestimmtem pH-Wert eintaucht und von gasförmigem Wasserstoff mit bekanntem Partialdruck umspült wird. Das Potential der Wasserstoff-Elektrode beträgt nach Gl. (192)

$$E_H = -0,059 \cdot [\text{pH} + 0,5 \log p(\text{H}_2)] \qquad t = 25\,°C \tag{248}$$

Nachteile:

◆ Der Wasserstoff muß hochrein und völlig frei von Sauerstoff sein.
◆ Der Partialdruck läßt sich schlecht einstellen.
◆ Die Elektrode wird leicht polarisiert.
◆ Die Elektrode ist empfindlich gegen oxidierende oder reduzierende Stoffe in der Lösung.

Zur *pH-Messung* ermittelt man die Potentialdifferenz ΔE gegenüber einer *Kalomel-Elektrode*[6].

$$[\text{Hg}_2\text{Cl}_2]_f + 2e^- \rightleftharpoons 2\,\text{Hg} + 2\,\text{Cl}^-$$

$$E_K = E^0 + \frac{0,059}{2} \log a(\text{Hg}_2^{2+}) \qquad \text{oder}$$

$$E_K = E^0 + 0,03 \log \frac{K_L}{a^2(\text{Cl}^-)} = E^{0\prime} - 0,059 \log a(\text{Cl}^-) \tag{249}$$

mit $E^{0\prime} = E^0 + 0,03 \log K_L$

$E_K = 0,241$ V (gesättigte Chlorid-Lösung)

$$\Delta E = E_K - E_H = E_K + 0,059\,[\text{pH} + 0,5 \log p(\text{H}_2)]$$

$$pH = \frac{1}{0,059} \, (\Delta E - E_K) - 0,5 \log p \, (H_2) \qquad t = 25\,^{\circ}C \qquad (250)$$

Chinhydron-Elektrode. Wegen der oben erwähnten experimentellen Schwierigkeiten begann man mit der Entwicklung besser reproduzierbarer, indirekter Methoden zur pH-Messung.

Chinhydron

Die *Chinhydron-Elektrode* besteht aus einer gesättigten wäßrigen Lösung von Chinhydron (tieffarbiger Charge-Transfer-Komplex aus Hydrochinon und *p*-Chinon) im Gleichgewicht mit ungelöstem Feststoff, in die eine Ableitelektrode taucht. Bei der praktischen Durchführung setzt man einfach der Probelösung eine methanolische Chinhydron-Lösung zu. Es stellt sich folgendes Gleichgewicht ein:

$$p\text{-}C_6H_4O_2 + 2\,H^+ + 2\,e^- \;\rightleftharpoons\; p\text{-}C_6H_4(OH)_2$$
p-Benzochinon \qquad\qquad\qquad Hydrochinon

Solange ein Bodenkörper vorhanden ist, bleibt das Konzentrationsverhältnis von Hydrochinon und *p*-Chinon konstant, so daß das Redoxpotential nur vom pH-Wert abhängt:

$$E = E^0 - 0,059 \, pH \qquad E^0 = 0,699 \, V \tag{251}$$

In alkalischer Lösung läßt sich die Chinhydron-Elektrode nicht verwenden (Verharzung).

Wie die Chinhydron-Elektrode stellen auch *Oxid-Elektroden* Elektroden zweiter Art dar. Sie bestehen aus schwerlöslichen Oxiden oder Hydroxiden, die über das Ionenprodukt des Wassers ein pH-abhängiges Potential liefern.

Heute gebraucht man zur pH-Messung ausschließlich die **Glaselektrode** (Abb. 64). Sie zeichnet sich durch geringe Empfindlichkeit gegen Oxidations- und Reduktionsmittel, rasche Potentialeinstellung und niedrige Polarisation aus. Die Elektrode besteht aus einer Glasröhre (Weichglas bevorzugt) mit einer birnenförmigen Erweiterung am unteren Ende, die eine *Pufferlösung* (Acetatpuffer, 0,1 mol · L^{-1} HCl u. a.) enthält. Diese Stelle ist so dünnwandig, daß sie als Membran wirkt. Als

Ableitelektrode verwendet man ein System mit konstantem Potential, z. B. die Silberchlorid-Elektrode.

Die Glaselektrode funktioniert wahrscheinlich ähnlich wie ein Ionenaustauscher, aber nicht in dem Sinne, daß H_3O^+-Ionen durch die Membran wandern. Vielmehr spielen sich Austauschprozesse zwischen den Na^+-Ionen des Silicats und H_3O^+-Ionen an der Glasoberfläche ab. Die Austauschgeschwindigkeit ist von der H_3O^+-Konzentration abhängig, daher baut sich innen und außen ein unterschiedliches Potential auf. Beim Schließen des Stromkreises wird der Ladungstransport indirekt durch Na^+-Ionen im Glas bewirkt (eine Art „Stoßwirkung"), so daß das Potential innerhalb der Membranschicht konstant bleibt. Die genaue theoretische Erklärung ist noch nicht restlos gesichert.

Der gesamte Potentialsprung gehorcht im Bereich $2 \leq pH \leq 9$ der *Nernstschen* Gleichung

$$\Delta E = k + 0{,}059 \, (pH_b - pH_x) \qquad t = 25\,°C \qquad\qquad (252)$$

für gleiche Bezugs- und Ableitelektrode

k = Konstante[a]
pH_b = pH-Wert der Pufferlösung
pH_x = pH-Wert der Probelösung

Die Glaselektrode stellt also eine *Konzentrationskette* (s. S. 191) für H_3O^+-Ionen dar.

$$Ag,[AgCl]_f | Cl^-_{ges.} \parallel H^+(c_x) \parallel H^+(c_b) \parallel Cl^-_{ges.} | [AgCl]_f, Ag$$

Membran

In stärker sauren und alkalischen Lösungen treten Abweichungen von Gl. (252) auf (Säure- oder Alkalifehler).

Bei der pH-Messung ist zu berücksichtigen, daß der erhaltene Wert der Hydroniumionen-*Aktivität* und nicht der stöchiometrischen Konzentration entspricht. Zudem kann der experimentelle Wert (in gewissen Grenzen) von der Meßanordnung abhängen. Für praktische Zwecke ist es daher sinnvoller, den pH-Wert mit Hilfe ausgewählter *Standardlösungen*[b] zu definieren[25] (Konzentrationsangaben in $mol \cdot kg^{-1}$ Wasser, $t = 25\,°C$), z. B.

Kaliumtrihydrogenoxalat, $KH_3(C_2O_4)_2 \cdot 2\,H_2O$, $b = 0{,}05$ (pH_b 1,680)
Kaliumhydrogentartrat, gesättigt (pH_b 3,557)
Kaliumhydrogenphthalat, $b = 0{,}05$ (pH_b 4,008)
$KH_2PO_4 + Na_2HPO_4$, jeweils $b = 0{,}025$ (pH_b 6,865)

---

[a] Die Konstante k enthält das *Asymmetriepotential* (unterschiedliche Protonenaktivität auf beiden Seiten der Glasmembran) und die Diffusionspotentiale an den Phasengrenzen.

[b] National Bureau of Standards (USA).

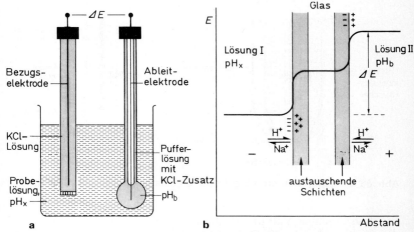

Abb. 64 Glaselektrode. **a** Schema, **b** Potentialdiagramm (nach[21])
Bei der technischen Ausführung wird die Bezugselektrode in die Meßelektrode integriert (Einstab-Meßkette)

Natriumtetraborat, $Na_2B_4O_7 \cdot 10\,H_2O$, $b = 0,01$ (pH$_b$ 9,180)
Calciumhydroxid, gesättigt (pH$_b$ 12,454)

Daneben sind auch Puffermischungen mit ganzzahligem pH-Wert im Handel erhältlich.

Ionenselektive Elektroden

In neuerer Zeit wurden *ionenselektive* Elektroden entwickelt, die nach dem Prinzip der Glaselektrode arbeiten. Kristallmembranen, Ionenaustauscher-Membranen oder flüssige Ionenaustauscher bedingen die Ausbildung eines Membranpotentials zwischen Elektrode und Lösung, das selektiv für das im Gleichgewicht befindliche Ion ist[10, 56].

Die **Flüssig-Membran-Elektroden** arbeiten im Prinzip wie die Glaselektrode, bestehen aber aus einer organischen (festen oder flüssigen), polymeren Austauschschicht mit funktionellen Gruppen wie $RCOO^-$ oder $(RO)_2POO^-$, die eine spezifische Affinität für das zu bestimmende Ion aufweist. Das Potential des unbekannten Ions gehorcht der empirischen Gleichung,

$$E = k + \frac{0,059}{z} \log a_i \quad k = \text{Konstante} \tag{253}$$

deren Konstante k durch Eichmessungen ermittelt wird.

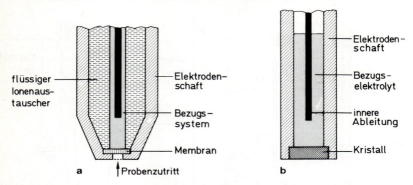

Abb. 65 a Flüssig-Membran-Elektrode, **b** Feststoff-Membran-Elektrode

Es ist zu beachten, daß die Elektrode die *Aktivität* des Ions und nicht die stöchiometrische Konzentration anzeigt. Zur direkten Konzentrationsmessung setzt man eine Lösung mit hoher Ionenstärke zu, so daß I als konstant zu betrachten ist. Dann kann in Gl. (253) a_i durch c_i ersetzt werden.

Mit Hilfe der Nernst-Gleichung kann auch der Einfluß von Störionen berücksichtigt werden:

$$E = E^0 + \frac{0{,}059}{z} \log[a_i + k_{ij}(a_j)^{z_i/z_j}] \tag{253 a}$$

j ist der Index für das Störion, k_{ij} stellt die Selektivitätskonstante dar[77a, 83].

Mit Flüssig-Membran-Elektroden lassen sich K^+, Ca^{2+}, Mg^{2+}, Cu^{2+}, NO_3^- und ClO_4^- bestimmen. Zur Anionenanalyse wird die Austauschmembran mit Metall-Chelatkomplexen belegt.

Feststoff-Membran-Elektroden besitzen einen festen Kontakt aus leitfähigem Material (Einkristall oder Preßling). Das Material wird so gewählt, daß nur das zu bestimmende Ion mit dem kleinsten Radius wandert, d. h. Kation und Anion müssen sich stark in der Größe unterscheiden. Eine Übersicht gibt Tab. 20.

Beispiele

Fluorid-Elektrode. Die fluoridsensitive Elektrode besteht aus einem LaF_3-Einkristall als Membran, der zur Verringerung des Widerstands mit kleinen Mengen Eu^{2+} dotiert ist. Die Elektrode mißt sehr spezifisch bis zu einer Grenzkonzentration von 10^{-6} mol · L^{-1}. Nachteilig wirkt sich die langsame Einstellung des Potentials, besonders in verdünnter Lösung, aus. Die Titration von Fluorid mit Lanthannitrat gelingt bei Konzentrationen bis 10^{-3} mol · L^{-1}.

Tab. 20 Feststoff-Membran-Elektroden

Gemessenes Ion [a]	pH	Membran	Hauptsächliche Störungen [b]
F^-	$3 - 8$	LaF_3	OH^-
S^{2-}	$12 - 14$	Ag_2S	
Ag^+	$0 - 14$		Hg^{2+}
Cl^-	$0 - 14$	$AgCl/Ag_2S$	$Br^-, I^-, S^{2-}, CN^-, NH_3$
Br^-	$0 - 14$	$AgBr/Ag_2S$	I^-, S^{2-}, CN^-, NH_3
I^-	$0 - 14$	AgI/Ag_2S	S^{2-}, CN^-
Cu^{2+}	$0 - 14$	CuS/Ag_2S	Ag^+, Hg^{2+}
Pb^{2+}	$2 - 14$	PbS/Ag_2S	Ag^+, Hg^{2+}, Cu^{2+}

[a] Ein Richtwert für die Grenzkonzentration ist $\sqrt{K_L}$ des betreffenden Silber-halogenids bzw. Metallsulfids.

[b] Weiterhin sind Störungen durch *Komplexbildung* möglich.

Silbersulfid-Elektrode. Mit einem Ag_2S-Preßling als Membran lassen sich Ag^+- und S^{2-}-Ionen bestimmen, wobei das Ag^+-Ion für den Ladungstransport verant-wortlich ist (Grenzkonzentration 10^{-8} mol $\cdot$ L^{-1}; bei Silberkomplexen bis zu 10^{-20} mol $\cdot$ L^{-1}).

Durch Mischen der Silbersulfid-Matrix mit Silberhalogeniden erhält man *halo-genidspezifische* Elektroden; die Halogenid-Konzentration ergibt sich einfach aus dem Löslichkeitsprodukt. Ähnlich lassen sich durch Mischen mit Metall-sulfiden *metallspezifische* Elektroden herstellen, deren Metallpotential indirekt aus der gemessenen Ag^+-Aktivität berechnet wird, z. B. für M = Pb:

$$K_L(PbS) = a(Pb^{2+}) \cdot a(S^{2-}) \quad \text{und} \quad a(S^{2-}) = K_L(PbS)/a(Pb^{2+})$$
$$K_L(Ag_2S) = a^2(Ag^+) \cdot a(S^{2-}) \quad \text{und} \quad a^2(Ag^+) = K_L(Ag_2S)/a(S^{2-})$$

Durch Einsetzen in die *Nernst*-Gleichung für die Silberelektrode erhält man eine empirische Beziehung für das Bleipotential analog (253):

$$E = k + 0,03 \log a(Pb^{2+}) \quad t = 25\,°C \tag{254}$$

4. Polarisationsmethoden

Unter **Polarisation** versteht man die Ausbildung einer Potentialdiffe-renz zwischen zwei Elektroden in einer Lösung, wenn eine äußere Spannung angelegt wird. Die Polarisationsspannung ist der externen Spannung U entgegengerichtet.

Beispiel Zelle mit Silberelektroden (Abb. 66)

An der Kathode scheidet sich soviel Silber ab, wie an der Anode gelöst wird (s. S. 257). Bei geringer Spannung U ist keine Polarisation zu beobachten (linearer Strom-Spannungs-Verlauf). Erst ab einem

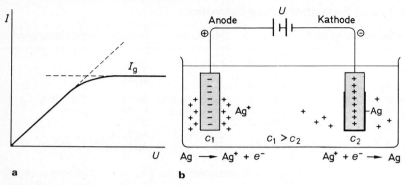

Abb. 66 Konzentrationspolarisation.
a Strom-Spannungs-Kurve, **b** schematische Darstellung (Silberelektroden)

bestimmten Spannungswert weicht die Kurve vom Ohmschen Gesetz ab und verläuft schließlich parallel zur Abszisse; der **Grenzstrom** I_g ist erreicht.

Die Ursache der Polarisation ist darin zu sehen, daß die Lade- und Entladevorgänge bei genügend großer Spannung schneller verlaufen als die Wanderung der Silber-Ionen. Dies hat zur Folge, daß an der Kathode eine Verarmung, an der Anode aber eine Anreicherung an Ag^+-Ionen eintritt. Dadurch lädt sich die Anode relativ zur Kathode negativ auf, also *entgegengesetzt* zur äußeren Spannung. Diese „Gegenspannung" verhindert die weitere Zunahme der Stromstärke. Das Entstehen einer *Polarisationsspannung* folgt auch aus der *Nernstschen* Gleichung, nach der eine Potentialdifferenz zwischen zwei Elektroden auftritt, die in Lösungen verschiedener Konzentration eintauchen (s. S. 191).

Diese Art von Polarisation heißt **Diffusions-** oder **Konzentrationspolarisation** und ist reversibel. Irreversibel sind z. B. die **Widerstandspolarisation** (Ausbildung von Deckschichten auf den Elektrodenoberflächen) und die **Durchtrittspolarisation** (Elektronenaustausch an der Elektrode ist gehemmt).

Polarographie

Bei einigen analytischen Methoden arbeitet man bewußt mit *polarisierten* Elektroden. Wählt man in einer Elektrolysezelle (Abb. 49) die Indikatorelektrode (Kathode) sehr klein (hohe Stromdichte, leichte Polarisierbarkeit) und die Gegenelektrode (Anode) möglichst groß (geringe Polarisierbarkeit) und verringert man den Widerstand der Elektrolyt-Lösung durch Zusatz eines **Leitsalzes** in hoher Konzentration, so wird die Zellspannung U annähernd gleich dem Potential E der Indikatorelektrode (bezogen auf das Potential der Gegenelektrode; meist willkürlich gleich Null gesetzt).

Das Leitsalz (Alkalisalze, Puffergemische) übernimmt weitgehend allein den Ladungstransport in der Lösung, so daß die „polarographisch aktiven" Ionen nur durch *Diffusion*, aber nicht mehr durch Migration (*Überführung*, s. S. 268) wandern können. Unter den polarographischen Bedingungen bildet sich ein konstanter Konzentrationsgradient an der Indikatorelektrode aus, die wegen der geringen Oberfläche praktisch keinen Stoffaustausch (Elektrolyse) erlaubt, wodurch die Zusammensetzung der Lösung annähernd konstant bleibt. Daher stellt sich beim Anlegen der Zersetzungsspannung eines Ions ein konstanter **Diffusionsgrenzstrom** I_d ein, der proportional zur *Konzentration* des betreffenden Ions ist.

Herleitung

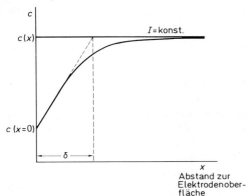

Abstand zur Elektrodenoberfläche

1. Ficksches Gesetz

$$\frac{dn}{dt} = -DA\frac{dc}{dx} \qquad (255)$$

Teilchen- Konzentrations-
strom   gradient

D = Diffusionskoeffizient
A = Querschnittsfläche
     (Elektrodenoberfläche)
δ = Diffusionsschichtdicke

Die Diffusionsstromstärke ist proportional dem Teilchenstrom.

$$I = zF\frac{dn}{dt}$$

In der Diffusionsschicht bleibt dc/dx konstant, und man erhält mit (255):

$$I = zFDA\frac{c - C_0}{\delta} \qquad \text{oder zusammengefaßt}$$

$$I = k\,(c - C_0)$$

Mit $C_0 = 0$ (stationäres Gleichgewicht) vereinfacht sich die Gleichung zu

$$I_d = k\,c \qquad (256)$$

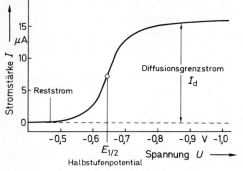

Abb. 67 Schema eines Polarogramms (nach[11], S. 245)

Ähnlich läßt sich die *Ilkovic-Gleichung* (258) für die Quecksilber-Tropfelektrode (s. unten) ableiten.

Für die *Strom-Spannungs-Kurve* $U = f(I)$ (Abb. 67) erhält man die Beziehung

$$U = E_{1/2} + \frac{RT}{zF} \ln \frac{I_d - I}{I} \tag{257}$$

$E_{1/2}$ = Halbstufenpotential (Halbwellenpotential)
I_d = Diffusionsgrenzstrom

Das **Halbstufenpotential** entspricht der Zellspannung für $I = 0,5 \cdot I_g$ (konzentrationsunabhängig) und stellt eine typische Stoffkonstante dar.

Zur **Polarographie**[56–58] verwendet man nach *Heyrovsky* eine Quecksilber-Tropfelektrode (Kapillardurchmesser $0,05-0,1$ mm, Tropfperiode $3-5$ s) als Indikatorelektrode (Abb. 68). Der Anwendungsbereich liegt zwischen $+0,3$ und $-1,8$ V, so daß selbst stark unedle Metalle erfaßt werden. Die Entwicklung von Wasserstoff wird durch seine hohe Überspannung verhindert. Als *Gegenreaktion* findet an der Anode die Oxidation von Hg zu Hg_2^{2+} statt. Der Vorteil der Polarographie besteht in der raschen und selektiven Durchführung. Bei einer Laufzeit von 10 Minuten (200 mV/min) lassen sich bis zu 20 Kationen simultan bestimmen. Die polarographisch nachweisbare Grenzkonzentration liegt bei etwa 10^{-6} mol $\cdot$ L^{-1}, wobei jedoch der Meßfehler größer als bei anderen elektrochemischen Verfahren ausfällt ($\geq 1\%$). Mit einer rotierenden Platinelektrode wird auch der positive Bereich der Spannungsreihe erfaßt; die Elektrode ist aber sehr empfindlich gegen Vergiftung.

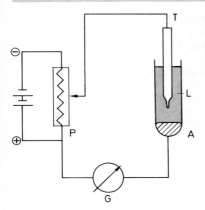

P Potentiometer
G Galvanometer
T Tropfelektrode (Kathode)
A Quecksilber-Anode
L Reaktionslösung

Abb. 68 Schema einer polarographischen Zelle mit Quecksilber-Tropfelektrode

Beim Anlegen einer äußeren Spannung fließt zunächst ein geringer *Grundstrom* (Reststrom), der durch die Ausbildung einer elektrolytischen Doppelschicht an der Kathodenoberfläche hervorgerufen wird. Der starke Anstieg der Stromstärke (*polarographische Stufe*) ist durch die beginnende Reduktion des Metallions bedingt. Wegen der kleinen Oberfläche des Quecksilbertropfens stellt sich rasch ein stationärer Zustand ein, so daß die Stromstärke konstant bleibt (*Grenzstrom*), bis ein anderes Ion abgeschieden wird[a].

Da die Diffusionsgeschwindigkeit *proportional* der Ionenkonzentration ist, kann der Diffusionsgrenzstrom direkt zur quantitativen Bestimmung herangezogen werden (**Ilkovic-Gleichung**).

$$I_d = 706\,z \cdot D^{1/2} \cdot m^{2/3} \cdot t^{1/6} \cdot c = k \cdot c \tag{258}$$

I_d = Diffusionsgrenzstrom (μA)
D = Diffusionskoeffizient ($cm^2 \cdot s^{-1}$)
m = Quecksilberfluß ($mg \cdot s^{-1}$)
t = Tropfzeit (s)
c = Konzentration ($mol \cdot L^{-1}$)[b]

---

[a] In Wirklichkeit verläuft die Strom-Spannungs-Kurve zickzackförmig mit der Periode der Tropfgeschwindigkeit, da der Stromfluß durch das Abtropfen ständig unterbrochen und wieder neu aufgebaut wird. Mit modernen Geräten lassen sich die Schwankungen durch geeignete Schaltung unterdrücken, so daß der zeitliche Mittelwert der Stromstärke angezeigt wird.

[b] Die Angaben über den Zahlenfaktor sind in jeder Literaturstelle verschieden. Um reproduzierbare Meßwerte zu erhalten, bestimmt man die Konstante k am besten für jedes Gerät empirisch.

In der Praxis ermittelt man den Gehalt der Probelösung durch Vergleich mit Eichpolarogrammen bekannter Konzentration. Es lassen sich unter bestimmten Bedingungen (in geeigneten Elektrolytlösungen) auch mehrere Ionen hintereinander bestimmen. Die ursprüngliche *Gleichstrom-Polarographie* wurde inzwischen verfeinert und weiterentwickelt. Der Vorteil der *Wechselstrom-Polarographie* (1–250 Hz) besteht in der Ausbildung von leichter auswertbaren Peak-Kurven anstelle der üblichen Stufenkurven. Sie spricht daher auf noch geringere Konzentrationen (bis 10^{-8} mol $\cdot$ L^{-1}) an und wird in der *Spurenanalyse* angewendet.

Voltametrische Titration [a]

Benutzt man den Diffusionsgrenzstrom nicht zur direkten Konzentrationsbestimmung, sondern als *Indikator*, gelangt man zu den sog. *voltammetrischen* Titrationsmethoden (**Grenzstrom-, Polarisationsstrom-Titration**). Ähnlich wie bei der Coulometrie (s. S. 262) unterscheidet man zwei Meßverfahren.

Voltametrie: I = konst., ΔU gemessen $\qquad I$ im µA-Bereich
Amperometrie: U = konst., ΔI gemessen $\qquad U \sim 1$ V

Grundsätzlich sind alle Titrationsarten voltametrisch oder amperometrisch indizierbar. Die Genauigkeit ist wesentlich höher als bei der polarographischen Bestimmung.

Wie aus Abb. 69 hervorgeht, leiten sich Voltametrie und Amperometrie von der Polarographie her und stellen *zeit-* bzw. *konzentrationsabhängige* Querschnitte der polarographischen Strom-Spannungs-Kurve dar.

Beispiel: Komplexometrische Titration von Cu^{2+} mit voltametrischer Indikation.

Das Potential des Kupfers ist durch die *Nernstsche* Gleichung gegeben:

$$E = E^0 + 0,03 \log c \, (\text{Cu}^{2+})$$

Wenn $c(\text{Cu}^{2+})$ um eine Zehnerpotenz kleiner wird (90% Umsetzung), nimmt E um 30 mV ab, d. h. bei vorgegebener Stromstärke I_0 muß die Spannung um diesen Betrag erhöht werden, um I_0 konstant zu halten. Man erhält bei der graphischen Darstellung eine parallele Kurvenschar (Abb. 70, S. 292).

---

[a] Nicht zu verwechseln mit der Voltametrie. Voltammetrie ist ein Sammelbegriff für alle polarographischen Titrationsmethoden, s. auch Tab. 17 u. Abb. 69.

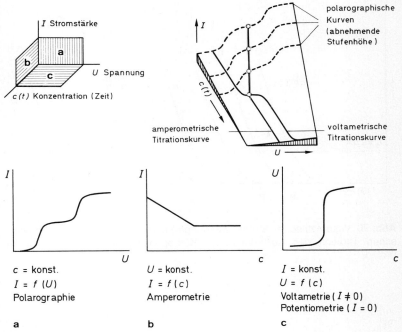

Abb. 69 Zusammenhang zwischen
a Polarographie, **b** Amperometrie, **c** Voltametrie (Potentiometrie)

Wenn die Konzentration so gering geworden ist, daß der Grenzstrom I_0 unterschreitet, ist das Potential nicht mehr proportional $\log c$, sondern nimmt sprunghaft zu. Danach tritt wieder Proportionalität ein (Transport durch ein anderes Redoxpaar[a]).

Zur analytischen Auswertung trägt man statt $I = f(U)$ das Potential gegen den Reagenzzusatz auf und erhält die übliche S-förmige Titrationskurve, aus deren Verlauf man leicht den Endpunkt bestimmen kann (Abb. 71).

Die Genauigkeit nimmt mit wachsender Verdünnung ab. Das Umschlagspotential bleibt zwar gleich, wird aber bei immer kleinerem Umsetzungsgrad erreicht.

---

[a] Bei der coulometrischen Titration (s. S. 263) wird diese Funktion durch das überschüssige Hilfsredoxpaar übernommen, so daß sich der Endpunkt voltametrisch indizieren läßt.

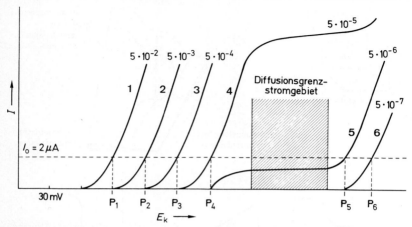

Abb. 70 Voltametrische Strom-Spannungs-Kurven bei der komplexometrischen Titration des Cu^{2+}-Ions (E_k = Kathodenpotential); Konzentration in $mol \cdot L^{-1}$

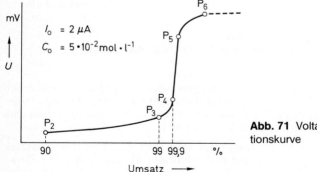

Abb. 71 Voltametrische Titrationskurve

Z. B. würde in Abb. 71 bei zehnfacher Verdünnung P_3 erst 90 und P_4 99% Umsetzung entsprechen.

Bei der *amperometrischen* Indikation erhält man dagegen einen *linearen* Kurvenverlauf (Abb. 69), da der Diffusionsstrom direkt proportional zur Leitfähigkeit oder Konzentration ist (258).

Dead-Stop-Titration

Für Routinemessungen ist die **Dead-Stop-**Methode wegen des geringeren apparativen Aufwands besser geeignet. Im Unterschied zur eigentlichen Voltametrie oder Amperometrie arbeitet man mit *zwei* polarisierbaren Elektroden. Die Polarisation dient nur zur qualitativen Indikation und wird durch jedes polarisierende oder depolarisierende Ion in der Lösung hervorgerufen. Die Dead-Stop-Titration ist daher *nicht* selektiv; es kann immer nur ein Redoxpaar bestimmt werden.

Bei der praktischen Ausführung unterscheidet man drei Fälle:

a Die Probelösung enthält ein reversibles System (nicht polarisierend), die Maßlösung ein irreversibles System. Bei der voltametrischen Indikation beobachtet man am Titrationsendpunkt ein sprunghaftes Ansteigen der Spannung, bei der Amperometrie eine starke Abnahme der Stromstärke (Abb. 72 a). Diese Unterbrechung des Stromflusses („toter Punkt") hat dem Verfahren den Namen gegeben.

> **Beispiel Rücktitration von Iod mit Thiosulfat**

$$I_2 + 2S_2O_3^{2-} \rightarrow 2I^- + S_4O_6^{2-}$$

Solange noch Iod vorhanden ist, stellt sich das reversible Gleichgewicht

$$I_2 + 2e^- \rightleftharpoons 2I^-$$

ein; es tritt keine Polarisation auf. Ist alles Iod verbraucht, erfolgt die irreversible Anodenreaktion,

$$2S_2O_3^{2-} \rightarrow S_4O_6^{2-} + 2e^-$$

die spontane Polarisation zur Folge hat, da die kathodische Reduktion des Tetrathionats gehemmt ist.

b Probelösung polarisierend, Maßlösung depolarisierend: Umgekehrter Kurvenverlauf (Abb. 72 b).

> **Beispiel Karl-Fischer-Titration (s. S. 223)**

$$I_2 + SO_2 + 2H_2O \rightarrow 2HI + H_2SO_4 \text{ (schematisch)}$$

Hier wird das Iod während der Titration vollständig verbraucht (irreversible Reaktion, Polarisation), so daß sich das reversible Gleichgewicht

$$I_2 + 2e^- \rightleftharpoons 2I^-$$

erst nach Überschreiten des Äquivalenzpunkts (Iod im Überschuß) einstellen kann.

c Beide Lösungen nicht polarisierend: Am Äquivalenzpunkt erfolgt reversible Konzentrationspolarisation durch Ansammlung von Reaktionsprodukten an den Elektroden und fehlende Ausgangspro-

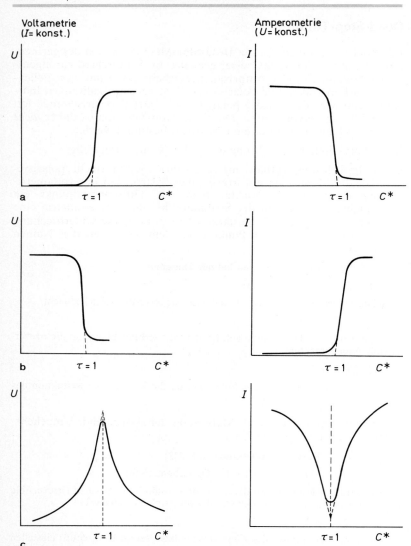

Abb. 72 Voltametrische und amperometrische Indikation nach der Dead-Stop-Methode (schematisch).
a Probe reversibel, Titrant irreversibel, **b** Probe irreversibel, Titrant reversibel,
c Probe und Titrant reversibel

dukte, so daß die Spannung (Stromstärke) ein Maximum (Minimum) erreicht (Abb. 72 c). Bei geeigneter Einstellung des Grenzstroms ist der Endpunkt hier besonders gut zu erkennen; allerdings treten häufig Abweichungen vom idealen Kurvenverlauf auf.

Beispiel **Titration von Fe(II) mit Ce(IV)**

Beide Redoxsysteme sind reversibel. Das Potential wird während der Titration vom Redoxpaar Fe^{3+}/Fe^{2+} und danach von Ce^{4+}/Ce^{3+} bestimmt. Am Äquivalenzpunkt sind praktisch nur Fe^{3+} und Ce^{3+} anwesend, so daß sich keines der beiden reversiblen Gleichgewichte einstellen kann; es erfolgt Polarisation.

In den Fällen **a** und **b** ermittelt man den Endpunkt durch Anlegen der *Tangente* an den steilen Teil der Kurve.

Optische Methoden

1. Das elektromagnetische Spektrum

Optische Methoden beruhen auf der Wechselwirkung von elektromagnetischer Strahlung und Materie. Sie werden zur qualitativen und quantitativen Analyse, zur Konstitutionsermittlung und Untersuchung von Atom- und Moleküleigenschaften angewandt. Man unterscheidet grundsätzlich zwischen *unelastischer* und *elastischer* Wechselwirkung (Tab. 21). Unter Energiekonversion verlaufen alle **photometrischen** und **spektroskopischen Verfahren,** die in *Absorption* oder *Emission* durchgeführt werden können. Nach dem *Kirchhoff-Gesetz* sind Absorption und Emission äquivalent, da jeder Stoff nur Licht der gleichen Frequenz (Energie) absorbiert, die er selbst durch optische, thermische oder elektrische Anregung emittieren kann (*Resonanzabsorption*).

Tab. 21 Optische Methoden [32]

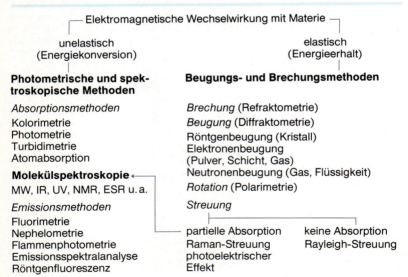

┌─ Elektromagnetische Wechselwirkung mit Materie ─┐	
unelastisch (Energiekonversion)	elastisch (Energieerhalt)
Photometrische und spektroskopische Methoden	**Beugungs- und Brechungsmethoden**
Absorptionsmethoden	*Brechung* (Refraktometrie)
Kolorimetrie	*Beugung* (Diffraktometrie)
Photometrie	Röntgenbeugung (Kristall)
Turbidimetrie	Elektronenbeugung
Atomabsorption	(Pulver, Schicht, Gas)
Molekülspektroskopie ←	Neutronenbeugung (Gas, Flüssigkeit)
MW, IR, UV, NMR, ESR u. a.	*Rotation* (Polarimetrie)
Emissionsmethoden	*Streuung*
Fluorimetrie	
Nephelometrie	partielle Absorption keine Absorption
Flammenphotometrie	Raman-Streuung Rayleigh-Streuung
Emissionsspektralanalyse	photoelektrischer
Röntgenfluoreszenz	Effekt

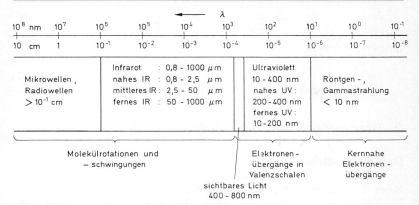

Abb. 73 Elektromagnetisches Spektrum[11], S. 271

Bei den **Beugungs- und Brechungsmethoden** bleibt die Energie des Lichtes erhalten; es findet nur eine Änderung der Ausbreitungsrichtung, Phase oder Amplitude statt. Die *diffraktometrischen Methoden* (Röntgen-, Elektronen-, Neutronenbeugung) dienen zur Strukturbestimmung von Festkörpern, flüssigen Phasen und gasförmigen Molekülen und werden hier nicht behandelt. Lichtstreuung an Materie kann sowohl elastisch (*Rayleigh-Streuung*) als auch unter partieller Konversion (*Raman-Effekt*) verlaufen und damit zur *indirekten* Anregung von Atomen und Molekülen beitragen. Auch der **Photoeffekt,** die Freisetzung von Elektronen aus Materie, wird zur Spektroskopie herangezogen (Photo- und Auger-Elektronenspektroskopie, *ESCA* = *E*lektronen*s*pektroskopie für *c*hemische *A*nalyse)[32].

Entsprechend dem weiten Umfang des *elektromagnetischen Spektrums* (Abb. 73), das sich von den Radiowellen ($\sim 10^6$ Hz) bis zu den energiereichen γ-Strahlen ($\sim 10^{21}$ Hz) erstreckt, wurde eine Vielzahl unterschiedlicher Verfahren entwickelt. Hier sollen nur die klassischen optischen Methoden besprochen werden, die vorwiegend mit der Absorption und Emission von **sichtbarem Licht** (ca. $400-800$ nm Wellenlänge) verbunden sind[60-62]. Auf die Molekülspektroskopie im engeren Sinne wird nicht eingegangen.

Zwischen der Wellenlänge λ, der Frequenz v und der *Lichtgeschwindigkeit c* besteht die wichtige Beziehung

$$\lambda \cdot v = c \qquad c = 3 \cdot 10^8 \, \text{m} \cdot \text{s}^{-1} \text{ im Vakuum} \tag{259}$$

Die *Energie* einer elektromagnetischen Welle bzw. eines Strahlungsübergangs beträgt

$$E = h \cdot v \quad h = 6{,}626 \cdot 10^{-34}\,\text{J} \cdot \text{s} \quad (\textit{Plancksches} \text{ Wirkungsquantum}) \quad (260)$$

Als *Wellenzahl* $\tilde{v}$ (oder σ) bezeichnet man den Kehrwert der Wellenlänge im Vakuum.

$$\tilde{v} = \frac{1}{\lambda} = \frac{v}{c} \quad [\tilde{v}] = 1\,\text{cm}^{-1} \tag{261}$$

2. Brechungs- und Beugungsmethoden

Refraktometrie

Beim Übergang von elektromagnetischer Strahlung in ein anderes Medium tritt Lichtbrechung oder *Refraktion* ein. Als **Brechzahl** (*Brechungsindex*) n definiert man das Verhältnis der Lichtgeschwindigkeiten im Vakuum und dem betreffenden Medium.

$$n = \frac{c_\text{v}}{c_\text{m}} = \frac{\lambda_\text{v}}{\lambda_\text{m}} \quad v = \text{konst.} \tag{262}$$

Die Brechzahl läßt sich geometrisch auf der Grundlage des Brechungsgesetzes von *Snellius* (263) ermitteln (Abb. 74).

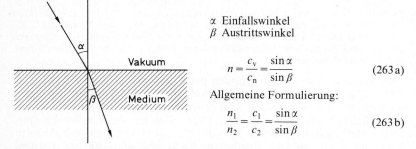

α Einfallswinkel
β Austrittswinkel

$$n = \frac{c_\text{v}}{c_\text{n}} = \frac{\sin \alpha}{\sin \beta} \tag{263a}$$

Allgemeine Formulierung:

$$\frac{n_1}{n_2} = \frac{c_1}{c_2} = \frac{\sin \alpha}{\sin \beta} \tag{263b}$$

Abb. 74 Brechungsgesetz von Snellius

Die Brechzahl ist eine spezifische Stoffkonstante, die von der Wellenlänge und Temperatur (Änderung der optischen Dichte) abhängt. Sie kann zur Reinheitsprüfung von Flüssigkeiten und Konzentrationsmessung von Lösungen herangezogen werden[11]. Als *Standardwert* wird meist der bei 20 °C mit $\lambda = 589{,}3$ nm (Na-D-Linie) gemessene Index n_D^{20} angegeben (z. B. Wasser: $n_\text{D}^{20} = 1{,}333$). In der Praxis bestimmt man die Brechzahl nach Gl. (263) mit einem Meßprisma (*Abbe-*, *Pulfrich*-Refraktometer).

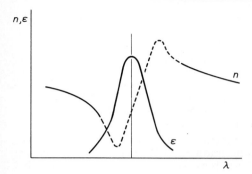

Abb. 75 Anomale Dispersion.
n = Brechungsindex
ε = Extinktionskoeffizient

Die Abhängigkeit der Brechzahl von der Wellenlänge $dn/d\lambda$ nennt man **Dispersion**. Im Absorptionsbereich tritt eine Unstetigkeit auf; $dn/d\lambda$ erreicht den Maximalwert (*Anomale Dispersion*, Abb. 75).

Polarimetrie

Optisch aktive Stoffe mit *dissymmetrischer* (asymmetrischer) Molekül- bzw. Kristallstruktur drehen die Ebene von linear polarisiertem Licht um den Winkel α (*Drehwert, Drehwinkel*). Optische Aktivität setzt **Chiralität** des Moleküls (Kristalls) voraus, die durch Symmetriebetrachtung (Fehlen einer Drehspiegelachse bzw. Drehinversionsachse) bestimmt werden kann. In chiralen Medien sind Brechzahl n und Extinktionskoeffizient ε (spektraler Absorptionskoeffizient, s. S. 302) für links- und rechts-zirkularpolarisiertes Licht verschieden, so daß eine Richtungsänderung des resultierenden elektrischen Vektors und damit eine *Drehung der Polarisationsebene* beobachtet wird. Die Abhängigkeit des Drehwinkels von der Wellenlänge des Lichtes $d\alpha/d\lambda$ heißt **optische Rotationsdispersion** (ORD). Die ORD-Kurven von Enantiomeren verlaufen spiegelbildlich und dienen zur Konfigurationsbestimmung chiraler Verbindungen.

Der Drehwinkel wird gewöhnlich bei 20 °C und der Standard-Wellenlänge $\lambda = 589,3$ nm (Na-D-Linie[a]) gemessen; diese Werte sowie das Lösungsmittel sind stets anzugeben. α ist proportional zur Schichtdicke und Konzentration der Lösung; der Proportionalitätsfaktor wird als **spezifischer Drehwinkel** $[\alpha]_D^{20}$ bezeichnet.

Lösungen: $$[\alpha]_D^{20} = \frac{\alpha\,[°]}{l\,[\mathrm{dm}] \cdot c\,[\mathrm{g/cm^3}]} = \frac{1000\,\alpha\,[°]}{l\,[\mathrm{cm}] \cdot c\,[\mathrm{g/100\,cm^3}]} \qquad (264\,\mathrm{a})$$

---

[a] Mittelwert des Dubletts (s. Tab. 24, S. 310).

Flüssigkeiten: $[\alpha]_D^{20} = \dfrac{\alpha\,[°]}{l\,[\mathrm{dm}] \cdot \varrho^{20}}$ (264 b)

α Meßwert
l Länge der Küvette (Schichtdicke)
c Konzentration der Lösung
ϱ Dichte bei 20 °C [a]

Umgekehrt läßt sich bei bekanntem spezifischen Drehwinkel die Konzentration eines optisch aktiven Stoffes bzw. der Enantiomeren-Überschuß (*ee = enantiomeric excess*) bestimmen.

Das **Polarimeter** besteht aus einem Nicol-Prisma als *Polarisator* (P) und einem zweiten, drehbaren graduierten Prisma als *Analysator* (A) (Abb. 76). Bei paralleler Einstellung von *P* und *A* wird *volle*, bei

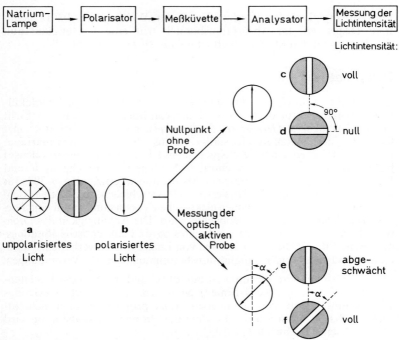

Abb. 76 Schematischer Aufbau eines Polarimeters und Meßprinzip (aus[11], S. 275)

---

[a] Im pharmazeutischen Bereich wird die *relative Dichte* d_{20}^{20}, d. h. das Massenverhältnis gleicher Volumina Substanz und Wasser bei 20 °C, angegeben ($d_{20}^{20} = 1,0018\,\varrho^{20}$)[11].

Drehung um 90° *minimale* Lichtintensität gemessen. Beim Durchlaufen eines chiralen Mediums wird die Lichtintensität geschwächt und erreicht erst nach Drehen des Analysators um den Winkel α im (+) oder gegen (−) den Uhrzeigersinn den ursprünglichen Wert.

3. Absorptionsmethoden

Absorptionsmethoden beruhen auf der Schwächung eines Lichtstrahls durch *Elektronenanregung*[a] von Atomen und Molekülen. Die Energie des eingestrahlten Lichtes muß mit der Energiedifferenz zwischen Grundzustand und angeregtem Zustand des Teilchens übereinstimmen (*Resonanz*). Bei der Lichtabsorption von Atomen werden ausschließlich Elektronen in *äußeren* Orbitalen angeregt. In Molekülen und Komplexen kann sichtbares Licht zur Anregung von nichtbindenden Elektronen, π-Bindungselektronenpaaren oder *d*-Elektronen des Zentralatoms dienen.

Lambert-Beersches Gesetz

Durchläuft ein monochromatischer Lichtstrahl der Intensität[b] I_0 einen absorbierenden, homogenen Körper, so weist das austretende Licht nur noch die Intensität I auf. Zwischen I_0 und I besteht eine *logarithmische* Beziehung (erstmals von *Bouguer* formuliert).

$$\ln \frac{I}{I_0} = -k \cdot l \qquad \begin{array}{l} k = \text{Konstante} \\ l = \text{Schichtdicke} \end{array} \qquad (265)$$

Das Verhältnis I/I_0 bezeichnet man als **Transmission** T (Durchlässigkeit D)[c].

$$T(D) = \frac{I}{I_0} \qquad \text{(dimensionslos)} \qquad (266)$$

Den negativen dekadischen Logarithmus der Transmission nennt man nach DIN 1349 spektrales Absorptionsmaß (früher Extinktion). Man erhält somit aus (265) und (266) das *Lambertsche* Gesetz:

$$A = \log \frac{I_0}{I} = \log \frac{1}{T} = a \cdot l \qquad \begin{array}{l} a = \text{Proportionalitätsfaktor} \\ (a = 0,434\,k) \end{array} \qquad (267)$$

---

[a] Im Rahmen der in diesem Kapitel besprochenen Methoden.
[b] Strahlungsleistung pro Fläche (W/m^2) bzw. pro Raumwinkel (W/sr).
[c] Unter der **Absorption** A versteht man den Wert $1 - T$.

Die Absorption hängt von der Wellenlänge und der Natur des Absorbers ab. Bleiben λ und der Absorber gleich, so ist auch A eindeutig definiert.

In einem Gemisch, das einen absorbierenden Stoff enthält, ist A proportional zu dessen Konzentration (*Beersches* Gesetz).

$$a = \varepsilon \cdot c \qquad \varepsilon = \text{molarer spektraler Absorptionskoeffizient} \qquad (268)$$

Die Kombination von (267) und (268) ergibt das **Lambert-Beer-Gesetz:**

$$E = \log \frac{I_0}{I} = \varepsilon \cdot c \cdot l \qquad (269)$$

Das *Lambert-Beersche* Gesetz gilt nur in verdünnten Lösungen exakt, da die Brechzahl des Mediums konzentrationsabhängig ist (Verwendung von Kalibrierkurven, s. S. 305).

Spektralphotometer

Allen Spektralphotometern oder kurz **Spektrometern**[a] ist folgendes Bauprinzip gemeinsam (Abb. 77):

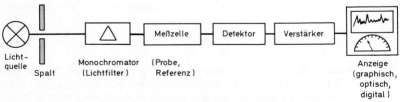

Abb. 77 Blockschema eines Spektralphotometers (vereinfacht)

---

[a] Spektralphotometer erlauben die spektrale Zerlegung des kontinuierlichen (weißen) Lichtes, während einfache Photometer nur mit bestimmten Wellenlängen arbeiten (Ausblendung durch Lichtfilter).

Das von der Lichtquelle ausgestrahlte Kontinuum wird vom *Mono-chromator* (Prismen- oder Gittersystem) in seine Spektralfarben zerlegt und auf die optimale Absorptionsfrequenz eingestellt. Die meisten Spektrometer arbeiten heute nach dem **Zweistrahlverfahren,** bei dem das Licht mit einer Spiegelkombination in zwei kohärente Strahlen aufgespalten wird, von denen einer die Probe durchläuft, während der andere (ungeschwächte) als Vergleichsstrahl dient. Diese Methode ist genauer und weniger störungsanfällig, weil Fehlerquellen (atmosphärische und gerätebedingte Störungen) bei der Differenzbildung eliminiert werden. Der *Detektor* (Photo- oder Thermoelement) mißt die *Energiedifferenz* zwischen Proben- und Vergleichsstrahl, die nach ausreichender Verstärkung in ein entsprechendes Anzeigesignal umgewandelt wird. Die Anzeige erfolgt in *Absorption* (267) oder % *Transmission* (100 T, Gl. 266) und kann mit einem Schreiber als Funktion der Wellenlänge λ bzw. Wellenzahl $\sigma(\tilde{v})$ registriert werden.

Kolorimetrie

Unter **Kolorimetrie** versteht man die analytische Bestimmung eines gelösten Stoffes aufgrund seiner Farbigkeit im sichtbaren Bereich. Die Farbintensität der Probelösung wird *visuell* mit der Intensität von Standardlösungen bekannter Konzentration verglichen[a]. Nach dem *Lambert-Beer*-Gesetz (269) gilt für zwei Lösungen des gleichen Stoffes im gleichen Solvens bei gleicher Extinktion die Beziehung

$$c_1 \cdot l_1 = c_2 \cdot l_2 \qquad\qquad (270)$$

Da c_1 und l_1 bekannt sind, muß man l_2 auf gleiche Extinktion einstellen, um die unbekannte Konzentration c_2 zu erhalten.

Die Genauigkeit der visuellen Kolorimetrie ist naturgemäß nicht besonders hoch ($\sim 5\%$). Wegen der hohen Empfindlichkeit ist die Methode zur Spurenanalyse geeignet. Ionen und Moleküle mit geringer Eigenfarbe werden in stark gefärbte Komplexe übergeführt, z. B. Fe(III) mit Rhodanid, Fe(II) mit *o*-Phenanthrolin (Ferroin), Ti(IV) mit H_2O_2 oder Ascorbinsäure. Man beachte, daß die sichtbare Farbe eines Körpers die *Komplementärfarbe* des absorbierten Lichtes darstellt (Tab. 22). Die wichtigsten Anwendungen sind in Tab. 23 zusammengestellt. Heute wird die Farbmessung meist photometrisch durchgeführt (s. unten).

---

[a] Man kann auch Lösungen gleicher Konzentration, aber verschiedener Schichtdicke verwenden. Anwendung dieses Prinzips in den Schnelltestverfahren zur Wasseruntersuchung.

Tab. 22 Komplementärfarben im sichtbaren Bereich

Wellenlänge λ (nm)	Wellenzahl σ (cm^{-1})	absorbierte Farbe	beobachtete Farbe
400	25 000	violett	gelbgrün
450	22 200	blau	gelb
500	20 000	blaugrün	rot
550	18 200	grün	purpur
600	16 700	gelb	blau
650	15 400	orangerot	blaugrün
700	14 300	rot	blaugrün
750	13 300	dunkelrot	blaugrün

Tab. 23 Kolorimetrische Bestimmungen

Element	Reagenz	Farbe
Al	Oxin	gelb
Co	Ammoniumrhodanid	blau[a]
Cr[b]	Natriumperoxid	orange
Cu	Ammoniak	tiefblau
Fe(II)	o-Phenanthrolin	dunkelrot
Fe(III)	Ammoniumrhodanid	rot
Hg	Dithizon	orange
Mn[c]	Periodat	violett
Ni	Diacetyldioxim	rot
Pb	Dithizon	rosa
Ti	H_2O_2	gelb[d]
Zn	Dithizon[e]	rosa

[a] $[Co(SCN)_4]^{2-}$
[b] als $Cr_2O_7^{2-}$
[c] als MnO_4^-
[d] TiO_2^{2+}

[e] S=C⟨NH–NH–⟨⟩ / N=N–⟨⟩⟩ Dithizon

Photometrie

Verwendet man statt weißem Licht eine bestimmte spektrale Wellenlänge (z. B. Quecksilberdampf-Lampe, Absorptionsmaxima 254, 366, 560 nm), spricht man von **Photometrie** (*instrumentelle* Messung, s. Fußnote S. 302). Der Intensitätsabgleich erfolgt durch Schwächung des Referenzstrahls mit einer verstellbaren Blende. Die unbekannte Konzen-

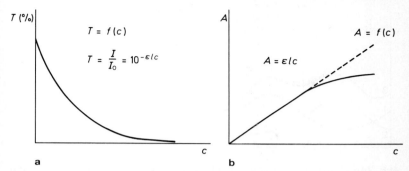

Abb. 78 a Transmission, **b** Absorption als Funktion der Konzentration

tration wird durch Vergleich der gemessenen Absorption mit der *Kali-brierkurve* (Abb. 78) ermittelt (durchschnittlicher Meßfehler etwa 2%).

An die Kalibrierkurve sind gehobene Anforderungen zu stellen, da von ihr die Güte der Bestimmung wesentlich abhängt. Alle Kalibriermessungen müssen in ausreichender Zahl (mindestens 4–6) unter konstanten Bedingungen (Temperatur, Luftfeuchtigkeit, Lösungsmittel, Küvette) im *gleichen* Konzentrationsbereich durchgeführt werden, der für die Messung der unbekannten Proben erforderlich ist. Eventuelle Blindwerte sind sorgfältig zu regsitrieren, um systematische Fehler zu vermeiden. Die Kalibrierkurve ist so zu wählen, daß die positiven und negativen Abweichungen etwa gleich groß sind (**nicht** durch möglichst viele Punkte legen!). Da ε nicht einfach einen Proportionalitätsfaktor, sondern eine *Stoffkonstante* darstellt, können die Kurven vom linearen Verlauf abweichen, ohne daß die Gültigkeit des *Lambert-Beer*-Gesetzes (269) in Frage gestellt ist. Gekrümmte Kalibrierkurven sind aber meist gerätetechnisch bedingt[61].

Die Meßfehler lassen sich weitgehend beseitigen, wenn man mit „**innerem Standard**" arbeitet. Man setzt einen Hilfsstoff bekannter Konzentration zu und trägt das *Verhältnis* der Absorptionswerte A/A_{st} gegen die Konzentration c des untersuchten Stoffes auf. Es ergibt sich ebenfalls ein proportionaler Zusammenhang:

$$\frac{A}{A_{st}} = \frac{\varepsilon \cdot c \cdot l}{\varepsilon_{st} \cdot c_{st} \cdot l} = k \cdot c \qquad k = \frac{\varepsilon}{\varepsilon_{st} \cdot c_{st}} \qquad (271)$$

Zur *Additionsmethode* (Zumischmethode) siehe[61]. Grundsätzlich lassen sich photometrische *Simultanbestimmungen* durchführen, da sich die Teilextinktionen näherungsweise additiv verhalten. Dazu müssen Messungen bei zwei verschiedenen Wellenlängen vorgenommen werden, und

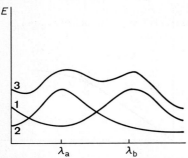

Abb. 78 c Zur Additivität von Extinktionen: Spektren der Substanzen 1 und 2, und in Gemisch 3 als Summe aus 1 und 2

man erhält zwei Gleichungen mit den Unbekannten c_A, c_B. Allerdings ist der Meßfehler größer als bei der Einzelbestimmung.

Aus Abb. 78 c ergibt sich:

$$A_{3,\lambda_a} = \varepsilon_{2,\lambda_a} \cdot c_2 \cdot d + \varepsilon_{1,\lambda_a} \cdot c_1 \cdot d$$

und

$$A_{3,\lambda_b} = \varepsilon_{2,\lambda_b} \cdot c_2 \cdot d + \varepsilon_{1,\lambda_b} \cdot c_1 \cdot d$$

In der Stahlanalyse ist z. B. die simultane Bestimmung von Cr und Mn in Form der CrO_4^{2-}- und MnO_4^--Ionen möglich.

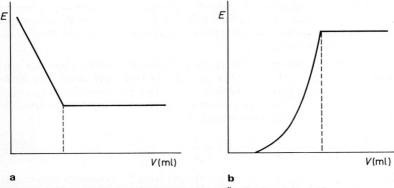

Abb. 79 Photometrische Titrationskurven (Äquivalenzbereich)
a Titration von Fe^{3+} mit EDTA gegen Salicylsäure, **525 nm** (Fe-Indikator-Komplex), **b** Titration von Zn^{2+} mit EDTA gegen Erio-T, **665 nm** (freier Indikator)

Eine wichtige Anwendung ist die photometrische Indikation des Titrationsendpunkts [61] („**Photometrische Titration**"), die genauer als visuelles Ablesen gelingt und auch im ultravioletten Bereich möglich ist. Man bestimmt die Absorption beider Formen eines zweifarbigen Indikators als Funktion der Wellenlänge und stellt das Photometer auf einen der erhaltenen Werte maximaler Absorption ein. Bei der Titration erhält man am Äquivalenzpunkt einen steilen Anstieg bzw. Abfall der Absorption (Linearer Verlauf).

Die Titrationskurven fallen je nach Gleichgewichtslage und Randbedingungen sehr unterschiedlich aus. Als Beispiele sind in Abb. 79 komplexometrische Titrationen von Fe(III) und Zn(II) mit EDTA dargestellt. Die Krümmung der Kurve im zweiten Fall (Abb. 79 b) wird durch partielle Dissoziation des Zink-Indikator-Komplexes verursacht. Falls ein geeignetes Absorptionsmaximum vorhanden ist, kann auch die Extinktion des Titranten und/oder der Probe zur Indikation herangezogen werden.

Atomabsorption

Die Atomabsorptionsspektrometrie [64] wird in der *Gasphase* durchgeführt und beruht auf der Lichtabsorption durch neutrale, nichtangeregte Atome in einer Flamme. Das Atomverhältnis α im angeregten (N_a) und Grundzustand (N_0) folgt einer *Boltzmann-Verteilung.*

$$\alpha = \frac{N_a}{N_0} = g \cdot \exp\left(-\frac{E_a}{kT}\right) \qquad (272)$$

g = statistischer Faktor
E_a = Anregungsenergie
k = Boltzmann-Konstante ($k = R/N_A$)
T = abs. Temperatur

Da α bei normaler Flammtemperatur (2000 – 3000 °C) sehr klein ist, kann N_0 als konstant betrachtet werden, so daß die Lichtabsorption bei der Resonanzfrequenz nur von der Konzentration abhängt.

Wegen der erforderlichen genauen Einhaltung der Resonanzfrequenz sind kontinuierliche Lichtquellen nicht geeignet. Man verwendet als „Sender" das zu bestimmende Metall in Form einer Hohlkathodenröhre (400 V, 100 mA). Dieses Verfahren ist zwar aufwendiger, dafür aber absolut spezifisch. Die *Eigenemission* angeregter Atome (272) muß durch Modulation der Erregerfrequenz (Anlegen einer Wechselspannung an die Kathode) eliminiert werden, da sonst die gemessene Extinktion zu gering ausfallen kann.

Die Messung erfolgt im Prinzip nach dem *Lambert-Beer*-Gesetz (269); Eichung und Standardisierung für die einzelnen Metalle ist erforderlich. Die Genauigkeit beträgt etwa 2%, die Empfindlichkeit (Nach-

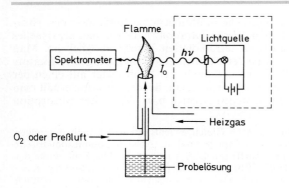

Abb. 80 Versuchsanordnung zur Atomabsorption (Flammenphotometrie)

weisgrenze) mindestens 1 ppm, in Einzelfällen bis 5 ppb (0,005 ppm). Das Verfahren ist für alle Metalle einschließlich der Halbmetalle (B, Si, As, Se, Te) anwendbar.

Die *flammenlose* Atomabsorptionsspektrometrie arbeitet mit einem elektrisch beheizten Graphitrohr, das eine längere Verweilzeit der Probe im Strahlengang erlaubt. Der Vorteil der höheren Empfindlichkeit wird aber in manchen Fällen durch die schlechtere Konstanz der Intensität wieder eingeschränkt.

4. Emissionsspektrometrie

Übersicht

Bei der Emissionsspektralanalyse regt man meist dampfförmige Substanzen an und untersucht das Spektrum des emittierten Lichtes. Die enthaltenen Elemente werden aus der *Frequenz* (oder Wellenlänge) und relativen Lage der Spektrallinien identifiziert[a], während die *Intensitäten* die Mengenverhältnisse wiedergeben [14, 16, 65]. Die Methode eignet sich wegen der geringen erforderlichen Substanzmengen und hohen Empfindlichkeit (Verdünnung bis 0,05 ppm, günstiger Bereich 5–10 ppm) auch zur *Spurenanalyse*. Allerdings ist die relative Genauigkeit entsprechend niedrig (Meßfehler > 5%)

Da die Emissionsspektren der meisten Elemente sehr linienreich sind, verwendet man zur Auswertung die sogenannten *letzten Linien*, d.h. die Linien größter Intensität, die bei allmählicher Konzentrationsabnahme des betreffenden Elements zuletzt wegfallen. Zur Identifizierung von Substanzgemischen gibt es käufliche Standardmischungen, deren Spektren nur ein bis zwei letzte Linien jedes Elements zeigen.

---

[a] Auswertung mit Hilfe von Spektrentafeln.

Die **Emissionsspektren** lassen sich allgemein in drei Gruppen einteilen:

◆ Kontinuum (glühende Festkörper, keine Linien unterscheidbar),
◆ Bandenspektrum (angeregte Moleküle, Gruppen von Linien),
◆ Linienspektrum (angeregte Atome, diskrete, scharfe Linien).

Nur die letzte Gruppe ist zur Emissionsspektralanalyse geeignet. Die Atomspektrometrie erfordert höhere Energie als die Molekülspektrometrie, da die Dissoziation in freie Atome notwendig ist.

Unter **Fluoreszenz** (allgemein *Lumineszenz*) versteht man die *rasche* Lichtemission (10^{-8} bis 10^{-4} s) von Atomen und Molekülen nach vorangehender Bestrahlung mit Licht höherer Energie. Das emittierte Licht ist stets langwelliger als die Erregerstrahlung[a] (*Stokes*-Gesetz). Die Fluoreszenz läßt sich zur quantitativen Bestimmung heranziehen, da die Intensität proportional zur Konzentration des angeregten Stoffes ist. Die **Fluorimetrie**[63] zeichnet sich durch größere Empfindlichkeit aus als die reine Emissions- und Absorptionsspektrometrie, weil die Fluoreszenzintensität I_F direkt von der Intensität I_0 der Erregerstrahlung abhängt. I_F wird *rechtwinklig* zum eingestrahlten Licht gemessen.

Herleitung

$$I_F = (I_0 - I) \cdot \varphi \qquad \varphi = \text{Quantenausbeute}$$
$$I_F = I_0 \cdot (1 - e^{-\varepsilon c l}) \cdot \varphi \qquad \text{mit } I = I_0 \cdot e^{-\varepsilon c l}$$

Für kleine Konzentrationen läßt sich die Näherung $\lim_{x \ll 1}(1 - e^{-x}) = x$ anwenden:

$$I_F = I_0 \cdot (\varepsilon c l) \cdot \varphi \tag{273}$$

Die einzelnen Verfahren unterscheiden sich durch Art und Energie der Anregung. Hier soll nur die **Flammenphotometrie** näher besprochen werden.

Flammenphotometrie[14]

Die Temperatur der Flamme ist vergleichsweise geringer als die eines Lichtbogens oder Funkens. Daher beobachtet man meist ausschließlich *Resonanzlinien*, die dem Übergang vom ersten angeregten Zustand in den Grundzustand entsprechen („letzte Linien", s. S. 308). Es werden nur freie Atome angeregt, die durch *homolytische* Dissoziation des Salzes in die Elemente entstehen (sehr geringer Anteil).

---

[a] Daher „fluoreszieren" viele Substanzen nach Bestrahlung mit UV-Licht (qualitativer Nachweis). Die *langsame* Emission von angeregten Festkörpern nennt man **Phosphoreszenz.**

$$M_g^+ + e^- \quad \text{(Ionisation)}$$

$$\uparrow \Delta$$

$$[M^+X^-]_f \;\rightleftharpoons\; \underset{\overset{\delta\oplus\ \ \delta\ominus}{}}{[M\text{----}X]_g} \;\rightleftharpoons\; M_g + X_g$$

$$\downarrow \Delta$$

$$M_g^* \overset{-h\nu}{\rightsquigarrow} M_g \quad \text{(Emission)}$$

Die thermische Anregung führt zur Emission von **Linienspektren,** von denen jeweils eine charakteristische Frequenz ausgefiltert wird. Daneben treten Molekül- oder Radikalspektren auf. Auch die Flamme selbst emittiert (z. B. Blaufärbung der Knallgasflamme durch $OH^\cdot$-Radikale).

Die Ionisation des Metalls soll möglichst vermieden werden, da sie die Intensität des emittierten Lichtes verringert und zu Sekundäranregung führen kann. Ebenso stören sehr stabile Oxide, z. B. die Seltenen Erden (geringe Dissoziation).

Die normale Leuchtgas/Luft-Flamme mit einer Temperatur von $1700 - 1900\,°C$ reicht nur zur Anregung von etwa 15 Elementen aus.

Tab. 24 Wichtigste flammenphotometrisch bestimmbare Elemente [a]

Element	λ_{max} (nm)	Grenzkonzentration (mol · L^{-1})
Li	670,8	0,05
Na	589,0; 589,6	0,002
K	766,5; 769,9	0,05
Ca	422,7	0,05
Sr	460,7	0,05
Ba	455,4	2
B	518	5
Ga	417,2	1
In	451,1	1
Tl	535,0	1
Mg [b]	285,2	2
Pb [b]	368,4	20
Cu [b]	324,8	1
Ag [b]	338,9	0,5

[a] G. Pietzka, H. U. Chun (1959), Angew. Chem. **71**, 276.
[b] UV-Licht

Mit Knallgas oder Kohlenwasserstoff/Sauerstoff-Gemischen lassen sich wesentlich höhere Flammentemperaturen erzielen, bei denen über 50 Elemente bestimmt werden können (Tab. 24). Zur Erhöhung der Selektivität bei Stoffgemischen dienen Interferenzfilter oder Monochromatoren.

Messung. Die Probelösung wird in den Gasstrom versprüht und das emittierte Licht mit einer Photozelle gemessen (Abb. 80, S. 308). Die Auswertung erfolgt wie bei der Absorptionsphotometrie anhand von Eichkurven. Hauptursache für Abweichungen vom *Lambert-Beer*-Gesetz ist die *Selbstabsorption* in den kälteren Randzonen der Flamme, die bei Resonanzlinien besonders stark auftritt. Deshalb sind bei Gemischen (z. B. K^+ neben Na^+) sorgfältige Eichmessungen, am besten durch Zugabe bekannter Stoffmengen (*Zumischmethode*, s. S. 305), erforderlich. Weitere Störungen entstehen durch diskontinuierliche Probenzuführung oder gerätebedingte Fehler.

Brenngase:

Leuchtgas/Luft	$1700-1900\,°C$
Wasserstoff/Luft	$2100\,°C$
Acetylen/Luft	$2100-2300\,°C$
Knallgas	$2700\,°C$
Methan/Sauerstoff	$2700\,°C$
Acetylen/Sauerstoff	$3100\,°C$

Thermische Methoden

1. Thermogravimetrie

Unter *Thermogravimetrie* (TG) versteht man die Messung der Massenänderung einer (festen) Substanz durch physikalische oder chemische Vorgänge in Abhängigkeit von der Temperatur mit einer **Thermowaage**. Aus dem Verlauf der thermogravimetrischen Kurve (Abb. 81) lassen sich Rückschlüsse auf das Verhalten der Substanz bei Temperaturerhöhung ziehen, die für die Analytik von Bedeutung sind, z.B. zur Ermittlung der optimalen Trocken- bzw. Glühtemperatur von Niederschlägen in der Gravimetrie. Die Messung kann unter *Normaldruck* (ggf. Inertgas-Atmosphäre) oder im *Vakuum* ausgeführt werden und erfolgt im Prinzip mit einer Balkenwaage, deren eine „Waagschale" mit der Probe im elektrischen Ofen aufgeheizt wird. Die Massenänderung beim Erhitzen wird auf der anderen Seite elektromagnetisch kompensiert und die entsprechende Änderung der Stromstärke zur Steuerung des Schreibers verwendet.

Beispiel: Thermogravimetrische Kurven von Calcium- und Magnesiumoxalat

$$CaC_2O_4 \cdot H_2O \quad \textbf{1} \xrightarrow{100-200\,°C} CaC_2O_4 \ + H_2O$$

$$CaC_2O_4 \quad \textbf{2} \xrightarrow{>400\,°C} CaCO_3 \ + CO$$

$$CaCO_3 \quad \textbf{3} \xrightarrow{>700\,°C} CaO \ \textbf{4} \ + CO_2$$

$$MgC_2O_4 \cdot H_2O \quad \textbf{1} \xrightarrow{150-250\,°C} MgC_2O_4 + H_2O$$

$$MgC_2O_4 \quad \textbf{2} \xrightarrow{400\,°C} MgO \ \textbf{3} \ + CO_2 + CO$$

Trotz des gleichen Strukturtyps verhalten sich Calcium- und Magnesiumoxalat thermisch ganz unterschiedlich.

Da die Massenänderungen meist kontinuierlich über einen größeren Bereich verlaufen, ist die *Differentialthermogravimetrie* (DTG) günstiger. Bei der Differentialthermowaage nach *De Keyser* werden die Probe und eine inerte Referenzsubstanz mit genau gleicher Masse simultan erhitzt und die resultierende Massendifferenz registriert.

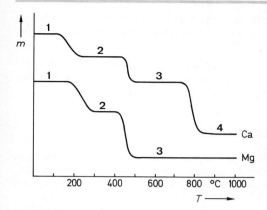

Abb. 81 Thermogravimetrische Kurven von Calcium- und Magnesiumoxalat

2. Thermoanalyse

Ein Wechsel im Aggregatzustand oder in der Zusammensetzung eines Stoffes ist meist mit einer **Wärmeänderung** gegen die Umgebung verbunden, die ebenfalls wichtige Aussagen über das thermische Verhalten erlaubt. Wie bei der Thermogravimetrie vergleicht man auch bei der *Thermoanalyse*[66, 67] die Probe mit einer Referenzsubstanz. Beim kontinuierlichen Aufheizen der Probe ohne innere Wärmeänderung erhält man einen konstanten Wärmefluß. Tritt eine exotherme oder endotherme Wärmeänderung auf, nimmt die Temperatur der Probe schneller bzw. langsamer zu, und die Kurve weicht vom linearen Verlauf ab. Da diese Methode gewöhnlich zu unempfindlich ist, führt man besser die *differentielle* Registrierung (DTA) der Wärmedifferenz

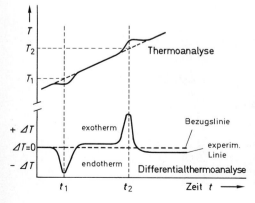

Abb. 82 Schema einer thermoanalytischen und differentialthermoanalytischen Kurve[14]

zwischen Probe und Bezugssubstanz durch und erhält bei Änderungen des Wärmeinhalts der Probe Kurvenmaxima (exotherm) bzw. -minima (endotherm) (Abb. 82).

Moderne Geräte (sog. *Derivatographen*) kombinieren alle vier Messungen und registrieren sie über einen Schreiber zusammen mit der Temperatur.

3. Thermometrische Titration

Bei der **Thermometrie**[14] wird die *Temperatur* des zu titrierenden Systems als Funktion der zugesetzten Reagenzmenge betrachtet und zur Indikation benutzt (Abb. 83). Diese Methode erfordert Thermostatierung von Bürette und Reaktionsgefäß (Kalorimeter) und möglichst gute adiabatische Bedingungen, ist also sehr aufwendig und nicht für den Routinebetrieb geeignet.

Eine besondere Anwendung stellt die Titration schwacher Säuren dar, da die Neutralisationswärmen von starken und schwachen Säuren nicht allzu verschieden sind und anders als bei der normalen Titrationskurve der Sprung fast gleich hoch ausfällt. Bei der Neutralisation von H_2SO_4 und H_3PO_4 lassen sich deutlich zwei bzw. drei Stufen unterscheiden.

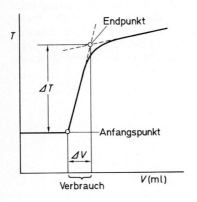

Abb. 83 Thermometrische Titrationskurve (schematisch)

Anhang

1. Physikalische Größen, Einheiten und Konstanten
Literatur [24, 25, 26]

Eine physikalische Größe wird in Formeln durch einen *kursiven* Buchstaben dargestellt, der mit Indizes näher gekennzeichnet sein kann (Ausnahme pH, pK ...). Im Unterschied dazu bezeichnet man Maßeinheiten, Zahlenwerte und mathematische Zeichen immer mit senkrechten Buchstaben. Vektorielle Größen werden durch **Fettdruck** hervorgehoben.

Mit dem Bundesgesetz über Einheiten im Meßwesen vom 2. 7. 1969 wurde zum 5. 7. 1970 das Internationale Einheitensystem (SI) in der Bundesrepublik Deutschland eingeführt. Nach einer Übergangsfrist gelten die SI-Einheiten ab 1. 1. 1978 als rechtsverbindlich. Im folgenden sind die SI-Basiseinheiten und die in der Chemie wichtigen abgeleiteten Einheiten und Definitionen mit Umrechnungsfaktoren zusammengestellt. Zur Bezeichnung dezimaler Vielfacher oder Bruchteile von SI-Einheiten werden bestimmte Vorsätze (Präfixe) festgelegt.

SI-Basiseinheiten

Basisgröße	Formel-zeichen	Einheiten-name	Einheiten-zeichen
Länge	l	Meter	m
Masse	m	Kilogramm	kg
Zeit	t	Sekunde	s
Elektrische Stromstärke	I	Ampere	A
Thermodynamische Temperatur	T	Kelvin	K
Stoffmenge	n	Mol	mol
Lichtstärke	I_v	Candela	cd

Abgeleitete SI-Einheiten

Größe	Formel-zeichen	Einheiten-name	Einheiten-zeichen	Definition
Kraft	F	Newton	N	$kg \cdot m \cdot s^{-2}$
Druck	p	Pascal	Pa	$N \cdot m^{-2} = kg \cdot m^{-1} \cdot s^{-2}$
Energie	E	Joule	J	$N \cdot m = kg \cdot m^2 \cdot s^{-2}$
Leistung	P	Watt	W	$J \cdot s^{-1} = kg \cdot m^2 \cdot s^{-3}$
Elektrische Ladung	Q	Coulomb	C	$A \cdot s$
Elektrische Spannung	U	Volt	V	$J \cdot A^{-1} \cdot s^{-1}$ $= kg \cdot m^2 \cdot s^{-3} \cdot A^{-1}$
Elektrischer Widerstand	R	Ohm	Ω	$V \cdot A^{-1}$ $= kg \cdot m^2 \cdot s^{-3} \cdot A^{-2}$
Elektrischer Leitwert	L	Siemens	S	Ω^{-1} $= kg^{-1} \cdot m^{-2} \cdot s^3 \cdot A^2$
Lichtstrom	ϕ	Lumen [a]	lm	$cd \cdot sr$
Beleuchtungsstärke	E	Lux	lx	$lm \cdot m^{-2} = m^{-2} \cdot cd \cdot sr$
Frequenz	ν	Hertz	Hz	s^{-1}

[a] 1 Lumen = 1 Candela × 1 Steradiant (Raumwinkel, Einheit 1)

Besondere Bezeichnungen für Vielfache von SI-Einheiten [a]

Größe	Symbol	Einheit	Zeichen	Definition
Länge	l	Ångström	Å	10^{-10} m (100 pm)
Fläche	A	Barn	b	10^{-28} m^2
Volumen	V	Liter [b]	l	10^{-3} m^3 (1 dm^3)
Masse	m	Tonne	t	10^3 kg
Kraft	F	Dyn [c]	dyn	10^{-5} N
Druck	p	Bar	bar	10^5 Pa
Energie	E	Erg [c]	erg	10^{-7} J
		Elektronenvolt [d]	eV	1 eV $= 1{,}602 \cdot 10^{-19}$ J
Celsius-temperatur	ϑ, t	Grad Celsius	°C	$\dfrac{\vartheta}{°C} = \dfrac{T}{K} - 273{,}15$

[a] Diese Einheiten gehören zwar nicht zum SI-System, sollen aber wegen ihrer großen Verbreitung vorerst beibehalten werden.
[b] Die alte Definition des Liters (1 l = 1,000 028 dm^3) ist seit 1964 aufgehoben.
[c] Diese Größen stammen aus dem cgs-System und sollen nicht mehr verwendet werden.
[d] Experimentelle Größe.

Einheiten, die nicht mehr verwendet werden sollen

Größe	Einheit	Zeichen	Definition
Kraft	Kilopond	kp	9,81 N
Druck	Standard-Atmosphäre (phys. Atmosphäre)	atm	101 325 Pa
	Torr ($\hat{=}$ 1 mm Hg-Säule bei 0 °C)	Torr	$\dfrac{101\,325}{760}$ Pa
	technische Atmosphäre	at	$1\,\text{kp} \cdot \text{cm}^{-2}$
Energie	Kilowattstunde	kWh	$3,6 \cdot 10^6$ J
	Kalorie	cal	4,184 J
	Kilopondmeter	kpm	9,81 J
Leistung	Pferdestärke	PS	$735,5\,\text{J} \cdot \text{s}^{-1}$ ($= 75\,\text{kpm} \cdot \text{s}^{-1}$)
Äquivalent	Val	val	$z^{-1}\,\text{mol}$ [a]

[a] $z =$ Äquivalentzahl („Wertigkeit").

SI-Dezimalvorsätze [a]

Multipli-kator	Vorsatz	Vorsatz-zeichen	Multipli-kator	Vorsatz	Vorsatz-zeichen
10^{-1}	Dezi	d	10	Deka	da
10^{-2}	Zenti	c	10^2	Hekto	h
10^{-3}	Milli	m	10^3	Kilo	k
10^{-6}	Mikro	μ	10^6	Mega	M
10^{-9}	Nano	n	10^9	Giga	G
10^{-12}	Piko	p	10^{12}	Tera	T
10^{-15}	Femto	f	10^{15}	Peta	P
10^{-18}	Atto	a	10^{18}	Exa	E

[a] Als einzige SI-Einheit enthält das *Kilogramm* (Einheit der Masse) bereits ein Vorsatzzeichen. Multiplikatoren der Masseneinheit werden deshalb von der Einheit *Gramm* (1 g $= 10^{-3}$ kg) abgeleitet.

Umrechnung alter und neuer Energieeinheiten

	J[a]	kpm[b]	kWh[c]	kcal[d]	eV[e]
1 Joule	1	0,102	$2,778 \cdot 10^{-7}$	$2,388 \cdot 10^{-4}$	$0,624 \cdot 10^{19}$
1 kpm	9,807	1	$2,724 \cdot 10^{-6}$	$2,342 \cdot 10^{-3}$	$0,612 \cdot 10^{20}$
1 kWh	$3,600 \cdot 10^{6}$	$3,671 \cdot 10^{5}$	1	$8,598 \cdot 10^{2}$	$2,247 \cdot 10^{25}$
1 kcal	$4,187 \cdot 10^{3}$	$4,269 \cdot 10^{2}$	$1,163 \cdot 10^{-3}$	1	$2,613 \cdot 10^{22}$
1 eV	$1,602 \cdot 10^{-19}$	$1,634 \cdot 10^{-20}$	$4,450 \cdot 10^{-26}$	$3,826 \cdot 10^{-23}$	1

[a] $1\,J = 1\,N \cdot m = 1\,W \cdot s\,(= 10^{7}\,erg)$
[b] Kilopondmeter
[c] Kilowattstunde
[d] Kilocalorie (Int. Dampftafel)
[e] Elektronenvolt

Umrechnungsfaktoren für Druckeinheiten

	Pa[a]	bar[b]	Torr[c]	atm[d]	at[e]
1 Pascal	1	10^{-5}	$0,750 \cdot 10^{-2}$	$0,987 \cdot 10^{-5}$	$1,0097 \cdot 10^{-5}$
1 bar	10^{5}	1	750,04	0,987	1,0097
1 Torr	$1,333 \cdot 10^{2}$	$1,333 \cdot 10^{-3}$	1	$1,316 \cdot 10^{-3}$	$1,3590 \cdot 10^{-3}$
1 atm	$1,013 \cdot 10^{5}$	1,013	760	1	1,0332
1 at	$0,981 \cdot 10^{5}$	0,981	735,53	0,968	1

[a] $1\,Pa = 1\,N \cdot m^{-2} = 1\,kg \cdot m^{-1} \cdot s^{-1}$
[b] $1\,bar = 10^{5}\,Pa$
[c] $1\,Torr = 1\,mm\,Hg\,bei\,0\,°C$
[d] 1 phys. Atmosphäre = 760 Torr
[e] 1 techn. Atmosphäre = $1\,kp \cdot cm^{-2}$

Physikalische Konstanten (auf 5 Dezimalen gerundet)

Größe	Formel-zeichen	Zahlenwert	Einheit
Lichtgeschwindigkeit (Vakuum)	c	$2{,}99792 \cdot 10^8$	$m \cdot s^{-1}$
Elektrische Feld-konstante	ε_0	$8{,}85419 \cdot 10^{-12}$	$F \cdot m^{-1}$ [a]
Elementarladung	$e\,(e_0)$	$1{,}60219 \cdot 10^{-19}$	C
Atomare Masseneinheit	u [b]	$1{,}66057 \cdot 10^{-27}$	kg
Planck-Konstante (Wirkungsquantum)	h	$6{,}62618 \cdot 10^{-34}$	$J \cdot s$
Rydberg-Konstante	R_∞	$1{,}09737 \cdot 10^7$	m^{-1}
Avogadro-Konstante	N_A	$6{,}02205 \cdot 10^{23}$	mol^{-1}
Faraday-Konstante	$F = N_A e$	$9{,}64846 \cdot 10^4$	$C \cdot mol^{-1}$
Gaskonstante	R [c]	$8{,}31441$	$J \cdot K^{-1} \cdot mol^{-1}$
Boltzmann-Konstante	$k = \dfrac{R}{N_A}$	$1{,}38066 \cdot 10^{-23}$	$J \cdot K^{-1}$
Nullpunkt der Celsius-Skala	T_0	$273{,}15$	K
Normaltemperatur	T^0	$298{,}15$	K
Standarddruck [d]	p^0	$1{,}01325 \cdot 10^5$	Pa
Molares Standardvolu-men [e] (ideales Gas)	$V^0 = \dfrac{RT_0}{p^0}$	$2{,}24138 \cdot 10^{-2}$	$m^3 \cdot mol^{-1}$
Standard-Fallbeschleunigung	g_n	$9{,}80655$	$m \cdot s^{-2}$

[a] $1\,F$ (Farad) $= 1\,A \cdot s \cdot V^{-1}$

[b] $u = 10^{-3}\,kg \cdot mol^{-1}/N_A$ ($N_A u = 1\,g \cdot mol^{-1}$)

[c] $R = 0{,}08205\,L \cdot atm \cdot K^{-1} \cdot mol^{-1}$ (alte Einheit)

[d] früher: Normaldruck $1\,atm = 760$ Torr

[e] $V^0 = 22{,}414\,L \cdot mol^{-1}$ ($T_0 = 273{,}15$ K)

2. Aktivitätskoeffizienten und analytische Konstanten

Bestimmung von Aktivitätskoeffizienten nach Kielland [a]

Nach der *Debye-Hückel*-Näherung (49) für mäßig konzentrierte Lösungen ($10^{-3} < I < 10^{-1}$) erhält man für den Aktivitätskoeffizienten

$$-\log f_i = \frac{A \cdot z_i^2 \sqrt{I}}{1 + k \cdot B \sqrt{I}} \qquad A, B = \text{Konstanten}; \; k \cdot B \sim 1$$

$$I = \frac{1}{2} \sum_i z_i^2 \cdot c_i$$

wobei k als konstant betrachtet wird. Die Konstanten A und B sind Funktionen der Temperatur und der Dielektrizitätskonstante. Damit werden auch die Aktivitätskoeffizienten temperatur- und solvensabhängig.

Konstanten A und B der Debye-Hückel-Näherung für Wasser bei verschiedenen Temperaturen (Konzentration in $mol \cdot L^{-1}$):

Temp. (°C)	0	20	40	60	80	100
A	0,488	0,505	0,524	0,547	0,574	0,606
B	0,324	0,328	0,332	0,337	0,342	0,346

Kielland hat allen Ionen individuelle k-Parameter zugeordnet und damit genauere Werte für den Aktivitätskoeffizienten erhalten als mit der einfachen *Debye-Hückel*-Näherung.

---

[a] Kielland, J. (1937), J. Amer. Chem. Soc. **59**, 1675. Zitiert in METROHM-Bulletin: Ionenspezifische Elektrode.

Von der effektiven Größe des hydratisierten Ions abhängiger *k*-Parameter

| *k* | einwertige Ionen |

---

9   H^+

6   Li^+, $(C_2H_5)_4N^+$, $C_6H_5COO^-$, $C_6H_5CH_2COO^-$

5   $(C_2H_5)_3NH^+$, $CHCl_2COO^-$, CCl_3COO^-

4   Na^+, $(CH_3)_4N^+$, $(CH_3)_3NH^+$, $(C_2H_5)_2NH_2^+$, $C_2H_5NH_3^+$, HCO_3^-, $H_2PO_4^-$, CH_3COO^-

3   K^+, Rb^+, Cs^+, Tl^+, Ag^+, NH_4^+, $(CH_3)_2NH_2^+$, $CH_3NH_3^+$, OH^-, F^-, Cl^-, Br^-, I^-, CN^-, CNS^-, ClO_4^-, NO_3^-, $H_2(Citrat)^-$, $HCOO^-$

---

zweiwertige Ionen

---

8   Be^{2+}, Mg^{2+}

6   Ca^{2+}, Cu^{2+}, Zn^{2+}, Sn^{2+}, Mn^{2+}, Fe^{2+}, Co^{2+}, Ni^{2+}

5   Sr^{2+}, Ba^{2+}, Cd^{2+}, Hg^{2+}, Pb^{2+}, CO_3^{2-}, $(COO)_2^{2-}$, $(CH_2COO)_2^{2-}$, $(CHOHCOO)_2^{2-}$, $H(Citrat)^{2-}$

4   Hg_2^{2+}, SO_4^{2-}, $S_2O_3^{2-}$, CrO_4^{2-}, HPO_4^{2-}

---

dreiwertige Ionen

---

9   Al^{3+}, Fe^{3+}, Cr^{3+}, La^{3+}, Ce^{3+}

5   $(Citrat)^{3-}$

4   PO_4^{3-}

---

vierwertige Ionen

---

11   Th^{4+}, Ce^{4+}, Sn^{4+}

Aktivitätskoeffizienten f_i, berechnet nach Kielland für wäßrige Lösungen bei 25 °C

	Ionenstärke[a]						
k	0,001	0,0025	0,005	0,01	0,025	0,05	0,1
	einwertige Ionen						
9	0,967	0,950	0,933	0,914	0,88	0,86	0,83
6	0,965	0,948	0,929	0,907	0,87	0,835	0,80
5	0,964	0,947	0,928	0,904	0,865	0,83	0,79
4	0,964	0,947	0,927	0,901	0,855	0,815	0,77
3	0,964	0,945	0,925	0,899	0,85	0,805	0,755
	zweiwertige Ionen						
8	0,872	0,813	0,755	0,69	0,595	0,52	0,45
6	0,870	0,809	0,749	0,675	0,57	0,485	0,405
5	0,868	0,805	0,744	0,67	0,555	0,465	0,38
4	0,867	0,803	0,740	0,660	0,545	0,445	0,355
	dreiwertige Ionen						
9	0,738	0,632	0,54	0,445	0,325	0,245	0,18
5	0,728	0,616	0,51	0,405	0,27	0,18	0,115
4	0,725	0,612	0,505	0,395	0,25	0,16	0,095
	vierwertige Ionen						
11	0,588	0,455	0,35	0,255	0,155	0,10	0,065

[a] Für Ionenstärken unter 10^{-3} mol · L^{-1} kann der Aktivitätskoeffizient annähernd gleich 1 gesetzt werden.

Löslichkeit anorganischer Verbindungen in Wasser bei 20 °C[25]

Die Angaben beziehen sich auf die Löslichkeit der *wasserfreien* Substanz in g pro 100 g Wasser.

Verbindung	L^*	Verbindung	L^*
Ag-acetat	1,04	As_2O_3	1,85
$AgMnO_4$	0,92	H_3AsO_4	86,3
$AgNO_2$	0,34	$AuCl_3$	68,0
$AgNO_3$	215,5	H_3BO_3	4,9
Ag_2SO_4	0,8		
$AlCl_3$	45,6	$BaCl_2$	35,7
$Al_2(SO_4)_3$	36,3	BaF_2	0,16
$KAl(SO_4)_2$	6,0	$Ba(OH)_2$	3,5

* in englisch: S (solubility)

Löslichkeit anorganischer Verbindungen (Fortsetzung)

Verbindung	L^*	Verbindung	L^*
Br_2	3,53	$KSCN$	218,0
HBr	198,0	K_2SO_3	107,0
		K_2SO_4	11,2
$CaCl_2$	74,5	$KHSO_4$	51,4
$Ca(OH)_2$	0,17		
$CaSO_4$	0,2	$LiBr$	177
$CdCl_2$	134,5	Li_2CO_3	1,3
$CdSO_4$	76,9	$LiCl$	82,8
		LiF	0,27
Cl_2	1,85	LiI	163
HCl	72,1	$LiNO_3$	69,5
$CoCl_2$	51,0	$LiOH$	12,8
$CoSO_4$	36,0	Li_2SO_4	34,8
CrO_3	168,0		
$KCr(SO_4)_2$	24,4	$MgBr_2$	96,5
		$MgCl_2$	54,3
$CuCl_2$	77,0	$MgSO_4$	35,6
$CuSO_4$	20,9		
		$MnCl_2$	73,5
$FeCl_2$	62,6	$MnSO_4$	62,9
$FeCl_3$	91,9		
$FeSO_4$	26,6	NH_3	53,1
$Fe(NH_4)_2(SO_4)_2$	26,9	$(NH_4)_2CO_3$	100,0
$FeNH_4(SO_4)_2$	124,0	$(NH_4)_2C_2O_4$	4,4
		NH_4Cl	37,4
$HgCl_2$	6,6	NH_4F	82,6
		NH_4SCN	163,0
KBr	65,6	$(NH_4)_2SO_4$	75,4
$KBrO_3$	6,9		
KCN	71,6	Na-acetat	46,2
K_2CO_3	111,5	$Na_2B_4O_7$	2,5
$KHCO_3$	33,3	$NaBr$	90,5
KCl	34,4	Na_2CO_3	21,6
$KClO_3$	7,3	$NaHCO_3$	9,6
$KClO_4$	1,7	$NaCl$	35,9
K_2CrO_4	63,0	NaF	4,1
$K_2Cr_2O_7$	12,3	NaI	179,3
KF	48,0	$NaNO_2$	81,8
$K_4[Fe(CN)_6]$	28,0	$NaNO_3$	88,0
KI	144,5	$NaOH$	107,0
KIO_3	8,1	Na_2SO_3	26,6
$KMnO_4$	6,4	$Na_2S_2O_3$	70,0
KNO_2	298,4	Na_2SO_4	19,1
KNO_3	31,5		
KOH	112,0	$NiCl_2$	55,3
$KReO_4$	1,01	$NiSO_4$	37,8

* in englisch: S (solubility)

Löslichkeit anorganischer Verbindungen (Fortsetzung)

Verbindung	L^*	Verbindung	L^*
Pb-acetat	30,6	Tl_2CO_3	3,92
$PbCl_2$	0,97	$TlCl$	0,32
$Pb(NO_3)_2$	52,2	$TlNO_3$	9,6
		$TlOH$ (30 °C)	39,9
		Tl_2SO_4	4,9
$SrCl_2$	53,8	$UO_2(NO_3)_2$	119,3
		$ZnBr_2$	446,4
$Th(NO_3)_4$	191,0	$ZnCl_2$	367,0
$Th(SO_4)_2$	1,38	$ZnSO_4$	53,8

* in englisch: S (solubility)

Löslichkeitsprodukte K_L (in englisch K_s)

Angaben über das Löslichkeitsprodukt schwanken in den einzelnen Literaturstellen oft beträchtlich. Die pK_L-Werte beziehen sich auf den Temperaturbereich $18-25\,°C$.

		pK_L				pK_L
Ag	AgBr	12,4		Hg	Hg_2Cl_2	17,5
	AgCl	10,0			HgO	25,9
	AgCN[a]	11,4			HgS	52
	Ag_2CO_3	11,3			Hg_2S	45
	Ag_2CrO_4	11,7				
	AgI	16		K	$KClO_4$	2,05
	AgOH	7,7			$K_2[PtCl_6]$	5,85
	Ag_2S	49				
	AgSCN	12		Mg	$MgCO_3$	3,8
					MgC_2O_4	4,1
Al	$Al(OH)_3$	32,7			MgF_2	8,2
					$MgNH_4PO_4$	12,6
Ba	$BaCO_3$	8,2			$Mg(OH)_2$	10,9
	$BaCrO_4$	9,7				
	$BaSO_4$	10		Mn	$MnCO_3$	10,1
					$Mn(OH)_2$	14,2
Ca	$CaCO_3$	7,9			MnS	14,9
	CaC_2O_4	8,1				
	CaF_2	10,5		Na	$NaHCO_3$	2,9
	$Ca(OH)_2$	5,3				
	$CaSO_4$	4,3		Pb	$PbCl_2$	4,8
					$PbCO_3$	13,5
Cd	$CdCO_3$	13,6			$PbCrO_4$	13,8
	CdS	28			PbF_2	7,5
					$Pb(OH)_2$	15,6
Cu	CuBr	7,4			PbS	29
	CuCl	6,0			$PbSO_4$	8,0
	$CuCO_3$	9,9				
	CuI	11,3		Sn	$Sn(OH)_2$	25,3
	$Cu(OH)_2$	19,8			$Sn(OH)_4$	56
	CuS	44			SnS	28
	Cu_2S	47				
	CuSCN	10,8		Sr	$SrCO_3$	8,8
					$SrSO_4$	6,6
Fe	$FeCO_3$	10,6				
	$Fe(OH)_2$	13,5		Zn	$ZnCO_3$	10,2
	$Fe(OH)_3$	37,4			$Zn(OH)_2$	16,8
	FeS	18,4			ZnS	25,2

[a] $2[AgCN]_f \rightleftharpoons Ag^+ + [Ag(CN)_2]^-$

Säurekonstanten [a]

$pK_s + pK_b = 14$

$s \rightleftharpoons H^+ + b$		pK_s		$s \rightleftharpoons H^+ + b$		pK_s
Al	$[Al(OH_2)_6]^{3+}$	4,85	N	NH_4^+	9,25
				HNO_2	3,35
As	H_3AsO_4	2,32		HNO_3	–
	$H_2AsO_4^-$	7			
	$H\bar{A}sO_4^{2-}$	13	O	H_3O^+	0
				H_2O	14
B	H_3BO_3	9,24		H_2O_2	11,62
Br	HBr	–	P	PH_4^+	0
				H_3PO_3	1,80
C	HCOOH	3,70		$H_2PO_3^-$	6,16
	CH_3COOH	4,75		H_3PO_4	1,96
	H_2CO_3 $(CO_2 + H_2O)$	6,52		$H_2PO_4^-$	7,12
	HCO_3^-	10,40		HPO_4^{2-}	12,32
	$H_2C_2O_4$	1,42			
	$HC_2O_4^-$	4,21	S	H_2S	6,9
	HCN	9,40		HS^-	12,9
				H_2SO_3 $(SO_2 + H_2O)$	1,90
Cl	HCl	–		HSO_3^-	7,1
	$HClO_4$	–		H_2SO_4	–
				HSO_4^-	1,92
F	H_2F^+	–			
	HF	3,14	Se	H_2Se	3,77
				HSe^-	10,0
Fe	$[Fe(OH_2)_6]^{3+}$	2,46		H_2SeO_3	2,54
				$HSeO_3^-$	8,02
I	HI	–			
	HIO_3	0	Si	H_4SiO_4	9,5
	H_5IO_6	1,64			

[a] starke Säuren ohne Angabe.

Normalpotentiale

		E^0 (Volt)
Ag	$Ag^+ + e^- \rightleftharpoons [Ag]_f$	0,800
	$[AgCl]_f + e^- \rightleftharpoons [Ag]_f + Cl^-$	0,222
	$[Ag_2S]_f + 2e^- \rightleftharpoons 2[Ag]_f + S^{2-}$	−0,30
	$Ag^{2+} + e^- \rightleftharpoons Ag^+$	1,98
Al	$Al^{3+} + 3e^- \rightleftharpoons [Al]_f$	−1,67
	$[Al(OH)_4]^- + 3e^- \rightleftharpoons [Al]_f + 4OH^-$	−2,35
As	$H_3AsO_3 + 3H^+ + 3e^- \rightleftharpoons [As]_f + 3H_2O$	0,25
	$H_3AsO_4 + 2H^+ + 2e^- \rightleftharpoons H_3AsO_3 + H_2O$	0,56
Ba	$Ba^{2+} + 2e^- \rightleftharpoons [Ba]_f$	−2,90
Br	$[Br_2]_{fl} + 2e^- \rightleftharpoons 2Br^-$	1,065
	$BrO_3^- + 6H^+ + 6e^- \rightleftharpoons Br^- + 3H_2O$	1,44
C	$HCOOH + 2H^+ + 2e^- \rightleftharpoons HCHO + H_2O$	0
	$[CO_2]_g + 2H^+ + 2e^- \rightleftharpoons HCOOH$	−0,20
	$2[CO_2]_g + 2H^+ + 2e^- \rightleftharpoons H_2C_2O_4$	−0,47
Ca	$Ca^{2+} + 2e^- \rightleftharpoons [Ca]_f$	−2,87
Cd	$Cd^{2+} + 2e^- \rightleftharpoons [Cd]_f$	−0,402
	$[Cd(CN)_4]^{2-} + 2e^- \rightleftharpoons [Cd]_f + 4CN^-$	−0,99
Ce	$Ce^{4+} + e^- \rightleftharpoons Ce^{3+}$	1,61
Cl	$[Cl_2]_g + 2e^- \rightleftharpoons 2Cl^-$	1,358
	$ClO_3^- + 6H^+ + 6e^- \rightleftharpoons Cl^- + 3H_2O$	1,45
	$ClO_4^- + 8H^+ + 8e^- \rightleftharpoons Cl^- + 4H_2O$	1,34
Co	$Co^{2+} + 2e^- \rightleftharpoons [Co]_f$	−0,277
	$Co^{3+} + e^- \rightleftharpoons Co^{2+}$	1,84
	$[Co(NH_3)_6]^{3+} + e^- \rightleftharpoons [Co(NH_3)_6]^{2+}$	0,1
	$[Co(CN)_6]^{3-} + e^- \rightleftharpoons [Co(CN)_6]^{4-}$	−0,83

Normalpotentiale (Fortsetzung)

		E^0 (Volt)
Cr	$Cr^{3+} + 3e^- \rightleftharpoons [Cr]_f$	$-0,71$
	$Cr^{3+} + e^- \rightleftharpoons Cr^{2+}$	$-0,41$
	$Cr_2O_7^{2-} + 14H^+ + 6e^- \rightleftharpoons 2Cr^{3+} + 7H_2O$	$1,36$
Cu	$Cu^{2+} + 2e^- \rightleftharpoons [Cu]_f$	$0,345$
	$[Cu(NH_3)_4]^{2+} + 2e^- \rightleftharpoons [Cu]_f + 4NH_3$	$-0,094$
	$Cu^{2+} + e^- \rightleftharpoons Cu^+$	$0,167$
F	$[F_2]_g + 2H^+ + 2e^- \rightleftharpoons 2HF$	$3,03$
	$[F_2]_g + 2e^- \rightleftharpoons 2F^-$	$2,85$
Fe	$Fe^{2+} + 2e^- \rightleftharpoons [Fe]_f$	$-0,44$
	$Fe^{3+} + e^- \rightleftharpoons Fe^{2+}$	$0,771$
	$[Fe(CN)_6]^{3-} + e^- \rightleftharpoons [Fe(CN)_6]^{4-}$	$0,36$
H	$[H_2]_g + 2e^- \rightleftharpoons 2H^-$	$-2,24$
	$2H^+ + 2e^- \rightleftharpoons [H_2]_g$	0
Hg	$Hg_2^{2+} + 2e^- \rightleftharpoons 2[Hg]_f$	$0,800$
	$[Hg_2Cl_2]_f + 2e^- \rightleftharpoons 2[Hg]_f + 2Cl^-$	$0,268$
	$Hg^{2+} + 2e^- \rightleftharpoons [Hg]_f$	$0,854$
	$2Hg^{2+} + 2e^- \rightleftharpoons Hg_2^{2+}$	$0,910$
I	$[I_2]_f + 2e^- \rightleftharpoons 2I^-$	$0,535$
	$I_3^- + 2e^- \rightleftharpoons 3I^-$	$0,536$
	$IO_3^- + 6H^+ + 6e^- \rightleftharpoons I^- + 3H_2O$	$1,085$
	$IO_4^- + 8H^+ + 8e^- \rightleftharpoons I^- + 4H_2O$	$1,24$ [a]
K	$K^+ + e^- \rightleftharpoons [K]_f$	$-2,92$
Li	$Li^+ + e^- \rightleftharpoons [Li]_f$	$-3,02$
Mg	$Mg^{2+} + 2e^- \rightleftharpoons [Mg]_f$	$-2,34$

[a] eigentlich bezogen auf H_5IO_6

Normalpotentiale (Fortsetzung)

		E^0 (Volt)
Mn	$Mn^{2+} + 2e^- \rightleftharpoons [Mn]_f$	$-1,05$
	$Mn^{3+} + e^- \rightleftharpoons Mn^{2+}$	$1,51$
	$Mn^{4+} + 2e^- \rightleftharpoons Mn^{2+}$	$1,64$
	$[MnO_2]_f + 4H^+ + 2e^- \rightleftharpoons Mn^{2+} + 2H_2O$	$1,28$
	$MnO_4^- + 8H^+ + 5e^- \rightleftharpoons Mn^{2+} + 4H_2O$	$1,52$
	$MnO_4^- + 4H^+ + 3e^- \rightleftharpoons [MnO_2]_f + 2H_2O$	$1,68$
	$MnO_4^- + e^- \rightleftharpoons MnO_4^{2-}$	$0,54$
N	$NO_3^- + 4H^+ + 3e^- \rightleftharpoons [NO]_g + 2H_2O$	$0,95$
	$NO_3^- + 2H^+ + 2e^- \rightleftharpoons NO_2^- + H_2O$	$0,94$
Na	$Na^+ + e^- \rightleftharpoons [Na]_f$	$-2,712$
Ni	$Ni^{2+} + 2e^- \rightleftharpoons [Ni]_f$	$-0,250$
O	$H_2O_2 + 2H^+ + 2e^- \rightleftharpoons 2H_2O$	$1,78$
	$[O_2]_g + 4H^+ + 4e^- \rightleftharpoons 2H_2O$	$1,23$
	$[O_2]_g + 2H^+ + 2e^- \rightleftharpoons H_2O_2$	$0,68$
	$[O_3]_g + 2H^+ + 2e^- \rightleftharpoons [O_2]_g + H_2O$	$2,07$
P	$H_3PO_4 + 2H^+ + 2e^- \rightleftharpoons H_3PO_3 + H_2O$	$-0,20$
Pb	$Pb^{2+} + 2e^- \rightleftharpoons [Pb]_f$	$-0,126$
	$Pb^{4+} + 2e^- \rightleftharpoons Pb^{2+}$	$1,75$
	$[PbO_2]_f + 4H^+ + 2e^- \rightleftharpoons Pb^{2+} + 2H_2O$	$1,46$
	$[PbO_2]_f + SO_4^{2-} + 4H^+ + 2e^- \rightleftharpoons [PbSO_4]_f + 2H_2O$	$1,70$
S	$[S]_f + 2H^+ + 2e^- \rightleftharpoons [H_2S]_g$	$0,141$
	$[S]_f + 2e^- \rightleftharpoons S^{2-}$	$-0,50$
	$SO_2 + 4H^+ + 4e^- \rightleftharpoons [S]_f + 2H_2O$	$0,46$
	$SO_4^{2-} + 4H^+ + 2e^- \rightleftharpoons SO_2 + 2H_2O$	$0,12$
	$S_4O_6^{2-} + 2e^- \rightleftharpoons 2S_2O_3^{2-}$	$0,17$
	$S_2O_8^{2-} + 2e^- \rightleftharpoons 2SO_4^{2-}$	$2,06$
Se	$SeO_4^{2-} + 4H^+ + 2e^- \rightleftharpoons H_2SeO_3 + H_2O$	$1,09$
	$SeO_3^{2-} + 6H^+ + 4e^- \rightleftharpoons [Se]_f + 3H_2O$	$0,75$

Normalpotentiale (Fortsetzung)

		E^0 (Volt)
Sn	$Sn^{2+} + 2e^- \rightleftharpoons [Sn]_f$	$-0,136$
	$Sn^{4+} + 2e^- \rightleftharpoons Sn^{2+}$	$0,15$
Sr	$Sr^{2+} + 2e^- \rightleftharpoons [Sr]_f$	$-2,89$
Ti	$TiO^{2+} + 2H^+ + 4e^- \rightleftharpoons [Ti]_f + H_2O$	$-0,95$
	$TiO^{2+} + 2H^+ + e^- \rightleftharpoons Ti^{3+} + H_2O$	0
	$Ti^{3+} + e^- \rightleftharpoons Ti^{2+}$	$-0,37$
Tl	$Tl^+ + e^- \rightleftharpoons [Tl]_f$	$-0,34$
	$Tl^{3+} + 2e^- \rightleftharpoons Tl^+$	$1,25$
Zn	$Zn^{2+} + 2e^- \rightleftharpoons [Zn]_f$	$-0,762$
	$[Zn(OH)_4]^{2-} + 2e^- \rightleftharpoons [Zn]_f + 4OH^-$	$-1,22$
	$[Zn(CN)_4]^{2-} + 2e^- \rightleftharpoons [Zn]_f + 4CN^-$	$-1,26$

Die chemischen Elemente

Element	Element-symbol	Kernladungs-zahl	mittlere Atommasse (u)
Actinium	Ac	89	(227)
Aluminium	Al	13	26,9815*
Americium	Am	95	(243)
Antimon	Sb	51	121,75
Argon	Ar	18	39,948
Arsen	As	33	74,9216*
Astatium	At	85	(210)
Barium	Ba	56	137,34
Berkelium	Bk	97	(249)
Beryllium	Be	4	9,0122
Blei	Pb	82	207,2
Bor	B	5	10,81
Brom	Br	35	79,904
Cadmium	Cd	48	112,40
Cäsium	Cs	55	132,905*
Calcium	Ca	20	40,08
Californium	Cf	98	(251)
Cer	Ce	58	140,12
Chlor	Cl	17	35,453
Chrom	Cr	24	51,996
Cobalt	Co	27	58,933*
Curium	Cm	96	(247)
Dysprosium	Dy	66	162,50
Einsteinium	Es	99	(254)
Eisen	Fe	26	55,847
Erbium	Er	68	167,26
Europium	Eu	63	151,96
Fermium	Fm	100	(253)
Fluor	F	9	18,9984*
Francium	Fr	87	(223)
Gadolinium	Gd	64	157,25
Gallium	Ga	31	69,72
Germanium	Ge	32	72,59
Gold	Au	79	196,967*
Hafnium	Hf	72	178,49
Helium	He	2	4,0026
Holmium	Ho	67	164,930*
Indium	In	49	114,82
Iod	I	53	126,9044
Iridium	Ir	77	192,22
Kalium	K	19	39,102
Kohlenstoff	C	6	12,011
Krypton	Kr	36	83,80
Kupfer	Cu	29	63,546

Die chemischen Elemente (Fortsetzung)

Element	Element-symbol	Kernladungs-zahl	mittlere Atommasse (u)
Lanthan	La	57	138,905
Lawrencium	Lr	103	(257)
Lithium	Li	3	6,939
Lutetium	Lu	71	174,97
Magnesium	Mg	12	24,312
Mangan	Mn	25	54,938*
Mendelevium	Md	101	(256)
Molybdän	Mo	42	95,94
Natrium	Na	11	22,9898*
Neodym	Nd	60	144,24
Neon	Ne	10	20,183
Neptunium	Np	93	(237)
Nickel	Ni	28	58,71
Niob	Nb	41	92,906*
Nobelium	No	102	(256)
Osmium	Os	76	190,2
Palladium	Pd	46	106,4
Phosphor	P	15	30,9738*
Platin	Pt	78	195,09
Plutonium	Pu	94	(244)
Polonium	Po	84	(209)
Praseodym	Pr	59	140,908*
Promethium	Pm	61	(145)
Protactinium	Pa	91	(231)
Quecksilber	Hg	80	200,59
Radium	Ra	88	(226)
Radon	Rn	86	(222)
Rhenium	Re	75	186,2
Rhodium	Rh	45	102,906*
Rubidium	Rb	37	85,468
Ruthenium	Ru	44	101,07
Samarium	Sm	62	150,35
Sauerstoff	O	8	15,9994
Scandium	Sc	21	44,956*
Schwefel	S	16	32,064
Selen	Se	34	78,96
Silber	Ag	47	107,868
Silicium	Si	14	28,086
Stickstoff	N	7	14,0067
Strontium	Sr	38	87,62
Tantal	Ta	73	180,948
Technetium	Tc	43	(99)
Tellur	Te	52	127,60
Terbium	Tb	65	158,925*

Die chemischen Elemente (Fortsetzung)

Element	Element-symbol	Kernladungs-zahl	mittlere Atommasse (u)
Thallium	Tl	81	204,37
Thorium	Th	90	232,038
Thulium	Tm	69	168,934*
Titan	Ti	22	47,90
Uran	U	92	238,03
Vanadium	V	23	50,942
Wasserstoff	H	1	1,00797
Wismut	Bi	83	208,980*
Wolfram	W	74	183,85
Xenon	Xe	54	131,30
Ytterbium	Yb	70	173,04
Yttrium	Y	39	88,906*
Zink	Zn	30	65,38
Zinn	Sn	50	118,69
Zirconium	Zr	40	91,22

* = Atommasse von Reinelementen.
( ) = Massenzahl des langlebigsten Isotops von instabilen Elementen.

Literatur

Ins Literaturverzeichnis wurden in erster Linie **Lehrbücher** und **Monographien** aufgenommen. Es fand nur die neuere Literatur vor allem nach 1980 Berücksichtigung, ohne Anspruch auf Vollständigkeit zu erheben.

Das Verzeichnis gliedert sich in *allgemeine* und *weiterführende* Literatur. Im zweiten Abschnitt sind jedem Kapitel die relevanten Titel aus dem allgemeinen Teil vorangestellt.

Allgemeine Literatur

Lehrbücher der qualitativen Analyse

(1) Umland, F., Wünsch, G. (1991), *Charakteristische Reaktionen anorganischer Stoffe*, 2. Aufl., Aulis-Verlag, Wiesbaden.
(2) Burns, D. T., Townshend, A., Catchpole, A. G. (1980), *Inorganic Reaction Chemistry, Systematic Chemical Separation*, Ellis Horwood, Chichester.
(3) Werner, W. (1990), *Qualitative anorganische Analyse für Pharmazeuten und Naturwissenschaftler*, 2. Aufl., G. Thieme Verlag, Stuttgart.
(4) Gerdes, E. (1995), *Qualitative Anorganische Analyse*. Ein Begleiter für Theorie und Praxis, Vieweg-Verlag, Braunschweig/Wiesbaden.
(5) Svehla, G. (1987), *Vogel's Qualitative Inorganic Analysis*, 6. Aufl., Longman Scientific & Technical, Essex.

Lehrbücher der quantitativen Analyse

(6) Seel, F. (1970), *Grundlagen der analytischen Chemie*, Verlag Chemie, Weinheim.
(7) Fluck, E., Becke-Goehring, M. (1989), *Einführung in die Theorie der quantitativen Analyse*, Dr. Dietrich Steinkopff Verlag, 7. Aufl., Darmstadt.
(8) Hägg, G. (1962), *Die theoretischen Grundlagen der analytischen Chemie*, Birkhäuser-Verlag, Basel.
(9) Latscha, H. P., Klein, H. A. (1995), *Analytische Chemie*, Springer-Verlag, 3. Aufl., Berlin-Heidelberg.
(10) Fritz, J. S., Schenk, G. H. (1989), *Quantitative Analytische Chemie, Grundlagen, Methoden, Experimente*, übersetzt a. d. Engl. von Lüderwald/Gros, Vieweg-Verlag, Wiesbaden.
(11) Roth, H. J., Blaschke, G. (1989), *Pharmazeutische Analytik*, 3. Aufl., G. Thieme Verlag, Stuttgart.

Lehrbücher und Monographien der Instrumentalanalyse

(12) Analytikum (1994) (Doerffel, K., et al.), 9. Aufl., Deutscher Verlag für Grundstoffindustrie, Leipzig.

(13) Otto, M. (1995), *Analytische Chemie*, VCH Weinheim.

(14) Schwedt, G. (1995), *Analytische Chemie, Grundlagen, Methoden und Praxis*, G. Thieme Verlag, Stuttgart.

(15) Rücker, G., Neugebauer, M., Willems, G. (1992), *Instrumentelle pharmazeutische Analytik.* Lehrbuch zu spektroskopischen, chromatographischen und elektrochemischen Analysemethoden, 2. Aufl., Wiss. Verlagsges., Stuttgart.

(16) Naumer, H., Heller, W. (1990), *Untersuchungsmethoden in der Chemie.* Einführung in die moderne Analytik, 2. Aufl., G. Thieme Verlag, Stuttgart.

Analytisches Praktikum, Handbücher und Nachschlagewerke

(17) Lux, H. (1988), *Praktikum der quantitativen anorganischen Analyse*, 8. Aufl., Verlag J. F. Bergmann, München.

(18) Lux, H., Fichtner, W. (1992), *Quantitative Anorganische Analyse.* Leitfaden zum Praktikum, 9. Aufl., Springer-Verlag, Berlin/Heidelberg.

(19) Müller, G. O. (1992), *Lehrbuch der angewandten Chemie,* Band III, Quantitativ-anorganisches Praktikum, 7. Aufl., Verlag Harri Deutsch, Thun und Frankfurt/Main.

(20) Strähle, J., Schweda, E. (1995), Jander/Blasius *Einführung in das anorganisch-chemische Praktikum,* 14. Aufl., S. Hirzel Verlag, Stuttgart.

(21) Jander/Jahr (1989), *Maßanalyse*, 15. Aufl., neu bearbeitet von Schulze, G. und Simon, J. W., de Gruyter Verlag, Berlin/New York.

(22) Poethke, W., Kupferschmied, W. (1987), *Praktikum der Maßanalyse*, 3. Aufl., Verlag Harri Deutsch, Thun und Frankfurt/Main.

(23) Biltz, H., Biltz, W. (bearb. von Auterhoff, H.) (1983), *Ausführung quantitativer Analysen*, 10. Aufl., S. Hirzel Verlag, Stuttgart.

(24) Küster, F. W., Thiel, A. (bearb. von Ruland, A.) (1993), *Rechentafeln für die chemische Analytik*, 104. Aufl., de Gruyter Verlag, Berlin.

(25) Rauscher, K., Voigt, J., Wilke, I., Wilke, K.-Th., Friebe, R. (1993), *Chemische Tabellen und Rechentafeln für die analytische Praxis*, Verlag Harri Deutsch, Thun und Frankfurt/Main.

(26) Fa. E. Merck, *Hilfstabellen für das chemische Laboratorium*, Darmstadt.

(27) Roth, L., Weller, U. (1991), *Sicherheitsfibel Chemie*, 5. Aufl., ecomed-Verlagsges., Landsberg/Lech.

Weiterführende Literatur

Kapitel 1
Qualitative Analyse

(28) Schwedt, G. (1983), *Carl Remigius Fresenius und seine analytischen Lehrbücher – ein Beitrag zur Lehrbuchcharakteristik in der analytischen Chemie*, Fresenius Z. Anal. Chem. **315**, 395–401.

(29) Szabadvary, F. (1966), *Geschichte der Analytischen Chemie*, Vieweg, Braunschweig.

(30) Schwedt, G. (1991), 200 Jahre „*Chemisches Probir-Cabinet*" des J. F. A. Göttling zu Jena, Labor **2000**, 210–216.

(31) Belcher, R., Weisz, H., Mikrochim. Acta 1877 (1956) und 571 (1958).

Kapitel 2
Einführung in die quantitative Analyse

(32) Danzer, K., Than, E., Molch, D. (1987), *Analytik. Systematischer Überblick*, Wiss. Verlagsges., Stuttgart.

(33) Doerffel, K., Müller, H., Uhlmann, M. (1986), *Prozeßanalytik*, Deutscher Verlag für Grundstoffindustrie, Leipzig.

(34) Kaiser, R. E., Mühlbauer, J. A. (1983), *Elementare Tests zur Beurteilung von Meßdaten*, 2. Aufl., Bibliographisches Institut, Mannheim/Wien/Zürich.

(35) Doerffel, K. (1990), *Statistik in der analytischen Chemie*, 5. Aufl., Verlag Chemie, Weinheim.

(36) Ehrenberg, A. S. C. (1986), *Statistik oder der Umgang mit Daten*, VCH Verlag, Weinheim.

Kapitel 3
Chemisches Gleichgewicht

(37) Moore, W. J. (bearb. von Hummel, D. O.) (1986), *Physikalische Chemie*, 4. Aufl., W. de Gruyter Verlag, Berlin/New York.

(38) Ulich, H., Jost, W. (1970), *Kurzes Lehrbuch der Physikalischen Chemie*, Dr. Dietrich Steinkopff Verlag, Darmstadt.

(39) Reich, R. (1993), *Thermodynamik*, 2. Aufl., Verlag Chemie, Weinheim.

(40) Atkins, P. W. (1987/1990), *Physikalische Chemie*, VCH, Weinheim.

(41) Wedler, G. (1980), *Lehrbuch der physikalischen Chemie*, VCH, Weinheim.

Kapitel 4
Gravimetrie 6, 7, 9, 10, 17–20, 23–25

Kapitel 5
Maßanalyse 6–10, 17–25

(42) Kullbach, W. (1980), *Mengenberechnungen in der Chemie*, Verlag Chemie, Weinheim.

Kapitel 6
Säure-Base-Gleichgewichte
und
Kapitel 7
Säure-Base-Titration
6–11, 17–23

Kapitel 8
Fällungsanalyse 6–11, 17–20, 23–25

Kapitel 9
Komplexometrie 6–10, 19–23

(43) Schwarzenbach, G., Flaschka, H. (1965), *Die komplexometrische Titration*, Ferdinand Enke Verlag, Stuttgart.

(44) Umland, F., Janssen, A., Thierig, D., Wünsch, G. (1971), *Theorie und praktische Anwendung von Komplexbildnern*, Akademische Verlagsges., Frankfurt/Main.

(45) Fa. E. Merck, Komplexometrische Bestimmungsmethoden mit Titriplex, Darmstadt.

Kapitel 10
Redoxvorgänge 7–15, 19–23

Kapitel 11
Redoxtitration 7–15, 21, 22

(46) Scholz, E. (1984), *Karl-Fischer-Titration, Methoden zur Wasserbestimmung*, Springer-Verlag, Berlin/Heidelberg.

Kapitel 12
Trennungen 7, 9, 10, 17, 18, 20, 23, 32

(47) Dorfner, K. (Ed.) (1991), *Ion Exchangers*, Verlag de Gruyter, Berlin.

(48) Bock, R. (1974), *Methoden der Analytischen Chemie*. Eine Einführung, Band 1: Trennungsmethoden, Verlag Chemie, Weinheim.

(49) Schwedt, G. (1994), *Chromatographische Trennmethoden. Theoretische Grundlagen, Techniken und analytische Anwendungen*, 3. Aufl., G. Thieme Verlag, Stuttgart, New York.

(50) Meyer, V. (1992), *Praxis der Hochleistungs-Flüssigchromatographie*, 7. Aufl., Diesterweg, Salle, Sauerländer, Aarau, Frankfurt/Main.

(51) Bauer, K., Gros, L., Sauer, W. (1989), *Dünnschicht-Chromatographie* – Eine Einführung, Merck, Darmstadt.

(52) Frey, H.-P., Zieloff, K. (1993), *Qualitative und quantitative Dünnschichtchromatographie (Planar Chromatographie)*, Grundlagen und Praxis, VCH, Weinheim/New York/Basel/Cambridge.

(53) Aced, G., Möckel, H. J. (1991), *Liquidchromatographie. Apparative, theoretische und methodische Grundlagen der HPLC*, VCH, Weinheim.

(54) Weiß, J. (1991). *Ionenchromatographie*, 2. Aufl., VCH, Weinheim.

(55) Schomburg, G. (1980), *Gaschromatographie. Grundlagen – Praxis – Kapillartechnik*, 2. Aufl., VCH, Weinheim.

Kapitel 13
Elektrochemische Methoden 6–23, 32, 46

(56) Henze, G., Neeb, R. (1986), *Elektrochemische Analytik*, Springer-Verlag, Berlin, Heidelberg.

(57) Näser, K. H., Peschel, G. (1990), *Physikalisch-chemische Meßmethoden*, 6. Aufl., Deutscher Verlag für Grundstoffindustrie, Leipzig.

(58) Geißler, M. (1980), *Polarographische Analyse*, Akadem. Verlagsges., Leipzig (Verlag Chemie, Weinheim 1981).

(59) Oehme, F. (1986), *Ionenselektive Elektroden, Grundlagen und Methoden der Direkt-Potentiometrie*, Hüthig, Heidelberg.

Kapitel 14
Optische Methoden

(60) Schmidt, W. (1994), *Optische Spektroskopie*, Eine Einführung für Naturwissenschaftler und Techniker, VCH, Weinheim.

(61) Wünsch, G. (1976), *Optische Analysenmethoden zur Bestimmung anorganischer Stoffe*, de Gruyter, Berlin/New York.

(62) Perkampus, H.-H. (1986), *UV-VIS-Spektroskopie und ihre Anwendungen*, Springer-Verlag, Heidelberg/Berlin.

(63) Schwedt, G. (1981), *Fluorimetrische Analyse*, Verlag Chemie, Weinheim.

(64) Welz, B. (1983), *Atomabsorptionsspektrometrie*, 3. Aufl., VCH, Weinheim.

(65) Hahn-Weinheimer, P., Hirner, A., Weber-Diefenbach, K. (1995), *Röntgenfluoreszenzanalytische Methoden*. Grundlagen und praktische Anwendung in den Geo-, Material- und Umweltwissenschaften, Vieweg, Braunschweig/Wiesbaden.

Kapitel 15
Thermische Methoden
12, 14, 16, 32

(66) Riesen, R., Widmann, G. (1984), *Thermoanalyse. Anwendungen, Begriffe, Methoden. ABC der Meß- und Analysentechnik*, Hüthig, Heidelberg.

(67) Hemminger, W. F., Cammenga, H. K. (1989), *Methoden der Thermischen Analyse*, Springer-Verlag, Berlin/Heidelberg.

Sachverzeichnis